Deutsche
Forschungsgemeinschaft

MAK- und BAT-Werte-Liste 2014

Senatskommission
zur Prüfung
gesundheitsschädlicher
Arbeitsstoffe

Mitteilung 50

Weitere Veröffentlichungen der DFG-Senatskommission zur Prüfung gesundheitsschädlicher Arbeitsstoffe

Analytische Methoden zur Prüfung gesundheitsschädlicher Arbeitsstoffe
Band 1: Luftanalysen
Loseblattwerk. ISBN 978-3-527-19021-8

Analytische Methoden zur Prüfung gesundheitsschädlicher Arbeitsstoffe
Band 2: Analysen in biologischem Material
Loseblattwerk. ISBN 978-3-527-19022-5

Biologische Arbeitsstoff-Toleranz-Werte (BAT-Werte), Expositionsäquivalente für krebserzeugende Arbeitsstoffe (EKA), Biologische Leitwerte (BLW) und Biologische Arbeitsstoff-Referenzwerte (BAR)
Arbeitsmedizinisch-toxikologische Begründungen
Loseblattwerk. ISBN 978-3-527-19032-4

Gesundheitsschädliche Arbeitsstoffe
Toxikologisch-arbeitsmedizinische Begründungen von MAK-Werten.
Loseblattwerk. ISBN 978-3-527-19030-0

Online-Ausgabe der MAK-Collection
www.mak-collection.com

Deutsche Forschungsgemeinschaft

MAK- und BAT-Werte-Liste 2014

Maximale Arbeitsplatzkonzentrationen und Biologische Arbeitsstofftoleranzwerte

Senatskommission zur Prüfung gesundheitsschädlicher Arbeitsstoffe

Mitteilung 50

WILEY-VCH Verlag GmbH & Co. KGaA

DFG

Mitteilung 50 der Senatskommission zur Prüfung gesundheitsschädlicher Arbeitsstoffe vom 1. Juli 2014.
Sie tritt an die Stelle der Mitteilung 49 vom 1. Juli 2013 und ersetzt damit alle vorangegangenen Mitteilungen der Kommission.

DEUTSCHE FORSCHUNGSGEMEINSCHAFT
Die Vorsitzende der Senatskommission
zur Prüfung gesundheitsschädlicher Arbeitsstoffe
(gez. *Hartwig*)

Deutsche Forschungsgemeinschaft
Kennedyallee 40 · 53175 Bonn
Postanschrift: 53170 Bonn
Telefon: +49 228 885-1
Telefax: +49 228 885-2777
postmaster@dfg.de
www.dfg.de

Die Deutsche Bibliothek – CIP-Einheitsaufnahme
Ein Titeldatensatz für diese Publikation ist bei Die Deutsche Bibliothek erhältlich
ISBN: 978-3-527-33737-8

Umschlaggestaltung: Tim Wübben
Satz, Druck, Bindung: Konrad Triltsch, Print und digitale Medien GmbH,
D-97199 Ochsenfurt-Hohestadt

FSC
www.fsc.org
MIX
Papier aus verantwortungsvollen Quellen
FSC® C106764

Printed in the Federal Republic of Germany

Inhaltsverzeichnis

Maximale Arbeitsplatzkonzentrationen

MAK- und BAT-Werte-Liste 2014. DFG, Deutsche Forschungsgemeinschaft

ISBN: 978-3-527-33737-8

Beurteilungswerte in biologischem Material

Register

Anhang

★ Die Änderungen gegenüber der MAK- und BAT-Werte-Liste 2013 sind durch einen Stern (★) gekennzeichnet und die neuen Grenzwert- oder Einstufungsvorschläge sind in den Blauen Seiten (Anhang Seite I) detailliert aufgeführt. Die Kommission hat diese Vorschläge verabschiedet, stellt sie jedoch bis 31.12.2014 zur Diskussion. Bis dahin können dem Kommissionssekretariat neue Daten oder wissenschaftliche Kommentare vorgelegt werden, die von der Kommission geprüft und ggf. für die endgültige Verabschiedung berücksichtigt werden.

Maximale Arbeitsplatzkonzentrationen

I. Bedeutung, Benutzung und Ableitung von MAK-Werten

Definition

Der MAK-Wert (**m**aximale **A**rbeitsplatz-**K**onzentration) ist die höchstzulässige Konzentration eines Arbeitsstoffes als Gas, Dampf oder Schwebstoff in der Luft am Arbeitsplatz, die nach dem gegenwärtigen Stand der Kenntnis auch bei wiederholter und langfristiger, in der Regel täglich 8-stündiger Exposition, jedoch bei Einhaltung einer durchschnittlichen Wochenarbeitszeit von 40 Stunden im Allgemeinen die Gesundheit der Beschäftigten nicht beeinträchtigt und diese nicht unangemessen belästigt (z. B. durch ekelerregenden Geruch). Bestimmte arbeitsplatzhygienische Aspekte in Zusammenhang mit flüssigen Arbeitsstoffen, z. B. Nebelbildung mit Sichtbehinderung, Durchfeuchtung der Kleidung oder Niederschlag auf den Boden können bei der MAK-Wert-Festsetzung nicht berücksichtigt werden. Solche Effekte weisen in Abhängigkeit vom Arbeitsprozess, der Arbeitsweise und den physikalischen Randbedingungen eine beträchtliche Variationsbreite auf. Weiterhin fehlt bisher ein geeignetes Instrumentarium zur Beurteilung. Ungeachtet der Höhe des toxikologisch begründeten MAK-Wertes sollte in diesen Fällen dafür gesorgt werden, dass am Arbeitsplatz die Arbeitssicherheit nicht gefährdet ist. Auf diesen Sachverhalt wird in den Begründungen zu den Stoffen nicht explizit hingewiesen, da es im Einzelfall nicht bekannt ist, ob der Stoff bei Exposition in Höhe des MAK-Wertes als Aerosol vorliegt. In der Regel wird der MAK-Wert als Durchschnittswert über Zeiträume bis zu einem Arbeitstag oder einer Arbeitsschicht angegeben. Bei der Aufstellung von MAK-Werten sind in erster Linie die Wirkungscharakteristika der Stoffe berücksichtigt, daneben aber auch – soweit möglich – praktische Gegebenheiten der Arbeitsprozesse bzw. der durch diese bestimmten Expositionsmuster. Maßgebend sind dabei wissenschaftlich fundierte Kriterien des Gesundheitsschutzes, nicht die technischen und wirtschaftlichen Möglichkeiten der Realisation in der Praxis.
Darüber hinaus werden:

- **die Kanzerogenität** (siehe Abschnitt III)
- **die sensibilisierende Wirkung** (siehe Abschnitt IV)
- **der Beitrag zur systemischen Toxizität nach Hautresorption** (siehe Abschnitt VII)
- **die Gefährdung der Schwangerschaft** (siehe Abschnitt VIII)
- **die Keimzellmutagenität** (siehe Abschnitt IX)

eines Stoffes bewertet und der Stoff wird entsprechend eingestuft bzw. markiert. Beschreibungen der Vorgehensweise der Kommission bei der Bewertung dieser Endpunkte finden sich in den entsprechenden Abschnitten der MAK- und BAT-Werte-Liste, in den

MAK- und BAT-Werte-Liste 2014. DFG, Deutsche Forschungsgemeinschaft

ISBN: 978-3-527-33737-8

„Toxikologisch-arbeitsmedizinischen Begründungen von MAK-Werten"[1]) sowie in wissenschaftlichen Zeitschriften.[2]) [3]) [4]) [5]) [6])

MAK-Werte werden in Anlehnung an den z. B. auch in der Europäischen Union verwendeten sogenannten „Preferred Value Approach" bevorzugt als mit Zehnerpotenzen multiplizierte Zahlenwerte 1, 2 oder 5 ml/m³, bzw. bei nicht flüchtigen Stoffen in mg/m³, festgesetzt.

Bei der Anwendung von MAK-Werten kommt dem verwendeten Messverfahren (Probennahme, analytische Bestimmung, Messstrategie) eine große Bedeutung zu.

Zweck

MAK-Werte dienen dem Schutz der Gesundheit am Arbeitsplatz. Sie geben für die Beurteilung der Bedenklichkeit oder Unbedenklichkeit der am Arbeitsplatz vorhandenen Konzentrationen eine Urteilsgrundlage ab. Sie sind jedoch keine Konstanten, aus denen das Eintreten oder Ausbleiben von Wirkungen bei längeren oder kürzeren Einwirkungszeiten errechnet werden kann. Ebenso wenig lässt sich aus MAK-Werten oder der Einstufung als krebserzeugender Arbeitsstoff eine festgestellte oder angenommene Schädigung im Einzelfalle herleiten; hier entscheidet allein der ärztliche Befund unter Berücksichtigung aller äußeren Umstände des Fall-Herganges. Angaben in der MAK-Werte-Liste sind daher grundsätzlich nicht als vorgezogene Gutachten für Einzelfallentscheidungen zu betrachten. Die Einhaltung des MAK-Wertes entbindet nicht grundsätzlich von der ärztlichen Überwachung des Gesundheitszustandes exponierter Personen.

Der MAK-Wert ist nicht geeignet, mögliche Gesundheitsgefährdung durch langdauernde Einwirkung von Verunreinigungen der freien Atmosphäre, z. B. in der Nachbarschaft von Industrieunternehmen, anhand konstanter Umrechnungsfaktoren abzuleiten.

Voraussetzungen

Grundsätzlich werden die Stoffe nach der Dringlichkeit praktisch-arbeitsmedizinischer Bedürfnisse und dem Erfahrungsstand der Kommissionsmitglieder bearbeitet. Voraussetzungen für die Aufstellung eines MAK-Wertes sind ausreichende toxikologische und arbeitsmedizinische bzw. arbeitsplatzhygienische Erfahrungen beim Umgang mit

---

[1]) Zu beziehen von WILEY-VCH, D-69451 Weinheim, bzw. Online unter http://www.mak-collection.com.

[2]) Adler ID, Andrae U, Kreis P, Neumann HG, Thier R, Wild D (1999) Vorschläge zur Einstufung von Keimzellmutagenen. Arbeitsmed Sozialmed Umweltmed 34: 400–403.

[3]) Drexler H (1998) Assignment of skin notation for MAK values and its legal consequences in Germany. Int Arch Occup Environ Health 71: 503–505.

[4]) Hofmann A (1995) Fundamentals and possibilities of classification of occupational substances as developmental toxicants. Int Arch Occup Environ Health 67: 139–145.

[5]) Neumann HG, Thielmann HW, Filser JG, Gelbke HP, Greim H, Kappus H, Norpoth KH, Reuter U, Vamvakas S, Wardenbach P, Wichmann HE (1998) Changes in the classification of carcinogenic chemicals in the work area. (Section III of the German List of MAK and BAT Values). J Cancer Res Clin Oncol 124: 661–669.

[6]) Neumann HG, Vamvakas S, Thielmann HW, Gelbke HP, Filser JG, Reuter U, Greim H, Kappus H, Norpoth KH, Wardenbach P, Wichmann HE (1998) Changes in the classification of carcinogenic chemicals in the work area. Section III of the German List of MAK and BAT Values. Int Arch Occup Environ Health 71: 566–574.

dem Stoff. Nicht bei allen Stoffen sind ausreichende Unterlagen verfügbar. Für die jährliche Neubearbeitung sind Anregungen zur Aufnahme neuer und Erfahrungen mit bekannten Arbeitsstoffen erwünscht.[7])

Ableitung von MAK-Werten

MAK-Werte werden von der „Senatskommission der Deutschen Forschungsgemeinschaft zur Prüfung gesundheitsschädlicher Arbeitsstoffe" ausschließlich unter Berücksichtigung wissenschaftlicher Argumente abgeleitet und in der jährlich erscheinenden MAK- und BAT-Werte-Liste veröffentlicht. Vor dem Hintergrund von allgemein akzeptiertem toxikologischen und arbeitsmedizinischen Basiswissen bei der Ableitung von MAK-Werten haben sich durch die Kommission gewisse Verfahrensregeln herausgebildet und zumindest häufig vorkommende Problemstellungen werden immer wieder in gleicher Weise behandelt. Nachfolgend werden daher die übliche Vorgehensweise und die allgemeinen Prinzipien für die Ableitung von MAK-Werten dargestellt. Diese stimmen im wesentlichen auch mit den von der europäischen Arbeitsstoffkommission, dem „Scientific Committee on Occupational Exposure Limits, SCOEL", veröffentlichten Prinzipien überein[8]).

Zunächst sind aus den vorliegenden Daten die sensitivsten Endpunkte zu charakterisieren, d. h. diejenigen Effekte, die bei Exposition gegen den Stoff in steigenden Konzentrationen zuerst auftreten. Dabei sind sowohl die lokalen Effekte, also die Folgen der Einwirkung auf die Kontaktflächen des Organismus mit der Umwelt (z. B. Schleimhäute des Respirationstraktes und der Augen, Haut), als auch die systemischen Effekte, also die Folgen der Aufnahme der Substanz in den Organismus, zu berücksichtigen. Zumeist gelten für diese beiden Wirkeigenschaften unterschiedliche Konzentrations-Wirkungs-Beziehungen. Die Ableitung eines MAK-Wertes orientiert sich an dem NOAEL (No Observed Adverse Effect Level) für den empfindlichsten Endpunkt mit gesundheitlicher Relevanz. Ein NOAEL ist nicht mit einer Wirkungsschwelle gleichzusetzen, da diese wissenschaftlich nicht definierbar ist. Der NOAEL ist eine durch die Versuchsbedingungen erhaltene Konzentration, bei der die Wirkung durch die Substanz so gering ist, dass sie sich nicht von Kontrollwerten unterscheidet. Die Adversität der Effekte ist zu beurteilen. Zur Zeit existieren keine einheitlichen Definitionen für einen „adversen" Effekt, nicht zuletzt wegen der ebenfalls unklaren bzw. sich im Laufe der Zeit ändernden Definition für den Zustand „gesund"[9])[10]), so dass diese Bewertung von Fall zu Fall zu treffen ist.

Grundsätzlich wird den Erfahrungen beim Menschen für die Ableitung eines Arbeitsplatzgrenzwertes der höchste Stellenwert beigemessen.

Bei der Bewertung eines Stoffes können auch Wirkungen von strukturanalogen Stoffen berücksichtigt werden.

---

[7]) Zu richten an die Geschäftsstelle der Deutschen Forschungsgemeinschaft, D-53170 Bonn, oder an das Sekretariat der Kommission: Karlsruher Institut für Technologie (KIT) – Institut für angewandte Biowissenschaften, Abteilung Lebensmittelchemie und Toxikologie, 76131 Karlsruhe.

[8]) Europäische Kommission (Hrsg) (1999) Verfahren für die Ableitung von Grenzwerten für die berufsbedingte Exposition. Grundsatzdokument EUR 19253 DE. Wissenschaftlicher Ausschuß für Grenzwerte berufsbedingter Exposition. Generaldirektion Arbeit und Soziales, Luxemburg.

[9]) DFG (Deutsche Forschungsgemeinschaft) (Hrsg) (1997) Verhaltenstoxikologie und MAK-Grenzwertfestlegungen. Wissenschaftliche Arbeitspapiere. Wiley-VCH, Weinheim.

[10]) Henschler D (1992) Evaluation of adverse effects in the standard-setting process. Toxicology Letters 64/65: 53–57.

Sollte sich aus den vorliegenden Daten kein „no observed adverse effect level“ (NOAEL) ableiten lassen, kann kein wissenschaftlich begründeter MAK-Wert vorgeschlagen werden, und es erfolgt eine Einstufung in den Abschnitt IIb der MAK- und BAT-Werte-Liste.

a) Stoffauswahl und Datensammlung

Für die zur Bearbeitung vorgesehenen Stoffe werden zunächst die im wissenschaftlichen Schrifttum veröffentlichten epidemiologischen Daten und arbeitsmedizinischen Erfahrungen, toxikologischen Eigenschaften und sonstige möglicherweise für die Bewertung nützlichen Informationen in entsprechenden Datenbanken recherchiert. Die im Ergebnis der Literaturrecherche aufgeführten Arbeiten werden hinsichtlich ihrer Relevanz für die Stoffbewertung ausgewertet, und die ausgewählten Zitate im Original geprüft. Sofern erforderlich und als komplette Studienberichte verfügbar werden auch unveröffentlichte interne Firmenunterlagen berücksichtigt. Sie werden im Literaturverzeichnis der Begründung als solche kenntlich gemacht. Alle verfügbaren Informationen und Studien werden auf ihre Validität geprüft. Ob eine Studie bewertungsrelevant ist, wird von Fall zu Fall entschieden. Bei der Bewertung der Studien erfolgt soweit möglich eine Orientierung an den OECD-Guidelines oder vergleichbaren Richtlinien.

Die vollständigen Unterlagen werden der Kommission zur Verfügung gestellt und im wissenschaftlichen Sekretariat niedergelegt. Wird von Dritten aufgrund eines Literaturzitats in einer Begründung Auskunft zu den zitierten internen Unterlagen erbeten, so wird diese schriftlich vom Kommissionsvorsitzenden im von diesem erforderlich gehaltenen Umfang erteilt. Einsicht in die Firmenunterlagen wird Dritten nicht gewährt. Kopien, auch auszugsweise, werden nicht zur Verfügung gestellt.

b) Ableitung aus Erfahrungen beim Menschen

Für einen Großteil der Arbeitsstoffe stellen irritative oder zentralnervös dämpfende Wirkungen den kritischen Effekt dar. Wertvolle Informationen – zumindest zu diesen akuten Effekten einmaliger Expositionen – liefern Studien an Freiwilligen unter kontrollierten Bedingungen, da diese Aussagen über Konzentrations-Wirkungs-Beziehungen und auch über unwirksame Konzentrationen (NOAEC) zulassen. Eine ausführliche Übersicht zu den methodischen Anforderungen an solche Studien sowie zur Aussagekraft verschiedener Parameter für eine Grenzwertableitung findet sich an anderer Stelle[9]). Häufig werden in solchen Untersuchungen Empfindlichkeitsunterschiede gefunden zwischen Probanden, die noch nie, und Personen, die wiederholt z. B. am Arbeitsplatz gegen die getestete Substanz exponiert waren.

Arbeitsmedizinische Untersuchungen und epidemiologische Studien stellen eine weitere wichtige Informationsquelle für die Bewertung der gesundheitlichen Risiken beim Umgang mit den jeweiligen Stoffen dar. Hierbei sind jedoch die unterschiedlichen Studienansätze, die verwendete Analytik und Messstrategie ebenso zu berücksichtigen, wie die bei den Exponierten untersuchten Parameter. Verschiedene Störfaktoren, Mischexpositionen, Vorerkrankungen oder unzureichende Expositionserfassung können Konzentration-Effekt-Beziehungen beeinflussen oder fälschlicherweise suggerieren.

Querschnittsstudien mit nur einmaliger Bestimmung der Expositionshöhe und nur einmaliger Untersuchung der Exponierten gestatten es in der Regel nicht, die möglicher-

---

[9]) DFG (Deutsche Forschungsgemeinschaft) (Hrsg) (1997) Verhaltenstoxikologie und MAK-Grenzwertfestlegungen. Wissenschaftliche Arbeitspapiere. Wiley-VCH, Weinheim.

weise beobachteten Symptome auf die aktuelle Expositionssituation zurückzuführen. Hierfür sind Informationen über die Expositionskonzentrationen der Vergangenheit notwendig.

Daher kommt den Längsschnittsstudien mit wiederholten Bestimmungen der inneren und äußeren Belastung und wiederholten Untersuchungen der Exponierten eine entscheidende Rolle bei der Grenzwertfestsetzung zu. Aussagekräftige epidemiologische Studien an über längere Zeit Exponierten, die nicht mit adversen Effekten verbunden sind, stellen belastbare Ausgangspunkte für Arbeitsplatzgrenzwerte dar, insbesondere auch, wenn bei entsprechendem Untersuchungsumfang sowohl Aussagen zu lokalen als auch zu systemischen Effekten möglich sind.

Die unterschiedliche Empfindlichkeit des arbeitsfähigen Menschen, soweit sie durch Alter, Konstitution, Ernährungszustand, Klima und andere Faktoren bedingt ist, wird bei der Aufstellung von MAK-Werten berücksichtigt. Für die Beurteilung der Bedeutung geschlechtspezifischer Unterschiede bei der Toxikokinetik und Toxikodynamik im Hinblick auf die Festsetzung von MAK- und BAT-Werten fehlen derzeit ausreichende wissenschaftliche Grundlagen.

Wurde der NOAEL aus den Erfahrungen beim Menschen abgeleitet, so wird der MAK-Wert in der Regel auf die Höhe dieses NOAELs festgelegt.

c) Ableitung aus tierexperimentellen Untersuchungen

Da nicht für alle Stoffe entsprechende Erfahrungen am Menschen vorliegen, werden MAK-Werte häufig auch aus tierexperimentellen Ergebnissen abgeleitet. Dies erfolgt im Bewusstsein der Problematik der Speziesübertragung und der üblicherweise im Vergleich zu epidemiologischen Studien stark eingeschränkten Gruppengrößen. Andererseits bieten tierexperimentelle Untersuchungen, die nach modernen Richtlinien durchgeführt werden, einige Vorteile wie die genaue Expositionscharakterisierung, den ausgedehnten Untersuchungsumfang sowie die Möglichkeit, eine Dosis-Wirkungsbeziehung und NOAELs zu erfassen. Als minimal ausreichende Datenbasis für die Ableitung eines MAK-Wertes wird in der Regel ein NOAEL aus einer validen 90-Tage-Inhalationsstudie am Versuchstier angesehen. Die Ergebnisse tierexperimenteller Studien mit oraler oder dermaler Aufnahme sind im Hinblick auf die Expositionssituation am Arbeitsplatz meist nur bezüglich der systemischen Effekte vergleichbar. Daher müssen derartige Ergebnisse für die Begründung eines MAK-Wertes noch um Aussagen zur lokalen Wirksamkeit der Substanz v. a. auf den Atemtrakt ergänzt werden.

Zur Übertragung einer oralen Dosis aus einem Tierversuch auf eine Konzentration in der Luft am Arbeitsplatz benutzt die Kommission bei Fehlen stoffspezifischer Daten zur Toxikokinetik ein Verfahren, das im Wesentlichen mit dem im Richtliniendokument zur Ableitung von Derived-No-Effect-Levels (Guidance on Information Requirements and Chemical Safety Assessment, Chapter R.8, ECHA 2008) beschriebenen übereinstimmt. Der einzige Unterschied besteht darin, dass die Kommission bei Fehlen von stoffspezifischen Daten sowohl für den inhalativen als auch den oralen Aufnahmepfad eine 100%ige Resorption annimmt. Ausgenommen hiervon sind Metalle und Metallverbindungen, für die bei oraler Aufnahme eine Resorption von 50% angenommen wird, falls keine stoffspezifischen Daten vorliegen.

Vorgehensweise: Sofern keine stoffspezifischen Daten vorliegen, wird die orale Dosis speziesabhängig durch die folgenden Korrekturwerte (ECHA 2008) dividiert:

Maus: 7; Ratte: 4; Kaninchen: 2,4; Affe: 2; Hund: 1,4.

Die weiteren Annahmen von 70 kg Körpergewicht für den Menschen und 10 m^3 Atemvolumen pro 8 Stunden bleiben unverändert. Die Umrechnung erfolgt mit folgender Formel:

Inhalative Konzentration =

$$\frac{\text{orale Dosis (mg/kg KG und Tag) x orale Resorption Tier (\%) x 70 kg KG}}{\text{speziesspezifischer Korrekturwert x inhalative Resorption Mensch (\%) x (10 m}^3\text{ pro Tag)}}$$

Am Beispiel einer Dosis von 1 mg/kg KG bei der Ratte, einer stoffspezifischen oralen Resorption von 80% und unbekannter inhalativer Resorption ergibt sich folgende Konzentration:

$$\frac{1\ \text{mg/kg} \times 80\% \times 70\ \text{kg}}{4 \times 100\% \times 10\ \text{m}^3} = 1{,}4\ \text{mg/m}^3$$

Basiert der NOAEL auf den tierexperimentellen Ergebnissen, so wird der MAK-Wert in der Regel auf die Hälfte des NOAELs beim Tier festgelegt. Allerdings müssen hierbei eventuelle Speziesunterschiede in der Empfindlichkeit gegenüber einer Substanz berücksichtigt werden. Zur Bewertung dieser Frage kommt den toxikokinetischen Daten eine besondere Bedeutung zu.

d) Besondere Arbeitsbedingungen

Bei Expositionen gegen gasförmige Stoffe, die schnell metabolisiert werden und deren Blut/Luft-Verteilungskoeffizient größer als 10 ist, muss berücksichtigt werden, dass die resultierenden Blut- und Gewebekonzentrationen mit der Intensität körperlicher Tätigkeiten positiv korrelieren.

Für das Arbeiten an Druckluftbaustellen lässt sich für Blut- und Gewebekonzentrationen inhalierter gasförmiger Stoffe ebenfalls eine positive Korrelation mit dem Druck ableiten.

Diese arbeitsbedingten Abhängigkeiten der inneren Belastung müssen bei der Anwendung von MAK- bzw. BAT-Werten berücksichtigt werden.

e) Geruch, Irritation und Belästigung

Expositionen gegenüber Arbeitsstoffen können beim Menschen Geruchsempfindungen (N. olfaktorius) oder sensorische Irritationen (N. trigeminus) verursachen. Die verschiedenen Wirkqualitäten sind im Hinblick auf ihre gesundheitliche Relevanz differenziert zu bewerten. Dabei können sich Schwierigkeiten ergeben, die dadurch begründet sind, dass die interessierenden Endpunkte bislang nur unzureichend objektiviert werden können. Geruchswahrnehmungen treten meist bei niedrigeren Konzentrationen auf als sensorische Irritationen. Generell können beide Wahrnehmungen bei entsprechender Qualität und Intensität Befindlichkeitsstörungen im Sinne erlebter Lästigkeit auslösen. Bei der Bewertung dieser Wahrnehmungen und Befindlichkeitsstörungen gilt es, den physiologischen Prozess der Gewöhnung (Adaption) angemessen zu berücksichtigen. Vor allem Geruchswahrnehmungen weisen ausgeprägte Adaptationsprozesse auf, so dass auch konstant hohe Expositionen nach einiger Zeit olfaktorisch nicht mehr wahrgenommen werden. Unangemessene Belästigung der Arbeiter durch sensorische Irritationen oder persistierende intensive oder ekelerregende Geruchswahrnehmungen werden bei der Grenzwertfestsetzung berücksichtigt.

f) Gewöhnung

Bei sensorischen Reizeffekten, Befindlichkeitsstörungen oder Geruchswahrnehmungen kann es trotz gleichbleibender Exposition zu einer Gewöhnung und damit auch Beeinträchtigung der Warnwirkung kommen. Zur Zeit gibt es jedoch nur unzureichende Kenntnisse zum Mechanismus und zur Dosis-Wirkungsbeziehung. Andererseits beruht die Gewöhnung bei vielen Stoffen auf toxischen Wirkungen wie Inaktivierung von Enzymen oder Hemmung von Rezeptormolekülen. Insbesondere in diesen Fällen oder wenn die Warnwirkung sensorischer Reizeffekte von Befindlichkeitsstörungen oder Geruchswahrnehmungen vermindert oder aufgehoben wird, ist es erforderlich, Gewöhnung bei der Grenzwertfestsetzung mit zu berücksichtigen.

Begründung

Für jede Entscheidung wird eine ausführliche wissenschaftliche Begründung in der Reihe „Gesundheitsschädliche Arbeitsstoffe, toxikologisch-arbeitsmedizinische Begründungen von MAK-Werten" veröffentlicht.[1]) Ergänzungen der Begründungssammlung sind in Jahresabständen vorgesehen. In diesen Texten sind die wissenschaftlichen Daten und die jeweiligen Gründe für die Festsetzung eines Wertes ausführlich und nachvollziehbar dargestellt. Aufgrund dieses Systemes genügt es, allgemein gehaltene Grundsätze für die Ableitung von MAK-Werten festzulegen. Die Einzelfallbetrachtung unter Einbeziehung aller verfügbaren toxikologischen und arbeitsmedizinischen Informationen zu einem Stoff erlaubt differenziertere und vielfältigere Möglichkeiten einer Bewertung als die Orientierung an stringent ausformulierten Regeln.

Die in der Literatur verfügbaren Angaben zur Toxizität und zur Wirkung eines Stoffes bei Mensch und Tier sowie weitere relevante Informationen werden – nach Endpunkten gegliedert – zusammengefasst dargestellt. Diese Zusammenstellung der toxikologischen und epidemiologischen Daten zu einem Stoff dient zunächst als Diskussionsgrundlage innerhalb der Kommission zur Ableitung eines MAK-Wertes und zur Bewertung der verschiedenen Aspekte wie physikalisch-chemische Eigenschaften, Hautresorption, sensibilisierende Wirkung, krebserzeugende Wirkung, fruchtschädigende Wirkung und keimzellmutagene Wirkung. Bei neuen Erkenntnissen erfolgt eine Reevaluierung des MAK-Wertes und falls notwendig der Einstufung und Markierung und dann eine entsprechende Änderung.

Veröffentlichung

Eine Ankündigung aller vorgesehenen Änderungen und Neuaufnahmen erfolgt jeweils mit der Herausgabe der jährlichen Liste [11]) sowie in der Zeitschrift „Zentralblatt für Arbeitsmedizin" und im „Gemeinsamen Ministerialblatt". In der Zeitschrift „Arbeitsmedizin, Sozialmedizin, Umweltmedizin" erscheint hierzu eine ausführliche Besprechung mit Hinweisen auf Änderungen und Neuaufnahmen. Nach Verabschiedung der jährlichen Listen werden der Länderausschuss für Arbeitsschutz und Sicherheitstechnik (LASI), der Bundesverband der deutschen Industrie, die Deutsche Gesetzliche Unfallversicherung und der Deutsche Gewerkschaftsbund offiziell über die diskutierten Änderungen

---

[1]) Zu beziehen von WILEY-VCH, D-69451 Weinheim, bzw. Online unter http://www.mak-collection.com.
[11]) Vgl. gelbe Seiten V ff.

informiert. Zweck dieser Maßnahme ist es, von diesen Organisationen rechtzeitig wissenschaftlich verwertbare Unterlagen zu den von der Kommission diskutierten Änderungen und Ergänzungen zu erhalten.

Stoffgemische

Der MAK-Wert gilt in der Regel für die Exposition gegen den reinen Stoff, er ist nicht ohne weiteres für einen Bestandteil eines Gemisches in der Luft des Arbeitsplatzes oder für ein technisches Produkt, das Begleitstoffe von u. U. höherer Toxizität enthält, anwendbar. Die gleichzeitig oder nacheinander erfolgende Exposition gegenüber verschiedenen Stoffen kann die gesundheitsschädliche Wirkung erheblich verstärken, ggf. in Einzelfällen auch vermindern. MAK-Werte für Gemische mehrerer Arbeitsstoffe können wegen der in der Regel sehr unterschiedlichen Wirkungskriterien der einzelnen Komponenten mit einfachen Rechenansätzen nicht befriedigend ermittelt werden; sie können z. Z. nur durch spezielle, d. h. auf die betreffenden Stoffe abgestellte toxikologische Erwägungen oder Untersuchungen abgeschätzt bzw. angesetzt werden. Dem gegenwärtigen mangelhaften Stand der Kenntnis Rechnung tragend, lehnt die Kommission nachdrücklich Verfahren zur Errechnung von MAK-Werten, insbesondere für Lösungsmittelgemische als Flüssigkeiten, ab. Sie ist jedoch bestrebt, anhand geeigneter Untersuchungen auch Werte für definierte, praktisch wichtige Dampfgemische zu erarbeiten.

Analytische Überwachung

Die Einhaltung bzw. Unterschreitung der MAK- und BAT-Werte dient dem Schutz der Gesundheit von Personen, die an ihren Arbeitsplätzen gesundheitsschädlichen Arbeitsstoffen ausgesetzt sind. Dieses Ziel ist nur durch die regelmäßige analytische Bestimmung der Konzentration an Gefahrstoffen in der Luft am Arbeitsplatze bzw. der Gefahrstoffe, ihrer Metaboliten oder anderer Parameter des Intermediärstoffwechsels in menschlichen Körperflüssigkeiten zu gewährleisten. Dafür werden Analysenmethoden benötigt, die bezüglich ihrer analytischen Zuverlässigkeitskriterien und Nachvollziehbarkeit geprüft sind. Solche Methoden werden von den Arbeitsgruppen „Luftanalysen“ und „Analysen in biologischem Material“ der Kommission erarbeitet und in den Methodensammlungen „Luftanalysen“ und „Analysen in biologischem Material“ publiziert.[12]) Diese regelmäßig ergänzten Sammlungen erscheinen in deutscher und englischer Sprache. Die Methoden sind als sogenannte „standard operating procedures (SOP)“ konzipiert, die die Vergleichbarkeit der Ergebnisse von Labor zu Labor und mit den entsprechenden Grenzwerten gewährleisten sollen. Sie liefern damit einen Beitrag zur Quali-

---

[12]) „Analytische Methoden zur Prüfung gesundheitsschädlicher Arbeitsstoffe“, bearbeitet von den Arbeitsgruppen „Luftanalysen“ und „Analysen in biologischem Material“.
Zu beziehen von WILEY-VCH, D-69451 Weinheim, bzw. Online unter http://www.mak-collection.com.
Band 1: „Luftanalysen“
Band 2: „Analysen in biologischem Material“
Ergänzende Nachlieferungen sind in Jahresabständen vorgesehen. Die Kommission nimmt Anregungen zur Aufnahme neuer Stoffe bzw. Bestimmungsmethoden gerne entgegen.
Mit der Arbeitsgruppe „Analytik“ des Fachausschusses Chemie der Deutschen Gesetzlichen Unfallversicherung besteht eine Zusammenarbeit bei der Herausgabe von Analysenverfahren für krebserzeugende Arbeitsstoffe („Von den Berufsgenossenschaften anerkannte Analysenverfahren zur Feststellung der Konzentrationen krebserzeugender Arbeitsstoffe in der Luft in Arbeitsbereichen“ (BGI505-Verfahren), Carl Heymanns Verl. KG, D-50939 Köln).

tätssicherung der Ergebnisse. Zudem bilden sie eine wichtige Grundlage für den mit den Grenzwerten angestrebten Gesundheitsschutz.

Bei der Entwicklung neuer Analysenmethoden wird der Richtigkeit und der Zuverlässigkeit der damit erzielbaren Ergebnisse Vorrang vor allen anderen Erwägungen eingeräumt. Diese Methoden werden regelmäßig aktualisiert, wenn neue wissenschaftliche und messtechnische Erkenntnisse dazu Anlass geben. In dieser Hinsicht entsprechen die Methoden stets dem aktuellen Stand der Technik und sind zur zuverlässigen Grenzwertüberwachung geeignet.

Die Methoden zu „Analysen in biologischem Material" werden, wo immer möglich, so ausgelegt, dass sie auch den umweltmedizinisch relevanten Konzentrationsbereich abdecken. Auf diese Weise wird ermöglicht, den arbeitsmedizinischen vom umweltmedizinischen Konzentrationsbereich zu unterscheiden und damit bewerten zu können.

Stoffe, die gleichzeitig als Dampf und Aerosol vorliegen können

In der Regel liegen Stoffe in der Luft am Arbeitsplatz entweder als Gas/Dampf-Gemisch oder in kondensierter Phase in Form von Tröpfchen oder Partikeln (Staub) vor. Es gibt jedoch auch Stoffe, bei denen diese Einteilung keine Gültigkeit hat. Hierbei handelt es sich um Stoffe, die bei Raumtemperatur über einen geringen Dampfdruck verfügen und somit in relevanten Mengen sowohl als Dampf als auch als Aerosol auftreten können. Dies können sowohl Flüssigkeiten als auch sublimierende Feststoffe sein.

Bei der Ermittlung der inhalativen Exposition gegenüber Stoffen ist stets darauf zu achten, ob durch das Arbeitsverfahren Dampf- und Aerosolgemische gebildet werden können. Dies ist bei der Messung und Beurteilung zu berücksichtigen. Im Besonderen treten derartige Gemische vor allem dann auf, wenn z. B. durch mechanische Prozesse wie beim Bearbeiten von Metallen oder Keramiken, bei Tauchverfahren in galvanischen Prozessen oder bei Sprühverfahren Aerosole verfahrensbedingt entstehen. Weiterhin gibt es Verarbeitungsverfahren, bei denen schwerflüchtige Stoffe bei erhöhter Temperatur verdampfen und anschließend wieder kondensieren, z. B. bei der Heißverarbeitung von Bitumen oder beim Laserschweißen, und die somit ebenfalls in der Luft am Arbeitsplatz gleichzeitig als Dampf und Aerosol auftreten. Nach prDIN EN 13936 [13]) sollten für Stoffe mit einem Dampfdruck bei Raumtemperatur von weniger als 100 Pa und mehr als 0,001 Pa generell Probenahmeverfahren gewählt werden, die Dampf und Aerosol gleichzeitig in einem Probenahmesystem erfassen. Flüssigkeiten mit Siedepunkten zwischen ca. 180°C und ca. 350°C fallen in der Regel in diese Kategorie. Der Stoffaustausch zwischen Dampf und kondensierter Phase ist ein dynamischer Prozess, der durch Einflüsse wie Temperatur oder Luftströmungen ständig verändert wird. Die in der Luft am Arbeitsplatz vorliegende genaue Verteilung eines Stoffes zwischen Dampfphase und kondensierter Phase ist nur mit sehr hohem Aufwand zu ermitteln und deshalb in der Praxis nicht bestimmbar. Für die Probenahme solcher Stoffe eignen sich Systeme, mit denen Aerosole und Dämpfe gemeinsam gesammelt werden, wobei der Aerosolanteil als einatembare Fraktion erfasst wird.

[13]) prDIN EN 13936 (2012) Exposition am Arbeitsplatz – Messung eines als Mischung aus luftgetragenen Partikeln und Dampf vorliegenden chemischen Arbeitsstoffes – Anforderungen und Prüfverfahren. Beuth Verlag, Berlin

Stoff [CAS-Nummer]	Formel	MAK ml/m³ (ppm)	MAK mg/m³	Spitzenbegrenzung	H;S	Krebserzeugend Kategorie	Schwangerschaft Gruppe	Keimzellmutagen Kategorie	Dampfdruck in hPa bei 20°C
α-Amylzimtaldehyd[23] [122-40-7]	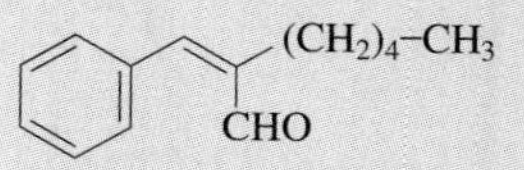	vgl. Abschn. IV			Sh				
Anilin [62-53-3]	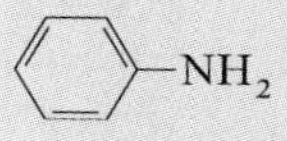	2 vgl. Abschn. XII	7,7[23]	II(2)	H Sh	4	C[25]		0,68
Anilingelb	s. p-Aminoazobenzol								
o-Anisidin	s. 2-Methoxyanilin								
p-Anisidin	s. 4-Methoxyanilin								
Anorganische Faserstäube	s. Faserstaub, anorganisch								
Anthanthren [191-26-4]	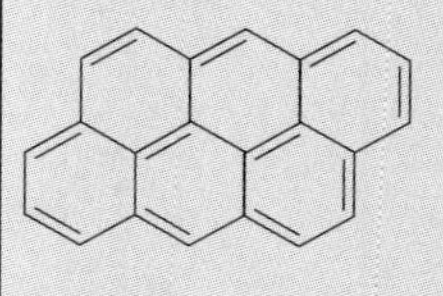	vgl. Abschn. III Pyrolyseprodukte aus organischem Material		–	H	2	–		
Anthophyllit (Faserstaub)	s. Asbest								
Antibiotika		vgl. Abschn. IVe							
Antimon [7440-36-0] und seine anorganischen Verbindungen (einatembare Fraktion) mit Ausnahme von Antimonwasserstoff	Sb	vgl. Abschn. XII		–		2	–	3B	
Antimonwasserstoff [7803-52-3]	SbH_3	vgl. Abschn. IIb							
ANTU [86-88-4]	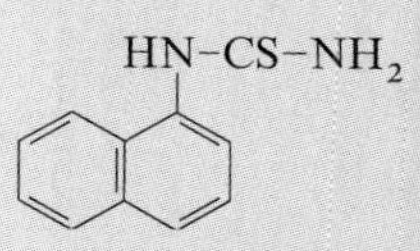	–	–	–	H	3B	–		
p-Aramid [26125-61-1] (Faserstaub)	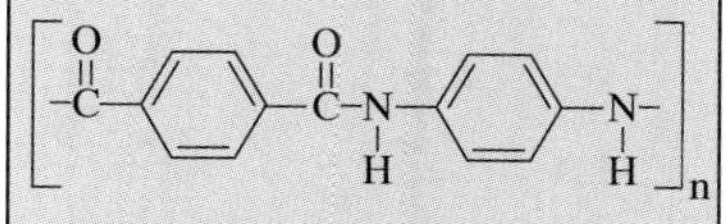	vgl. Abschn. III		–		3B	–		
Arprocarb	s. Propoxur								
Arsen	s. auch Phenylarsenverbindungen								

Der Stoff kann gleichzeitig als Dampf und Aerosol vorliegen

Schwangerschaftsgruppe C wurde 2011 überprüft und bestätigt

Auf Stoffe in der Stoffliste im Abschnitt II, die gleichzeitig als Dampf und Aerosol auftreten können, wird mit folgender Bemerkung hingewiesen: „Der Stoff kann gleichzeitig als Dampf und Aerosol vorliegen".

II. Stoffliste

Die maximale Arbeitsplatzkonzentration von Gasen, Dämpfen und flüchtigen Schwebstoffen wird im folgenden in der von den Zustandsgrößen Temperatur und Luftdruck unabhängigen Einheit ml/m^3 (ppm) sowie in der von den Zustandsgrößen abhängigen Einheit mg/m^3 [14]) für eine Temperatur von 20 °C und einen Luftdruck von 1013 hPa angegeben [15]), die von nichtflüchtigen Schwebstoffen (Staub, Rauch, Nebel) in mg/m^3 (Milligramm (mg) des Stoffes je Kubikmeter (m^3) Luft). Nichtflüchtige Schwebstoffe sind solche, deren Dampfdruck so klein ist, dass bei gewöhnlicher Temperatur keine gefährlichen Konzentrationen in der Gasphase auftreten können.

Da die Flüchtigkeit eines Arbeitsstoffes für die Gesundheitsgefährdung eine bedeutsame Rolle spielen kann, ist für eine Reihe leichtflüchtiger Stoffe der Dampfdruck in einer besonderen Spalte aufgenommen. Die Kenntnis des Dampfdruckes ermöglicht unter gleichzeitiger Bewertung der am Ort gegebenen Freisetzungsbedingungen die Abschätzung des Risikos eines Auftretens gesundheitsschädlicher Dampfkonzentrationen. Die angegebenen Dampfdruckwerte sind der Literatur entnommen, meist der US National Library of Medicine, der ECHA-, der SRC-Physprop- oder der GESTIS-Stoffdatenbank, und der Erfordernis der Praxis entsprechend gerundet. Berechnete Werte sind in Klammer gesetzt.

A,B,C,D	Gruppen für Spalte „Schwangerschaft“ bzw. „–“ (vgl. S. 210).
H	Gefahr der Hautresorption (vgl. S. 207).
Sa	Gefahr der Sensibilisierung der Atemwege (vgl. Abschn. IV S. 185).
Sh	Gefahr der Sensibilisierung der Haut (vgl. Abschn. IV S. 182).
Sah	Gefahr der Sensibilisierung der Atemwege und der Haut (vgl. Abschn. IV S. 187).
SP	Gefahr der Photokontaktsensibilisierung (vgl. Abschn. IV S. 187).
°	Als Pflanzenschutzmittel nicht zugelassen.
I/II	Kategorien für „Spitzenbegrenzung“ (Überschreitungsfaktoren in Klammern), oder „–“ (vgl. S. 206).
★	Die Änderungen gegenüber der Liste 2013 sind durch einen Stern (★) gekennzeichnet (vgl. S. 7).

Spalte „MAK [mg/m³]“:

A	gemessen als alveolengängige Fraktion (vgl. Abschn. Vd) S. 203)
E	gemessen als einatembare Fraktion (vgl. Abschn. Vd) S. 202)

---

[14]) Ein mg/m^3 entspricht einem Milligramm (mg) Arbeitsstoff je Kubikmeter (m^3) Luft.

[15]) Bei den angegebenen Zustandsbedingungen (20°C, 1013 hPa) rechnen sich die Konzentrationsmaße nach folgender Formel um:

$$C(mg/m^3) = \frac{\text{molare Masse in g}}{\text{Molvolumen in l}} \cdot C(ml/m^3)$$

Das Molvolumen beträgt 24,1 l bei 20°C und 1013 hPa (= mbar).
Der MAK-Wert wird i. d. R. in der Einheit ml/m^3 festgesetzt, der Wert in mg/m^3 wird dann nach obiger Formel berechnet. Einer Anregung aus der Praxis folgend werden die berechneten Werte auf 2 Stellen genau angegeben.

MAK- und BAT-Werte-Liste 2014. DFG, Deutsche Forschungsgemeinschaft

ISBN: 978-3-527-33737-8

a) Stoffe mit MAK-Wert
sowie die in Abschnitt IIb und III bis XV genannten Stoffe

MAK-Werte, die unter der Voraussetzung einer Wochenarbeitszeit von mehr als 40 Stunden festgelegt wurden, sind ohne Änderung der toxikologischen Bewertung beibehalten worden.

Stoff [CAS-Nummer]	Formel	MAK ml/m³ (ppm)	MAK mg/m³	Spitzenbegrenzung	H;S	Krebserzeugend Kategorie	Schwangerschaft Gruppe	Keimzellmutagen Kategorie	Dampfdruck in hPa bei 20°C
Abachi	s. Hölzer, Triplochiton scleroxylon								
Abietinsäure [514-10-3]	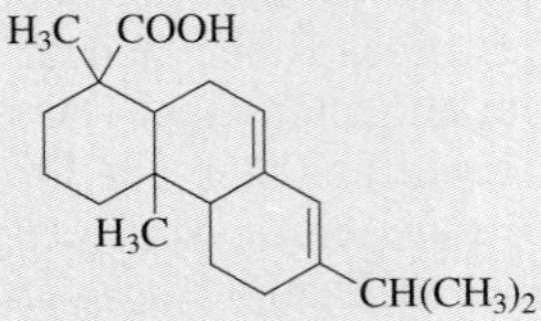	vgl. Abschn. II b			Sh[16]				
Acacia melanoxylon	s. Hölzer								
Acajou blanc	s. Hölzer, Khaya anthotheca								
★ **Acetaldehyd** [75-07-0]	$H_3C{-}CHO$	50[18]	91	I(1)[17]		5	C	5	
Acetamid [60-35-5]	$H_3C{-}CO{-}NH_2$	–	–	–		3B	–		
Acetanhydrid	s. Essigsäureanhydrid								
Acetessigsäureethylester [141-97-9]	$H_3C{-}CO{-}CH_2{-}COO{-}CH_2{-}CH_3$	vgl. Abschn. II b							
Aceton [67-64-1]	$H_3C{-}CO{-}CH_3$	500 vgl. Abschn. XII	1200	I(2)			B[19]		240
Acetonitril [75-05-8]	$H_3C{-}CN$	20	34	II(2)	H		C		96,6
Acetylaceton [123-54-6]	$CH_3{-}CO{-}CH_2{-}CO{-}CH_3$	20	83	II(2)	H		C		
Acetyldimethylamid	s. N,N-Dimethylacetamid								
Acetylentetrabromid	s. 1,1,2,2-Tetrabromethan								
Acetylentetrachlorid	s. 1,1,2,2-Tetrachlorethan								
Acrolein	s. 2-Propenal								

[16]) Ein immunologischer Mechanismus für das auf Abietinsäure-haltige Arbeitsstoffe öfter beobachtete Asthma ist nicht gesichert
[18]) siehe Definition der Kanzerogenitätskategorie 5 und jeweilige Begründung
[17]) Ein Momentanwert von 100 ml/m³ entsprechend 180 mg/m³ sollte nicht überschritten werden.
[19]) Hinweis auf Voraussetzung für Gruppe C siehe Begründung

Stoff [CAS-Nummer]	Formel	MAK ml/m³ (ppm)	MAK mg/m³	Spitzen-begren-zung	H;S	Krebs-erzeu-gend Kate-gorie	Schwan-ger-schaft Gruppe	Keim-zellmu-tagen Kate-gorie	Dampf-druck in hPa bei 20°C
Acrylaldehyd	s. 2-Propenal								
Acrylamid [79-06-1]	$H_2C{=}CH{-}CO{-}NH_2$	vgl. Abschn. XII		–	H Sh	2	–	2	
Acrylate und Methacrylate		vgl. Abschn. IVe							
Acrylnitril [107-13-1]	$H_2C{=}CH{-}CN$	vgl. Abschn. XII		–	H Sh	2	–		116
Acrylsäure [79-10-7]	$H_2C{=}CH{-}COOH$	10	30	I(1)			C		
Acrylsäure-n-butylester	s. n-Butylacrylat								
Acrylsäure-tert-butylester	s. tert-Butylacrylat								
Acrylsäureethylester	s. Ethylacrylat								
Acrylsäuremethylester	s. Methylacrylat								
Adipinsäuredimethyl-ester [627-93-0] s. auch Dicarbonsäure-(C4-C6)-dimethylester	$CH_3{-}OOC{-}(CH_2)_4{-}COO{-}CH_3$	vgl. Abschn. IIb							
Aerosole		vgl. Abschn. V							
Ätznatron	s. Natriumhydroxid								
Aflatoxine [1402-68-2]		–	–	–	H	1	–	3A	
Afrikanisches Ebenholz	s. Hölzer, Diospyros crassiflora								
Afrikanisches Grenadillholz	s. Hölzer, Dalbergia melanoxylon								
Aktinolith (Faserstaub)	s. Asbest								
Aldrin[3] [309-00-2]	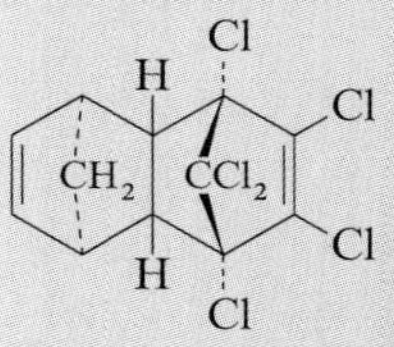		0,25 E	II(8)	H				
Alkali-Chromate	s. Chrom(VI)-Verbindungen								

Stoff [CAS-Nummer]	Formel	MAK ml/m³ (ppm)	MAK mg/m³	Spitzenbegrenzung	H;S	Krebserzeugend Kategorie	Schwangerschaft Gruppe	Keimzellmutagen Kategorie	Dampfdruck in hPa bei 20°C
Alkalipersulfate	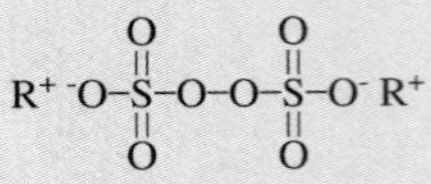 R = Alkaliion	vgl. Abschn. IV			Sah				
Alkali-Zitrate	s. Zitronensäure								
Alkylbenzolsulfonate C10–C14, lineare [69669-44-9; 85117-50-6]	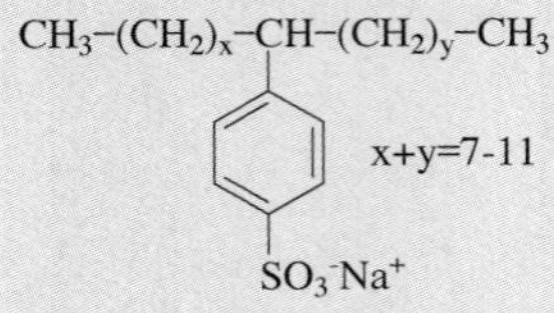	vgl. Abschn. II b							
N-Alkyl-N,N-dimethyl-N-benzylammonium-chlorid	s. Benzalkoniumchlorid								
Alkylethercarbonsäuren	$RO-(CH_2-CH_2-O)_n-CH_2COOH$ $RO-(CH(CH_3)-CH_2-O)_n-CH_2COOH$ R = Alkyl, n = 2-10	vgl. Abschn. II b							
Allgemeiner Staubgrenzwert (alveolengängige Fraktion; granuläre biobeständige Stäube, GBS)[20])		vgl. Abschn. V f)	0,3[21]) A	II(8)		4	C		
Allgemeiner Staubgrenzwert (einatembare Fraktion)		vgl. Abschn. V f) und g)	4 E						
Allylalkohol	s. 2-Propen-1-ol								
Allylchlorid	s. 3-Chlorpropen								
Allylglycidether	s. 1-Allyloxy-2,3-epoxypropan								
Allylglycidylether	s. 1-Allyloxy-2,3-epoxypropan								
1-Allyl-3-methoxy-4-hydroxybenzol	s. Eugenol								

[20]) ausgenommen sind ultrafeine Partikel; siehe Abschnitt V h

[21]) für Stäube mit einer Dichte von 1 g/cm³

Stoff [CAS-Nummer]	Formel	MAK ml/m³ (ppm)	MAK mg/m³	Spitzenbegrenzung	H;S	Krebserzeugend Kategorie	Schwangerschaft Gruppe	Keimzellmutagen Kategorie	Dampfdruck in hPa bei 20°C
★ **1-(2-Allyloxy)-2-(2,4-dichlorphenyl)ethyl)-1H-imidazol** (Imazalil) [35554-44-0]	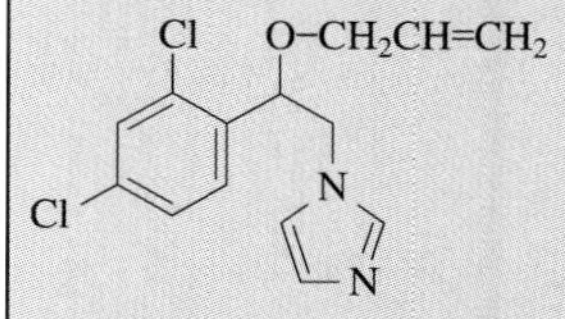		2 E vgl. Abschn. Xc	II(2)	H		C[22])		
1-Allyloxy-2,3-epoxypropan [106-92-3]	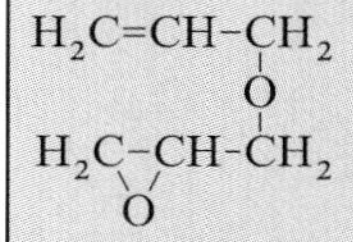	–	–	–	H Sh	2	–		
Allylpropyldisulfid [2179-59-1]	$H_2C=CH-CH_2-S-S-(CH_2)_2-CH_3$	2	12	I(1)					
Aluminium- [7429-90-5], **Aluminiumoxid-** [1344-28-1; 1302-74-5] und **Aluminiumhydroxid-** [21645-51-2] **haltige Stäube** (alveolengängige Fraktion)	Al		1,5 A vgl. Abschn. V f) und g) und XII				D		
Aluminium- [7429-90-5], **Aluminiumoxid-** [1344-28-1; 1302-74-5] und **Aluminiumhydroxid-** [21645-51-2] **haltige Stäube** (einatembare Fraktion)	Al		4 E vgl. Abschn. V f) und g) und XII				D		
Aluminiumoxid [1344-28-1] (Faserstaub)	Al_2O_3	vgl. Abschn. III		–		2	–		
Ameisensäure [64-18-6]	HCOOH	5	9,5	I(2)			C		42
Ameisensäureethylester	s. Ethylformiat								
Ameisensäuremethylester	s. Methylformiat								
Amerikanische Roteiche	s. Hölzer, Quercus rubra								
p-Aminoazobenzol [60-09-3]	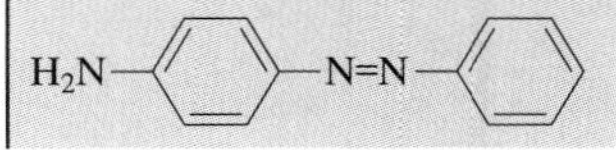	vgl. Abschn. IV			Sh				

22) im Rahmen der Kommentierungsfrist geändert

Stoff [CAS-Nummer]	Formel	MAK ml/m³ (ppm)	MAK mg/m³	Spitzenbegrenzung	H;S	Krebserzeugend Kategorie	Schwangerschaft Gruppe	Keimzellmutagen Kategorie	Dampfdruck in hPa bei 20°C
o-Aminoazotoluol [97-56-3]	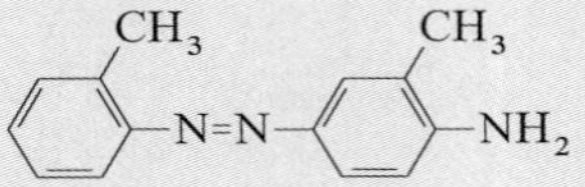	–	–	–	H Sh	2	–	3B	
★ **4-Aminobiphenyl** [23]) [92-67-1]	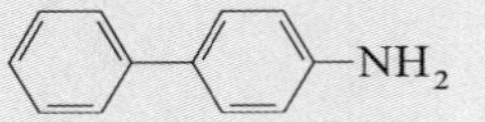	vgl. Abschn. XII		–	H	1	–	3A	[24])
1-Aminobutan	s. n-Butylamin								
2-Aminobutan	s. sec-Butylamin								
2-Aminobutanol [96-20-8]	$HOCH_2{-}CH(NH_2){-}CH_2{-}CH_3$	1 vgl. Abschn. Xc	3,7 [23])	II(2)	H		D		0,58
1-Amino-4-chlorbenzol	s. p-Chloranilin								
1-Amino-3-chlor-6-methylbenzol	s. 5-Chlor-o-toluidin								
2-Amino-4-chlortoluol	s. 5-Chlor-o-toluidin								
2-Amino-5-chlortoluol	s. 4-Chlor-o-toluidin								
Aminocyclohexan	s. Cyclohexylamin								
1-Amino-3,4-dichlorbenzol	s. 3,4-Dichloranilin								
4-Aminodiphenylamin [101-54-2]	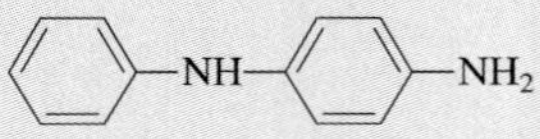	–	–	–	H Sh	3B	–		
2-Aminoethanol [141-43-5]	$H_2NCH_2{-}CH_2OH$	2	5,1 [23])	I(2)	Sh		C [25])		0,3
2-(2-Aminoethoxy)-ethanol (Diglykolamin) [929-06-6]	$HO{-}(CH_2)_2{-}O{-}(CH_2)_2{-}NH_2$	0,2 vgl. Abschn. Xc	0,87 [23])	I(1)	H Sh		C		0,002 [26])
6-Amino-2-ethoxy-naphthalin [293733-21-8]	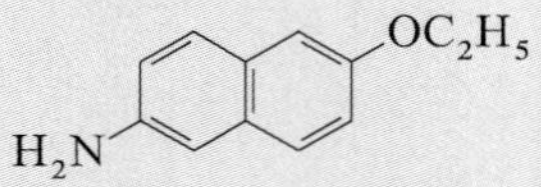	–	–	–		2	–		
3-Amino-9-ethylcarbazol [132-32-1]	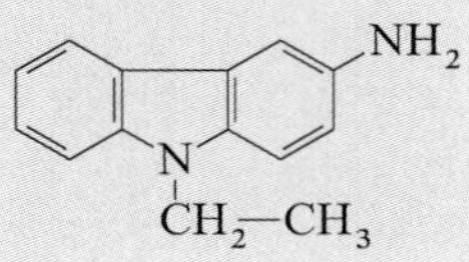	–	–	–		3B	–		

[23]) Der Stoff kann gleichzeitig als Dampf und Aerosol vorliegen
[24]) (0,00016) Dampfdruck bei 25 °C (berechneter Wert)
[25]) Schwangerschaftsgruppe C wurde 2011 überprüft und bestätigt
[26]) Dampfdruck bei 25 °C

Stoff [CAS-Nummer]	Formel	MAK ml/m³ (ppm)	MAK mg/m³	Spitzenbegrenzung	H;S	Krebserzeugend Kategorie	Schwangerschaft Gruppe	Keimzellmutagen Kategorie	Dampfdruck in hPa bei 20°C
2-Amino-2-ethyl-1,3-propandiol[23] [115-70-8]	$(HO-CH_2)_2C(C_2H_5)NH_2$	vgl. Abschn. IIb							1,6·10^{-3}
Aminofen [14861-17-7]	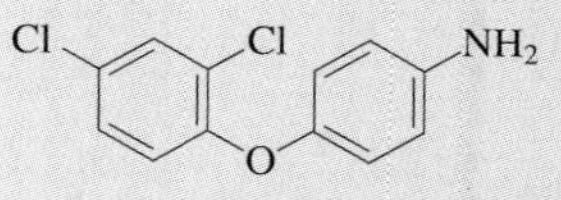	–	–	–	H	3B	–		
2-Aminoisobutanol	s. 2-Amino-2-methyl-1-propanol								
1-Amino-2-methoxy-5-methylbenzol	s. p-Kresidin								
3-Amino-4-methoxytoluol	s. p-Kresidin								
1-Amino-4-methylbenzol	s. p-Toluidin								
★ **2-Amino-2-methyl-1-propanol** [124-68-5]	$CH_3-C(CH_3)NH_2-CH_2-OH$	1	3,7[23]	II(2)	H		C		1,3
3-Aminomethyl-3,5,5-trimethyl-cyclohexylamin	s. Isophorondiamin								
6-Aminonaphtholether	s. 6-Amino-2-ethoxynaphthalin								
4-Amino-2-nitrophenol	s. 2-Nitro-4-aminophenol								
2-Amino-4-nitrotoluol [99-55-8]	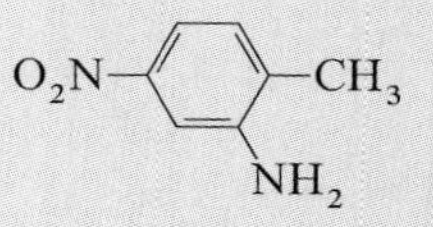	–	–	–		2	–		
3-Aminophenol [591-27-5]	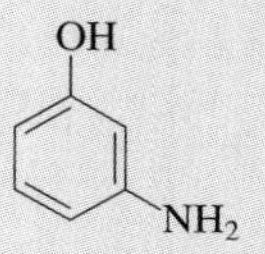	vgl. Abschn. IV			Sh				
4-Aminophenol [123-30-8]		vgl. Abschn. IV			Sh				
p-Aminophenoltriglycidylether	s. Triglycidyl-p-aminophenol								
2-Aminopropan [75-31-0]	$H_3C-CH(NH_2)-CH_3$	5	12	I(2) [27]			C		637

[23] Der Stoff kann gleichzeitig als Dampf und Aerosol vorliegen

[27] Ein Momentanwert von 10 ml/m³ entsprechend 25 mg/m³ sollte nicht überschritten werden.

Stoff [CAS-Nummer]	Formel	MAK ml/m³ (ppm)	MAK mg/m³	Spitzen-begren-zung	H;S	Krebs-erzeu-gend Kate-gorie	Schwan-ger-schaft Gruppe	Keim-zellmu-tagen Kate-gorie	Dampf-druck in hPa bei 20°C
1-Aminopropan-2-ol [23]) [78-96-6]	$NH_2{-}CH_2{-}CHOH{-}CH_3$	vgl. Abschn. II b							0,6
2-Aminopyridin [23]) [504-29-0]	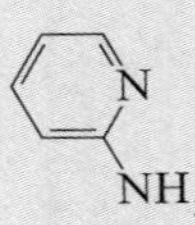	vgl. Abschn. II b							[28])
3-Amino-p-toluidin	s. 2,4-Toluylendiamin								
5-Amino-o-toluidin	s. 2,4-Toluylendiamin								
4-Aminotoluol	s. p-Toluidin								
3-Amino-1,2,4-triazol	s. Amitrol								
Aminotris(methylen-phosphonsäure) [6419-19-8] und ihre Natriumsalze	$N(CH_2PO_3R_2)_3$ R = H, Na	vgl. Abschn. II b und Xc							
Amitrol [61-82-5]	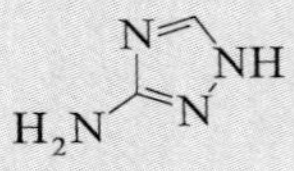		0,2 E	II(8)	H	4	C		
Ammoniak [7664-41-7]	NH_3	20	14	I(2)			C		8570
Ammoniummolybdat	s. Molybdän								
Ammoniumperfluoroctanoat	s. Perfluoroctansäure								
Ammoniumpersulfat [7727-54-0]	$NH_4^+\ {}^-O{-}S(O_2){-}O{-}O{-}S(O_2){-}O^-\ NH_4^+$	vgl. Abschn. IV			Sah				
Ammoniumsulfamat [7773-06-0]	$NH_4^{\oplus}\ H_2N{-}SO_3^{\ominus}$	vgl. Abschn. II b							
Amorphe Kieselsäuren	s. Kieselsäuren, amorphe								
Amosit (Faserstaub)	s. Asbest								
Amylacetat	s. Pentylacetat								
iso-Amylalkohol	s. Pentanol (3-Methyl-1-butanol)								
α-Amylase		vgl. Abschn. IV			Sa				

[23]) Der Stoff kann gleichzeitig als Dampf und Aerosol vorliegen
[28]) (0,13) Dampfdruck bei 25 °C (berechneter Wert)

Stoff [CAS-Nummer]	Formel	MAK ml/m³ (ppm)	MAK mg/m³	Spitzenbegrenzung	H;S	Krebserzeugend Kategorie	Schwangerschaft Gruppe	Keimzellmutagen Kategorie	Dampfdruck in hPa bei 20°C
★ **Arsen und anorganische Arsenverbindungen**		vgl. Abschn. XII		–	H[29])	1	–	3A	
Arsenmetall [7440-38-2],	As								
Arsentrioxid [1327-53-3],	As_2O_3								
Arsenige Säure [13464-58-9] und ihre Salze, z. B.	H_3AsO_3								
Natriumarsenit [7784-46-5],	$NaAsO_2$								
Arsenpentoxid [1303-28-2],	As_2O_5								
Arsensäure [7778-39-4] und ihre Salze, z. B.	H_3AsO_4								
Bleiarsenat [3687-31-8],	$Pb_3(AsO_4)_2$								
Calciumarsenat [7778-44-1]	$Ca_3(AsO_4)_2$								
Galliumarsenid [1303-00-0]	GaAs								
Arsenik	s. Arsentrioxid								
Arsen(III)oxid	s. Arsentrioxid								
Arsen(V)oxid	s. Arsenpentoxid								
Arsen(V)säure	s. Arsensäure								
Arsenwasserstoff [7784-42-1]	AsH_3	vgl. Abschn. II b							
Arzneistoffe, krebserzeugende		vgl. Abschn. III		–			–		
Asbest [1332-21-4] (Faserstaub)	Aktinolith, Amosit, Anthophyllit, Chrysotil, Krokydolith und Tremolit	vgl. Abschn. III		–		1	–		
Atrazin [1912-24-9]	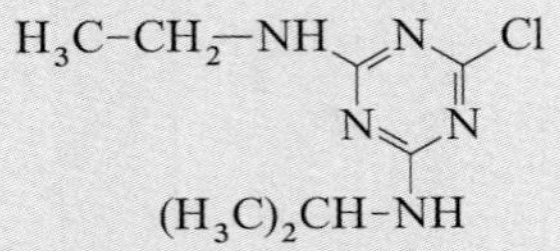		1 E	II(2)			C		
Attapulgit [12174-11-7] (Faserstaub)	$Mg_5Si_8O_{20}(OH)_2(H_2O)_4 \cdot 4H_2O$	vgl. Abschn. III		–		2	–		

[29]) mit Ausnahme von Arsen und Galliumarsenid

Stoff [CAS-Nummer]	Formel	MAK ml/m³ (ppm)	MAK mg/m³	Spitzenbegrenzung	H;S	Krebserzeugend Kategorie	Schwangerschaft Gruppe	Keimzellmutagen Kategorie	Dampfdruck in hPa bei 20°C
Auramin [492-80-8], **Auraminhydrochlorid** [2465-27-2]	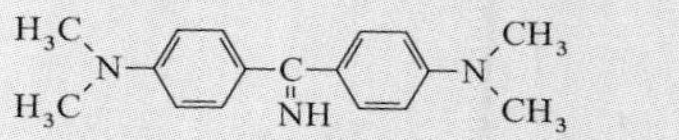 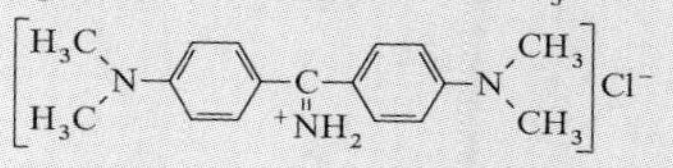	–	–	–	H	2	–	3B	
Auraminbase	s. Auraminhydrochlorid								
Australische Silbereiche	s. Hölzer, Grevillea robusta								
Ayan	s. Hölzer, Distemonanthus benthamianus								
Azelainsäure [123-99-9]	$HO_2C-(CH_2)_7-CO_2H$	vgl. Abschn. II b							
Azinphos-methyl [86-50-0]	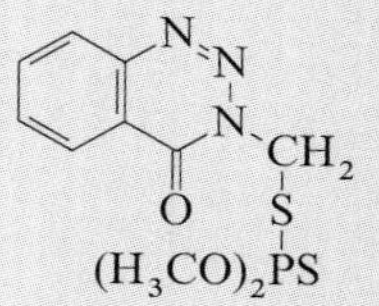		0,2 E	II(8)	H				
Aziridin	s. Ethylenimin								
Azo-Farbmittel		vgl. Abschn. III		–			–		
Azoimid	s. Stickstoffwasserstoffsäure								
Bariumsulfat [7727-43-7] (alveolengängige Fraktion)	$BaSO_4$		1,5 A vgl. Abschn. V f) und g)				C		
Bariumsulfat [7727-43-7] (einatembare Fraktion)	$BaSO_4$		4 E vgl. Abschn. V f) und g)				C		
Bariumverbindungen (löslich) (als Ba [7440-39-3] berechnet)			0,5 E vgl. Abschn. XII	II(8)			D		
Baumwollstaub [30]			1,5 E vgl. Abschn. V	I(1)			C		
Behensäure [112-85-6]	$CH_3(CH_2)_{20}COOH$	vgl. Abschn. II b							

30) Gilt nur für Rohbaumwolle.

Stoff [CAS-Nummer]	Formel	MAK ml/m³ (ppm)	MAK mg/m³	Spitzenbegrenzung	H;S	Krebserzeugend Kategorie	Schwangerschaft Gruppe	Keimzellmutagen Kategorie	Dampfdruck in hPa bei 20°C
Benomyl [17804-35-2]	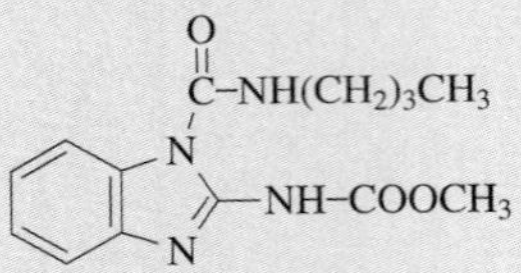				Sh			3A	
Bentonit	s. Montmorillonit								
Benzalchlorid	s. α,α-Dichlortoluol								
Benzaldehyd [100-52-7]	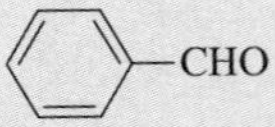	vgl. Abschn. II b							
Benzalkoniumchlorid [8001-54-5]	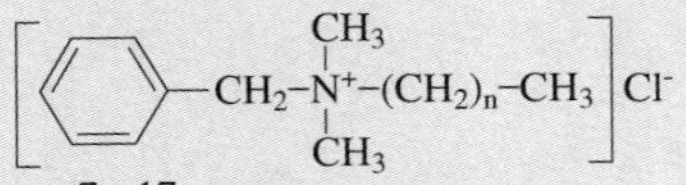 n = 7 - 17	vgl. Abschn. II b							
Benzidin [92-87-5] und seine Salze	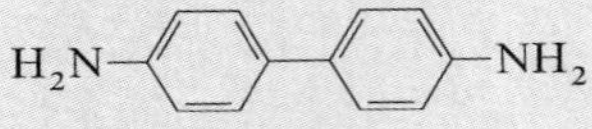	vgl. Abschn. XII		–	H	1	–		
1H-Benzimidazol-2-carbaminsäuremethylester	s. Carbendazim								
Benzine		vgl. Abschn. Xb							
1,2-Benzisothiazol-3(2H)-on [2634-33-5]	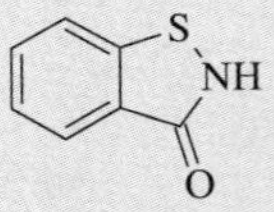	vgl. Abschn. II b			Sh				
Benzo[a]anthracen [56-55-3]	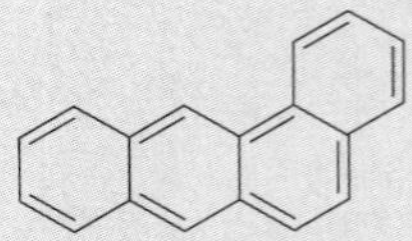	vgl. Abschn. III Pyrolyseprodukte aus organischem Material		–	H	2	–	3A	
1,4-Benzochinon [106-51-4]	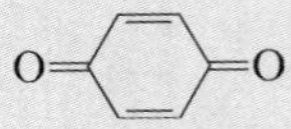	–	–	–	Sh	3B	–	3B	0,12
Benzoesäure [31]) [65-85-0]	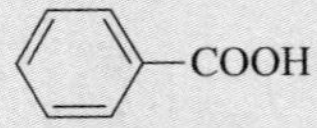	vgl. Abschn. II b							
Benzo[b]fluoranthen [205-99-2]	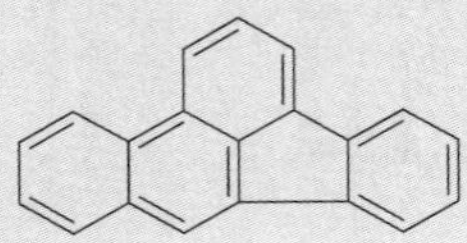	vgl. Abschn. III Pyrolyseprodukte aus organischem Material		–	H	2	–	3B	

[31]) Löst pseudoallergische Reaktionen aus, s. „Toxikologisch-arbeitsmedizinische Begründung von MAK-Werten" (21. Lieferung 199

Stoff [CAS-Nummer]	Formel	MAK ml/m³ (ppm)	MAK mg/m³	Spitzenbegrenzung	H;S	Krebserzeugend Kategorie	Schwangerschaft Gruppe	Keimzellmutagen Kategorie	Dampfdruck in hPa bei 20°C
Benzo[j]fluoranthen [205-82-3]	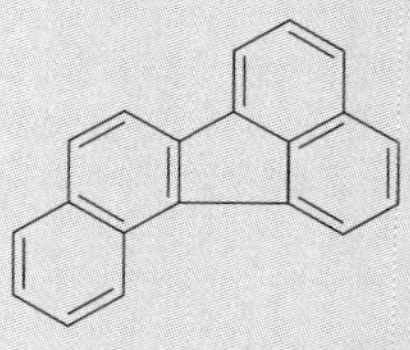	vgl. Abschn. III Pyrolyseprodukte aus organischem Material		–	H	2	–	3B	
Benzo[k]fluoranthen [207-08-9]	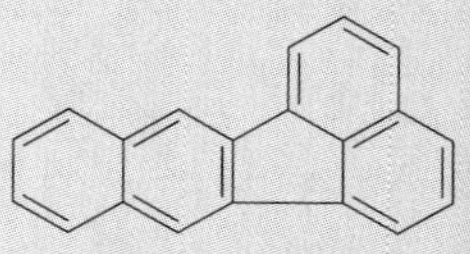	vgl. Abschn. III Pyrolyseprodukte aus organischem Material		–	H	2	–	3B	
Benzol [71-43-2]		vgl. Abschn. XIII		–	H	1	–	3A	101
Benzoldicarbonsäure	s. Phthalsäure								
1,2-Benzoldicarbonsäure-diisodecylester	s. Diisodecylphthalat								
α-Benzolhexachlorid	s. 1,2,3,4,5,6-Hexachlorcyclohexan								
β-Benzolhexachlorid	s. 1,2,3,4,5,6-Hexachlorcyclohexan								
Benzo[b]naphtho-[2,1-d]thiophen [239-35-0]	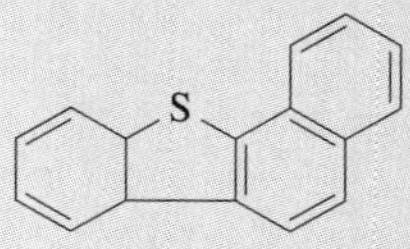	vgl. Abschn. III Pyrolyseprodukte aus organischem Material		–	H	2	–	3B	
Benzo[a]pyren [50-32-8]	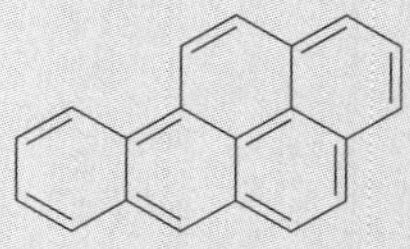	vgl. Abschn. III Pyrolyseprodukte aus organischem Material		–	H	2	–	2	
2-Benzothiazol-2-mercaptan	s. Mercaptobenzothiazol								
2-Benzothiazol-2-thion	s. Mercaptobenzothiazol								
4-(2-Benzothiazolylthio)-morpholin	s. Morpholinylmercaptobenzothiazol								
Benzotriazol [95-14-7]	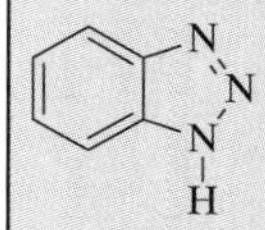	vgl. Abschn. II b							
Benzotrichlorid	s. α,α,α-Trichlortoluol								
4H-3,1-Benzoxazin-2,4(1H)-dion	s. N-Carboxyanthranilsäure-anhydrid								

Stoff [CAS-Nummer]	Formel	MAK ml/m³ (ppm)	MAK mg/m³	Spitzen-begren-zung	H;S	Krebs-erzeu-gend Kate-gorie	Schwan-ger-schaft Gruppe	Keim-zellmu-tagen Kate-gorie	Dampf-druck in hPa bei 20°C
Benzoylchlorid[23]) [98-88-4] s. auch α-Chlortoluole	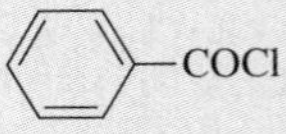					3B			0,5
Benzoylperoxid	s. Dibenzoylperoxid								
Benzylalkohol[23]) [100-51-6]	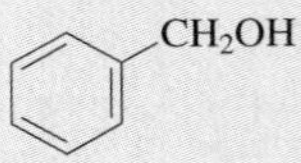	vgl. Abschn. II b							[28])
Benzylalkoholmono-(poly)hemiformal[32]) [14548-60-8]	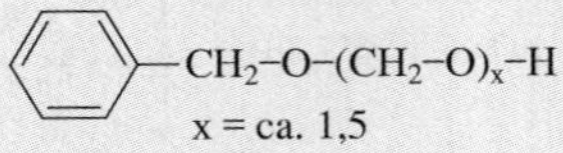 x = ca. 1,5	vgl. Abschn. II b			Sh				
Benzylchlorid	s. α-Chlortoluol								
Benzylidenchlorid	s. α,α-Dichlortoluol								
Bernsteinsäuredimethyl-ester [106-65-0] s. auch Dicarbonsäure-(C4-C6)-dimethylester	$CH_3–OOC–(CH_2)_2–COO–CH_3$	vgl. Abschn. II b							
Beryllium [7440-41-7] und seine anorganischen Verbindungen	Be	vgl. Abschn. XII		–	Sah	1	–		
Bété	s. Hölzer, Mansonia altissima								
Bethabara	s. Hölzer, Tabebuia serratifolia								
BHT	s. Butylhydroxytoluol								
Biacetyl	s. Diacetyl								
Biphenyl[23]) [92-52-4]	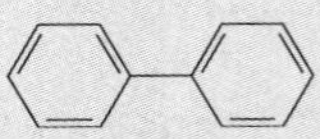	–	–	–	H	3B	–		0,012 [26])
Biphenylether	s. Diphenylether								
3,3',4,4'-Biphenyltetramin	s. 3,3'-Diaminobenzidin								
1,3-Bis(aminomethyl)benzol	s. m-Xylylendiamin								
Bis(4-aminophenyl)ether	s. 4,4'-Oxydianilin								

[23]) Der Stoff kann gleichzeitig als Dampf und Aerosol vorliegen
[28]) (0,13) Dampfdruck bei 25 °C (berechneter Wert)
[32]) Formaldehydabspalter
[26]) Dampfdruck bei 25 °C

Stoff [CAS-Nummer]	Formel	MAK ml/m³ (ppm)	MAK mg/m³	Spitzenbegrenzung	H;S	Krebserzeugend Kategorie	Schwangerschaft Gruppe	Keimzellmutagen Kategorie	Dampfdruck in hPa bei 20°C
Bis(p-aminophenyl)ether	s. 4,4'-Oxydianilin								
Bis-2-chlorethylether	s. 2,2'-Dichlordiethylether								
Bis(2-chlorethyl)methylamin	s. N-Methyl-bis(2-chlorethyl)amin								
Bis(2-chlorethyl)sulfid	s. Dichlordiethylsulfid								
Bis(chlormethyl)ether [542-88-1]	$ClCH_2{-}O{-}CH_2Cl$	–	–	–		1	–		
4,4'-Bis(dimethylamino)-benzophenon	s. Michlers Keton								
Bis[4-(dimethylamino)-phenyl]methanon	s. Michlers Keton								
Bis(dimethylthiocarbamoyl)disulfid	s. Thiram								
Bis[dimethylzinn(isooctylmercaptoacetat)]sulfid	s. Methylzinnverbindungen								
Bis[dimethylzinn(2-mercaptoethyloleat)]sulfid	s. Methylzinnverbindungen								
1,3-Bis(2,3-epoxypropoxy)benzol	s. Diglycidylresorcinether								
1,4-Bis(2,3-epoxypropoxy)butan	s. 1,4-Butandioldiglycidylether								
1,6-Bis(2,3-epoxypropoxy)hexan	s. 1,6-Hexandioldiglycidylether								
S-[1,2-Bis(ethoxycarbonyl)ethyl]-O,O-dimethyldithiophosphat	s. Malathion								
Bis(2-ethylhexyl)zinkdithiophosphat [4259-15-8]	$[(H_3C{-}(CH_2)_3{-}CH(CH_2{-}CH_3){-}CH_2{-}O)_2P(=S)S]_2Zn$	vgl. Abschn. II b und Xc							
2,2-Bis(p-glycidyloxyphenyl)propan	s. Bisphenol-A-diglycidylether								
Bis(2-hydroxyethyl)-ether	s. Diethylenglykol								
Bis(hydroxymethyl)acetylen	s. 2-Butin-1,4-diol								

Stoff [CAS-Nummer]	Formel	MAK ml/m³ (ppm)	MAK mg/m³	Spitzen-begrenzung	H;S	Krebs-erzeugend Kategorie	Schwangerschaft Gruppe	Keimzellmutagen Kategorie	Dampfdruck in hPa bei 20°C
1,3-Bis(hydroxymethyl)-5,5-dimethyl-2,4-imidazolidindion	s. 1,3-Dimethylol-5,5-dimethyl-hydantoin								
1,3-Bis(hydroxymethyl)-harnstoff[32]) [140-95-4]	$(HOCH_2{-}NH)_2CO$	vgl. Abschn. II b							
2,2-Bis(4-hydroxy-phenyl)propan	s. Bisphenol A								
2,2-Bis(4-hydroxy-phenyl)propandi-glycidylether	s. Bisphenol-A-diglycidylether								
Bis(2-hydroxypropyl)ether	s. Dipropylenglykol								
Bis(1-hydroxy-2(1H)-pyridinthionato)zink	s. Zinkpyrithion								
Bis(2-methoxyethyl)ether	s. Diethylenglykoldimethylether								
Bis[methylzinndi(isooctyl-mercaptoacetat)]sulfid	s. Methylzinnverbindungen								
Bis[methylzinndi(2-mer-captoethyloleat)]sulfid	s. Methylzinnverbindungen								
Bis(morpholino)methan[32]) [5625-90-1]	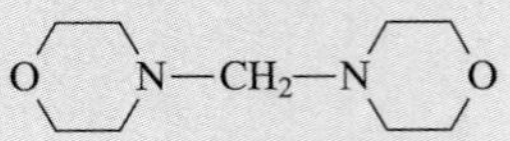	vgl. Abschn. II b							
Bisphenol A (4,4'-Isopropyliden-diphenol) [80-05-7]	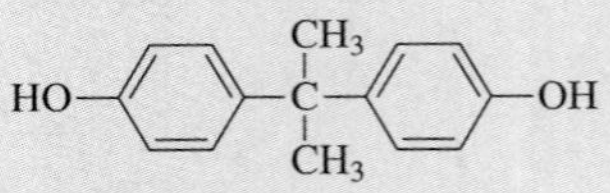	vgl. Abschn. XII	5 E	I(1)	SP		C		
Bisphenol-A-diethoxy-methacrylat (BIS-EMA) [24448-20-2]	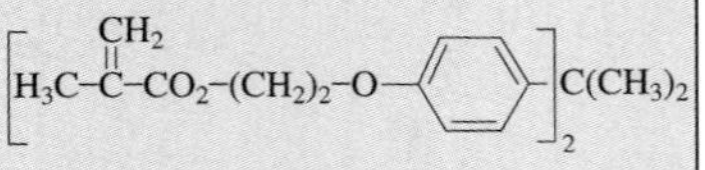	vgl. Abschn. IV			Sh				
Bisphenol-A-diglycidyl-acrylat (BIS-GA) [4687-94-9]	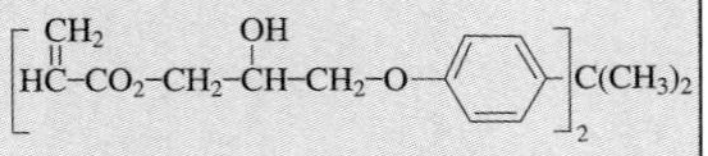	vgl. Abschn. IV			Sh				
Bisphenol-A-diglycidyl-ether [1675-54-3]	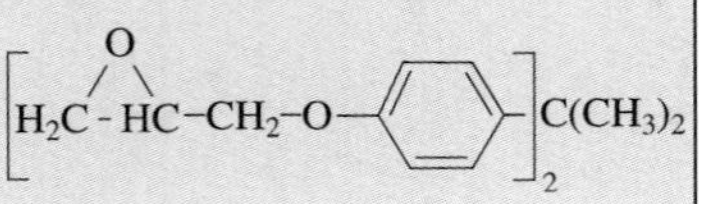	–	–	–	H Sh	3A	–		

[32]) Formaldehydabspalter

Stoff [CAS-Nummer]	Formel	MAK ml/m³ (ppm)	MAK mg/m³	Spitzen-begrenzung	H;S	Krebserzeugend Kategorie	Schwangerschaft Gruppe	Keimzellmutagen Kategorie	Dampfdruck in hPa bei 20°C
Bisphenol-A-diglycidyl-methacrylat [1565-94-2]	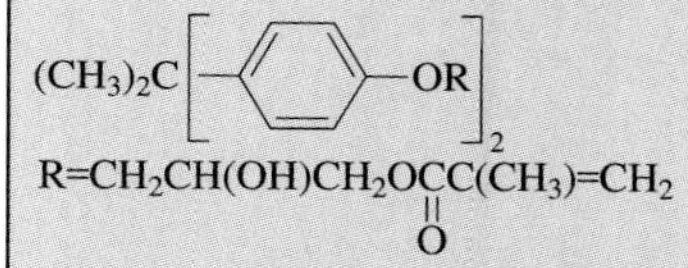	vgl. Abschn. IV			Sh				
Bisphenol-F-diglycidyl-ether o,o'-Isomer [54208-63-8] o,p'-Isomer [57469-07-5] p,p'-Isomer [2095-03-6]	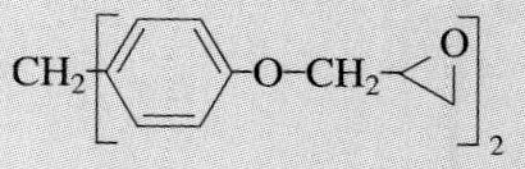	vgl. Abschn. IV			Sh				
Bis(1-piperidylthio-carbonyl)disulfid	s. Dipentamethylenthiuramdisulfid								
Bis(tributylzinn)oxid (TBTO)	s. n-Butylzinnverbindungen								
Bithionol [97-18-7]	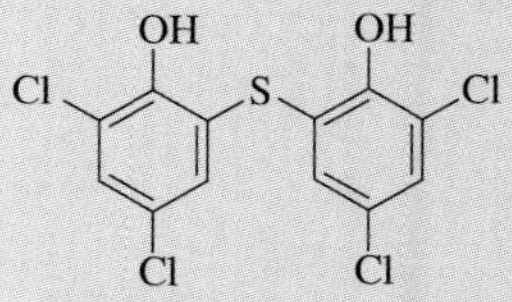	vgl. Abschn. II b			SP				
Bitumen [8052-42-4] (Dampf und Aerosol) [23]		–	–	–	H	2	–		<1
Blausäure	s. Cyanwasserstoff								
Blei [7439-92-1] und seine anorganischen Verbindungen (einatembare Fraktion) außer Bleiarsenat und Bleichromat	Pb	vgl. Abschn. XII		–		2	–	3A	
Bleiarsenat	s. Arsen								
Bleichromat	s. Chrom(VI)-Verbindungen								
Bleitetraethyl [78-00-2] (als Pb berechnet)	$Pb(C_2H_5)_4$	vgl. Abschn. XII	0,05 [23]	II(2)	H		B		0,35 [26]

[23]) Der Stoff kann gleichzeitig als Dampf und Aerosol vorliegen
[26]) Dampfdruck bei 25 °C

Stoff [CAS-Nummer]	Formel	MAK ml/m³ (ppm)	MAK mg/m³	Spitzenbegrenzung	H;S	Krebserzeugend Kategorie	Schwangerschaft Gruppe	Keimzellmutagen Kategorie	Dampfdruck in hPa bei 20°C
Bleitetramethyl [75-74-1] (als Pb berechnet)	$Pb(CH_3)_4$		0,05 vgl. Abschn. XII	II(2)	H		B		30
Borax	s. Borsäure und Tetraborate								
Boroxid [1303-86-2]	B_2O_3		vgl. Abschn. IIb						
Borsäure und Tetraborate									
a) Borsäure [10043-35-3][33])	$B(OH)_3$		10 E vgl. Abschn. Xc	I(1)			B		
b) Dinatriumtetraborat-Pentahydrat [12179-04-3]			5 E	I(1)			C		
c) Tetraborate (als Bor [7440-42-8])			0,75 E	I(1)			C		
Bortrifluorid [7637-07-2]	BF_3		vgl. Abschn. IIb						
Bowdichia nitida	s. Hölzer								
Braunkohlenteere	s. Pyrolyseprodukte aus org. Material								
Brom [7726-95-6]	Br_2		vgl. Abschn. IIb						
2-Brom-2-(brommethyl)-glutardinitril	s. 2-Brom-2-(brommethyl)pentandinitril								
2-Brom-2-(brommethyl)-pentandinitril (1,2-Dibrom-2,4-dicyanbutan) [35691-65-7]	CN $BrCH_2-CBr-CH_2-CH_2-CN$		vgl. Abschn. IIb		Sh				
Bromchlormethan [74-97-5]	CH_2BrCl	–	–	–	H	3B	–		147
Bromchlortrifluorethan	s. 2-Brom-2-chlor-1,1,1-trifluorethan								
2-Brom-2-chlor-1,1,1-trifluorethan [151-67-7]	$BrClHC-CF_3$	5	41 vgl. Abschn. XII	II(8)			B		242

33) Bei gleichzeitigem Vorliegen von Borsäure und Tetraboraten gilt 0,75 mg Bor/m³

Stoff [CAS-Nummer]	Formel	MAK ml/m³ (ppm)	MAK mg/m³	Spitzenbegrenzung	H;S	Krebserzeugend Kategorie	Schwangerschaft Gruppe	Keimzellmutagen Kategorie	Dampfdruck in hPa bei 20°C
Bromdichlormethan [75-27-4]	$CHBrCl_2$	–	–	–	H	2	–	3B	
Bromelain [9001-00-7]		vgl. Abschn. IV			Sa				
Bromethan [74-96-4]	H_3C-CH_2Br	–	–	–	H	2	–		507
Brommethan [74-83-9]	CH_3Br	1 vgl. Abschn. XII	3,9	I(2)		3B	D		
2-Brom-2-nitropropan-1,3-diol [34] [52-51-7]	$HOCH_2-CBr(NO_2)-CH_2OH$	vgl. Abschn. IIb			H Sh				
Bromoform	s. Tribrommethan								
1-Brompropan [106-94-5]	$Br-CH_2-CH_2-CH_3$	vgl. Abschn. XII		–	H	2	–		
Bromtrifluormethan (R13 B1) [75-63-8]	$BrCF_3$	1000	6200	II(8)			C		
Bromwasserstoff [10035-10-6]	HBr	2	6,7	I(1)			D		
Brucit (Faserstaub)	s. Nemalith								
Brya ebenus	s. Hölzer								
Buchenholzstaub		–	–	–		1	–		
1,3-Butadien [106-99-0]	$H_2C=CH-CH=CH_2$	vgl. Abschn. XIII		–		1	–	2	2477
Butadien dimer	s. Vinylcyclohexen								
1,3-Butadiendiepoxid	s. Diepoxybutan								
Butan (beide Isomeren): n-Butan [106-97-8], iso-Butan [75-28-5]	$H_3C-(CH_2)_2-CH_3$ $(H_3C)_3CH$	1000	2400	II(4)			D		
1,4-Butandioldiacrylat [1070-70-8]	$H_2C=CH-\underset{\overset{\|}{O}}{C}O-(CH_2)_4-O\underset{\overset{\|}{O}}{C}-HC=CH_2$	vgl. Abschn. IV			Sh				

[34]) Verwendungsverbot als Kühlschmierstoffkomponente und Korrosionsschutzmittelkomponente: s. GefStoffV 2010, Anhang II (zu § 16 Absatz Absatz 2), Nr. 4

Stoff [CAS-Nummer]	Formel	MAK ml/m³ (ppm)	MAK mg/m³	Spitzenbegrenzung	H;S	Krebserzeugend Kategorie	Schwangerschaft Gruppe	Keimzellmutagen Kategorie	Dampfdruck in hPa bei 20°C
1,4-Butandioldiglycidyl-ether [2425-79-8]	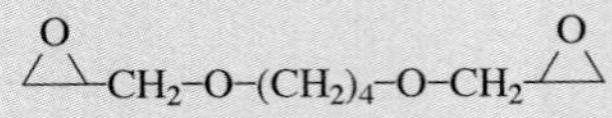	vgl. Abschn. IV			Sh				
1,4-Butandioldimeth-acrylat [2082-81-7]	$CH_2-CH_2-O-OC-C(CH_3)=CH_2$ $CH_2-CH_2-O-OC-C(CH_3)=CH_2$	vgl. Abschn. IV			Sh				
Butandion	s. Diacetyl								
1-Butanol [71-36-3]	$H_3C-(CH_2)_2-CH_2OH$	100 vgl. Abschn. XII	310	I(1)			C		6,3
2-Butanol [78-92-2]	$H_3C-CH_2-CHOH-CH_3$	vgl. Abschn. II b							
iso-Butanol [78-83-1]	$(H_3C)_2CH-CH_2OH$	100	310	I(1)			C		11,7
tert-Butanol [75-65-0]	$(H_3C)_3COH$	20	62	II(4)			C		40,8
Butanol-2-amin	s. 2-Aminobutanol								
2-Butanon [78-93-3]	$H_3C-CH_2-CO-CH_3$	200 vgl. Abschn. XII	600	I(1)	H		C		105
Butanonoxim [96-29-7]	$H_3C-C(=N-OH)-CH_2-CH_3$	–	–	–	H Sh	2	–		
2-Butanonperoxid [1338-23-4]	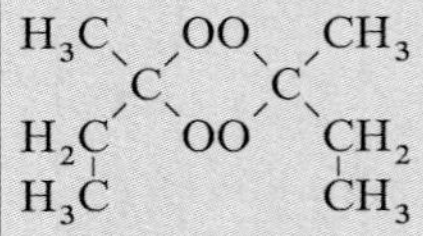	vgl. Abschn. Xa							
Butansulfon	s. 1,4-Butansulton								
1,4-Butansulton [1633-83-6]	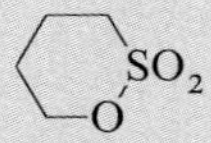	–	–	–		3B	–		
2,4-Butansulton [1121-03-5]	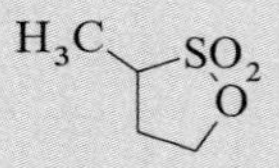	–	–	–		2	–		
δ-Butansulton	s. 1,4-Butansulton								
1-Butanthiol [109-79-5]	$H_3C-(CH_2)_2-CH_2SH$	0,5	1,9	II(2)			C		40

Stoff [CAS-Nummer]	Formel	MAK ml/m³ (ppm)	MAK mg/m³	Spitzenbegrenzung	H;S	Krebserzeugend Kategorie	Schwangerschaft Gruppe	Keimzellmutagen Kategorie	Dampfdruck in hPa bei 20°C
2-Butenal [123-73-9, 4170-30-3]	H(H₃C)C=C(H)CHO	–	–	–	H	3B	–	3B	25
1,2-Butenoxid	s. 1,2-Epoxybutan								
Butindiol	s. 2-Butin-1,4-diol								
But-2-in-1,4-diol	s. 2-Butin-1,4-diol								
2-Butin-1,4-diol [110-65-6]	$HO-CH_2-C{\equiv}C-CH_2-OH$	0,1	0,36[23])	I(1)	H Sh		C		$1{,}7 \cdot 10^{-3}$
Butoxydiethylenglykol	s. Butyldiglykol								
1-n-Butoxy-2,3-epoxypropan [2426-08-6]	$H_3C-(CH_2)_3-O-H_2C-CH-CH_2$ (Epoxid, O)	–	–	–	H Sh	3B	–	2	
1-tert-Butoxy-2,3-epoxypropan [7665-72-7]	$H_3C-C(CH_3)_2-O-CH_2-CH-CH_2$ (Epoxid, O)	–	–	–	H Sh	3B	–		
2-Butoxyethanol [111-76-2]	$H_3C-(CH_2)_3-O-CH_2-CH_2OH$	10[35]) vgl. Abschn. XII	49	I(2)	H	4	C		
2-(2-Butoxyethoxy)ethanol	s. Butyldiglykol								
2-Butoxyethylacetat [112-07-2]	$H_3C-(CH_2)_3-O-CH_2-CH_2OOC-CH_3$	10[35]) vgl. Abschn. XII	66[23])	I(2)	H	4	C		0,4
1-Butylacetat [123-86-4]	$H_3C-COOCH_2-(CH_2)_2-CH_3$	100	480	I(2)			C		13,3
2-Butylacetat [105-46-4]	$H_3C-COOCH(CH_3)-CH_2-CH_3$	vgl. Abschn. IIb							
iso-Butylacetat [110-19-0]	$H_3C-COOCH_2-CH(CH_3)_2$	100	480	I(2)			C		18
★ **tert-Butylacetat** [540-88-5]	$H_3C-COOC(CH_3)_3$	50	240	II(2)			C[22])		
n-Butylacrylat [141-32-2]	$H_2C{=}CH-C({=}O)-O-(CH_2)_3-CH_3$	2	11	I(2)	Sh		C		4,3

[23]) Der Stoff kann gleichzeitig als Dampf und Aerosol vorliegen
[35]) MAK-Wert für die Summe der Luftkonzentrationen von 2-Butoxyethanol und 2-Butoxyethylacetat.
[22]) im Rahmen der Kommentierungsfrist geändert

Stoff [CAS-Nummer]	Formel	MAK ml/m³ (ppm)	MAK mg/m³	Spitzenbegrenzung	H;S	Krebserzeugend Kategorie	Schwangerschaft Gruppe	Keimzellmutagen Kategorie	Dampfdruck in hPa bei 20°C
tert-Butylacrylat [1663-39-4]	$(CH_3)_3C-O-C(=O)-CH=CH_2$	vgl. Abschn. IV			Sh				
Butylalkohol	s. Butanol								
n-Butylamin [109-73-9]	$H_3C-(CH_2)_2-CH_2NH_2$	2	6,1	I(2) [36]			C		
iso-Butylamin [78-81-9]	$(H_3C)_2CH-CH_2NH_2$	2	6,1	I(2) [36]			C		
sec-Butylamin [13952-84-6]	$H_3C-CH_2-CH(NH_2)-CH_3$	2	6,1	I(2) [36]			C		
tert-Butylamin [75-64-9]	$(H_3C)_3CNH_2$	vgl. Abschn. IIb							
p-tert-Butylbenzoesäure [98-73-7]	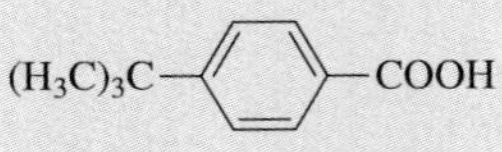	vgl. Abschn. Xc	2 E	II(2)	H		D		
p-tert-Butylbrenzkatechin [98-29-3; 27213-78-1]	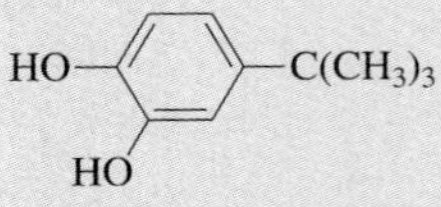	vgl. Abschn. IV			Sh				
Butylcarbaminsäure-3-iod-2-propinylester	s. 3-Iod-2-propinylbutylcarbamat								
1-(Butylcarbamoyl)-2-benzimidazolcarbaminsäure-methylester	s. Benomyl								
n-Butylchlorformiat	s. Chlorameisensäurebutylester								
Butyldiglykol [112-34-5]	$H_3C-(CH_2)_3-O-(CH_2)_2-O-(CH_2)_2-OH$	10 [37]	67 [23]	I(1,5)			C [25]		0,027
Butyldiglykolacetat [124-17-4]	$CH_3-C(=O)-O-((CH_2)_2-O)_2-(CH_2)_3-CH_3$	10 [37]	85 [23]	I(1,5)			C		0,053
4-tert-Butyl-1,2-dihydroxybenzol	s. p-tert-Butylbrenzkatechin								
1,2-Butylenoxid	s. 1,2-Epoxybutan								
Butylglycidether	s. 1-n-Butoxy-2,3-epoxypropan								

[36]) Ein Momentanwert von 5 ml/m³ entsprechend 15 mg/m³ sollte nicht überschritten werden.
[37]) MAK-Wert für die Summe der Luftkonzentrationen von Butyldiglykol und Butyldiglykolacetat.
[23]) Der Stoff kann gleichzeitig als Dampf und Aerosol vorliegen
[25]) Schwangerschaftsgruppe C wurde 2011 überprüft und bestätigt

Stoff [CAS-Nummer]	Formel	MAK ml/m³ (ppm)	MAK mg/m³	Spitzen-begren-zung	H;S	Krebs-erzeu-gend Kate-gorie	Schwan-ger-schaft Gruppe	Keim-zellmu-tagen Kate-gorie	Dampf-druck in hPa bei 20°C
n-Butylglycidylether	s. 1-n-Butoxy-2,3-epoxypropan								
tert-Butylglycidylether	s. 1-tert-Butoxy-2,3-epoxypropan								
Butylglykol	s. 2-Butoxyethanol								
Butylglykolacetat	s. 2-Butoxyethylacetat								
Butylglykolat	s. Hydroxyessigsäurebutylester								
tert-Butylhydroperoxid [75-91-2]	$(H_3C)_3C{-}OOH$	vgl. Abschn. Xa							
tert-Butyl-4-hydroxy-anisol (BHA) [25013-16-5]	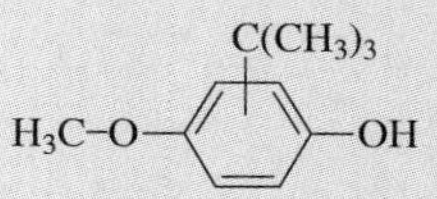	vgl. Abschn. Xc	20 E [23])	II (1)		3B	C		3,3 ·10^{-3} [26])
Butylhydroxytoluol (BHT) [128-37-0]	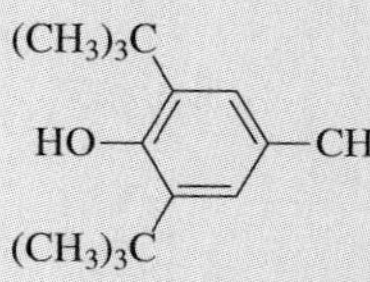	vgl. Abschn. Xc	10 E [23])	II (4)		4	C		3,9 ·10^{-3} [26])
4-tert-Butylkatechol	s. p-tert-Butylbrenzkatechin								
2-tert-Butyl-p-kresol [23]) [2409-55-4]	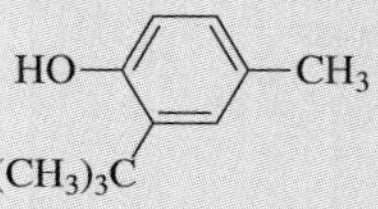	vgl. Abschn. II b							0,02
Butylmercaptan	s. Butanthiol								
n-Butylmethacrylat [97-88-1]	$CH_3{-}(CH_2)_3{-}O{-}OC{-}C(CH_3){=}CH_2$	vgl. Abschn. IV			Sh				
tert-Butylmethylether	s. Methyl-tert-butylether								
tert-Butylperacetat [107-71-1]	$H_3C{-}CO{-}OO{-}C(CH_3)_3$	vgl. Abschn. Xa							
p-tert-Butylphenol [98-54-4]	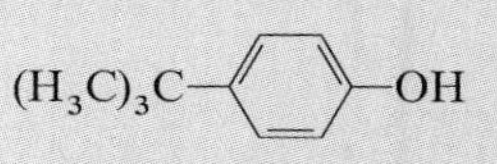	0,080 vgl. Abschn. XII	0,5 [23])	II (2)	H Sh		D		0,051 [26])
p-tert-Butylphenol-Form-aldehyd-Kondensations-produkte (niedermole-kulare)		vgl. Abschn. IV			Sh				

) Der Stoff kann gleichzeitig als Dampf und Aerosol vorliegen
) Dampfdruck bei 25 °C

Stoff [CAS-Nummer]	Formel	MAK ml/m³ (ppm)	MAK mg/m³	Spitzen-begren-zung	H;S	Krebs-erzeu-gend Kate-gorie	Schwan-ger-schaft Gruppe	Keim-zellmu-tagen Kate-gorie	Dampf-druck in hPa bei 20°C
p-tert-Butylphenyl-1-(2,3-epoxy)propylether	s. p-tert-Butylphenylglycidylether								
p-tert-Butylphenyl-glycidylether[23]) [3101-60-8]	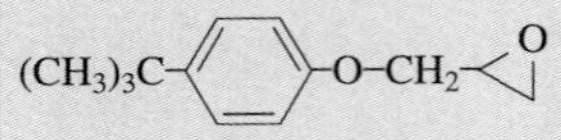	vgl. Abschn. IV			Sh				2,5· 10–
p-tert-Butyltoluol[23]) [98-51-1]	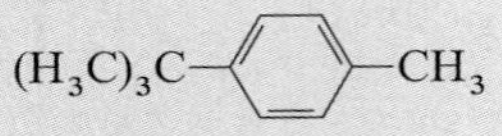	vgl. Abschn. II b							0,87
iso-Butylvinylether [109-53-5]	$H_2C{=}CH{-}O{-}CH_2{-}CH(CH_3){-}CH_3$	20	83	I(1)			D		
n-Butylzinnverbindungen (als Sn [7440-31-5])		0,004	0,02 [23])	I(1)	H [38])	4			
Mono-n-butylzinn-verbindungen							C		
Di-n-butylzinn-verbindungen							B		
Tri-n-butylzinn-verbindungen							B		
Tetra-n-butylzinn							C		
γ-Butyrolacton [96-48-0]	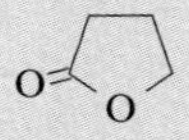	vgl. Abschn. II b			H				
Cadmium [7440-43-9] und seine anorganischen Verbindungen (einatembare Fraktion)	Cd	vgl. Abschn. XII		–	H	1	–	3A	
Calciumarsenat	s. Arsentrioxid								
Calciumcarbimid	s. Calciumcyanamid								
Calciumchromat	s. Chrom(VI)-Verbindungen								
Calciumcyanamid [156-62-7]	$CaCN_2$		1 E	II(2)	H		C [25])		
Calciumhydroxid [1305-62-0]	$Ca(OH)_2$		1 E vgl. Abschn. Xc	I(2)			C		
Calciummolybdat	s. Molybdän								

[23]) Der Stoff kann gleichzeitig als Dampf und Aerosol vorliegen
[38]) Für n-Butylzinnverbindungen, deren organische Liganden mit „Sa“ oder „Sh“ markiert sind, gelten diese Markierungen ebenfal
[25]) Schwangerschaftsgruppe C wurde 2011 überprüft und bestätigt

Stoff [CAS-Nummer]	Formel	MAK ml/m³ (ppm)	MAK mg/m³	Spitzenbegrenzung	H;S	Krebserzeugend Kategorie	Schwangerschaft Gruppe	Keimzellmutagen Kategorie	Dampfdruck in hPa bei 20°C
Calcium-Natrium-Metaphosphat [23209-59-8] (Faserstaub)	$x\,CaO \cdot x\,Na_2O \cdot P_2O_5$	vgl. Abschn. III		–		3B	–		
Calciumoxid [1305-78-8]	CaO		1 E	I(2)			C		
Calciumpetroleumsulfonate	s. Petroleumsulfonate, Ca-Salze								
Calciumsulfat Anhydrit [7778-18-9] Hemihydrat [10034-76-1] Dihydrat [10101-41-4] Gips [13397-24-5] (alveolengängige Fraktion)	$CaSO_4$	vgl. Abschn. V f) und g)	1,5 A				C		
Calciumsulfat Anhydrit [7778-18-9] Hemihydrat [10034-76-1] Dihydrat [10101-41-4] Gips [13397-24-5] (einatembare Fraktion)	$CaSO_4$	vgl. Abschn. V f) und g)	4 E				C		
Calocedrus decurrens	s. Hölzer								
Campher	s. Kampfer								
ε-Caprolactam [105-60-2] (Dampf und Staub)	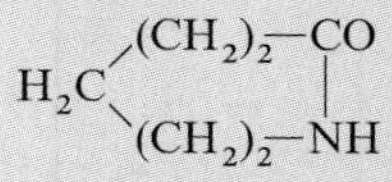		5 E [23])	I(2)			C [25])		$1{,}4 \cdot 10^{-3}$
n-Caprylalkohol	s. 1-Octanol								
Carbamidsäureethylester	s. Ethylcarbamat								
Carbaryl [63-25-2]	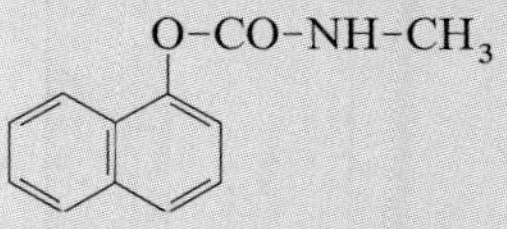		5 E	II(4)	H				
Carbendazim [10605-21-7]	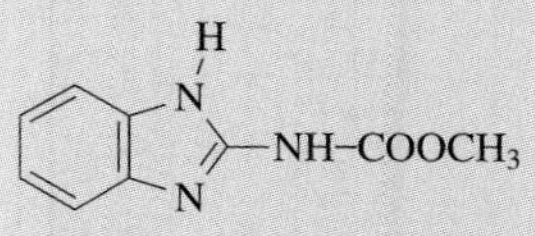		10 E	II(4)			B	5	
Carbon Black	s. Industrieruße								
Carbonylchlorid	s. Phosgen								

[23]) Der Stoff kann gleichzeitig als Dampf und Aerosol vorliegen
[25]) Schwangerschaftsgruppe C wurde 2011 überprüft und bestätigt

Stoff [CAS-Nummer]	Formel	MAK ml/m³ (ppm)	MAK mg/m³	Spitzenbegrenzung	H;S	Krebserzeugend Kategorie	Schwangerschaft Gruppe	Keimzellmutagen Kategorie	Dampfdruck in hPa bei 20°C
N-Carboxyanthranilsäureanhydrid [118-48-9]	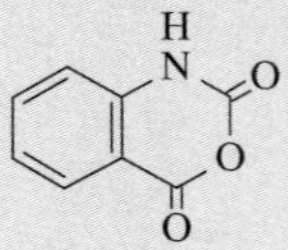	vgl. Abschn. IV			Sh				
5(oder 6)-Carboxy-4-hexyl-2-cyclohexen-1-octansäure [53980-88-4]	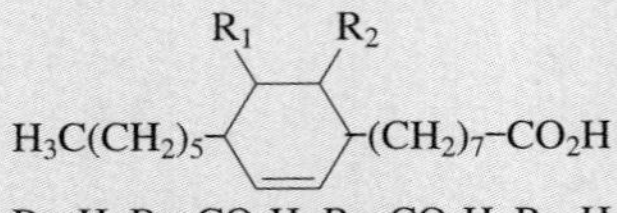 R_1=H, R_2=CO_2H; R_1=CO_2H, R_2=H	vgl. Abschn. II b							
Cellulasen		vgl. Abschn. IV			Sa				
Ceylon Ebenholz	s. Hölzer, Diospyros ebenum								
Chinon	s. 1,4-Benzochinon								
Chlor [7782-50-5]	Cl_2	0,5	1,5	I(1)			C		
Chloracetaldehyd [107-20-0]	$ClCH_2-CHO$	–	–	–	H	3B	–		133
2-Chloracetamid [79-07-2]	$Cl-CH_2-CO-NH_2$	vgl. Abschn. II b			H Sh				
Chloracetamid-N-methylol	s. N-Methylolchloracetamid								
Chloracetylchlorid [79-04-9]	$ClCH_2-COCl$	vgl. Abschn. II b			H				
2-Chloracrylnitril [920-37-6]	$H_2C=CClCN$	–	–	–		3B	–		
γ-Chlorallylchlorid	s. 1,3-Dichlorpropen								
1-(3-Chlorallyl)-3,5,7-triaza-1-azoniaadamantanchlorid	s. Methenamin-3-chlorallylchlorid								
Chlorameisensäure-butylester [543-27-1];[592-34-7]	$Cl-C(=O)-O-CH_2-CH(CH_3)_2$ $Cl-C(=O)-O-(CH_2)_3-CH_3$	0,2	1,1	I(2)			C		7
Chlorameisensäure-ethylester [541-41-3]	$Cl-COO-CH_2-CH_3$	–	–	–		3B	–		54

Stoff [CAS-Nummer]	Formel	MAK ml/m³ (ppm)	MAK mg/m³	Spitzenbegrenzung	H;S	Krebserzeugend Kategorie	Schwangerschaft Gruppe	Keimzellmutagen Kategorie	Dampfdruck in hPa bei 20°C
Chlorameisensäure-methylester [79-22-1]	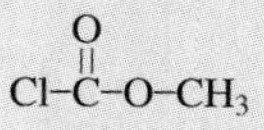	0,2	0,78	I (2)			C		137
4-Chlor-2-aminotoluol	s. 5-Chlor-o-toluidin								
5-Chlor-2-aminotoluol	s. 4-Chlor-o-toluidin								
o-Chloranilin [23] [95-51-2]	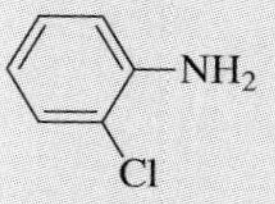	vgl. Abschn. II b			H				0,13
m-Chloranilin [23] [108-42-9]	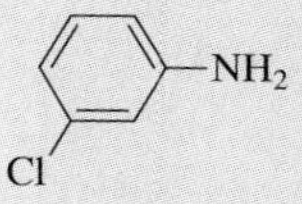	vgl. Abschn. II b			H Sh				0,031
p-Chloranilin [23] [106-47-8]		–	–	–	H Sh	2	–		0,036 [39]
Chlorbenzoesäure (alle Isomeren) [23]: o-Chlorbenzoesäure [118-91-2], m-Chlorbenzoesäure [535-80-8], p-Chlorbenzoesäure [74-11-3]	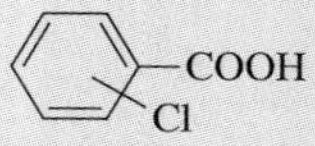	vgl. Abschn. II b							[40]
Chlorbenzol [108-90-7]	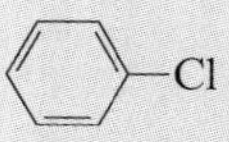	10 vgl. Abschn. XII	47	II (2)			C		12
4-Chlorbenzotrichlorid [23] [5216-25-1]	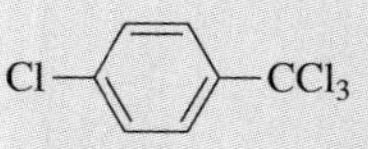	–	–	–	H	2	–		0,2
p-Chlorbenzotrichlorid	s. 4-Chlorbenzotrichlorid								
Chlorbrommethan	s. Bromchlormethan								
2-Chlor-1,3-butadien	s. Chloropren								
Chlorcyan [506-77-4]	CNCl	vgl. Abschn. II b							

[23] Der Stoff kann gleichzeitig als Dampf und Aerosol vorliegen
[39] Dampfdruck bei 26 °C
[40] (0,0031) Dampfdruck bei 25 °C (berechneter Wert)

Stoff [CAS-Nummer]	Formel	MAK ml/m³ (ppm)	MAK mg/m³	Spitzenbegrenzung	H;S	Krebserzeugend Kategorie	Schwangerschaft Gruppe	Keimzellmutagen Kategorie	Dampfdruck in hPa bei 20°C
Chlordan° [57-74-9]	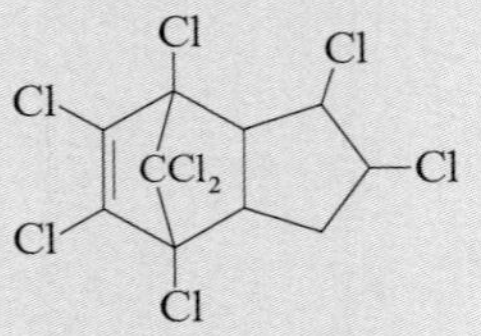		0,5 E	II (8)	H	3B			
Chlordecon° [143-50-0]	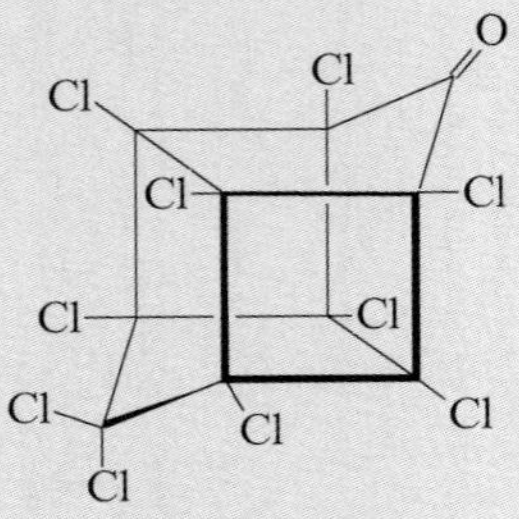	–	–	–	H	2	–		
1-Chlor-1,1-difluorethan (R 142 b) [75-68-3]	ClF_2C-CH_3	1000	4200	II (8)			D		
Chlordifluormethan	s. Monochlordifluormethan								
2-Chlor-10-(3-(dimethyl-amino)propyl)-phenothiazin (Chlorpromazin) [50-53-3]	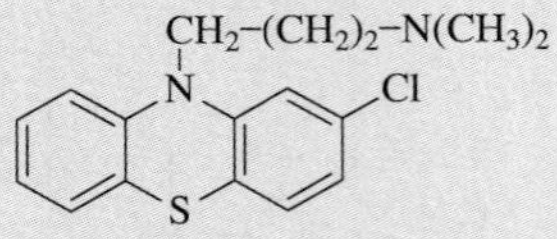	vgl. Abschn. IV			SP				
Chlordimethylether	s. Monochlordimethylether								
1-Chlor-2,4-dinitrobenzol [97-00-7]	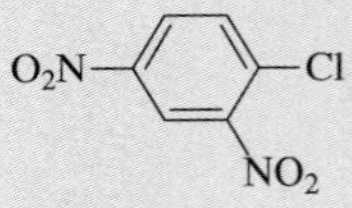	vgl. Abschn. IV			Sh				
Chlordioxid [10049-04-4]	ClO_2	0,1	0,28	I (1)			D		
1-Chlor-2,3-epoxypropan [106-89-8]	$H_2C—CH-CH_2Cl$ (O)	–	–	–	H Sh	2	–	3B	
Chloressigsäureamid	s. 2-Chloracetamid								
Chloressigsäure-methylester [96-34-4]	$Cl-CH_2-CO-OCH_3$	1	4,5	I (1)	H Sh		C [25])		~7

[25]) Schwangerschaftsgruppe C wurde 2011 überprüft und bestätigt

Stoff [CAS-Nummer]	Formel	MAK ml/m³ (ppm)	MAK mg/m³	Spitzenbegrenzung	H;S	Krebserzeugend Kategorie	Schwangerschaft Gruppe	Keimzellmutagen Kategorie	Dampfdruck in hPa bei 20°C
Chlorethan [75-00-3]	H_3C-CH_2Cl	–	–	–	H	3B	–		
2-Chlorethanol [107-07-3]	$ClCH_2-CH_2OH$	1	3,3	II(1)	H		C		7
Chlorfluormethan [593-70-4]	CH_2ClF	–	–	–		2	–		
N-Chlorformylmorpholin [15159-40-7] [23]	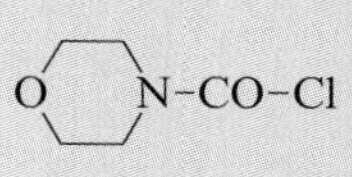	–	–	–		2	–		0,4
2-Chlor-N-hydroxymethylacetamid	s. N-Methylolchloracetamid								
N-(((3R)-5-Chlor-8-hydroxy-3-methyl-1-oxo-7-isochromanyl)carbonyl)-3-phenyl-L-alanin	s. Ochratoxin A								
Chlorierte Biphenyle: Mono-, Di-, Trichlorierte Biphenyle	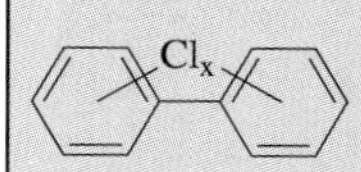 x = 1 - 3	–	–	–	H	3B	–	3A	
Chlorierte Biphenyle: höherchlorierte (≥ 4 Cl) Biphenyle	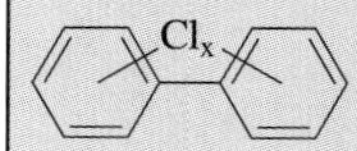 x ≥ 4		0,003 E [41][42]	II(8)	H	4	B	5	
Chlorierte Diphenyloxide [43] verschied. CAS-Nr., z. B. [55720-99-5]	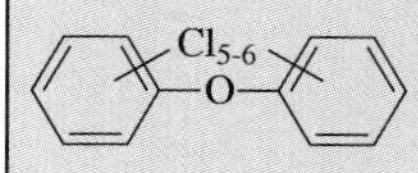	vgl. Abschn. IIb			H				
Chlorierte Naphthaline [44]	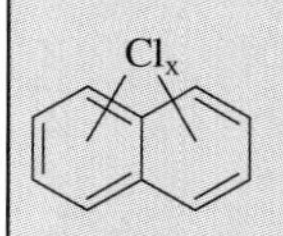 x = 1 - 8	vgl. Abschn. IIb			H				
Chloriertes Camphen [8001-35-2]	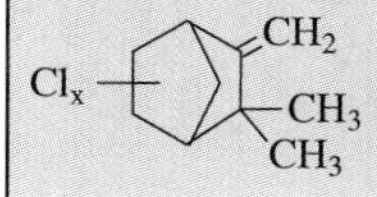 x = 4 - 12 durchschnittl. 8	–	–	–	H	2	–		

) Der Stoff kann gleichzeitig als Dampf und Aerosol vorliegen

) (PCB 28 + PCB 52 + PCB 101 + PCB 138 + PCB 153 + PCB 180) · 5

) Chlorierte Biphenyle bilden eine homologe Reihe, an Arbeitsplätzen treten häufig mehrere dieser Stoffe parallel auf. Chlorierte Biphenyle mit geringem Chloranteil (bis zu 5 Chloratome) können als Partikel-Dampf-Gemisch auftreten, während chlorierte Biphenyle mit hohem Chloranteil ausschließlich als Partikel auftreten.

) Chlorierte Diphenyloxide bilden eine homologe Reihe. Chlorierte Diphenyloxide mit geringem Choranteil können als Partikel-Dampfgemisch auftreten, während chlorierte Diphenyloxide mit hohem Chloranteil ausschließlich als Partikel auftreten.

) Chlorierte Naphthaline bilden eine homologe Reihe. Chlorierte Naphthaline mit geringem Choranteil können als Partikel-Dampfgemisch auftreten, während chlorierte Naphthaline mit hohem Chloranteil ausschließlich als Partikel auftreten.

Stoff [CAS-Nummer]	Formel	MAK ml/m³ (ppm)	MAK mg/m³	Spitzen-begren-zung	H;S	Krebs-erzeu-gend Kate-gorie	Schwan-ger-schaft Gruppe	Keim-zellmu-tagen Kate-gorie	Dampf-druck in hPa bei 20°C
Chlorit	s. Talk								
p-Chlor-m-kresol [23]) [59-50-7]	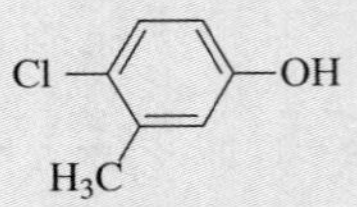	vgl. Abschn. II b			Sh				0,067
Chlormethan [74-87-3]	CH_3Cl	50	100	II (2)	H	3B	B		
Chlormethyl	s. Chlormethan								
3-Chlor-6-methylanilin	s. 5-Chlor-o-toluidin								
4-Chlormethylbiphenyl [23]) [1667-11-4]		vgl. Abschn. II b							
5-Chlor-2-methyl-2,3-dihydroisothiazol-3-on [26172-55-4] **und** **2-Methyl-2,3-dihydro-isothiazol-3-on** [2682-20-4] Gemisch im Verhältnis 3:1	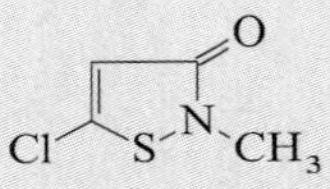 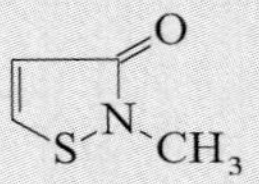	vgl. Abschn. Xc	0,2 E	I (2)	Sh		C [25])		
Chlormethyl-methylether	s. Monochlordimethylether								
3-Chlor-2-methylpropen [563-47-3]	$ClH_2C-C(CH_3)=CH_2$	–	–	–		3B	–		140
1-Chlor-2-nitrobenzol [23]) [88-73-3]	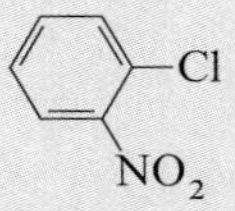	–	–	–	H	3B	–		0,43
1-Chlor-3-nitrobenzol [23]) [121-73-3]	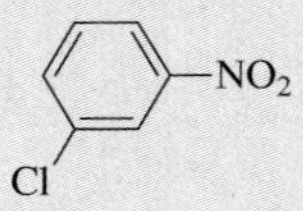	vgl. Abschn. II b			H				0,129 [26])
1-Chlor-4-nitrobenzol [23]) [100-00-5]	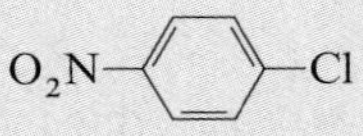	–	–	–	H	3B	–		0,08
1-Chlor-1-nitropropan [600-25-9]	$H_3C-CH_2-CHClNO_2$	vgl. Abschn. II b							

[23]) Der Stoff kann gleichzeitig als Dampf und Aerosol vorliegen
[25]) Schwangerschaftsgruppe C wurde 2011 überprüft und bestätigt
[26]) Dampfdruck bei 25 °C

Stoff [CAS-Nummer]	Formel	MAK ml/m³ (ppm)	MAK mg/m³	Spitzenbegrenzung	H;S	Krebserzeugend Kategorie	Schwangerschaft Gruppe	Keimzellmutagen Kategorie	Dampfdruck in hPa bei 20°C
Chloroform [67-66-3]	$CHCl_3$	0,5	2,5	II (2)	H	4	C		210
Chlorophora excelsa	s. Hölzer								
Chloropren [126-99-8]	$H_2C{=}CCl{-}CH{=}CH_2$	–	–	–	H	2	–		267
Chlorparaffine [45] verschied. CAS-Nr., z. B. [	von $C_{10}H_{22-n}Cl_n$ bis $C_{30}H_{62-n}Cl_n$, unverzweigt, n = 1–28 (Chlorgehalt 20% – 70%)	–	–	–		3B	–		
4-Chlorphenylisocyanat [104-12-1]	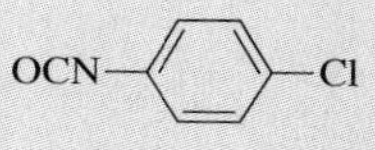	–	–	–		3B	–		
4-Chlorphenylisocyanursäure	s. 4-Chlorphenylisocyanat								
Chlorpikrin	s. Trichlornitromethan								
Chlorpromazin	s. 2-Chlor-10-(3-(dimethylamino)-propyl)phenothiazin								
3-Chlor-1,2-propandiol [96-24-2]	$HOCH_2{-}CHOH{-}CH_2Cl$	0,005	0,023 [23]	II (8)	H	3B	D		0,27
3-Chlorpropen [107-05-1]	$H_2C{=}CH{-}CH_2Cl$	–	–	–	H	3B	–		393
3-Chlor-1-propen	s. 3-Chlorpropen								
Chlorthalonil [1897-45-6]	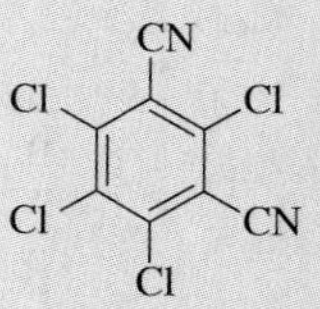	–	–	–	Sh	3B	–		
4-Chlor-o-toluidin [23] [95-69-2]	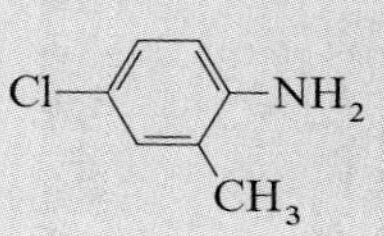	–	–	–	H	1	–	3A	[46]

) Chlorparaffine bilden eine homologe Reihe. Chlorparaffine mit geringem Choranteil und kurzer Kettenlänge können als Partikel-Dampfgemisch auftreten, während Chlorparaffine mit hohem Chloranteil bzw. mit langen Alkylketten ausschließlich als Partikel auftreten.

) Der Stoff kann gleichzeitig als Dampf und Aerosol vorliegen

) (0,055) Dampfdruck bei 25 °C (berechneter Wert)

Stoff [CAS-Nummer]	Formel	MAK ml/m³ (ppm)	MAK mg/m³	Spitzen-begrenzung	H;S	Krebs-erzeugend Kategorie	Schwangerschaft Gruppe	Keimzellmutagen Kategorie	Dampfdruck in hPa bei 20°C
5-Chlor-o-toluidin[23] [95-79-4]	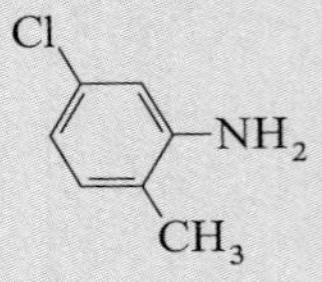	–	–	–		3B	–		0,45
α-Chlortoluol [100-44-7] s. auch α-Chlortoluole	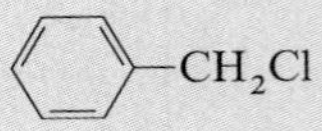	–	–	–	H	2	–		
α-Chlortoluole: Gemisch aus α-Chlortoluol [100-44-7], α,α-Dichlortoluol [98-87-3], α,α,α-Trichlortoluol [98-07-7] und Benzoylchlorid [98-88-4]		–	–	–	H	1	–		
2-Chlor-1,1,2-trifluor-ethyldifluormethylether (Enfluran) [13838-16-9]	$HF_2C{-}O{-}CF_2{-}CHFCl$	20	150	II(8)			C		232
Chlortrifluorid [7790-91-2]	ClF_3	vgl. Abschn. II b							
Chlortrifluormethan [75-72-9]	$CClF_3$	1000	4300	II(8)			D		
Chlorwasserstoff [7647-01-0]	HCl	2	3,0	I(2)			C		
Chromgelb	s. Bleichromat								
Chromhexacarbonyl [13007-92-6]	$Cr(CO)_6$	vgl. Abschn. II b							
Chrom(III)-Verbindungen		vgl. Abschn. II b und XII			Sh[47]				
Chrom(VI)-Verbindungen (einatembare Fraktion)		– vgl. Abschn. XII	–	–	H Sh [48] [49]	1	–	2	

[23]) Der Stoff kann gleichzeitig als Dampf und Aerosol vorliegen
[47]) Gilt nicht für Chrom(III)-oxid und vergleichbar schwerlösliche Chrom(III)-Verbindungen.
[48]) keine H-Markierung für Barium-, Blei-, Strontium- und Zinkchromat
[49]) keine Sh-Markierung für Barium- und Bleichromat

Stoff [CAS-Nummer]	Formel	MAK ml/m³ (ppm)	MAK mg/m³	Spitzenbegrenzung	H;S	Krebserzeugend Kategorie	Schwangerschaft Gruppe	Keimzellmutagen Kategorie	Dampfdruck in hPa bei 20°C
Chrysen [218-01-9]	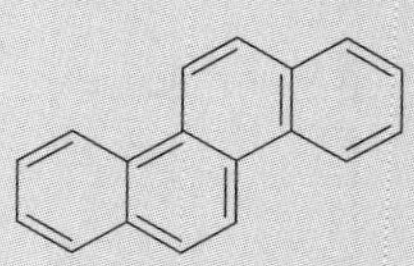	vgl. Abschn. III Pyrolyseprodukte aus organischem Material		–	H	2	–		
Chrysotil (Faserstaub)	s. Asbest								
C.I. Pigment Gelb 34	s. Bleichromat								
C.I. Pigment Rot 104	s. Bleichromat sowie Blei und seine anorganischen Verbindungen								
Cobalt und Cobaltverbindungen (einatembare Fraktion): Cobaltmetall [7440-48-4], Cobalt(II)carbonat [513-79-1], Cobalt(II)oxid [1307-96-6], Cobalt(II,III)oxid [1308-06-1], Cobalt(II)sulfat · $7H_2O$ [10026-24-1] und vergleichbare lösliche Salze, Cobalt(II)sulfid [1317-42-6]	 Co $CoCO_3$ CoO Co_3O_4 $Co_2SO_4 \cdot 7H_2O$ CoS	vgl. Abschn. XIII		–	H Sah	2	–	3A	
Cobaltlegierungen					[50]				
Cobalt	s. auch Hartmetall, Wolframcarbid- und Cobalt-haltig								
Cocobolo	s. Hölzer, Dalbergia retusa								
Cocusholz	s. Hölzer, Brya ebenus								
Colophonium [8050-09-7]		vgl. Abschn. IV			Sh[51]				
Coromandel	s. Hölzer, Diospyros-Arten								
Cristobalit	s. Siliciumdioxid, kristallin								
Crotonaldehyd	s. 2-Butenal								

50) Für Cobaltlegierungen, aus denen Cobalt bioverfügbar ist, siehe Cobalt und Cobaltverbindungen.
51) Ein immunologischer Mechanismus für das auf Colophonium-haltige Arbeitsstoffe öfter beobachtete Asthma ist nicht gesichert.

Stoff [CAS-Nummer]	Formel	MAK ml/m³ (ppm)	MAK mg/m³	Spitzenbegrenzung	H;S	Krebserzeugend Kategorie	Schwangerschaft Gruppe	Keimzellmutagen Kategorie	Dampfdruck in hPa bei 20°C
Cu-HDO	s. N-Cyclohexylhydroxydiazen-1-oxid, Kupfersalz								
Cumol	s. iso-Propylbenzol								
Cumolhydroperoxid	s. α,α-Dimethylbenzylhydroperoxid								
Cyanacrylsäureethylester [7085-85-0]	$H_2C{=}CCN{-}CO{-}OCH_2{-}CH_3$	vgl. Abschn. II b							
Cyanacrylsäuremethylester [137-05-3]	$H_2C{=}CCN{-}CO{-}OCH_3$	2	9,2	I(1)			D		
Cyanamid [420-04-2]	$H_2N{-}CN$	0,2	0,35 [23])	II(1)	H Sh		C		0,005
2-Cyan-2,2-dibromacetamid	s. 2,2-Dibrom-2-cyanacetamid								
Cyan(4-fluor-3-phenoxyphenyl)methyl-3-(2,2-dichlorethenyl)-2,2-dimethylcyclopropancarboxylat	s. Cyfluthrin								
Cyanguanidin	s. Dicyandiamid								
Cyanide (als CN berechnet)			2 E	II(1)	H		C		
Cyanogen	s. Oxalsäuredinitril								
Cyanwasserstoff [74-90-8]	HCN	1,9	2,1	II(2)	H		C		800
Cyclohexan [110-82-7]	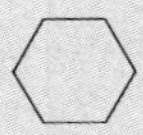	200 vgl. Abschn. XII	700	II(4)			D		104
1,2-Cyclohexandicarbonsäureanhydrid	s. Hexahydrophthalsäureanhydrid								
Cyclohexanol [108-93-0]	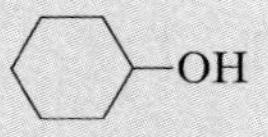	vgl. Abschn. II b			H				
Cyclohexanon [108-94-1]	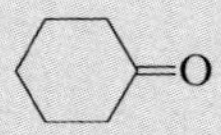	vgl. Abschn. XIII		–	H	3B	–		5
Cyclohexanonperoxid	s. 1-Hydroxy-1'-hydroperoxy-dicyclohexylperoxid								

[23]) Der Stoff kann gleichzeitig als Dampf und Aerosol vorliegen

Stoff [CAS-Nummer]	Formel	MAK ml/m³ (ppm)	MAK mg/m³	Spitzen-begrenzung	H;S	Krebs-erzeugend Kategorie	Schwangerschaft Gruppe	Keimzellmutagen Kategorie	Dampfdruck in hPa bei 20°C
Cyclohexen [110-83-8]	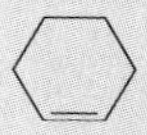	vgl. Abschn. II b							
Cyclohexylamin [108-91-8]	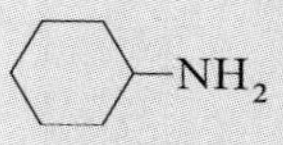	2	8,2	I (2)			C[25]		
N-Cyclohexyl-2-benzothiazolsulfenamid [95-33-0]	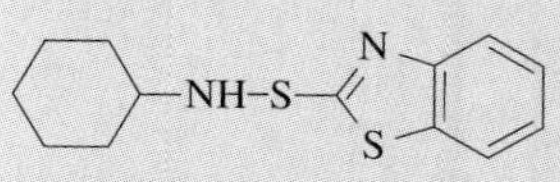	vgl. Abschn. IV			Sh				
N-Cyclohexylhydroxydiazen-1-oxid, Kaliumsalz (K-HDO) [66603-10-9]	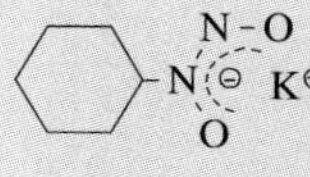	vgl. Abschn. Xc	10 E	II (2)	H		D		
N-Cyclohexylhydroxydiazen-1-oxid, Kupfersalz (Cu-HDO) [15627-09-5]	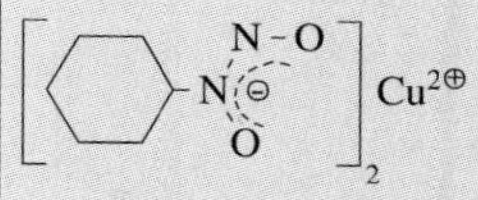	vgl. Abschn. Xc	0,05 A[52]	II (2)	H		C		
N-Cyclohexyl-N'-phenyl-1,4-benzoldiamin	s. N-Cyclohexyl-N'-phenyl-p-phenylendiamin								
N-Cyclohexyl-N'-phenyl-p-phenylendiamin [101-87-1]	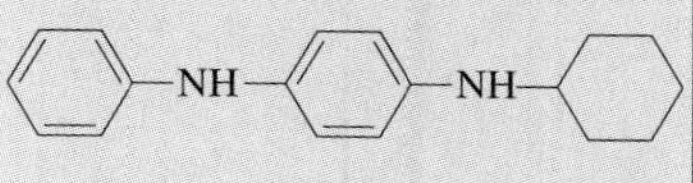	vgl. Abschn. IV			Sh				
1,3-Cyclopentadien [542-92-7]	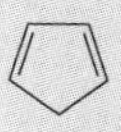	vgl. Abschn. II b							451
Cyclopenta[cd]pyren [27208-37-3]	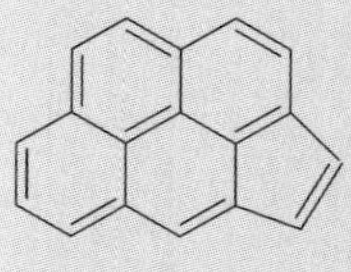	vgl. Abschn. III Pyrolyseprodukte aus organischem Material		–	H	2	–	3B	
Cyclotetramethylenoxid	s. Tetrahydrofuran								
Cyfluthrin [68359-37-5]	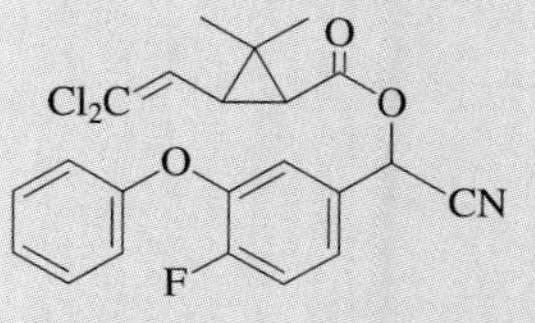		0,01 E	I (1)			C		
β-Cyfluthrin	s. Cyfluthrin								
2,4-D	s. 2,4-Dichlorphenoxyessigsäure								
Dalapon	s. 2,2-Dichlorpropionsäure								

25) Schwangerschaftsgruppe C wurde 2011 überprüft und bestätigt
52) entsprechend 0,01 mg Cu/m^3

Stoff [CAS-Nummer]	Formel	MAK ml/m³ (ppm)	MAK mg/m³	Spitzenbegrenzung	H;S	Krebserzeugend Kategorie	Schwangerschaft Gruppe	Keimzellmutagen Kategorie	Dampfdruck in hPa bei 20°C
Dalbergia-Arten	s. Hölzer								
Dawsonit [12011-76-6] (Faserstaub)	$NaAl(CO_3)(OH)_2$	vgl. Abschn. III		–		2	–		
DDT (1,1,1-Trichlor-2,2-bis(4-chlorphenyl)-ethan) [50-29-3]	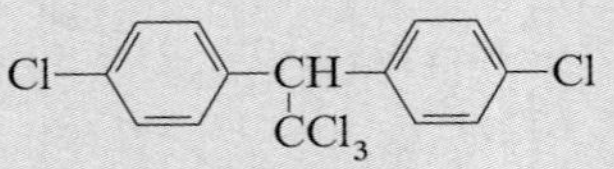		1 E	II(8)	H				
DDVP	s. Dichlorvos								
Decaboran [17702-41-9]	$B_{10}H_{14}$	0,05	0,25	II(2)	H				
Decachlorpentacyclo-[5.2.1.0^{2,6}.0^{3,9}.0^{5,8}]-decan-4-on	s. Chlordecon								
Decachlortetracyclo-decanon	s. Chlordecon								
★ **Decahydronaphthalin** [91-17-8]	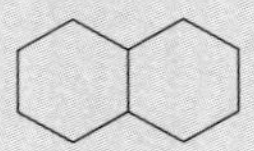	5	29 [23]	II(2)			D		
Decalin	s. Decahydronaphthalin								
1,10-Decandisäure	s. Sebacinsäure								
Decyl-9-octadecenoat	s. Decyloleat								
Decyloleat [3687-46-5]	$CH_2{-}(CH_2)_6{-}COO{-}(CH_2)_9{-}CH_3$ $HC{=}CH{-}(CH_2)_7{-}CH_3$	vgl. Abschn. II b							
iso-Decyloleat [59231-34-4]	$CH_2{-}(CH_2)_5{-}COO{-}(CH_2)_7{-}CH(CH_3)_2$ $CH_2{-}CH{=}CH{-}(CH_2)_7{-}CH_3$	vgl. Abschn. II b							
Demeton° [53] [8065-48-3]	$SP(OCH_2{-}CH_3)_2$ $O{-}(CH_2)_2{-}S{-}CH_2{-}CH_3$ + $OP(OCH_2{-}CH_3)_2$ $S{-}(CH_2)_2{-}S{-}CH_2{-}CH_3$	vgl. Abschn. II b			H				
Demetonmethyl [8022-00-2]	$SP(OCH_3)_2$ $O{-}(CH_2)_2{-}S{-}CH_2{-}CH_3$ + $OP(OCH_3)_2$ $S{-}(CH_2)_2{-}S{-}CH_2{-}CH_3$	0,5	4,8	II(2)	H				

[23]) Der Stoff kann gleichzeitig als Dampf und Aerosol vorliegen
[53]) siehe Abschn.XII, BAT-Werte-Liste, Acetylcholinesterasehemmer.

Stoff [CAS-Nummer]	Formel	MAK ml/m³ (ppm)	MAK mg/m³	Spitzen-begren-zung	H;S	Krebs-erzeu-gend Kate-gorie	Schwan-ger-schaft Gruppe	Keim-zellmu-tagen Kate-gorie	Dampf-druck in hPa bei 20°C
Desfluran [57041-67-5]	$CF_3-CHF-O-CHF_2$	vgl. Abschn. II b							
2-Difluormethyl-1,2,2,2-tetrafluorethylether	s. Desfluran								
Destillate (Erdöl), mit Wasserstoff behandelte, leichte [64742-47-8]		20 vgl. Abschn. Xc	140 [23])	II (2)		3B	C		0,6
Diacetonalkohol	s. 4-Hydroxy-4-methylpentan-2-on								
★ **Diacetyl** [431-03-8]	$H_3C-CO-OC-CH_3$	0,02	0,071	II (1)	H Sh	3B	C		
Diacetylperoxid [110-22-5]	$H_3C-CO-OO-CO-CH_3$	vgl. Abschn. Xa							
Diallylphthalat [131-17-9]	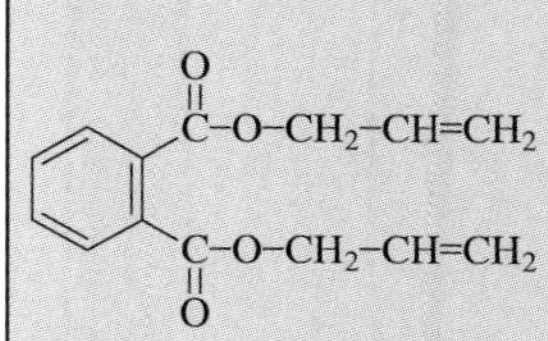	vgl. Abschn. II b							
2,4-Diaminoanisol [23]) [615-05-4]	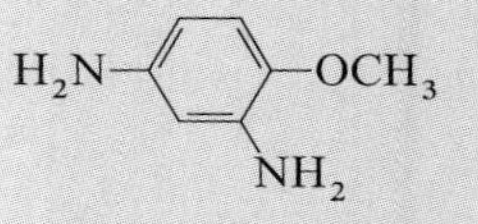	–	–	–	H	2	–		[85])
3,3'-Diaminobenzidin [91-95-2] und sein Tetrahydrochlorid [7411-49-6]	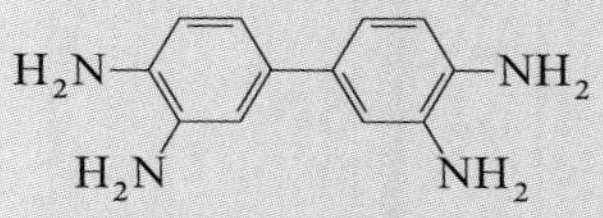	–	–	–		3B	–		
1,2-Diaminobenzol	s. o-Phenylendiamin								
1,3-Diaminobenzol	s. m-Phenylendiamin								
1,4-Diaminobenzol	s. p-Phenylendiamin								
4,4'-Diamino-3,3'-dichlordiphenylmethan	s. 4,4'-Methylen-bis(2-chloranilin)								
4,4'-Diaminodiphenyl	s. Benzidin								
4,4'-Diaminodiphenylether	s. 4,4'-Oxydianilin								

[23]) Der Stoff kann gleichzeitig als Dampf und Aerosol vorliegen
[85]) (0,063) (berechneter Wert)

Stoff [CAS-Nummer]	Formel	MAK ml/m³ (ppm)	mg/m³	Spitzenbegrenzung	H;S	Krebserzeugend Kategorie	Schwangerschaft Gruppe	Keimzellmutagen Kategorie	Dampfdruck in hPa bei 20°C
4,4'-Diaminodiphenylmethan [101-77-9]	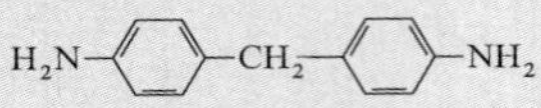	vgl. Abschn. XII		–	H Sh	2	–		
4,4'-Diaminodiphenylsulfid	s. 4,4'-Thiodianilin								
1,2-Diaminoethan [107-15-3]	$H_2NCH_2{-}CH_2NH_2$	vgl. Abschn. II b			Sah				
3,8-Diamino-5-ethyl-6-phenylphenanthridiniumbromid	s. Ethidiumbromid								
1,3-Diamino-4-methylbenzol	s. 2,4-Toluylendiamin								
1,5-Diaminonaphthalin [2243-62-1]	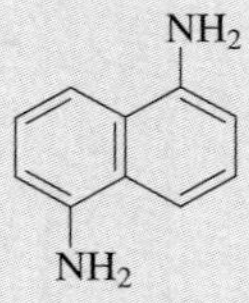	–	–	–	H Sh	2	–		
2,4-Diaminotoluol	s. 2,4-Toluylendiamin								
Diammoniumperoxidsulfat	s. Ammoniumpersulfat								
Dian	s. Bisphenol A								
o-Dianisidin	s. 3,3'-Dimethoxybenzidin								
Diazinon [333-41-5]	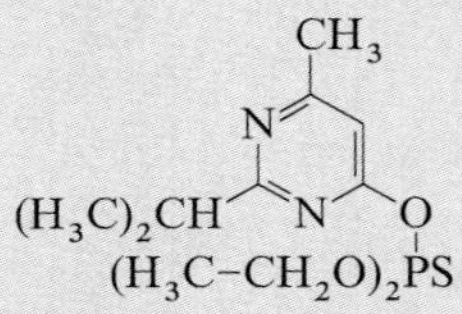		0,1 E	II(2)	H		C		
Diazomethan [334-88-3]	$H_2C{=}\overset{\oplus}{N}{=}\overset{\ominus}{N} \longleftrightarrow H_2\overset{\ominus}{C}{-}\overset{\oplus}{N}{\equiv}N$	–	–	–		2	–		
Dibenz[a,h]anthracen [53-70-3]	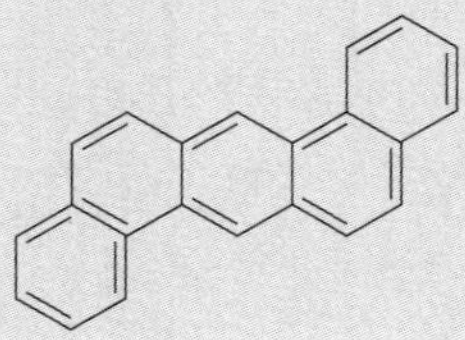	vgl. Abschn. III Pyrolyseprodukte aus organischem Material		–	H	2	–	3A	

Stoff [CAS-Nummer]	Formel	MAK ml/m³ (ppm)	MAK mg/m³	Spitzenbegrenzung	H;S	Krebserzeugend Kategorie	Schwangerschaft Gruppe	Keimzellmutagen Kategorie	Dampfdruck in hPa bei 20°C
Dibenzo[a,e]pyren [192-65-4]	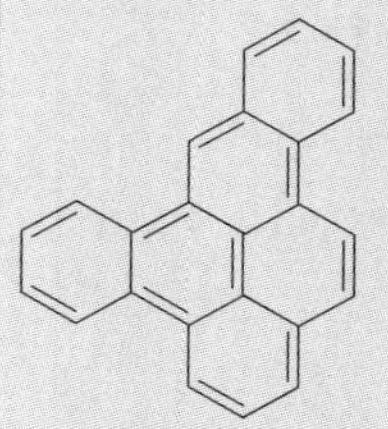	vgl. Abschn. III Pyrolyseprodukte aus organischem Material		–	H	2	–	3B	
Dibenzo[a,h]pyren [189-64-0]	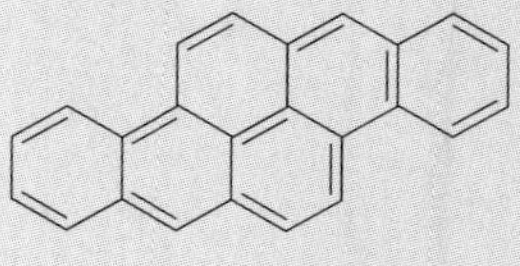	vgl. Abschn. III Pyrolyseprodukte aus organischem Material		–	H	2	–	3B	
Dibenzo[a,i]pyren [189-55-9]	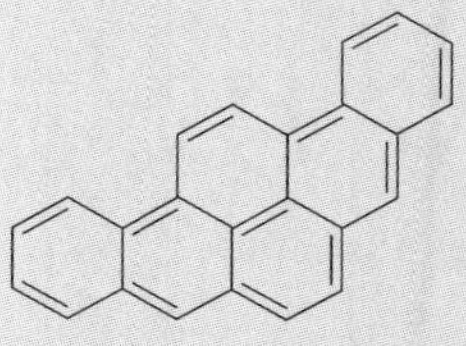	vgl. Abschn. III Pyrolyseprodukte aus organischem Material		–	H	2	–	3B	
Dibenzo[a,l]pyren [191-30-0]	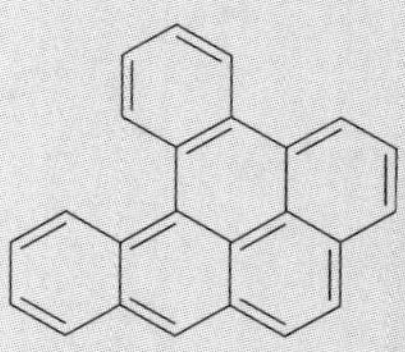	vgl. Abschn. III Pyrolyseprodukte aus organischem Material		–	H	2	–	3B	
Dibenzo-1,4-thiazin	s. Phenothiazin								
Dibenzothiazyldisulfid [120-78-5]	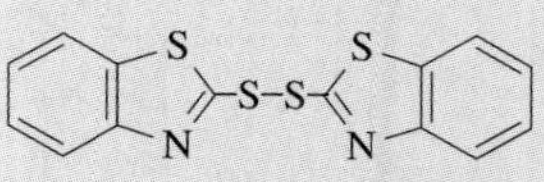	vgl. Abschn. IV			Sh				
Dibenzoylperoxid [94-36-0]	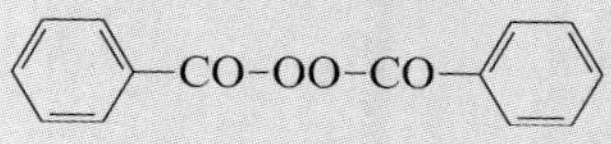	vgl. Abschn. Xa	5 E	I(1)					
Dibenzyldisulfid [150-60-7]	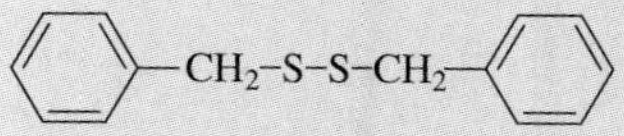	vgl. Abschn. II b							
Diboran [19287-45-7]	$H_3B{-}BH_3$	vgl. Abschn. II b							
1,2-Dibrom-3-chlor-propan° [96-12-8]	$H_2CCl{-}CHBr{-}CH_2Br$	–	–	–	H	2	–	2	
2,2-Dibrom-2-cyan-acetamid [10222-01-2]	$H_2N{-}CO{-}CBr_2{-}C{\equiv}N$	vgl. Abschn. II b			Sh				

Stoff [CAS-Nummer]	Formel	MAK ml/m³ (ppm)	MAK mg/m³	Spitzenbegrenzung	H;S	Krebserzeugend Kategorie	Schwangerschaft Gruppe	Keimzellmutagen Kategorie	Dampfdruck in hPa bei 20°C
1,2-Dibrom-2,4-dicyanbutan	s. 2-Brom-2-(brommethyl)pentandinitril								
Dibromdifluormethan [75-61-6]	CBr_2F_2	vgl. Abschn. II b							
1,2-Dibromethan [106-93-4]	BrH_2C-CH_2Br	–	–	–	H	2	–		15
3,5-Di-tert-butyl-4-hydroxytoluol	s. Butylhydroxytoluol								
N,N-Di-n-butylnitrosamin	s. N-Nitrosodi-n-butylamin								
Di-tert-butylperoxid [110-05-4]	$(H_3C)_3C-OO-C(CH_3)_3$	vgl. Abschn. Xa							
2,6-Di-tert-butylphenol [128-39-2]	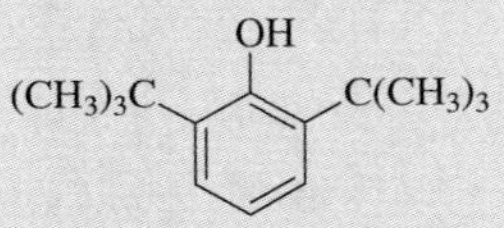	vgl. Abschn. II b							
Di-n-butylphosphat [107-66-4] und seine technischen Gemische	$HO-\overset{O}{\overset{\|}{P}}(O-(CH_2)_3-CH_3)_2$	vgl. Abschn. Xc		–		3A	–		7,4· 10
★ **Di-n-butylphthalat** [84-74-2]	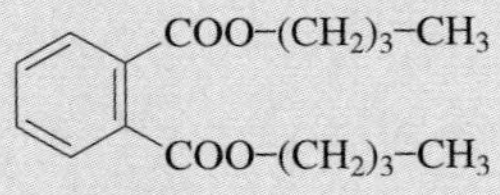	0,05 vgl. Abschn. Xc	0,58[23]	I(2)		3B	C[25]		1,6· 10
Dicarbonsäureanhydride		vgl. Abschn. IVe							
Dicarbonsäure (C4–C6)-dimethylester, Gemisch [95481-62-2]	16,5% Adipinsäuredimethylester, 16,9% Bernsteinsäuredimethylester, 66,6% Glutarsäuredimethylester (Reinheit > 99,5%)	0,75	5	I(1)			C		
Dichloracetylen [7572-29-4]	$ClC\equiv CCl$	–	–	–		2	–		
3,4-Dichloranilin[23] [95-76-1]	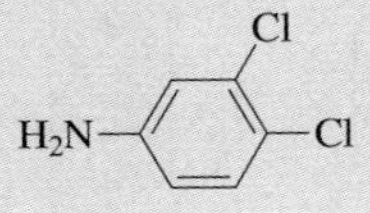	vgl. Abschn. II b			H Sh				1 84· 10

[23]) Der Stoff kann gleichzeitig als Dampf und Aerosol vorliegen
[25]) Schwangerschaftsgruppe C wurde 2011 überprüft und bestätigt

Stoff [CAS-Nummer]	Formel	MAK ml/m³ (ppm)	MAK mg/m³	Spitzenbegrenzung	H;S	Krebserzeugend Kategorie	Schwangerschaft Gruppe	Keimzellmutagen Kategorie	Dampfdruck in hPa bei 20°C
3,3'-Dichlorbenzidin [91-94-1]	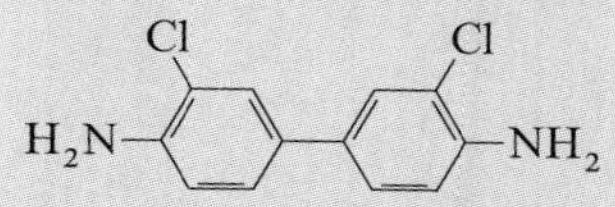	–	–	–	H	2	–		
1,2-Dichlorbenzol [95-50-1]	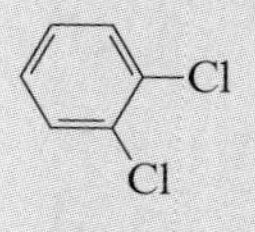	10 vgl. Abschn. XII	61	II(2)	H		C[25])		1,33
1,3-Dichlorbenzol [541-73-1]	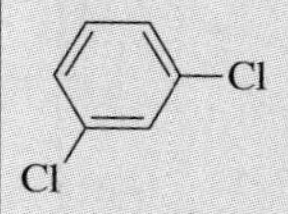	2	12	II(2)			C[25])		
1,4-Dichlorbenzol [106-46-7]	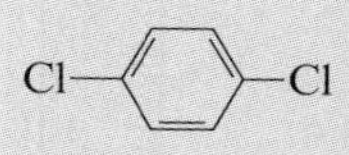	vgl. Abschn. XIII		–	H	2	–	3B	1,7
o-Dichlorbenzol	s. 1,2-Dichlorbenzol								
p-Dichlorbenzol	s. 1,4-Dichlorbenzol								
3,4-Dichlorbenzolamin	s. 3,4-Dichloranilin								
1,4-Dichlor-2-buten [764-41-0]	$ClCH_2-CH=CH-CH_2Cl$	–	–	–	H	2	–	3A	
2,2'-Dichlordiethylether [111-44-4]	$ClCH_2-CH_2-O-CH_2-CH_2Cl$	10	59	I(1)	H				
2,2'-Dichlordiethylsulfid [505-60-2]	$ClCH_2-CH_2-S-CH_2-CH_2Cl$	–	–	–	H	1	–		
Dichlordifluormethan (R 12) [75-71-8]	CCl_2F_2	1000	5000	II(2)			C		
Dichlordimethylether	s. Bis(chlormethyl)ether								
α,α-Dichlordimethylether	s. Bis(chlormethyl)ether								
Dichloressigsäure[23]) [79-43-6] und ihre Salze	$HOOC-CHCl_2$	–	–	–		3A	–		0,19
1,1-Dichlorethan [75-34-3]	$H_3C-CHCl_2$	100	410	II(2)			C		240
1,2-Dichlorethan [107-06-2]	ClH_2C-CH_2Cl	–	–	–	H	2	–		87

Schwangerschaftsgruppe C wurde 2011 überprüft und bestätigt

Der Stoff kann gleichzeitig als Dampf und Aerosol vorliegen

Stoff [CAS-Nummer]	Formel	MAK ml/m³ (ppm)	MAK mg/m³	Spitzen-begren-zung	H;S	Krebs-erzeu-gend Kate-gorie	Schwan-ger-schaft Gruppe	Keim-zellmu-tagen Kate-gorie	Dampf druck in hPa bei 20°C
1,1-Dichlorethen [75-35-4]	$H_2C{=}CCl_2$	2	8,0	II(2)		3B	C		667
1,2-Dichlorethen sym. [540-59-0] (cis- [156-59-2] und trans- [156-60-5])	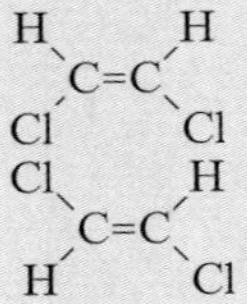	200	800	II(2)					220
Dichlorethin	s. Dichloracetylen								
1,2-Dichlorethylen	s. 1,2-Dichlorethen								
1,2-Dichlorethylmethyl-ether	s. 1,2-Dichlormethoxyethan								
α,β-Dichlorethylmethyl-ether	s. 1,2-Dichlormethoxyethan								
Dichlorfluormethan (R 21) [75-43-4]	$CHCl_2F$	10	43	II(2)					
α-Dichlorhydrin	s. 1,3-Dichlor-2-propanol								
★ **Dichlormethan** [75-09-2]	CH_2Cl_2	50 [18] vgl. Abschn. XIII	180	II(2)	H	5	B		475
1,2-Dichlormethoxyethan [41683-62-9]	$H_2CCl{-}CHCl{-}OCH_3$	–	–	–	H	3B	–		
2,2'-Dichlor-N-methyl-diethylamin	s. N-Methyl-bis(2-chlorethyl)amin								
2,2'-Dichlor-4,4'-methylendianilin	s. 4,4'-Methylen-bis(2-chloranilin)								
Dichlornaphthaline	s. Chlorierte Naphthaline								
1,2-Dichlor-4-nitrobenzol [99-54-7] [23]	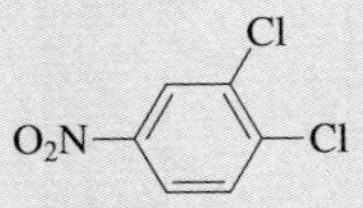	–	–		H	3B			0,02 [26]
3,4-Dichlornitrobenzol	s. 1,2-Dichlor-4-nitrobenzol								
1,1-Dichlor-1-nitroethan [594-72-9]	$H_3C{-}CCl_2NO_2$	vgl. Abschn. II b							

[18]) siehe Definition der Kanzerogenitätskategorie 5 und jeweilige Begründung
[23]) Der Stoff kann gleichzeitig als Dampf und Aerosol vorliegen
[26]) Dampfdruck bei 25 °C

Stoff [CAS-Nummer]	Formel	MAK ml/m³ (ppm)	MAK mg/m³	Spitzen-begren-zung	H;S	Krebs-erzeu-gend Kate-gorie	Schwan-ger-schaft Gruppe	Keim-zellmu-tagen Kate-gorie	Dampf-druck in hPa bei 20°C
4-(2,4-Dichlorphenoxy)-benzolamin	s. Aminofen								
2,4-Dichlorphenoxy-essigsäure (2,4-D) [94-75-7] (einschl. Salze und Ester)	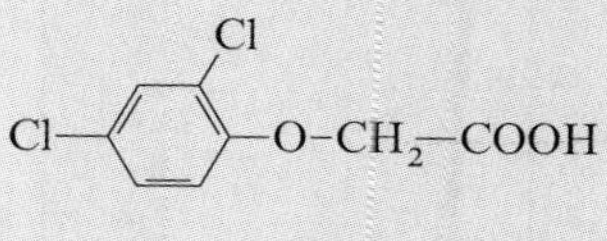		2 E	II(2)	H		C		
1,2-Dichlorpropan [78-87-5]	$H_3C{-}CHCl{-}CH_2Cl$	–	–	–		3B	–		51
1,3-Dichlor-2-propanol [96-23-1]	$ClH_2C{-}CHOH{-}CH_2Cl$	–	–	–	H	2	–		
1,3-Dichlorpropen [542-75-6] (cis- und trans-)	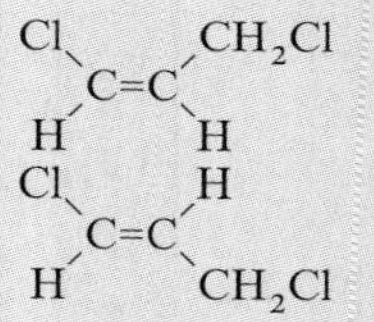	–	–	–	H Sh	2	–		40
2,2-Dichlorpropionsäure [75-99-0] und ihr Natriumsalz [127-20-8]	$H_3C{-}CCl_2{-}COOH$ $H_3C{-}CCl_2{-}COO^{\ominus}Na^{\oplus}$	vgl. Abschn. II b							
1,2-Dichlor-1,1,2,2-tetra-fluorethan (R 114) [76-14-2]	$ClF_2C{-}CClF_2$	1000	7100	II(8)			D		
α,α-Dichlortoluol[23] [98-87-3] s. auch α-Chlortoluole	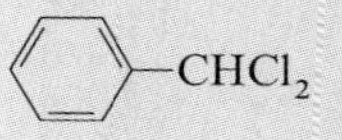	–	–	–	H	2	–		0,5
1,1-Dichlor-2,2,2-trifluorethan	s. 2,2-Dichlor-1,1,1-trifluorethan								
2,2-Dichlor-1,1,1-trifluorethan (R 123) [306-83-2]	$F_3C{-}CHCl_2$	–	–	–		3B	–		13,2
(2,2-Dichlorvinyl)-dimethylphosphat	s. Dichlorvos								
Dichlorvos [62-73-7]	$Cl_2C{=}CH{-}O{-}PO(OCH_3)_2$	0,11	1	II(2)	H		C[25]		
Dicyan	s. Oxalsäuredinitril								

Der Stoff kann gleichzeitig als Dampf und Aerosol vorliegen
Schwangerschaftsgruppe C wurde 2011 überprüft und bestätigt

Stoff [CAS-Nummer]	Formel	MAK ml/m³ (ppm)	mg/m³	Spitzenbegrenzung	H;S	Krebserzeugend Kategorie	Schwangerschaft Gruppe	Keimzellmutagen Kategorie	Dampfdruck in hPa bei 20°C
Dicyandiamid [461-58-5]	$N\equiv C-NH-C(=NH)-NH_2$	vgl. Abschn. II b							2,3· 10-
Dicyclohexylamin [54]) [23]) [101-83-7]	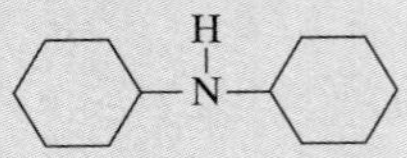	vgl. Abschn. II b			H				0,04 [26]
Dicyclohexylaminnitrit [3129-91-7]	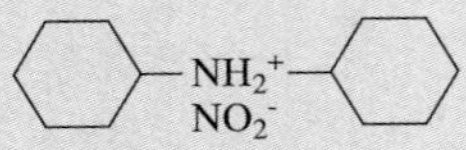	vgl. Abschn. II b							
Dicyclohexylcarbodiimid [538-75-0]	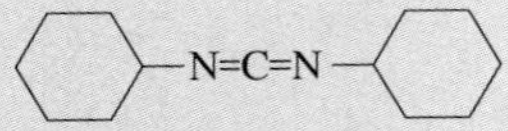	vgl. Abschn. IV			Sh				
Dicyclohexylperoxid [1758-61-8]	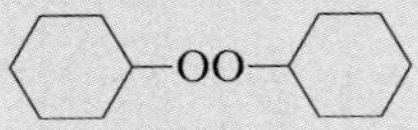	vgl. Abschn. Xa							
Dicyclopentadien [77-73-6]	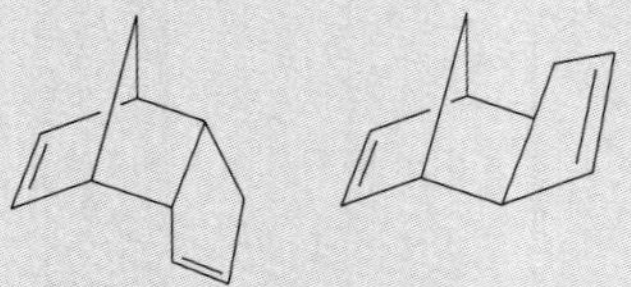 *endo* *exo*	0,5	2,7	I(1)			D		
Di-tert-dodecyl-pentasulfid [31565-23-8] **Di-tert-dodecyl-polysulfid** [68583-56-2; 68425-15-0]	$CH_3-[C(CH_3)_2]_4-S_x-[C(CH_3)_2]_4-CH_3$ 1) 31565-23-8: x = 5 2) 68583-56-2: x = 2-8	vgl. Abschn. Xc	100 E	II(2)			C		
Dieldrin° (HEOD) [60-57-1]	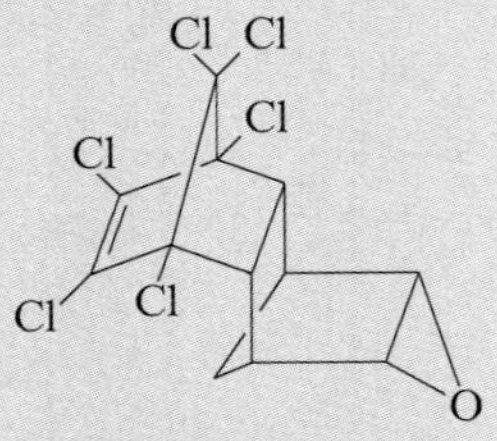		0,25 E	II(8)	H				
Diepoxybutan [1464-53-5]	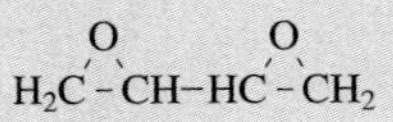							2	

[54]) Reaktion mit nitrosierenden Agentien kann zur Bildung von N-Nitrosodicyclohexylamin führen, vgl. Abschn. III „Entstehung ka zerogener Nitrosamine durch Nitrosierung . . .“, S. 172.

[23]) Der Stoff kann gleichzeitig als Dampf und Aerosol vorliegen

[26]) Dampfdruck bei 25 °C

Stoff [CAS-Nummer]	Formel	MAK ml/m³ (ppm)	MAK mg/m³	Spitzenbegrenzung	H;S	Krebserzeugend Kategorie	Schwangerschaft Gruppe	Keimzellmutagen Kategorie	Dampfdruck in hPa bei 20°C
1,3-Di-(2,3-epoxy-propoxy)benzol	s. Diglycidylresorcinether								
Dieselmotor-Emissionen [55]		vgl. Abschn. III Pyrolyseprodukte aus organischem Material		–		2	–		
Diethanolamin [56] [111-42-2]	$HO{-}(CH_2)_2{-}NH{-}(CH_2)_2{-}OH$		1 E [23]	I(1)	H Sh	3B	C		$2{\cdot}10^{-4}$
N,N-Diethanolnitrosamin	s. N-Nitrosodiethanolamin								
Diethylamin [57] [109-89-7]	$(H_3C{-}CH_2)_2NH$	5	15	I(2) [58]			D		260
2-Diethylaminoethanol [100-37-8]	$(H_3C{-}CH_2)_2N{-}CH_2{-}CH_2OH$	5	24	I(1)	H		C		1,9
Diethylcarbamidsäure-chlorid [23] [88-10-8]	$(H_3C{-}CH_2)_2N{-}CO{-}Cl$	–	–	–		3B	–		[59]
Diethyldithiocarbamin-säurenatriumsalz	s. Natriumdiethyldithiocarbamat								
Diethylendioxid	s. 1,4-Dioxan								
Diethylenglykol [111-46-6]	$HO{-}(CH_2)_2{-}O{-}(CH_2)_2{-}OH$	10	44 [23]	II(4)			C [25]		0,027
Diethylenglykoldiacrylat [4074-88-8]	$(CH_2C{=}CH{-}COO{-}(CH_2)_2)_2O$	vgl. Abschn. IV			Sh				
Diethylenglykoldimeth-acrylat [2358-84-1]	$O{-}(CH_2)_2{-}O{-}OC{-}C(CH_3){=}CH_2$ $\vert$ $(CH_2)_2{-}O{-}OC{-}C(CH_3){=}CH_2$	vgl. Abschn. IV			Sh				

) Aufgrund der neuen Technologie der Dieselmotoren haben sich die Emissionen qualitativ und quantitativ erheblich geändert. Da man davon ausgehen muss, dass erst Ende der 90er Jahre diese neuen Dieselmotoren eingesetzt wurden, beruhen alle vorliegenden epidemiologischen Studien, die 2007 bewertet wurden, auf Expositionen gegen ältere Dieselmotoremissionen. Eine Bewertung der neuen Dieselmotoremissionen kann erst bei Vorliegen geeigneter Studien erfolgen.

) Reaktion mit nitrosierenden Agentien kann zur Bildung des kanzerogenen N-Nitrosodiethanolamins führen, vgl. Abschn. III „Entstehung kanzerogener Nitrosamine durch Nitrosierung . . .", S. 172.

) Der Stoff kann gleichzeitig als Dampf und Aerosol vorliegen

) Reaktion mit nitrosierenden Agentien kann zur Bildung des kanzerogenen N-Nitrosodiethylamins führen, vgl. Abschn. III „Entstehung kanzerogener Nitrosamine durch Nitrosierung . . .", S. 172.

) Ein Momentanwert von 10 ml/m³ entsprechend 30 mg/m³ sollte nicht überschritten werden.

) (0,96) Dampfdruck bei 25 °C (berechneter Wert)

) Schwangerschaftsgruppe C wurde 2011 überprüft und bestätigt

Stoff [CAS-Nummer]	Formel	MAK ml/m³ (ppm)	MAK mg/m³	Spitzenbegrenzung	H;S	Krebserzeugend Kategorie	Schwangerschaft Gruppe	Keimzellmutagen Kategorie	Dampfdruck in hPa bei 20°C
Diethylenglykol-dimethylether [111-96-6]	$H_3C{-}O{-}[(CH_2)_2{-}O]_2{-}CH_3$	5	28	II(8)	H		B		2
Diethylenglykoldinitrat [693-21-0]	$O((CH_2)_2{-}ONO_2)_2$	vgl. Abschn. II b			H				
Diethylenglykolmono-butylether	s. Butyldiglykol								
Diethylenglykolmono-ethylether	s. Ethyldiglykol								
Diethylenoxid	s. Tetrahydrofuran								
Diethylenoximid	s. Morpholin								
Diethylentriamin [111-40-0]	$(H_2N{-}CH_2{-}CH_2)_2NH$	vgl. Abschn. IV			Sh				
Diethylentriamin-pentakis(methylen-phosphonsäure) [15827-60-8] und ihre Natriumsalze [22042-96-2]	$CH_2{-}PO_3H_2$ $N((CH_2)_2{-}N(CH_2{-}PO_3H_2)_2)_2$	vgl. Abschn. II b							
Diethylether [60-29-7]	$H_3C{-}CH_2{-}O{-}CH_2{-}CH_3$	400	1200	I(1)			D		587
★ **Di-(2-ethylhexyl)-phthalat** (DEHP) [117-81-7]	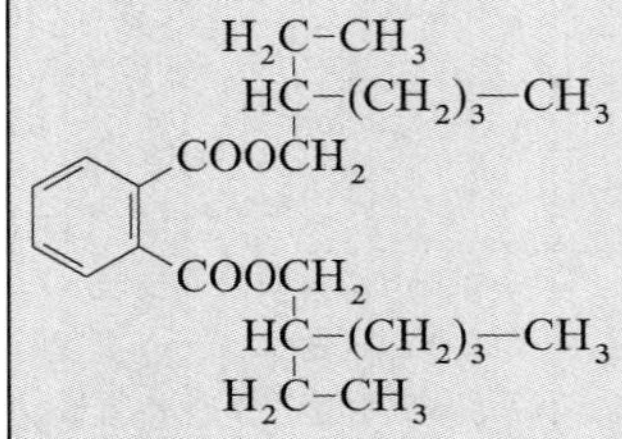		2 E	II(2)	H	4			
O,O-Diethyl-O-(4-nitro-phenyl)thiophosphat	s. Parathion								
N,N-Diethylnitrosamin	s. N-Nitrosodiethylamin								
Diethyloxid	s. Diethylether								
Diethylsulfat [64-67-5]	$(H_3C{-}CH_2{-}O)_2SO_2$	–	–	–	H	2	–	2	
Difluordibrommethan	s. Dibromdifluormethan								

Stoff [CAS-Nummer]	Formel	MAK ml/m³ (ppm)	MAK mg/m³	Spitzenbegrenzung	H;S	Krebserzeugend Kategorie	Schwangerschaft Gruppe	Keimzellmutagen Kategorie	Dampfdruck in hPa bei 20°C
1,1-Difluorethen (R 1132a) [75-38-7]	$H_2C{=}CF_2$	–	–	–		3B	–		
1,1-Difluorethylen	s. 1,1-Difluorethen								
Difluormonochlorethan	s. 1-Chlor-1,1-difluorethan								
Difluormonochlormethan	s. Monochlordifluormethan								
Diglycidylether[23]) [2238-07-5]	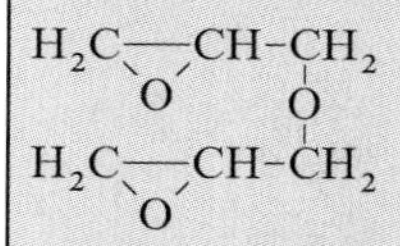	–	–	–	H	3B	–		0,12
Diglycidylhexahydrophthalat	s. Hexahydrophthalsäurediglycidylester								
1,3-Diglycidyloxybenzol	s. Diglycidylresorcinether								
Diglycidylresorcinether [101-90-6]	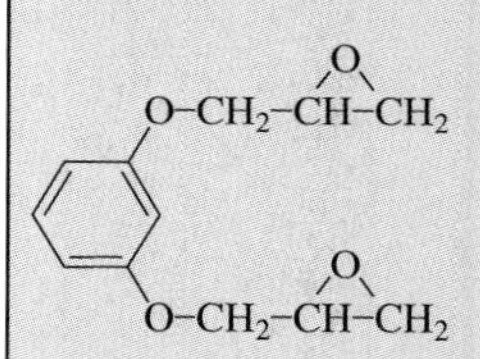	–	–	–	H Sh	2	–		
Diglykolamin	s. 2-(2-Aminoethoxy)ethanol								
Dihydro-2(3H)-furanon	s. γ-Butyrolacton								
1,2-Dihydro-5-nitroacenaphthylen	s. 5-Nitroacenaphthen								
1,4-Dihydroxybenzol[23]) [123-31-9]	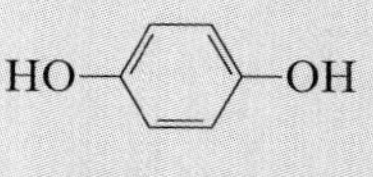	–	–	–	H Sh	2	–	3A	0,015
4,4'-Dihydroxydiphenylpropan	s. Bisphenol A								
p-Diiodmethylsulfonyltoluol [20018-09-1]	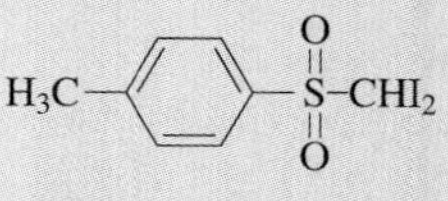	vgl. Abschn. II b							
Diisobutylketon	s. 2,6-Dimethylheptan-4-on								
Diisocyanate		vgl. Abschn. IVe							
2,4-Diisocyanattoluol	s. Toluylendiisocyanate								

) Der Stoff kann gleichzeitig als Dampf und Aerosol vorliegen

Stoff [CAS-Nummer]	Formel	MAK ml/m³ (ppm)	MAK mg/m³	Spitzenbegrenzung	H;S	Krebserzeugend Kategorie	Schwangerschaft Gruppe	Keimzellmutagen Kategorie	Dampfdruck in hPa bei 20°C
2,6-Diisocyanattoluol	s. Toluylendiisocyanate								
Diisodecylphthalat [26761-40-0]	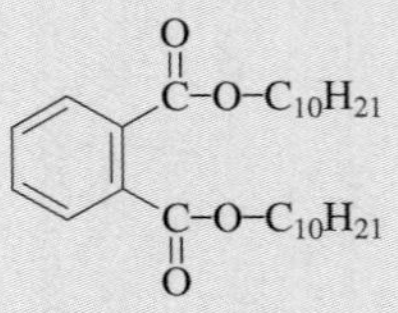	vgl. Abschn. Xc		–		3B	–		$3 \cdot 10^{-}$[illegible]
Di-(isooctyl)phthalat	s. Di-(2-ethylhexyl)phthalat								
Diisopropylether [108-20-3]	$(H_3C)_2CH-O-CH(CH_3)_2$	200	850	I(2)			C		180
N,N-Diisopropylnitrosamin	s. N-Nitrosodi-i-propylamin								
Diketen [674-82-8]	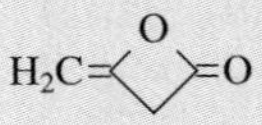	vgl. Abschn. II b							
2,3-Diketobutan	s. Diacetyl								
Dilauroylperoxid [105-74-8]	$H_3C-(CH_2)_{10}-CO$ O O $H_3C-(CH_2)_{10}-CO$	vgl. Abschn. Xa							
3,3'-Dimethoxybenzidin [119-90-4]	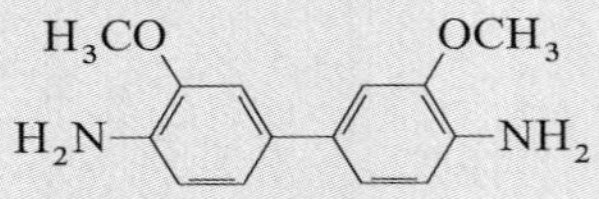	–	–	–		2	–		
2,5-Dimethoxy-4-chlor-anilin [6358-64-1]	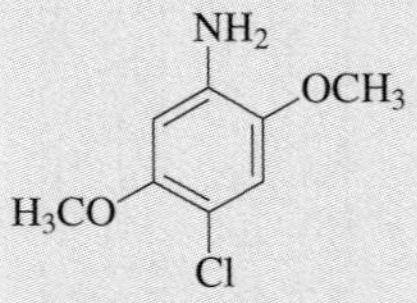	–	–	–	H	3B	–		
Dimethoxymethan [109-87-5]	$H_3CO-CH_2-OCH_3$	1000	3200	II(2)			C		440
N,N-Dimethylacetamid [127-19-5]	$H_3C-CO-N(CH_3)_2$	10 vgl. Abschn. XII	36	II(2)	H		C		1,3
Dimethyladipat	s. Adipinsäuredimethylester								
Dimethylamin [60]) [124-40-3]	$HN(CH_3)_2$	2	3,7	I(2)			D		
Dimethylaminobenzol	s. Xylidin								

[60]) Reaktion mit nitrosierenden Agentien kann zur Bildung des kanzerogenen N-Nitrosodimethylamins führen, vgl. Abschn. III „Entstehung kanzerogener Nitrosamine durch Nitrosierung . . .“, S. 172.

Stoff [CAS-Nummer]	Formel	MAK ml/m³ (ppm)	MAK mg/m³	Spitzenbegrenzung	H;S	Krebserzeugend Kategorie	Schwangerschaft Gruppe	Keimzellmutagen Kategorie	Dampfdruck in hPa bei 20°C
4,4'-Dimethylamino-benzophenonimid-hydrochlorid	s. Auramin								
N,N'-Dimethylamino-ethylmethacrylat [2867-47-2]	$H_3C-C(=CH_2)-CO_2-(CH_2)_2-N(CH_3)_2$	vgl. Abschn. IV			Sh				
Dimethylaminopropio-nitril [1738-25-6]	$(H_3C)_2N-CH_2-CH_2-CN$	vgl. Abschn. II b							
Dimethylaminosulfochlorid	s. Dimethylsulfamoylchlorid								
Dimethylaminosulfonyl-chlorid	s. Dimethylsulfamoylchlorid								
N,N-Dimethylanilin [121-69-7]	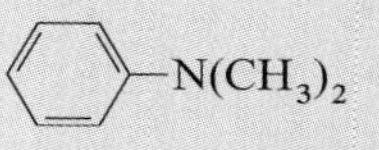	5	25	II (2)	H	3B	D		
3,3'-Dimethylbenzidin [119-93-7]	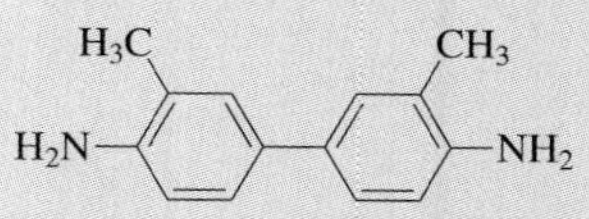	–	–	–		2	–		
Dimethylbenzol	s. Xylol								
α,α-Dimethylbenzyl-hydroperoxid [23]) [80-15-9]	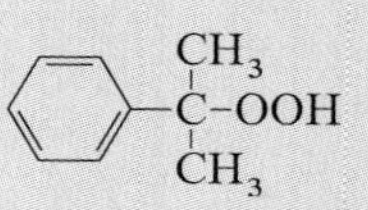	vgl. Abschn. Xa							4,4 ·10^{-3} [26])
1,1'-Dimethyl-4,4'-bi-pyridinium	s. Paraquatdichlorid								
1,3-Dimethylbutylacetat [108-84-9]	$H_3C-COOCH(CH_3)-CH_2-CH(CH_3)_2$	vgl. Abschn. II b							
N-(1,3-Dimethylbutyl)-N'-phenyl-1,4-benzol-diamin	s. N-(1,3-Dimethylbutyl)-N'-phenyl-p-phenylendiamin								
N-(1,3-Dimethylbutyl)-N'-phenyl-p-phenylen-diamin [793-24-8]	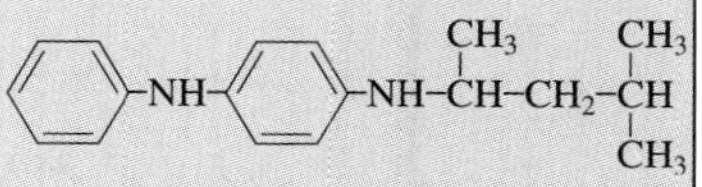		2 E	II (2)	Sh		C		
Dimethylcarbamidsäure-chlorid [79-44-7]	$Cl-CO-N(CH_3)_2$	–	–	–	H	2	–		

23) Der Stoff kann gleichzeitig als Dampf und Aerosol vorliegen
26) Dampfdruck bei 25 °C

Stoff [CAS-Nummer]	Formel	MAK ml/m³ (ppm)	MAK mg/m³	Spitzenbegrenzung	H;S	Krebserzeugend Kategorie	Schwangerschaft Gruppe	Keimzellmutagen Kategorie	Dampfdruck in hPa bei 20°C
Dimethylcarbinol	s. 2-Propanol								
3,3'-Dimethyl-4,4'-diaminodiphenylmethan [838-88-0]	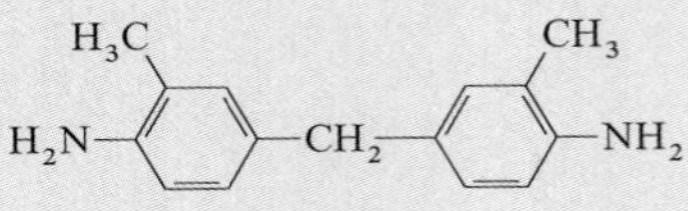	–	–	–	H	2	–		
Dimethyldiketon	s. Diacetyl								
Dimethylether [115-10-6]	$H_3C{-}O{-}CH_3$	1000	1900	II(8)			D		5200
1,1-Dimethylethylamin	s. tert-Butylamin								
N,N-Dimethylethylamin [598-56-1] [61])	$H_3C{-}CH_2{-}N(CH_3)_2$	2	6,1	I(2)			D		527–580
4-(1,1-Dimethylethyl)-benzoesäure	s. p-tert-Butylbenzoesäure								
4-(1,1-Dimethylethyl)-1,2-benzoldiol	s. p-tert-Butylbrenzkatechin								
2-((4-(1,1-Dimethylethyl)-phenoxy)methyl)oxiran	s. p-tert-Butylphenylglycidylether								
N,N-Dimethylformamid [68-12-2]	$HCO{-}N(CH_3)_2$	5 vgl. Abschn. XII	15	II(2)	H		B		
Dimethylglutarat	s. Glutarsäuredimethylester								
Dimethylglyoxal	s. Diacetyl								
2,6-Dimethylheptan-4-on [108-83-8]	$(H_3C)_2CH{-}CH_2{-}CO{-}CH_2{-}CH(CH_3)_2$	vgl. Abschn. IIb							
1,1-Dimethylhydrazin [62]) [57-14-7]	$H_2N{-}N(CH_3)_2$	–	–	–	H Sh	2	–		
1,2-Dimethylhydrazin [62]) [540-73-8]	$H_3C{-}NH{-}NH{-}CH_3$	–	–	–	H Sh	2	–		
Dimethylhydrogen-phosphit [868-85-9]	$(H_3CO)_2P(H){=}O$	–	–	–		3B	–		

[61]) Reaktion mit nitrosierenden Agentien kann zur Bildung von kanzerogenem N-Nitrosodimethylamin und N-Nitrosomethylethylamin führen, vgl. Abschn. III „Entstehung kanzerogener Nitrosamine durch Nitrosierung . . .“, S. 172.

[62]) In Deutschland nicht mehr hergestellt.

Stoff [CAS-Nummer]	Formel	MAK ml/m³ (ppm)	MAK mg/m³	Spitzenbegrenzung	H;S	Krebserzeugend Kategorie	Schwangerschaft Gruppe	Keimzellmutagen Kategorie	Dampfdruck in hPa bei 20°C
Dimethylhydrogenphosphonat	s. Dimethylhydrogenphosphit								
3,7-Dimethyl-7-hydroxyoctan-1-al	s. Hydroxycitronellal								
N,N-Dimethylisopropylamin [996-35-0]	$(CH_3)_2CH{-}N(CH_3)_2$	1	3,6	I (2)			D		170
N,N-Dimethylnitrosamin	s. N-Nitrosodimethylamin								
Dimethyloldihydroxyethylenharnstoff [1854-26-8]	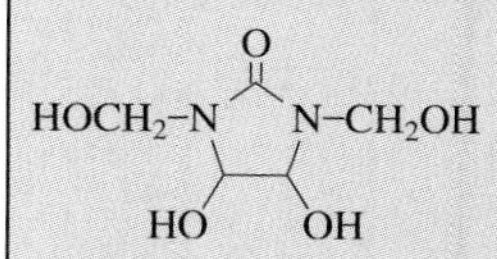	vgl. Abschn. IV			Sh				
1,3-Dimethylol-5,5-dimethylhydantoin [6440-58-0]	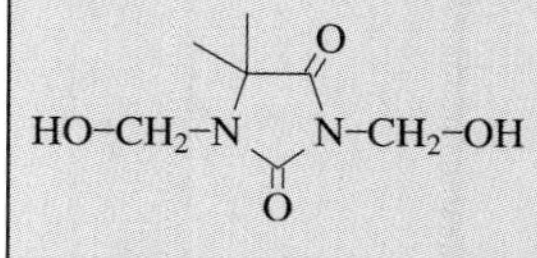	vgl. Abschn. II b			Sh				
Dimethylphosphit	s. Dimethylhydrogenphosphit								
Dimethylphosphonat	s. Dimethylhydrogenphosphit								
Dimethylpropanol	s. Pentanol								
Dimethylsuccinat	s. Bernsteinsäuredimethylester								
Dimethylsulfamoylchlorid [13360-57-1] [23])	$(H_3C)_2N{-}SO_2{-}Cl$	–	–	–	H	2	–		3 [63])
Dimethylsulfat [77-78-1]	$(H_3CO)_2SO_2$	vgl. Abschn. XIII		–	H	2	–		
Dimethylsulfid [75-18-3]	$H_3C{-}S{-}CH_3$	vgl. Abschn. II b							
Dimethylsulfoxid [67-68-5]	$H_3C{-}SO{-}CH_3$	50	160	I (2)	H		D		
Dimethylzinnbis(2-ethylhexylmercaptoacetat)	s. Methylzinnverbindungen								
Dimethylzinnbis(isooctylmercaptoacetat)	s. Methylzinnverbindungen								

) Der Stoff kann gleichzeitig als Dampf und Aerosol vorliegen
) Dampfdruck bei 44 °C

Stoff [CAS-Nummer]	Formel	MAK ml/m³ (ppm)	MAK mg/m³	Spitzenbegrenzung	H;S	Krebserzeugend Kategorie	Schwangerschaft Gruppe	Keimzellmutagen Kategorie	Dampfdruck in hPa bei 20°C
Dimethylzinnverbindungen	s. Methylzinnverbindungen								
Dimorpholinomethan	s. Bis(morpholino)methan								
Dinatriumtetraborat-Pentahydrat	s. Borsäure und Tetraborate								
Dinickeltrioxid	s. Nickel								
Dinitrobenzol (alle Isomeren)[23] [25154-54-5]		–	–	–	H	3B	–		[64]
4,6-Dinitro-o-kresol[23] [534-52-1]	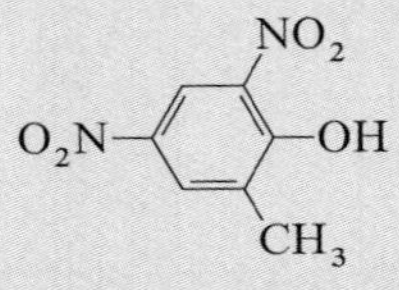	vgl. Abschn. II b			H				1,6 $\cdot 10^{-4}$ [26]
Dinitronaphthaline (alle Isomeren) [27478-34-8]	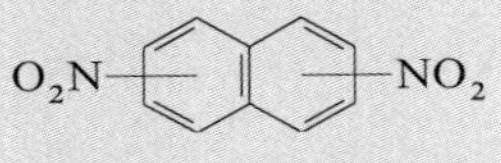	–	–	–		3B	–		
Dinitrotoluole (Isomerengemische)[23] [25321-14-6]	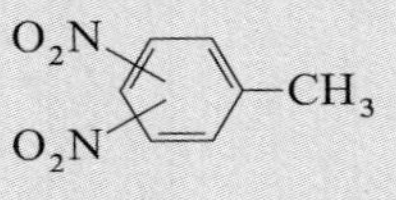	–	–	–	H	2	–		5,3 $\cdot 10^{-4}$ [26]
4,4'-Dioctyldiphenylamin [101-67-7]	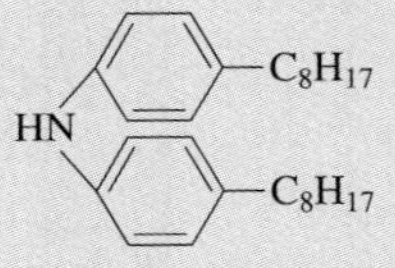	vgl. Abschn. II b							
Di-sec-octylphthalat	s. Di-(2-ethylhexyl)phthalat								
Di-n-octylzinnverbindungen	s. n-Octylzinnverbindungen								
Diospyros-Arten	s. Hölzer								
Dioxan	s. 1,4-Dioxan								
1,4-Dioxan [123-91-1]	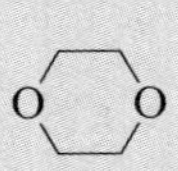	20 vgl. Abschn. XII	73	I(2)	H	4	C[25]		41
1,3-Dioxolan (Dioxacyclopentan) [646-06-0]	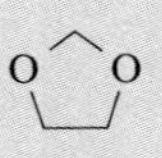	100	310	II(2)	H		B		105

[23] Der Stoff kann gleichzeitig als Dampf und Aerosol vorliegen
[64] (0,0013) Dampfdruck bei 25 °C (berechneter Wert)
[26] Dampfdruck bei 25 °C
[25] Schwangerschaftsgruppe C wurde 2011 überprüft und bestätigt

Stoff [CAS-Nummer]	Formel	MAK ml/m³ (ppm)	MAK mg/m³	Spitzen-begren-zung	H;S	Krebs-erzeu-gend Kate-gorie	Schwan-ger-schaft Gruppe	Keim-zellmu-tagen Kate-gorie	Dampf-druck in hPa bei 20°C
Dipentamethylen-thiuramdisulfid [94-37-1]	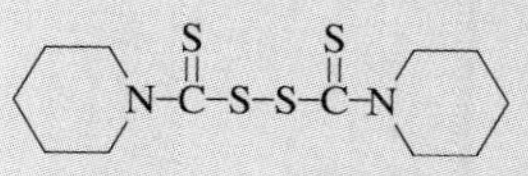	vgl. Abschn. II b			Sh				
Diphenyl	s. Biphenyl								
Diphenylamin [122-39-4]	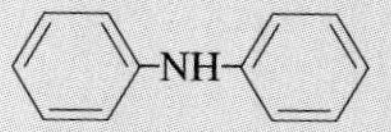	vgl. Abschn. Xc	5 E [23])	II (2)	H	3B	C		0,33
Diphenylamin, Reaktions-produkte mit Styrol und 2,4,4-Trimethylpenten [68921-45-9]		vgl. Abschn. II b und Xc							
N,N'-Diphenyl-1,4-benzol-diamin	s. N,N'-Diphenyl-p-phenylendiamin								
Diphenylether [101-84-8]	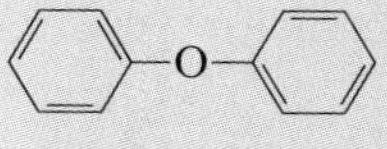	1	7,1 [23])	I (1)			C [25])		0,027 [26])
1,2-Diphenylhydrazin	s. Hydrazobenzol								
Diphenylkresylphosphat [26444-49-5]	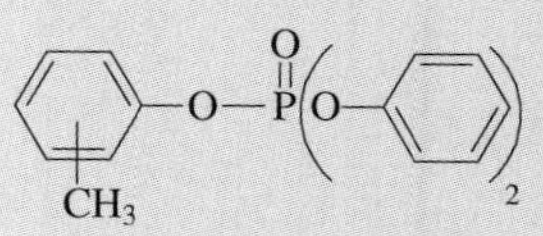	vgl. Abschn. II b							<0,01
Diphenylmethan-4,4'-diisocyanat (MDI) [101-68-8] (einatembare Fraktion) s. auch „polymeres MDI"	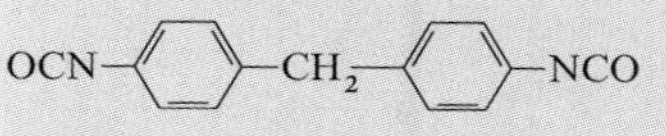	vgl. Abschn. XII	0,05 E [23])	I (1) [65])	HSah	4	C		7·10⁻⁶
N,N'-Diphenyl-p-phenylendiamin [74-31-7]	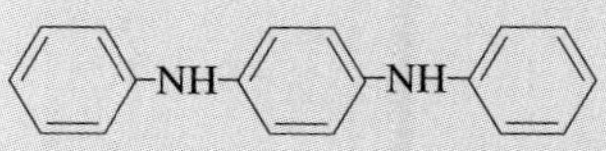	vgl. Abschn. IV			Sh				
Diphosphorpentaoxid [1314-56-3]	P_2O_5		2 E	I (2)			C		
Diphosphorpentasulfid [1314-80-3]	P_2S_5	vgl. Abschn. II b							
Dipropylenglykol [25265-71-8]	$CH_3-CH(OH)-CH_2-O-CH_2-CH(OH)-CH_3$	vgl. Abschn. Xc	100 E [23])	II (2)	H		C		0,043 [26])

) Der Stoff kann gleichzeitig als Dampf und Aerosol vorliegen
) Schwangerschaftsgruppe C wurde 2011 überprüft und bestätigt
) Dampfdruck bei 25 °C
) Ein Momentanwert von 0,1 mg/m³ sollte nicht überschritten werden.

Stoff [CAS-Nummer]	Formel	MAK ml/m³ (ppm)	MAK mg/m³	Spitzenbegrenzung	H;S	Krebserzeugend Kategorie	Schwangerschaft Gruppe	Keimzellmutagen Kategorie	Dampfdruck in hPa bei 20°C
Dipropylenglykolmonomethylether (Isomerengemisch) [34590-94-8]	$H_3CO-C_3H_6-O-C_3H_6-OH$	50	310 [23])	I(1)			D		0,7 [26])
★ **Di(2-propylheptyl)-phthalat** [53306-54-0]	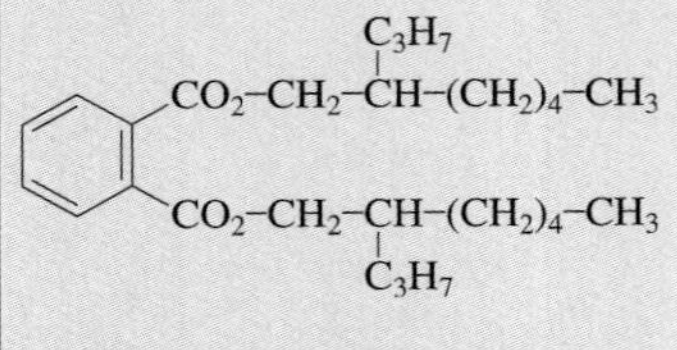					3B			
N,N-Di-n-propylnitrosamin	s. N-Nitrosodi-n-propylamin								
Dischwefeldecafluorid (Schwefelpentafluorid) [5714-22-7]	S_2F_{10}	vgl. Abschn. II b							
Dischwefeldichlorid [10025-67-9]	S_2Cl_2	vgl. Abschn. II b							
Dispers Blau 106/124 [68516-81-4; 15141-18-1]	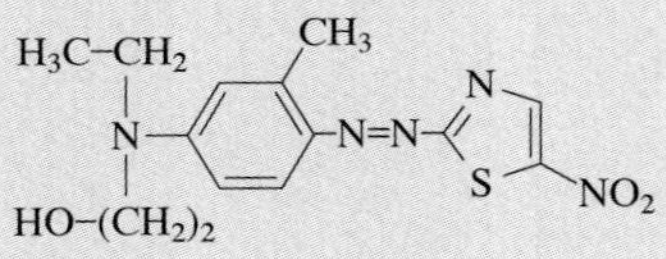	vgl. Abschn. IV			Sh				
Dispersionsgelb 3 [2832-40-8]	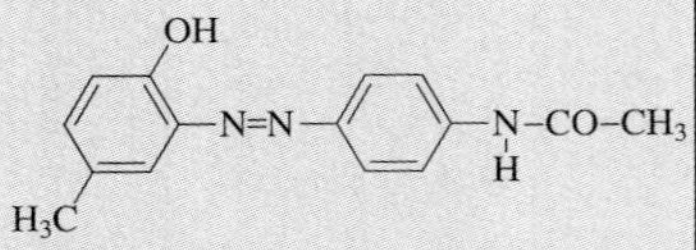	vgl. Abschn. IV			Sh				
Dispersionsorange 3 [730-40-5]	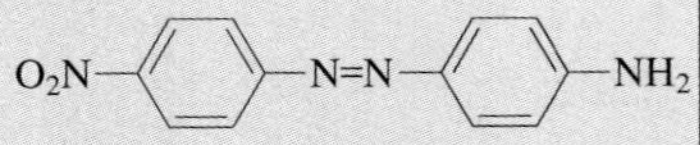	vgl. Abschn. IV			Sh				
Dispersionsrot 1 [2872-52-8]	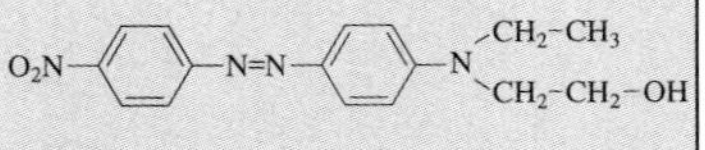	vgl. Abschn. IV			Sh				
Dispersionsrot 17 [3179-89-3]	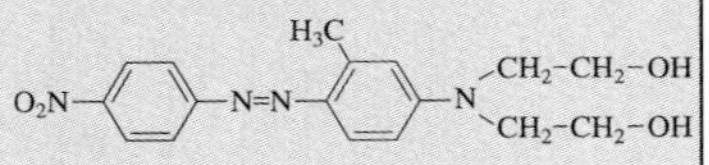	vgl. Abschn. IV			Sh				
Distemonanthus benthamianus	s. Hölzer								
Distickstoffmonoxid [10024-97-2]	N_2O	100	180	II(2)			C		

[23]) Der Stoff kann gleichzeitig als Dampf und Aerosol vorliegen
[26]) Dampfdruck bei 25 °C

Stoff [CAS-Nummer]	Formel	MAK ml/m³ (ppm)	MAK mg/m³	Spitzenbegrenzung	H;S	Krebserzeugend Kategorie	Schwangerschaft Gruppe	Keimzellmutagen Kategorie	Dampfdruck in hPa bei 20°C
Disulfiram [57]) [97-77-8]	S–CS–N(CH_2–CH_3)$_2$ S–CS–N(CH_2–CH_3)$_2$		2 E	II(8)	Sh		D		
Dithio-2,2'-bis(benzmethylamid) [2527-58-4]	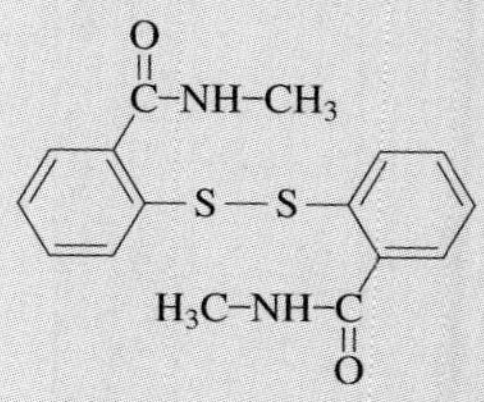	vgl. Abschn. II b			Sh				
2,2'-Dithiobisbenzothiazol	s. Dibenzothiazyldisulfid								
Dithiobis-(dimethylthiocarboxamid)	s. Thiram								
Dithiocarb	s. Natriumdiethyldithiocarbamat								
Divinylbenzol (alle Isomeren) [23]) [1321-74-0]	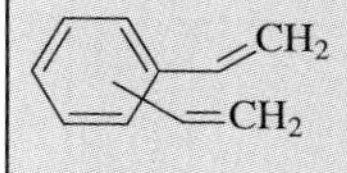	vgl. Abschn. II b							0,9 [26])
DNOC	s. 4,6-Dinitro-o-kresol								
Dodecandisäure [693-23-2]	$HOOC(CH_2)_{10}COOH$	vgl. Abschn. II b							
Dodecanol [23]) [112-53-8]	CH_3–$(CH_2)_{10}$–CH_2OH	vgl. Abschn. II b							$1{,}1 \cdot 10^{-3}$
n-Dodecansäure	s. Laurinsäure								
DOP	s. Di-(2-ethylhexyl)phthalat								
Douka	s. Hölzer, Tieghemella africana								
DPHP	s. Di(2-propylheptyl)phthalat								
Duftstoffkomponenten		vgl. Abschn. IVe							
Ebenholz	s. Hölzer, Diospyros-Arten								
EDTA	s. Ethylendiamintetraessigsäure								
Eiche	s. Hölzer, Quercus-Arten								

[57]) Reaktion mit nitrosierenden Agentien kann zur Bildung des kanzerogenen N-Nitrosodiethylamins führen, vgl. Abschn. III „Entstehung kanzerogener Nitrosamine durch Nitrosierung . . .“, S. 172.

[23]) Der Stoff kann gleichzeitig als Dampf und Aerosol vorliegen

[26]) Dampfdruck bei 25 °C

Stoff [CAS-Nummer]	Formel	MAK ml/m³ (ppm)	MAK mg/m³	Spitzenbegrenzung	H;S	Krebserzeugend Kategorie	Schwangerschaft Gruppe	Keimzellmutagen Kategorie	Dampfdruck in hPa bei 20°C
Eichenholzstaub		–	–	–		1	–		
Eichenmoos-Extrakte		vgl. Abschn. IV			Sh				
Eisendimethyldithio-carbamat	s. Ferbam								
Eisenoxide [1345-25-1]; [1309-37-1]; [1309-38-2]; [1317-61-9]	FeO; Fe_2O_3	–	–	–		3B[66])	–		
Eisenpentacarbonyl [13463-40-6]	$Fe(CO)_5$	0,1	0,81	I(2)	H		D		
Endothiapepsin	s. Mikrobielle Labersatzstoffe								
Endrin [72-20-8]	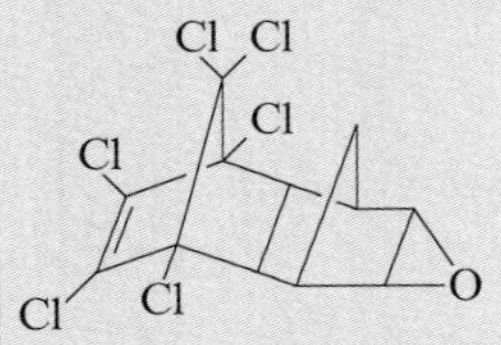		0,05 E	II(8)	H		C		
Enfluran	s. 2-Chlor-1,1,2-trifluorethyldifluor-methylether								
Entandrophragma-Arten	s. Hölzer								
Enzymhaltige Stäube		vgl. Abschn. IVe							
Epichlorhydrin	s. 1-Chlor-2,3-epoxypropan								
EPN° (O-Ethyl-O-(4-nitrophenyl)phenyl-thiophosphonat) [2104-64-5]	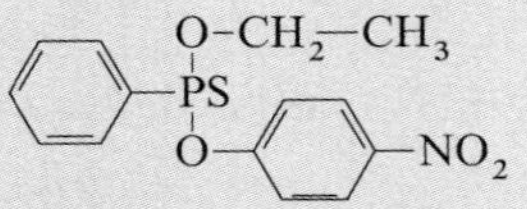		0,5 E	II(2)	H				
1,2-Epoxy-3-allyloxy-propan	s. 1-Allyloxy-2,3-epoxypropan								
1,2-Epoxybutan [106-88-7]	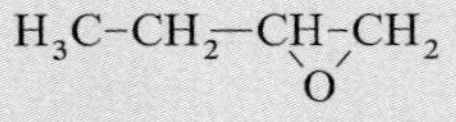	–	–	–	H	2	–		188
★ **3,4-Epoxycyclohexyl-carbonsäure-3,4-epoxy-cyclohexylmethylester** [2386-87-0]	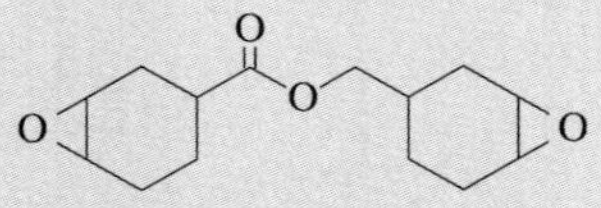				H Sh	3B			
1,2-Epoxy-4-(epoxy-ethyl)cyclohexan	s. 4-Vinyl-1,2-cyclohexendiepoxid								

[66]) Ausgenommen sind nicht bioverfügbare Eisenoxide

Stoff [CAS-Nummer]	Formel	MAK ml/m³ (ppm)	MAK mg/m³	Spitzenbegrenzung	H;S	Krebserzeugend Kategorie	Schwangerschaft Gruppe	Keimzellmutagen Kategorie	Dampfdruck in hPa bei 20°C
1-(Epoxyethyl)-3,4-epoxycyclohexan	s. 4-Vinyl-1,2-cyclohexendiepoxid								
1,2-Epoxy-3-isopropoxypropan	s. iso-Propylglycidylether								
1,2-Epoxypropan [75-56-9]	$H_3C–CH–CH_2$ (mit –O– verbrückt)	2	4,8	I(2)	Sh	4	C		
2,3-Epoxy-1-propanol	s. Glycidol								
2,3-Epoxypropylmethacrylat	s. Glycidylmethacrylat								
2,3-Epoxypropyl-o-tolylether	s. Kresylglycidylether								
2,3-Epoxypropyltrimethylammoniumchlorid	s. Glycidyltrimethylammoniumchlorid								
Erionit [12510-42-8] (Faserstaub)	$(Ca,Na,K)_2[Al_3Si_9O_{24}] \cdot 9H_2O$	vgl. Abschn. III		–		1	–		
Essigsäure [64-19-7]	$H_3C–COOH$	10	25	I(2)			C		
Essigsäureamylester (alle Isomeren)	s. Pentylacetat								
Essigsäureanhydrid [108-24-7]	$H_3C–CO–O–CO–CH_3$	5	21	I(1)			D		4
Essigsäurebutylester (alle Isomeren)	s. Butylacetat								
Essigsäuredimethylamid	s. N,N-Dimethylacetamid								
Essigsäureethylester	s. Ethylacetat								
Essigsäure-sec-hexylester	s. 1,3-Dimethylbutylacetat								
Essigsäureisopropenylester [108-22-5]	$H_3C–COO–CH_2–CH=CH_2$	10	46	I(2)			D		
Essigsäure-3-methoxybutylester	s. 3-Methoxy-n-butylacetat								
Essigsäuremethylester	s. Methylacetat								

Stoff [CAS-Nummer]	Formel	MAK ml/m³ (ppm)	MAK mg/m³	Spitzenbegrenzung	H;S	Krebserzeugend Kategorie	Schwangerschaft Gruppe	Keimzellmutagen Kategorie	Dampfdruck in hPa bei 20°C
Essigsäurepropylester (beide Isomeren)	s. Propylacetat, iso-Propylacetat								
Essigsäurevinylester	s. Vinylacetat								
1,2-Ethandiol	s. Ethylenglykol								
N,N'-1,2-Ethandiylbis-[N-(carboxymethyl)glycin]	s. Ethylendiamintetraessigsäure (EDTA)								
★ **Ethanol** [64-17-5]	$H_3C{-}CH_2OH$	500[18])	960	II(2)		5	C	5	59
Ethanolamin	s. 2-Aminoethanol								
Ethanthiol [75-08-1]	$H_3C{-}CH_2SH$	0,5	1,3	II(2)			D		590
Ethen	s. Ethylen								
9-Ethenyl-9H-carbazol	s. Vinylcarbazol								
4-Ethenylcyclohexen	s. Vinylcyclohexen								
1-(Ethenyloxy)-2-methyl-propan	s. iso-Butylvinylether								
Ether	s. Diethylether								
Ethidiumbromid [1239-45-8]	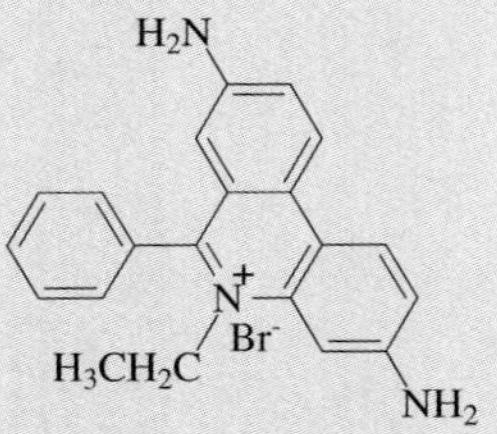	–	–	–		3B	–	3B	
2-Ethoxy-6-amino-naphthalin	s. 6-Amino-2-ethoxynaphthalin								
Ethoxyethan	s. Diethylether								
2-Ethoxyethanol [110-80-5]	$H_3C{-}CH_2O{-}CH_2{-}CH_2OH$	2[67]) vgl. Abschn. XII	7,5	II(8)	H		B		~5
2-Ethoxyethylacetat [111-15-9]	$H_3C{-}CH_2O{-}CH_2$ $H_3C{-}COOCH_2$	2[67]) vgl. Abschn. XII	11	II(8)	H		B		

[18]) siehe Definition der Kanzerogenitätskategorie 5 und jeweilige Begründung
[67]) MAK-Wert für die Summe der Luftkonzentrationen von 2-Ethoxyethanol und 2-Ethoxyethylacetat.

Stoff [CAS-Nummer]	Formel	MAK ml/m³ (ppm)	mg/m³	Spitzen-begren-zung	H;S	Krebs-erzeu-gend Kate-gorie	Schwan-ger-schaft Gruppe	Keim-zellmu-tagen Kate-gorie	Dampf-druck in hPa bei 20°C
1-Ethoxy-2-propanol [1569-02-4]	$CH_3-CH_2-O-CH_2-CH(OH)-CH_3$	50 [68]) vgl. Abschn. XII	220	II(2)	H		C		10
3-Ethoxypropansäure-ethylester	s. Ethyl-3-ethoxypropionat								
1-Ethoxy-2-propylacetat [54839-24-6]	$CH_3-C(=O)-O-CH(CH_3)-CH_2-O-CH_2-CH_3$	50 [68]) vgl. Abschn. XII	300	II(2)			C		2
Ethylacetat [141-78-6]	$H_3C-COOCH_2-CH_3$	400	1500	I(2)			C		97
Ethylacrylat [140-88-5]	$H_2C{=}CH-COOCH_2-CH_3$	5	21	I(2)	Sh		C		39
Ethylalkohol	s. Ethanol								
Ethylamin [75-04-7]	$H_3C-CH_2NH_2$	5	9,4	I(2) [69])			D		1130
Ethylbenzol [100-41-4]	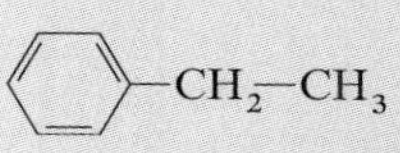	20 vgl. Abschn. XIII	88	II(2)	H	4	C		9
Ethylbromid	s. Brommethan								
Ethylcarbamat [23]) [51-79-6]	$H_2N-CO-O-CH_2-CH_3$	–	–	–	H	2	–	3A	13 [70])
Ethylchlorid	s. Chlorethan								
Ethyldiglykol [111-90-0]	$CH_3-(CH_2-O-CH_2)_2-CH_2OH$		50 E [23])	I(2)			C		0,13
5-Ethyl-3,7-dioxa-1-azabicyclo[3.3.0]octan (EDAO) [32]) [7747-35-5]	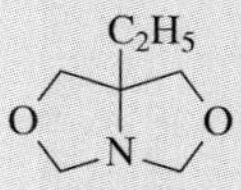	vgl. Abschn. II b			Sh				
Ethylen [74-85-1]	$H_2C{=}CH_2$	vgl. Abschn. XIII		–		3B	–		
Ethylenbromid	s. 1,2-Dibromethan								
Ethylenchlorhydrin	s. 2-Chlorethanol								
Ethylenchlorid	s. 1,2-Dichlorethan								

MAK-Wert für die Summe der Luftkonzentrationen von 1-Ethoxy-2-propanol und 1-Ethoxy-2-propylacetat.
Ein Momentanwert von 10 ml/m³ entsprechend 19 mg/m³ sollte nicht überschritten werden.
Der Stoff kann gleichzeitig als Dampf und Aerosol vorliegen
Dampfdruck bei 78 °C
Formaldehydabspalter

Stoff [CAS-Nummer]	Formel	MAK ml/m³ (ppm)	MAK mg/m³	Spitzenbegrenzung	H;S	Krebserzeugend Kategorie	Schwangerschaft Gruppe	Keimzellmutagen Kategorie	Dampfdruck in hPa bei 20°C
Ethylendiamin	s. 1,2-Diaminoethan								
Ethylendiamintetraessigsäure (EDTA) [71] [60-00-4]	$(HO_2C{-}CH_2)_2N{-}CH_2{-}CH_2{-}N(CH_2{-}CO_2H)_2$	vgl. Abschn. II b							
Ethylendibromid	s. 1,2-Dibromethan								
Ethylendimethacrylat	s. Ethylenglykoldimethacrylat								
2,2'-(Ethylendioxy)diethanol	s. Triethylenglykol								
Ethylenglykol [107-21-1]	$CH_2OH{-}CH_2OH$	10	26 [23]	I(2)	H		C		0,05
Ethylenglykoldimethacrylat [23] [97-90-5]	$H_2C{=}C(CH_3){-}COO{-}(CH_2)_2{-}OOC{-}C(CH_3){=}CH_2$	vgl. Abschn. IV			Sh				[72]
Ethylenglykoldinitrat [628-96-6]	$O_2N{-}O{-}(CH_2)_2{-}O{-}NO_2$	0,05	0,32 [23] vgl. Abschn. XII	II(1)	H				0,05
Ethylenglykolmonobutylether	s. 2-Butoxyethanol								
Ethylenglykolmonobutyletheracetat	s. 2-Butoxyethylacetat								
Ethylenglykolmonoethylether	s. 2-Ethoxyethanol								
Ethylenglykolmonoethyletheracetat	s. 2-Ethoxyethylacetat								
Ethylenglykolmonomethylether	s. 2-Methoxyethanol								
Ethylenglykolmonomethyletheracetat	s. 2-Methoxyethylacetat								
Ethylenglykolmonophenylether	s. 2-Phenoxyethanol								
Ethylenglykolmonopropylether	s. 2-(Propyloxy)ethanol								

[71]) Mischexposition mit Eisenverbindungen vermeiden (FeEDTA-Bildung).
[23]) Der Stoff kann gleichzeitig als Dampf und Aerosol vorliegen
[72]) (0,25) Dampfdruck bei 25 °C (berechneter Wert)

Stoff [CAS-Nummer]	Formel	MAK ml/m³ (ppm)	MAK mg/m³	Spitzen-begren-zung	H;S	Krebs-erzeu-gend Kate-gorie	Schwan-ger-schaft Gruppe	Keim-zellmu-tagen Kate-gorie	Dampf-druck in hPa bei 20°C
Ethylenglykolmono-propyletheracetat	s. 2-(Propyloxy)ethylacetat								
Ethylenimin [151-56-4]	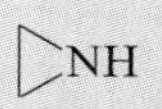	–	–	–	H	2	–	2	214
Ethylenoxid [75-21-8]		vgl. Abschn. XIII		–	H	2	–	2	
Ethylenthioharnstoff (Imidazolidin-2-thion) [96-45-7]	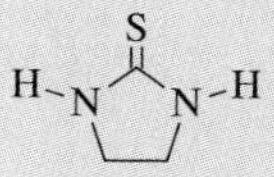	–	–	–		3B	–		
Ethylentrichlorid	s. Trichlorethen								
Ethylether	s. Diethylether								
Ethyl-3-ethoxypropionat [763-69-9]	$CH_3–CH_2–O–(CH_2)_2–C(=O)O–CH_2–CH_3$	100	610	I(1)	H		C		
Ethylformiat [109-94-4]	$HCOOCH_2–CH_3$	100	310	I(1)	H		C		256
Ethylglykol	s. 2-Ethoxyethanol								
Ethylglykolacetat	s. 2-Ethoxyethylacetat								
2-Ethylhexandiol-1,3 [23]) [94-96-2]	$CHOH–(CH_2)_2–CH_3$ / $CH(C_2H_5)–CH_2–OH$	vgl. Abschn. IIb							<0,01
2-Ethylhexanol [104-76-7]	$CH_3–(CH_2)_3–CH(C_2H_5)–CH_2OH$	10	54 [23])	I(1)			C		0,18 [26])
2-Ethylhexansäure [23]) [149-57-5]	$CH_3–(CH_2)_3–CH(C_2H_5)–COOH$	vgl. Abschn. IIb							0,04
2-Ethylhexylacetat [103-09-3]	$CH_3–CO_2–CH_2–CH(C_2H_5)–(CH_2)_3–CH_3$	10	71 [23])	I(1)			C		0,31 [26])
2-Ethylhexylacrylat [103-11-7]	$H_2C=CH–C(=O)–O–CH_2–CH(C_2H_5)–(CH_2)_3–CH_3$	5	38 [23])	I(1)	Sh		C		0,132
2-Ethylhexylmercapto-acetat [7659-86-1]	$HS–CH_2–CO_2–CH_2–CH(CH_2–CH_3)–(CH_2)_3–CH_3$	vgl. Abschn. IV			Sh				
(2-Ethylhexyl)thioglykolat	s. 2-Ethylhexylmercaptoacetat								
Ethylidenchlorid	s. 1,1-Dichlorethan								

) Der Stoff kann gleichzeitig als Dampf und Aerosol vorliegen

) Dampfdruck bei 25 °C

Stoff [CAS-Nummer]	Formel	MAK ml/m³ (ppm)	MAK mg/m³	Spitzenbegrenzung	H;S	Krebserzeugend Kategorie	Schwangerschaft Gruppe	Keimzellmutagen Kategorie	Dampfdruck in hPa bei 20°C
Ethylmercaptan	s. Ethanthiol								
Ethylmethacrylat [97-63-2]	$H_2C{=}C(CH_3){-}COOCH_2{-}CH_3$	vgl. Abschn. IV			Sh				
Ethylmethylketon	s. 2-Butanon								
N-Ethylmorpholin [100-74-3]	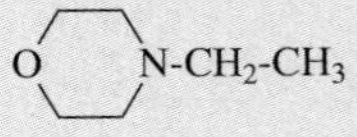	vgl. Abschn. II b							
O-Ethyl-O-(4-nitrophenyl)phenylthiophosphonat	s. EPN								
4,4'-(2-Ethyl-2-nitro-1,3-propandiyl)-bismorpholin	s. 4-(2-Nitrobutyl)morpholin								
N-Ethyl-N-nitrosoanilin	s. N-Nitrosoethylphenylamin								
N-Ethyl-N-nitrosoethanamin	s. N-Nitrosodiethylamin								
N-Ethylpyrrolidon [2687-91-4]	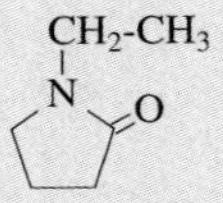	2	9,4 [23])	I(2)	H		C		0,18
Ethylquecksilber	s. Quecksilberverbindungen, organische								
Ethylsilicat	s. Tetraethylsilicat								
Ethylurethan	s. Ethylcarbamat								
Ethylvinylether [109-92-2]	$H_2C{=}CH{-}O{-}CH_2CH_3$	vgl. Abschn. II b							
Ethylzinnverbindungen [7440-31-5]		vgl. Abschn. II b			H [73])				
Etidronsäure	s. 1-Hydroxyethan-1,1-diphosphonsäure								
Eugenol [23]) [97-53-0]	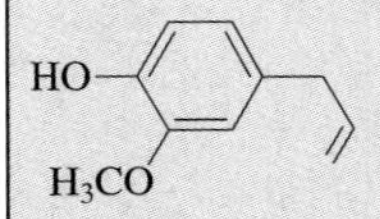	vgl. Abschn. IV			Sh				<0,
F-134a	s. 1,1,1,2-Tetrafluorethan								

[23]) Der Stoff kann gleichzeitig als Dampf und Aerosol vorliegen

[73]) Für Ethylzinnverbindungen, deren organische Liganden mit „Sa“ oder „Sh“ markiert sind, gelten diese Markierungen ebenfal

Stoff [CAS-Nummer]	Formel	MAK ml/m³ (ppm)	MAK mg/m³	Spitzenbegrenzung	H;S	Krebserzeugend Kategorie	Schwangerschaft Gruppe	Keimzellmutagen Kategorie	Dampfdruck in hPa bei 20°C
Farnesol [4602-84-0]	$HOCH_2(CH{=}C(CH_3){-}CH_2CH_2)_2CH{=}C(CH_3)_2$	vgl. Abschn. IV			Sh				
Faserstaub, anorganisch		vgl. Abschn. III							
Fenthion [55-38-9]	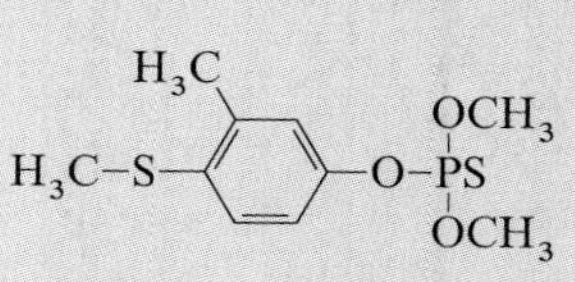		0,2 E	II (2)	H				
Ferbam [14484-64-1]	$Fe[S{-}CS{-}N(CH_3)_2]_3$	vgl. Abschn. II b							
Ferrovanadium [12604-58-9]		vgl. Abschn. II b							
Fluor [7782-41-4]	F_2	vgl. Abschn. II b							
Fluoride [16984-48-8] (als Fluorid berechnet)		vgl. Abschn. XII	1 E	II (4)	H		C[25]		
Fluorocarbon 134a	s. 1,1,1,2-Tetrafluorethan								
Fluortrichlormethan	s. Trichlorfluormethan								
Fluorwasserstoff [7664-39-3]	HF	1 vgl. Abschn. XII	0,83	I (2)			C		1033
Formaldehyd [50-00-0]	HCHO	0,3	0,37 [74]	I (2) [75]	Sh	4	C	5	
Formaldehyd	s. auch p-tert-Butylphenol-Formaldehyd-Kondensationsprodukte								
Formaldehyd	s. auch Phenol-Formaldehyd-Kondensationsprodukte								
Formamid [75-12-7]	$NH_2{-}CHO$	vgl. Abschn. II b			H				
Fraké	s. Hölzer, Terminalia superba								
Framiré	s. Hölzer, Terminalia ivorensis								
Furan [110-00-9]		–	–		H	2	–		

) Schwangerschaftsgruppe C wurde 2011 überprüft und bestätigt
) Bei Mischexposition ist darauf zu achten, dass keine Reizwirkung auftritt.
) Ein Momentanwert von 1 ml/m³ entsprechend 1,2 mg/m³ sollte nicht überschritten werden.

Stoff [CAS-Nummer]	Formel	MAK ml/m³ (ppm)	MAK mg/m³	Spitzen-begren-zung	H;S	Krebs-erzeu-gend Kate-gorie	Schwan-ger-schaft Gruppe	Keim-zellmu-tagen Kate-gorie	Dampf-druck in hPa bei 20°C
Furfural, Furfurol	s. 2-Furylmethanal								
Furfurylalkohol [98-00-0]	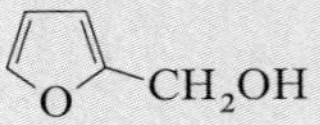	–	–	–	H	3B	–		
2-Furylmethanal [98-01-1]	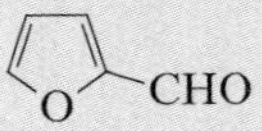	–	–	–	H	3B	–		
Galliumarsenid	s. Arsen und seine anorganischen Verbindungen								
Geraniol[23]) [106-24-1]	$CH_3-C(CH_3)=CH-(CH_2)_2-C(CH_3)=CH-CH_2OH$	vgl. Abschn. IV			Sh				0,3
Germaniumtetrahydrid [7782-65-2]	GeH_4	vgl. Abschn. II b							
Getreidemehlstäube Roggen Weizen		vgl. Abschn. IV			Sa				
Glasfasern (Faserstaub)		vgl. Abschn. III		–		2	–		
Glutaral	s. Glutardialdehyd								
Glutaraldehyd	s. Glutardialdehyd								
Glutardialdehyd [111-30-8]	$OCH-(CH_2)_3-CHO$	0,05	0,21	I(2) [76])	Sah	4	C[25])		
Glutarsäuredimethyl-ester[23]) [1119-40-0] s. auch Dicarbonsäure-(C4-C6)-dimethylester	$CH_3-OOC-(CH_2)_3-COO-CH_3$	vgl. Abschn. II b							0,13
Glycerin [56-81-5]	$HOCH_2-CH(OH)-CH_2OH$	vgl. Abschn. Xc	50 E	I(2)			C[25])		
Glycerin-α,γ-dichlorhydrin	s. 1,3-Dichlor-2-propanol								
Glycerintrinitrat [55-63-0]	H_2C-ONO_2 / $HC-ONO_2$ / H_2C-ONO_2	0,01	0,094 vgl. Abschn. XII	II(1)	H	3B	C		

[23]) Der Stoff kann gleichzeitig als Dampf und Aerosol vorliegen
[76]) Ein Momentanwert von 0,2 ml/m³ entsprechend 0,83 mg/m³ sollte nicht überschritten werden.
[25]) Schwangerschaftsgruppe C wurde 2011 überprüft und bestätigt

Stoff [CAS-Nummer]	Formel	MAK ml/m³ (ppm)	MAK mg/m³	Spitzenbegrenzung	H;S	Krebserzeugend Kategorie	Schwangerschaft Gruppe	Keimzellmutagen Kategorie	Dampfdruck in hPa bei 20°C
Glycerylmonothioglykolat [30618-84-9] [23])	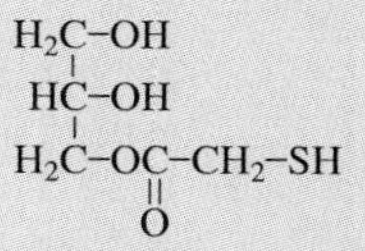	vgl. Abschn. IV			Sh				1,2 ·10⁻⁵ [26])
★ **Glycidol** (Glycid) [556-52-5]	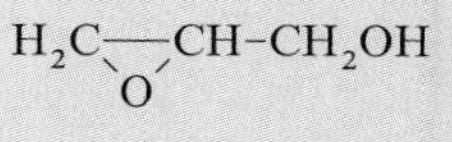	–	–	–	H	2	–	3A	
★ **Glycidylmethacrylat** [106-91-2]	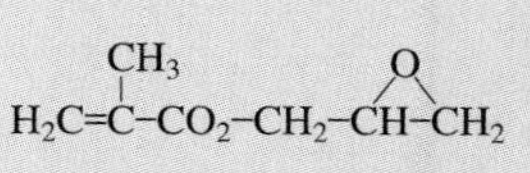	vgl. Abschn. IV			Sh				
Glycidyltrimethylammoniumchlorid [3033-77-0]	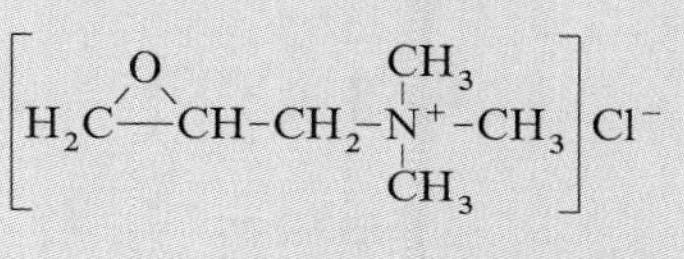	–	–	–	H Sh	2	–		
Glycidylverbindungen (Epoxide)		vgl. Abschn. IVe							
Glykol	s. Ethylenglykol								
Glykoldinitrat	s. Ethylenglykoldinitrat								
Glykolmonophenylether	s. 2-Phenoxyethanol								
Glykolsäure-n-butylester	s. Hydroxyessigsäurebutylester								
Glyoxal [107-22-2]	OHC–CHO	–	–	–	H Sh	3B	–		
Gold [7440-57-5] und seine anorganischen Verbindungen	Au	vgl. Abschn. II b			Sh [77])				
Gonystylus bancanus	s. Hölzer								
Granuläre biobeständige Stäube (GBS)	s. Allgemeiner Staubgrenzwert (alveolengängige Fraktion)								
Graphit [7782-42-5] (alveolengängige Fraktion)	C	vgl. Abschn. V f) und g)	1,5 A				C		
Graphit [7782-42-5] (einatembare Fraktion)	C	vgl. Abschn. V f) und g)	4 E				C		

23) Der Stoff kann gleichzeitig als Dampf und Aerosol vorliegen
26) Dampfdruck bei 25 °C
77) nur lösliche Goldverbindungen

Stoff [CAS-Nummer]	Formel	MAK ml/m³ (ppm)	MAK mg/m³	Spitzenbegrenzung	H;S	Krebserzeugend Kategorie	Schwangerschaft Gruppe	Keimzellmutagen Kategorie	Dampfdruck in hPa bei 20°C
Grenadillholz	s. Hölzer, Brya ebenus, Dalbergia melanoxylon								
Grevillea robusta	s. Hölzer								
Gummiinhaltsstoffe		vgl. Abschn. IV							
Dithiocarbamate					Sh				
p-Phenylendiaminverbindungen					Sh				
Thiazolgruppe					Sh				
Thiurame					Sh				
Hafnium [7440-58-6]	Hf	vgl. Abschn. II b							
Halloysit [12298-43-0] (Faserstaub)	$Al_2(Si_2O_7) \cdot x H_2O$	vgl. Abschn. III		–		3B	–		
Halothan	s. 2-Brom-2-chlor-1,1,1-trifluorethan								
Hartmetall, Wolframcarbid- und Cobalthaltig (einatembare Fraktion)		–	–	–	HSah	1	–	3A	
HDI	s. Hexamethylendiisocyanat								
Hemicellulasen	s. Xylanasen								
Hemimelliten (1,2,3-Trimethylbenzol)	s. Trimethylbenzol								
Hempa	s. Hexamethylphosphorsäuretriamid								
HEOD	s. Dieldrin								
Heptachlor [76-44-8]	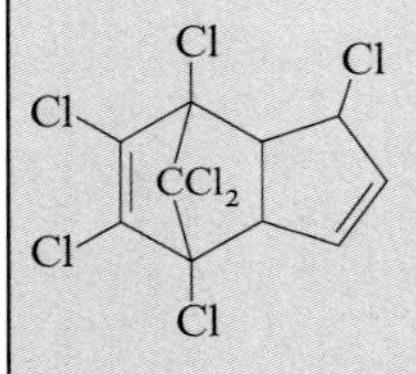		0,05 E	II(8)	H	4	D		
Heptadecafluoroctan-1-sulfonsäure	s. Perfluoroctansulfonsäure								
n-Heptan [142-82-5]	$H_3C{-}C_5H_{10}{-}CH_3$	500 vgl. Abschn. XII	2100	I(1)			D		48

Stoff [CAS-Nummer]	Formel	MAK ml/m³ (ppm)	MAK mg/m³	Spitzenbegrenzung	H;S	Krebserzeugend Kategorie	Schwangerschaft Gruppe	Keimzellmutagen Kategorie	Dampfdruck in hPa bei 20°C
1,7-Heptandicarbonsäure	s. Azelainsäure								
Heptan-3-on [106-35-4]	$CH_3{-}CH_2{-}CO{-}(CH_2)_3{-}CH_3$	10	47	I (2)			D		1,5
Hexachlorbenzol [118-74-1]	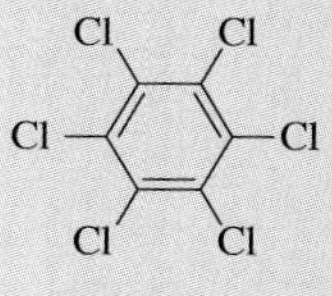	vgl. Abschn. XII			H	4	D		
1,1,2,3,4,4-Hexachlor-1,3-butadien[23] [87-68-3]	$Cl_2C{=}CCl{-}CCl{=}CCl_2$	–	–	–	H	3B	–		0,29 [26]
γ-1,2,3,4,5,6-Hexachlorcyclohexan	s. Lindan								
α-Hexachlorcyclohexan [319-84-6]	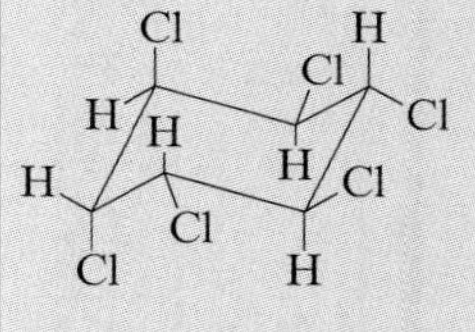		0,5 E	II (8)	H	4	D		
β-Hexachlorcyclohexan [319-85-7]	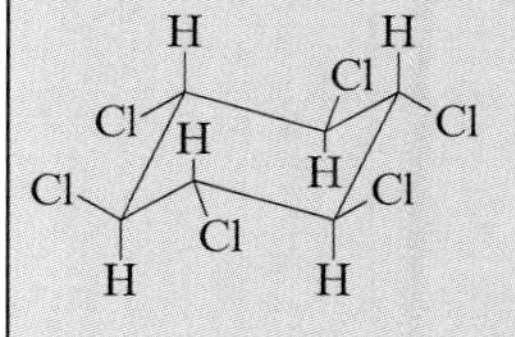		0,1 E	II (8)	H	4	D		
1,2,3,4,5,6-Hexachlorcyclohexan° (techn. Gemisch aus α-HCH [319-84-6] u. β-HCH [319-85-7])			0,1[78] E	II (8)	H	4	D		
Hexachlorcyclopentadien [77-47-4][23]	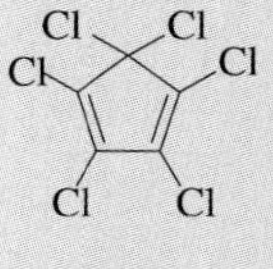	vgl. Abschn. II b			H				0,1[26]
Hexachlorethan [67-72-1]	$Cl_3C{-}CCl_3$	1	9,8[23]	II (2)					0,4
Hexachlornaphthaline	s. Chlorierte Naphthaline								

23) Der Stoff kann gleichzeitig als Dampf und Aerosol vorliegen
26) Dampfdruck bei 25 °C
78) (Konz. α-HCH dividiert durch 5) + Konz. β-HCH = 0,1.

Stoff [CAS-Nummer]	Formel	MAK ml/m³ (ppm)	MAK mg/m³	Spitzenbegrenzung	H;S	Krebserzeugend Kategorie	Schwangerschaft Gruppe	Keimzellmutagen Kategorie	Dampfdruck in hPa bei 20°C
1-Hexadecanol[23] [36653-82-4]	$HO{-}(CH_2)_{15}{-}CH_3$	vgl. Abschn. II b							<0,01
Hexadecansäure	s. Palmitinsäure								
1,1,1,3,3,3-Hexafluor-2-(fluormethoxy)-propan	s. Sevofluran								
Hexahydrobenzol	s. Cyclohexan								
Hexahydrophthalsäure-anhydrid[23] [85-42-7]	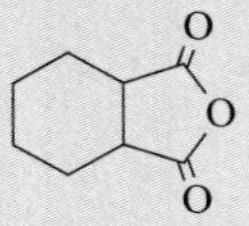	vgl. Abschn. IV			Sa				
★ **Hexahydrophthalsäure-diglycidylester** [5493-45-8]	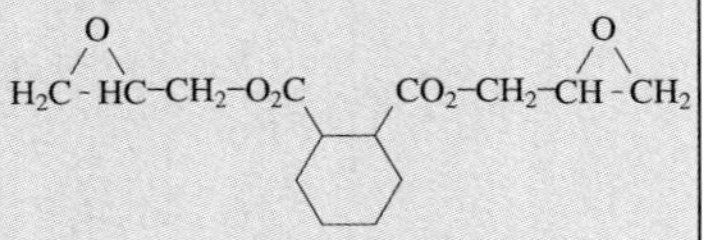				H Sh	3B			
Hexahydro-1,3,5-triethyl-s-triazin	s. N,N',N''-Triethylhexahydro-1,3,5-triazin								
Hexamethylen	s. Cyclohexan								
Hexamethylenbis-(3-(3,5-di-tert-butyl-4-hydroxyphenyl)-propionat) [35074-77-2]	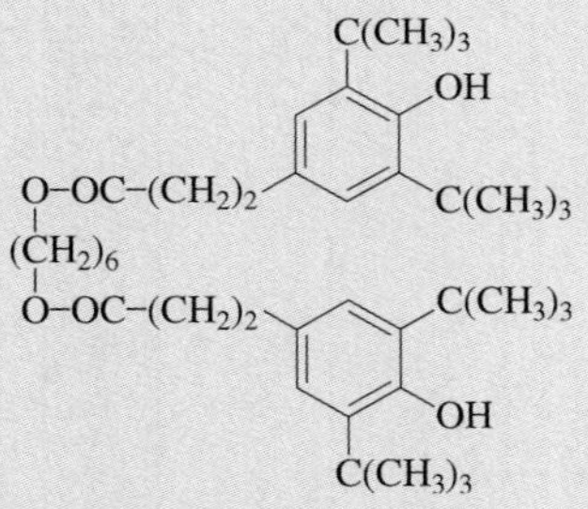	vgl. Abschn. Xc	10 E	II(2)			C		
Hexamethylendiisocyanat [822-06-0]	$OCN{-}(CH_2)_6{-}NCO$	0,005	0,035[23]	I(1) [79]	Sah		D		0,007
Hexamethylentetramin[32] [100-97-0]	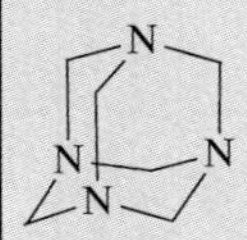	vgl. Abschn. II b			Sh				
Hexamethylphosphor-säuretriamid (HMPA) [680-31-9]	$OP[N(CH_3)_2]_3$	–	–	–	H	2	–	2	

[23]) Der Stoff kann gleichzeitig als Dampf und Aerosol vorliegen
[79]) Ein Momentanwert von 0,01 ml/m³ entsprechend 0,070 mg/m³ sollte nicht überschritten werden.
[32]) Formaldehydabspalter

Stoff [CAS-Nummer]	Formel	MAK ml/m³ (ppm)	MAK mg/m³	Spitzen-begrenzung	H;S	Krebserzeugend Kategorie	Schwangerschaft Gruppe	Keimzellmutagen Kategorie	Dampfdruck in hPa bei 20°C
Hexan (alle Isomeren außer n-Hexan) und Methylcyclopentan:		500	1800	II(2)			D		
2-Methylpentan [107-83-5]	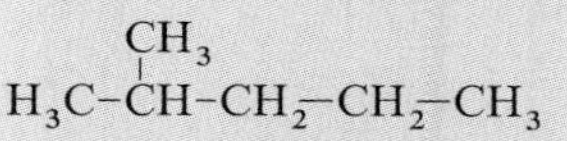								
3-Methylpentan [96-14-0]	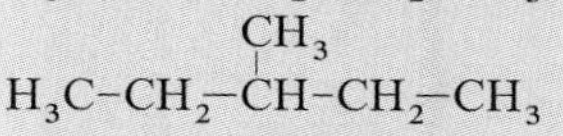								
2,2-Dimethylbutan [75-83-2]	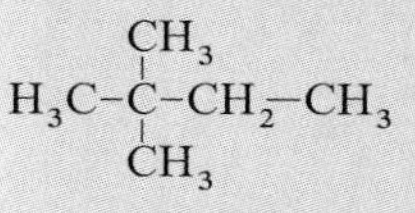								
2,3-Dimethylbutan [79-29-8]	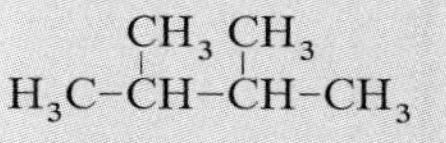								
Methylcyclopentan [96-37-7]	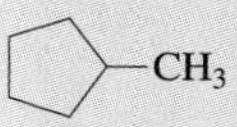								
Hexan (n-Hexan) [110-54-3]	$H_3C{-}(CH_2)_4{-}CH_3$	50 vgl. Abschn. XII	180	II(8)			C		160
1,6-Hexandioldiacrylat[23]) [13048-33-4]	$H_2C{=}CH{-}COO{-}(CH_2)_6{-}OOC{-}CH{=}CH_2$	vgl. Abschn. IV			Sh				0,014 [80])
1,6-Hexandioldiglycidylether [16096-31-4]	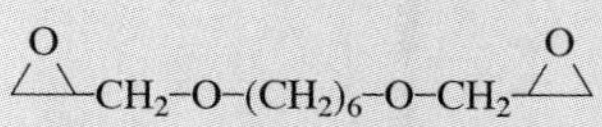	vgl. Abschn. IV			Sh				
1-Hexanol[23]) [111-27-3]	$H_3C{-}(CH_2)_4{-}CH_2OH$	vgl. Abschn. IIb							0,93
Hexanon	s. 4-Methylpentan-2-on								
2-Hexanon [591-78-6]	$H_3C{-}(CH_2)_3{-}CO{-}CH_3$	5 vgl. Abschn. XII	21	II(8)	H				
sec-Hexylacetat	s. 1,3-Dimethylbutylacetat								
2-Hexyldecanol[23]) [2425-77-6]	$HO{-}CH_2{-}CH(C_6H_{13}){-}(CH_2)_7{-}CH_3$	vgl. Abschn. IIb							0,004 [81])
Hexylendiisocyanat	s. Hexamethylendiisocyanat								
Hexylenglykol [107-41-5]	$H_3C{-}CH(OH){-}CH_2{-}C(OH)(CH_3)_2$	10 vgl. Abschn. Xc	49[23])	I(2)			D		0,07
HFA-134a	s. 1,1,1,2-Tetrafluorethan								

) Der Stoff kann gleichzeitig als Dampf und Aerosol vorliegen
) Dampfdruck bei 50 °C
) Dampfdruck bei 38 °C

Stoff [CAS-Nummer]	Formel	MAK ml/m³ (ppm)	MAK mg/m³	Spitzenbegrenzung	H;S	Krebserzeugend Kategorie	Schwangerschaft Gruppe	Keimzellmutagen Kategorie	Dampfdruck in hPa bei 20°C
HFC-134a	s. 1,1,1,2-Tetrafluorethan								
HMPA	s. Hexamethylphosphorsäuretriamid								
Hölzer		vgl. Abschn. IV							
Acacia melanoxylon R.Br.	tropische Akazie				Sh				
Bowdichia nitida Bentham	Sucupira				–				
Brya ebenus DC.	Cocusholz, westindisches Grenadillholz				Sh				
Calocedrus decurrens (Torr.) Florin	kalifornische Zeder				–				
Chlorophora excelsa (Welw.) Benth. & Hook	Iroko, Kambala				Sh				
Dalbergia latifolia Roxb.	ostindischer Palisander				Sh				
Dalbergia melanoxylon Guill. et Perr.	afrikanisches Grenadillholz				Sh				
Dalbergia nigra Allem.	Rio Palisander				Sh				
Dalbergia retusa Hemsl.	Cocobolo				Sh				
Dalbergia stevensonii Standley	Honduras Palisander				Sh				
Diospyros celebica Bakh.	Makassar Ebenholz				–				
Diospyros crassiflora Hiern.	afrikanisches Ebenholz				–				
Diospyros ebenum Koenig	Ceylon Ebenholz, indisches Ebenholz				–				
Diospyros melanoxylon Roxb.	Coromandel				–				
Distemonanthus benthamianus Baill.	Ayan, Movingui				Sh				
Entandrophragma angolense C.DC.	Tiama				–				
Entandrophragma candollei Harms	Kosipo				–				
Entandrophragma cylindricum Sprague	Sapelli (-Mahagoni)				–				
Entandrophragma utile Sprague	Sipo, Utile (-Mahagoni)				–				
Gonystylus bancanus (Miq.) Baill.	Ramin				–				
Grevillea robusta A.Cunn.	australische Silbereiche				Sh				
Khaya anthotheca C.DC.	Acajou blanc, afrikanisches Mahagoni				Sh				
Khaya grandifoliola C.DC.	afrikanisches Mahagoni, Zaire-Mahagoni				–				
Khaya ivorensis A.Chev.	afrikanisches Mahagoni, rotes Khaya-Mahagoni				–				
Khaya senegalensis A.Juss.	afrikanisches Mahagoni, Senegal-Mahagoni				–				
Machaerium scleroxylon Tul.	Jacaranda pardo, Santos Palisander				Sh				

Stoff [CAS-Nummer]	Formel	MAK ml/m³ (ppm)	MAK mg/m³	Spitzen-begren-zung	H;S	Krebs-erzeu-gend Kate-gorie	Schwan-ger-schaft Gruppe	Keim-zellmu-tagen Kate-gorie	Dampf-druck in hPa bei 20°C
Mansonia altissima A.Chev.	Bété				Sh				
Paratecoma peroba (Record) Kuhlm.	Peroba do campo, Peroba jaune				Sh				
Quercus petraea (Matuschka) Liebl.	Traubeneiche				–				
Quercus robur L.	Stieleiche				–				
Quercus rubra L.	Amerikanische Roteiche				–				
Swietenia macrophylla King	amerikanisches Mahagoni, echtes Mahagoni				–				
Swietenia mahagoni (L.) Jacq.	amerikanisches Mahagoni, echtes Mahagoni				–				
Tabebuia avellanedae (Griseb.) Lor.	Lapacho, Ipé				–				
Tabebuia serratifolia Nichols	Bethabara, Ipé				–				
Tectona grandis L.f.	Teak				Sh				
Terminalia ivorensis A.Chev.	Framiré				–				
Terminalia superba Engl. u. Diels	Fraké, Limba				Sa				
Thuja occidentalis L.	(abendländischer) Lebensbaum, Weißzeder				–				
Thuja plicata (D.Don.) Donn.	Riesenlebensbaum, Rotzeder, Western Red Cedar				Sah				
Tieghemella africana A.Chev.	Douka				–				
Tieghemella heckelii Pierre	Makoré				–				
Triplochiton scleroxylon K.Schum.	Abachi, Obeche				Sah				
Holzäther	s. Dimethylether								
Holzstaub (außer Buchen- und Eichenholzstaub)		–	–	–		3B	–		
Holzstaub (Buche und Eiche)	s. Buchenholzstaub Eichenholzstaub								
Honduras Palisander	s. Hölzer, Dalbergia stevensonii								
Hydraulikflüssigkeiten		vgl. Abschn. Xc							
Hydrazin [302-01-2]	$H_2N{-}NH_2$	vgl. Abschn. XIII		–	H Sh	2	–		13
Hydrazinhydrat [7803-57-8] und Hydrazinsalze	$H_2N{-}NH_2 \cdot H_2O$	vgl. Abschn. IV			Sh				

Stoff [CAS-Nummer]	Formel	MAK ml/m³ (ppm)	MAK mg/m³	Spitzenbegrenzung	H;S	Krebserzeugend Kategorie	Schwangerschaft Gruppe	Keimzellmutagen Kategorie	Dampfdruck in hPa bei 20°C
Hydrazobenzol [122-66-7]	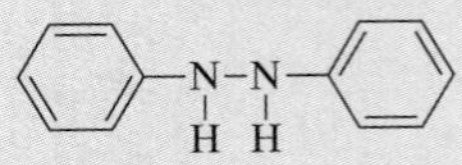	–	–	–		2	–		
Hydrochinon	s. 1,4-Dihydroxybenzol								
3-Hydroxyanilin	s. 3-Aminophenol								
4-Hydroxybuttersäurelacton	s. γ-Butyrolacton								
Hydroxycitronellal[23]) [107-75-5]	$HC(=O)-CH_2-CH(CH_3)-(CH_2)_3-C(OH)(CH_3)_2$	vgl. Abschn. IV			Sh				<1
1-Hydroxydodecan	s. 1-Dodecanol								
Hydroxyessigsäurebutylester [7397-62-8]	$HO-CH_2-CO-O-CH_2-CH_2-CH_2-CH_3$	vgl. Abschn. II b							
1-Hydroxyethan-1,1-diphosphonsäure [2809-21-4] und ihre Natrium- und Kaliumsalze	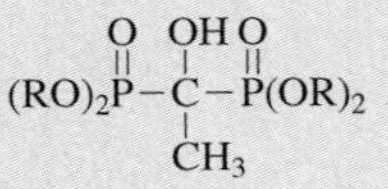 R = H, K, Na	vgl. Abschn. II b und Xc							
2-(2-Hydroxyethoxy)-ethylamin	s. 2-(2-Aminoethoxy)ethanol								
2-Hydroxyethylacrylat [818-61-1]	$H_2C{=}CH-COO-C_2H_4OH$	vgl. Abschn. IV			Sh				
1-Hydroxyethyl-2-heptadecenyl-imidazolin [21652-27-7]	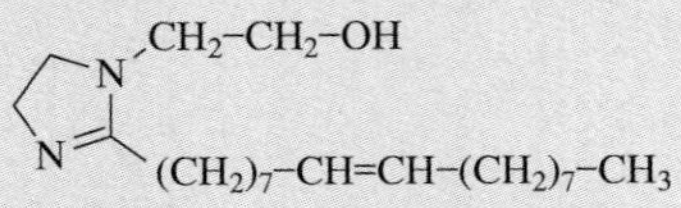	vgl. Abschn. II b							
2-Hydroxyethylmethacrylat [868-77-9]	$H_2C{=}C(CH_3)-COO-CH_2-CH_2OH$	vgl. Abschn. II b			Sh				
N-(2-Hydroxyethyl)-3-methyl-2-chinoxalincarboxamid-1,4-dioxid (Olaquindox) [23696-28-8]	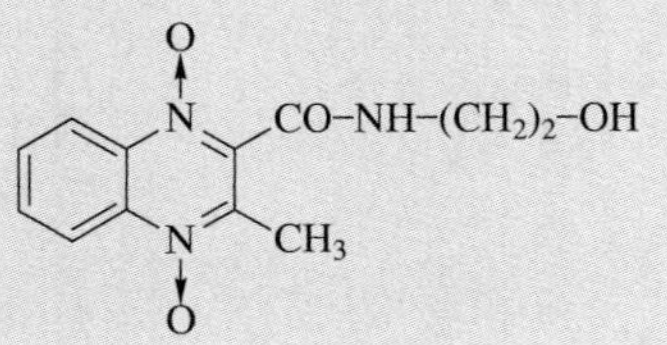	–	–	–	SP	3B	–	2	

[23]) Der Stoff kann gleichzeitig als Dampf und Aerosol vorliegen

Stoff [CAS-Nummer]	Formel	MAK ml/m³ (ppm)	MAK mg/m³	Spitzenbegrenzung	H;S	Krebserzeugend Kategorie	Schwangerschaft Gruppe	Keimzellmutagen Kategorie	Dampfdruck in hPa bei 20°C
1-Hydroxy-1'-hydroperoxydicyclohexylperoxid [78-18-2]	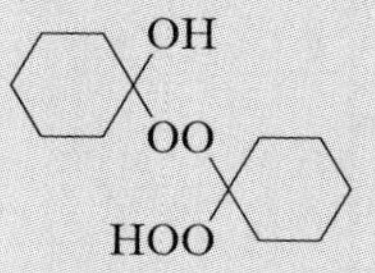	vgl. Abschn. Xa							
Hydroxylamin [7803-49-8] und seine Salze	NH_2-OH	vgl. Abschn. IV			Sh				
1-Hydroxy-2-methoxy-4-allylbenzol	s. Eugenol								
1-Hydroxy-2-methoxy-4-propen-1-ylbenzol	s. Isoeugenol								
N-Hydroxymethylchloracetamid	s. N-Methylolchloracetamid								
2-Hydroxymethyl-2-nitropropan-1,3-diol [126-11-4] [34])	$C(CH_2-OH)_3(NO_2)$	vgl. Abschn. II b							
4-Hydroxy-4-methylpentan-2-on [123-42-2]	$H_3C-\underset{CH_3}{\underset{\vert}{C}OH}-CH_2-CO-CH_3$	20	96	I (2)	H		D		
Hydroxymethylpentylcyclohexencarboxaldehyd (Lyral) [31906-04-4]	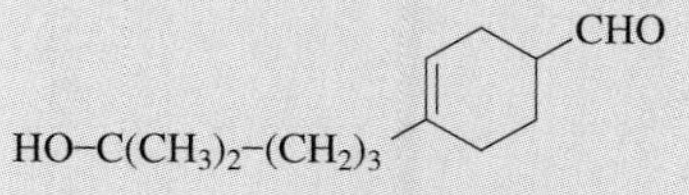	vgl. Abschn. IV			Sh				
N-(4-((2-Hydroxy-5-methylphenyl)azo)-phenyl)acetamid	s. Dispersionsgelb 3								
1-(Hydroxymethyl)-propylamin	s. 2-Aminobutanol								
3-Hydroxy-2-naphthalincarbonsäure [92-70-6]	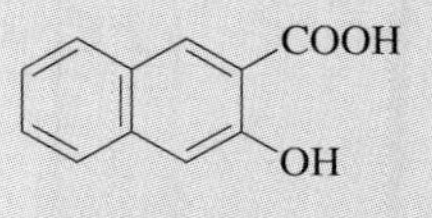	vgl. Abschn. II b							
4-Hydroxy-3-nitroanilin	s. 4-Amino-2-nitrophenol								
12-Hydroxyoctadecansäure	s. 12-Hydroxystearinsäure								
1-Hydroxyoctan	s. 1-Octanol								

Verwendungsverbot als Kühlschmierstoffkomponente und Korrosionsschutzmittelkomponente: s. GefStoffV 2010, Anhang II (zu § 16 Absatz Absatz 2), Nr. 4

Stoff [CAS-Nummer]	Formel	MAK ml/m³ (ppm)	MAK mg/m³	Spitzen-begren-zung	H;S	Krebs-erzeu-gend Kate-gorie	Schwan-ger-schaft Gruppe	Keim-zellmu-tagen Kate-gorie	Dampf druck in hPa bei 20°C
4-Hydroxy-3-(3-oxo-1-phenyl)butylcumarin	s. Warfarin								
1-Hydroxy-2-phenoxyethan	s. 2-Phenoxyethanol								
β-Hydroxypropan	s. 2-Propanol								
2-Hydroxy-1,2,3-propantricarbonsäure	s. Zitronensäure								
Hydroxypropylacrylat (alle Isomeren)[23] [25584-83-2]	$H_2C{=}CH{-}COO{-}C_3H_6OH$	vgl. Abschn. II b			Sh				[171]
2-Hydroxypropylmeth-acrylat[23] [923-26-2]	$H_2C{=}C(CH_3){-}CO{-}O{-}CH_2{-}CH(OH){-}CH_3$	vgl. Abschn. IV			Sh				[172]
12-Hydroxystearinsäure [106-14-9]	$H_3C(CH_2)_5CH(OH)(CH_2)_{10}CO_2H$	vgl. Abschn. II b							
Hydroxytoluol	s. Benzylalkohol								
1-Hydroxy-2,4,5-trichlorbenzol	s. 2,4,5-Trichlorphenol								
Imazalil	s. 1-(2-Allyloxy)-2-(2,4-dichlor-phenyl)ethyl)-1H-imidazol								
Imidazol [288-32-4]		vgl. Abschn. II b							3,3·10
Imidazolidin-2-thion	s. Ethylenthioharnstoff								
Indeno[1,2,3-cd]pyren [193-39-5]	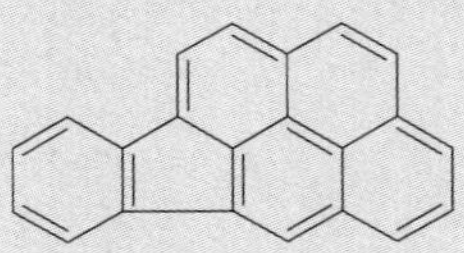	vgl. Abschn. III Pyrolyseprodukte aus organischem Material		–	H	2	–		
Indisches Ebenholz	s. Hölzer, Diospyros ebenum								
Indiumphosphid [22398-80-7]	InP	–	–	–		2	–		
Industrieruße (Carbon Black) (einatembare Fraktion)		–	–	–		3B	–		

[23]) Der Stoff kann gleichzeitig als Dampf und Aerosol vorliegen
[171]) (0,16) Dampfdruck bei 25 °C (berechneter Wert)
[172]) (0,096) Dampfdruck bei 25 °C (berechneter Wert)

Stoff [CAS-Nummer]	Formel	MAK ml/m³ (ppm)	MAK mg/m³	Spitzen-begrenzung	H;S	Krebs-erzeugend Kategorie	Schwangerschaft Gruppe	Keimzellmutagen Kategorie	Dampfdruck in hPa bei 20°C
Iod[23]) [7553-56-2] und anorganische Iodide	I_2	vgl. Abschn. II b			H				0,035 [26])
Iodmethan [74-88-4]	$H_3C\ I$	–	–	–	H	2	–		438
3-Iod-2-propinylbutyl-carbamat [55406-53-6]	$I{-}C{\equiv}C{-}CH_2{-}O{-}C(=O){-}NH{-}C_4H_9$	0,01 vgl. Abschn. Xc	0,12	I(2)	Sh		C		
Ipé	s. Hölzer, Tabebuia avellandae, T. serratifolia								
IPPD	s. N-Isopropyl-N'-phenyl-p-phenylen-diamin								
Iroko	s. Hölzer, Chlorophora excelsa								
Isatosäureanhydrid	s. N-Carboxyanthranilsäure-anhydrid								
Isoamylalkohol	s. Pentanol (3-Methyl-1-butanol)								
Isobutylchlorformiat	s. Chlorameisensäurebutylester								
Isobutylvinylether	s. iso-Butylvinylether								
Isoeugenol[23]) [97-54-1] E-Form [5932-68-3] Z-Form [5912-86-7]	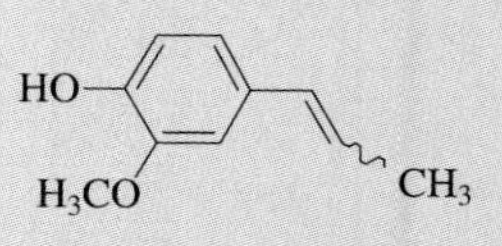	vgl. Abschn. IV			Sh				
Isofluran [26675-46-7]	$F_3C{-}CHCl{-}O{-}CHF_2$	vgl. Abschn. II b							
Isononansäure[23]) [3302-10-1] [26896-18-4]	$H_3C{-}C(CH_3)_2{-}CH_2{-}CH(CH_3){-}CH_2{-}CO_2H$	vgl. Abschn. II b und Xc							0,04
Isooctadecanol [27458-93-1]	z.B. $HO{-}(CH_2)_{15}{-}CH(CH_3)_2$	vgl. Abschn. II b							
Isooctanol	s. 2-Ethylhexanol								
Isophoron	s. 3,5,5-Trimethyl-2-cyclohexen-1-on								

[23]) Der Stoff kann gleichzeitig als Dampf und Aerosol vorliegen
[26]) Dampfdruck bei 25 °C

Stoff [CAS-Nummer]	Formel	MAK ml/m³ (ppm)	MAK mg/m³	Spitzenbegrenzung	H;S	Krebserzeugend Kategorie	Schwangerschaft Gruppe	Keimzellmutagen Kategorie	Dampfdruck in hPa bei 20°C
Isophorondiamin[23]) [2855-13-2]	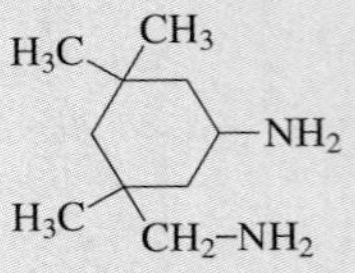	vgl. Abschn. II b			Sh				0,02
Isophorondiisocyanat [4098-71-9]	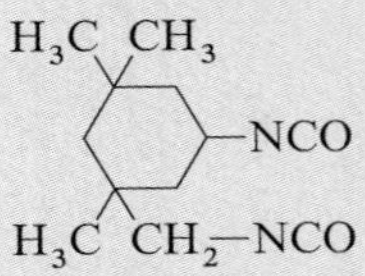	0,005	0,046[23])	I(1) [82])	Sah		D		4·10
★ **Isopren** (2-Methyl-1,3-butadien) [78-79-5]	$H_2C{=}\overset{CH_3}{\overset{\vert}{C}}{-}CH{=}CH_2$	3[18])	8,5	II(8)		5	C	5	733
Isopropanol	s. 2-Propanol								
Isopropenylbenzol	s. 2-Phenylpropen								
2-Isopropoxyethanol [109-59-1]	$(CH_3)_2CH{-}O{-}CH_2{-}CH_2OH$	5	22	II(8)	H		C		
2-Isopropoxyphenyl-N-methylcarbamat	s. Propoxur								
Isopropylacetat	s. Propylacetate								
Isopropylaceton	s. 4-Methylpentan-2-on								
Isopropylalkohol	s. 2-Propanol								
Isopropylamin	s. 2-Aminopropan								
Isopropylbenzol	s. iso-Propylbenzol								
Isopropylether	s. Diisopropylether								
Isopropylglycidether	s. iso-Propylglycidylether								
Isopropylglykol	s. Isopropoxyethanol								
4,4'-Isopropylidendiphenol	s. Bisphenol A								
4,4'-Isopropylidendiphenoldiglycidylether	s. Bisphenol-A-diglycidylether								
4-Isopropylnitrobenzol	s. p-Nitrocumol								

[23]) Der Stoff kann gleichzeitig als Dampf und Aerosol vorliegen
[82]) Ein Momentanwert von 0,01 ml/m³ entsprechend 0,092 mg/m³ sollte nicht überschritten werden.
[18]) siehe Definition der Kanzerogenitätskategorie 5 und jeweilige Begründung

Stoff [CAS-Nummer]	Formel	MAK ml/m³ (ppm)	MAK mg/m³	Spitzenbegrenzung	H;S	Krebserzeugend Kategorie	Schwangerschaft Gruppe	Keimzellmutagen Kategorie	Dampfdruck in hPa bei 20°C
Isopropylöl	Rückstand bei der iso-Propylalkohol-Herstellung	–	–	–		3B	–		
4-Isopropylphenylisocyanat[23] [31027-31-3]	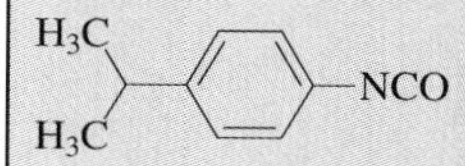	vgl. Abschn. IIb			Sh				0,1
N-Isopropyl-N'-phenyl-p-phenylendiamin [101-72-4]	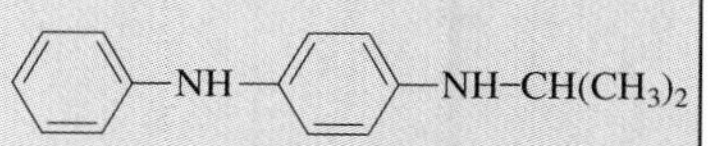		2 E	II(2)	Sh		C		
Isostearylalkohol	s. Isooctadecanol								
Jacaranda pardo	s. Hölzer, Machaerium scleroxylon								
Jod	s. Iod								
Jodmethan	s. Iodmethan								
Kalifornische Zeder	s. Hölzer, Calocedrus decurrens								
Kaliumcyanid [151-50-8]	KCN		5,0 E	II(1)	H		C		
Kaliumdichloracetat	s. Dichloressigsäure								
Kaliummetabisulfit	s. Sulfite								
Kaliumperfluoroctanoat	s. Perfluoroctansäure								
Kaliumpersulfat	s. Alkalipersulfate								
Kaliumtitanat (Faserstaub), versch. Formeln und CAS-Nr., z. B. [12030-97-6] [12056-46-1] [12056-49-4] [12056-51-8] [59766-31-3]	 K_2TiO_3 $K_2Ti_2O_5$ $K_2Ti_4O_9$ $K_2Ti_6O_{13}$ $K_2Ti_8O_{17}$	vgl. Abschn. III		–		2	–		
Kaliumtitanoxid	s. Kaliumtitanat								
Kaliumcitrat	s. Zitronensäure								
Kambala	s. Hölzer, Chlorophora excelsa								

Der Stoff kann gleichzeitig als Dampf und Aerosol vorliegen

Stoff [CAS-Nummer]	Formel	MAK ml/m³ (ppm)	MAK mg/m³	Spitzenbegrenzung	H;S	Krebserzeugend Kategorie	Schwangerschaft Gruppe	Keimzellmutagen Kategorie	Dampfdruck in hPa bei 20°C
Kampfer[23]) [76-22-2]	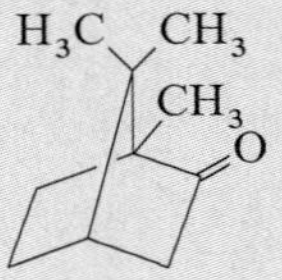	vgl. Abschn. II b							0,027
Kaolinit[83]) [1332-58-7]	$Al_4[(OH)_8Si_4O_{10}]$	–	–	–		3B	–		
Keramikfasern (Faserstaub)		vgl. Abschn. III		–		2	–		
Keten [463-51-4]	$H_2C{=}CO$	vgl. Abschn. II b							
Khaya-Arten	s. Hölzer								
K-HDO	s. N-Cyclohexylhydroxydiazen-1-oxid, Kaliumsalz								
Kieselsäuren, amorphe [7631-86-9]									
a) kolloidale amorphe Kieselsäure einschl. pyrogener Kieselsäure [112945-52-5] und im Naßverfahren hergestellter Kieselsäure (Fällungskieselsäure, Kieselgel) [7631-86-9] und ungebrannter Kieselgur [61790-53-2]		vgl. Abschn. V	4 E				C		
b) Kieselglas [60676-86-0] Kieselgut, Kieselrauch [69012-64-2], gebrannte Kieselgur [68855-54-9]		vgl. Abschn. V	0,3 A				C		
Kobalt	s. Cobalt								
Kohlendioxid [124-38-9]	CO_2	5000	9100	II (2)					
Kohlendisulfid	s. Schwefelkohlenstoff								

[23]) Der Stoff kann gleichzeitig als Dampf und Aerosol vorliegen
[83]) Quarzanteil muss gesondert betrachtet werden

Stoff [CAS-Nummer]	Formel	MAK ml/m³ (ppm)	MAK mg/m³	Spitzenbegrenzung	H;S	Krebserzeugend Kategorie	Schwangerschaft Gruppe	Keimzellmutagen Kategorie	Dampfdruck in hPa bei 20°C
Kohlenmonoxid [630-08-0]	CO	30	35 vgl. Abschn. XII	II (2)			B		
Kohlenoxid	s. Kohlenmonoxid								
Kohlenwasserstoff-Lösemittel entaromatisiert C_6-C_{13}	s. Naphtha (Erdöl)								
Kokereirohgase	s. Pyrolyseprodukte aus org. Material								
Kosipo	s. Hölzer, Entandrophragma candollei								
p-Kresidin [23]) [120-71-8]	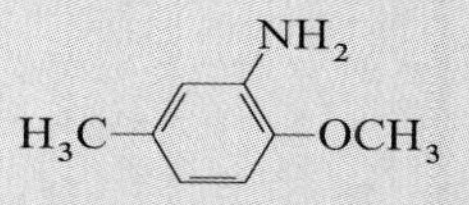	–	–	–		2	–		[173])
Kresol (alle Isomeren) [1319-77-3]: o-Kresol [95-48-7], m-Kresol [108-39-4], p-Kresol [106-44-5]	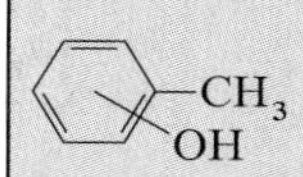	vgl. Abschn. XII		–	H	3A	–		
Kresylglycidylether o-Isomer [2210-79-9], Isomerengemisch [26447-14-3]	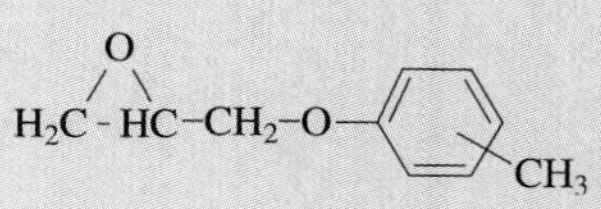	vgl. Abschn. IV			Sh				
Krokydolith (Faserstaub)	s. Asbest								
Kühlschmierstoffe [84])		vgl. Abschn. Xc							
Kühlschmierstoffe, die Nitrit oder nitritliefernde Verbindungen und Reaktionspartner für Nitrosaminbildung enthalten		–	–	–		3B	–		
Künstliche Mineralfasern (Faserstaub)		vgl. Abschn. III		–			–		

) Der Stoff kann gleichzeitig als Dampf und Aerosol vorliegen
) (0,03[illegible]) Dampfdruck bei 25 °C (berechneter Wert)
Kühlschmierstoffe enthalten Kohlenwasserstoffgemische, die aufgrund ihrer Zusammensetzung als Partikel-Dampfgemische auftreten können.

Stoff [CAS-Nummer]	Formel	MAK ml/m³ (ppm)	MAK mg/m³	Spitzenbegrenzung	H;S	Krebserzeugend Kategorie	Schwangerschaft Gruppe	Keimzellmutagen Kategorie	Dampfdruck in hPa bei 20°C
Kupfer [7440-50-8] und seine anorganischen Verbindungen	Cu		0,01 A	II(2)			C		
Labersatzstoffe, mikrobielle	s. Mikrobielle Labersatzstoffe								
Lachgas	s. Distickstoffmonoxid								
Lapacho	s. Hölzer, Tabebuia avellanedae								
Laurinsäure [23] [143-07-7]	$CH_3-(CH_2)_{10}-COOH$	vgl. Abschn. Xc		–		3A	–		2,3 ·10⁻⁵ [26]
Laurylalkohol	s. 1-Dodecanol								
Lebensbaum	s. Hölzer, Thuja occidentalis, Thuja plicata								
Limba	s. Hölzer, Terminalia superba								
D-Limonen [5989-27-5]	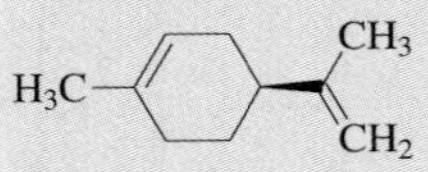	5	28	II(4)	H Sh		C		
D,L-Limonen [138-86-3] und ähnliche Gemische	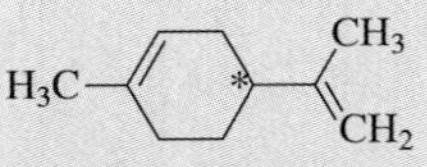	vgl. Abschn. II b			Sh				
L-Limonen [5989-54-8]	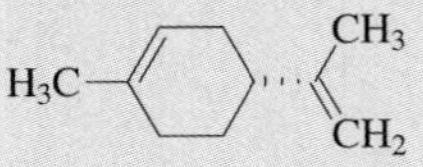	vgl. Abschn. II b			Sh				
Lindan [58-89-9]	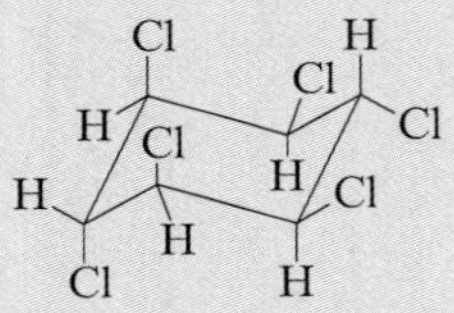	vgl. Abschn. XII	0,1 E [23]	II(8)	H	4	C [25]		5,6· 10-
Lithium [7439-93-2] und stärker reizende Lithiumverbindungen (wie Lithiumamid, -hydrid, -hydroxid, -nitrid, -oxid, -tetrahydroaluminat, -tetrahydroborat)	Li	vgl. Abschn. II b							

[23]) Der Stoff kann gleichzeitig als Dampf und Aerosol vorliegen
[26]) Dampfdruck bei 25 °C
[25]) Schwangerschaftsgruppe C wurde 2011 überprüft und bestätigt

Stoff [CAS-Nummer]	Formel	MAK ml/m³ (ppm)	MAK mg/m³	Spitzenbegrenzung	H;S	Krebserzeugend Kategorie	Schwangerschaft Gruppe	Keimzellmutagen Kategorie	Dampfdruck in hPa bei 20°C
★ **Lithiumstearat** [4485-12-5], **Lithium-12-hydroxystearat** [7620-77-1]	$LiO_2C-(CH_2)_{16}-CH_3$ $LiO_2C-(CH_2)_{10}-CH(OH)-(CH2)_5-CH_3$	vgl. Abschn. II b und Xc							
Lithiumverbindungen, anorganische (als Li [7439-93-2]) mit Ausnahme von Lithium und stärker reizenden Lithiumverbindungen (wie Lithiumamid, -hydrid, -hydroxid, -nitrid, -oxid, -tetrahydroaluminat, -tetrahydroborat)			0,2 E	I (1)			C		
Lost	s. Dichlordiethylsulfid								
Lyral	s. Hydroxymethylpentylcyclohexencarboxaldehyd								
Machaerium scleroxylon	s. Hölzer								
Magnesiumoxid [1309-48-4] (alveolengängige Fraktion)	MgO	vgl. Abschn. V f) und g)	1,5 A				C		
Magnesiumoxid [1309-48-4] (einatembare Fraktion)	MgO	vgl. Abschn. V f) und g)	4 E				C		
Magnesiumoxid-Rauch [1309-48-4]	MgO	vgl. Abschn. II b und Vh							
Magnesium-Oxid-Sulfat [12286-12-3] (Faserstaub)	$MgSO_4 \cdot 5MgO \cdot 8H_2O$	vgl. Abschn. III		–		3B	–		
Mahagoni, afrikanisches	s. Hölzer, Khaya-Arten								
Mahagoni, amerikanisches	s. Hölzer, Swietenia-Arten								
Makassar Ebenholz	s. Hölzer, Diospyros celebica								
Makoré	s. Hölzer, Tieghemella heckelii								
Malathion [121-75-5]	$S-PS(OCH_3)_2$ $CH-COOCH_2-CH_3$ $CH_2-COOCH_2-CH_3$		15 E	II (4)			D		

Stoff [CAS-Nummer]	Formel	MAK ml/m³ (ppm)	MAK mg/m³	Spitzenbegrenzung	H;S	Krebserzeugend Kategorie	Schwangerschaft Gruppe	Keimzellmutagen Kategorie	Dampfdruck in hPa bei 20°C
Maleinsäureanhydrid [108-31-6]	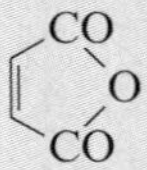	0,1	0,41 [23])	I(1) [86])	Sah		C [25])		0,2
Mangan [7439-96-5] und seine anorganischen Verbindungen (alveolengängige Fraktion)	Mn	vgl. Abschn. XII	0,02 A	II(8) [87])			C		
Mangan [7439-96-5] und seine anorganischen Verbindungen (einatembare Fraktion)	Mn	vgl. Abschn. XII	0,2 E	II(8) [87])			C		
Mangan-N,N'-ethylen-bis(dithiocarbamat) (Maneb) [12427-38-2]	$CH_2-NH-CS-S^-$ / $CH_2-NH-CS-S^-$ Mn^{2+}	vgl. Abschn. IV			Sh				
Mangan-II,IV-oxid	s. Mangan und seine anorganischen Verbindungen								
Mangantetroxid	s. Mangan und seine anorganischen Verbindungen								
Mansonia altissima	s. Hölzer								
MDI	s. Diphenylmethan-4,4'-diisocyanat								
MDI-Oligomere	s. „Polymeres MDI“								
MEA	s. 2-Aminoethanol								
Merbromin [129-16-8]	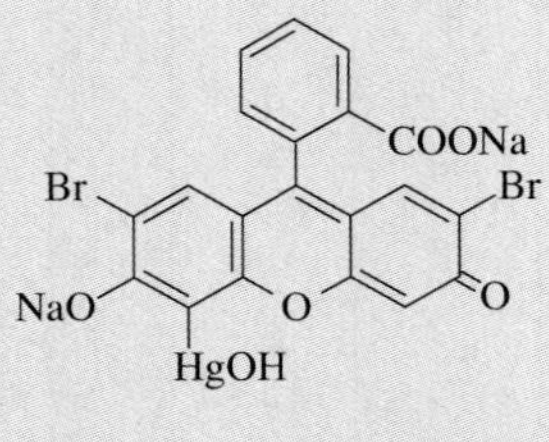	vgl. Abschn. IV			Sh				
2-Mercaptoacetate	s. Thioglykolate								

[23]) Der Stoff kann gleichzeitig als Dampf und Aerosol vorliegen
[86]) Ein Momentanwert von 0,2 ml/m³ entsprechend 0,81 mg/m³ sollte nicht überschritten werden.
[25]) Schwangerschaftsgruppe C wurde 2011 überprüft und bestätigt
[87]) Permanganate: Kurzzeitkategorie II(1)

Stoff [CAS-Nummer]	Formel	MAK ml/m³ (ppm)	MAK mg/m³	Spitzenbegrenzung	H;S	Krebserzeugend Kategorie	Schwangerschaft Gruppe	Keimzellmutagen Kategorie	Dampfdruck in hPa bei 20°C
Mercaptobenzothiazol [149-30-4]	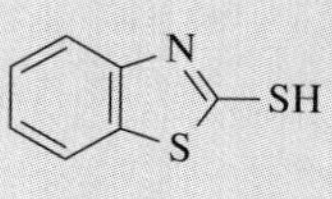		4 E vgl. Abschn. V f) und g) und Xc		Sh	3B	C[25]		
2-Mercaptobenzothiazoldisulfid	s. Dibenzothiazyldisulfid								
Mercaptoessigsäure	s. Thioglykolsäure								
2-Mercaptoimidazolin	s. Ethylenthioharnstoff								
Mesitylen (1,3,5-Trimethylbenzol)	s. Trimethylbenzol								
Mesityloxid	s. 4-Methylpent-3-en-2-on								
Methacrylsäure [79-41-4]	$H_2C{=}C(CH_3){-}COOH$	5	18	I (2)			C		0,9
Methacrylsäure-2-(dimethylamino)ethylester	s. N,N'-Dimethylaminoethylmethacrylat								
Methacrylsäuremethylester	s. Methylmethacrylat								
2-Methallylchlorid	s. 3-Chlor-2-methylpropen								
Methanol [67-56-1]	H_3COH	200	270 vgl. Abschn. XII	II (4)	H		C		128
Methanthiol [74-93-1]	H_3CSH	0,5	1,0	II (2)			D		1710
Methenamin-3-chlorallylchlorid[32] [4080-31-3]	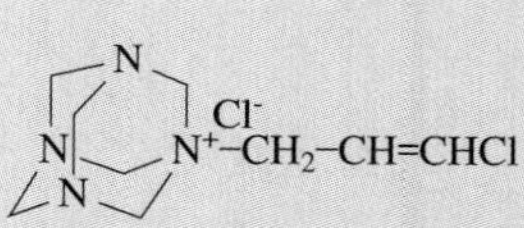		2 E vgl. Abschn. Xc	II (2)	Sh		B		
2-Methoxyanilin (o-Anisidin) [90-04-0]	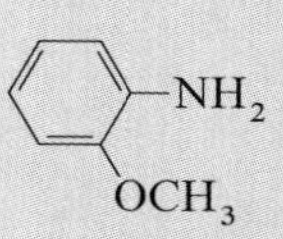	–	–	–	H	2	–		
4-Methoxyanilin [104-94-9]	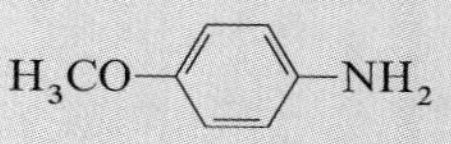	–	–	–	H	3B	–		
3-Methoxy-n-butylacetat [4435-53-4]	$CH_3{-}C({=}O){-}O{-}(CH_2)_2{-}CH(CH_3){-}O{-}CH_3$	vgl. Abschn. II b							

) Schwangerschaftsgruppe C wurde 2011 überprüft und bestätigt
) Formaldehydabspalter

Stoff [CAS-Nummer]	Formel	MAK ml/m³ (ppm)	MAK mg/m³	Spitzen-begren-zung	H;S	Krebs-erzeu-gend Kate-gorie	Schwan-ger-schaft Gruppe	Keim-zellmu-tagen Kate-gorie	Dampf-druck in hPa bei 20°C
Methoxychlor (DMDT) [72-43-5]	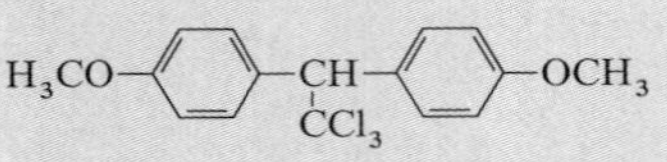		1 E	II(8)	H		B		
Methoxyessigsäure [625-45-6]	$H_3C-O-CH_2-COOH$	1	3,7	II(8)	H		B		1,8
2-Methoxyethanol [109-86-4]	$H_3CO-CH_2-CH_2OH$	1 [88]) vgl. Abschn. XII	3,2	II(8)	H		B		~11
2-[2-(2-Methoxyethoxy)-ethoxy]ethanol	s. Triethylenglykolmonomethylether								
2-Methoxyethylacetat [110-49-6]	$H_3CO-CH_2-CH_2OOC-CH_3$	1 [88]) vgl. Abschn. XII	4,9	II(8)	H		B		9
2-Methoxy-1-hydroxy-4-allylbenzol	s. Eugenol								
2-Methoxy-5-methylanilin	s. p-Kresidin								
2-Methoxy-2-methylpropan	s. Methyl-tert-butylether								
1-Methoxy-2-nitrobenzol	s. 2-Nitroanisol								
1-Methoxypropanol-2 [107-98-2]	$H_3C-CHOH-CH_2OCH_3$	100 vgl. Abschn. XII	370	I(2)			C		12
2-Methoxypropanol-1 [1589-47-5]	$H_3C-CH-CH_2OH$ OCH_3	5	19	II(8)	H		B		6
2-Methoxy-4-propenyl-phenol	s. Isoeugenol								
2-Methoxy-4-(2-propen-1-yl)phenol	s. Eugenol								
1-Methoxypropylacetat-2 [108-65-6]	$H_3C-O-CH_2-CH-CH_3$ $O-C-CH_3$ $\|$ O	50	270	I(1)			C		
2-Methoxypropylacetat-1 [70657-70-4]	$H_3C-CH-CH_2OOC-CH_3$ OCH_3	5	28	II(8)	H		B		
Methylacetat [79-20-9]	$H_3C-COOCH_3$	100	310	I(4)			C		220
Methylacetylen [74-99-7]	$H_3C-C\equiv CH$	vgl. Abschn. IIb							

[88]) MAK-Wert für die Summe der Luftkonzentrationen von 2-Methoxyethanol und 2-Methoxyethylacetat.

Stoff [CAS-Nummer]	Formel	MAK ml/m³ (ppm)	MAK mg/m³	Spitzenbegrenzung	H;S	Krebserzeugend Kategorie	Schwangerschaft Gruppe	Keimzellmutagen Kategorie	Dampfdruck in hPa bei 20°C
Methylacrylat [96-33-3]	$H_2C{=}CH{-}COOCH_3$	5	18	I(1)	Sh		D		89
Methylether	s. Dimethylether								
Methylal	s. Dimethoxymethan								
Methylalkohol	s. Methanol								
2-Methylallylchlorid	s. 3-Chlor-2-methylpropen								
Methylamin [74-89-5]	$H_3C{-}NH_2$	10	13	I(1) [89]			D		
1-Methyl-2-amino-5-chlorbenzol	s. 4-Chlor-o-toluidin								
1-Methyl-2-amino-4-nitrobenzol	s. 2-Amino-4-nitrotoluol								
Methylamylalkohol	s. 4-Methylpentan-2-ol								
4-Methylanilin	s. p-Toluidin								
N-Methylanilin [90] [100-61-8]	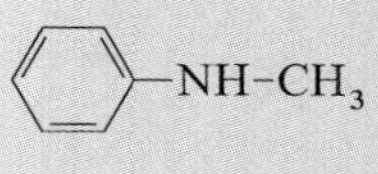	0,5	2,2	II(2)	H		D		
Methylarsenverbindungen		–	–		H	1		3A	
2-Methylaziridin	s. Propylenimin								
Methylbenzimidazol-2-yl-carbamat	s. Carbendazim								
Methyl-1H-benzotriazol [29385-43-1]	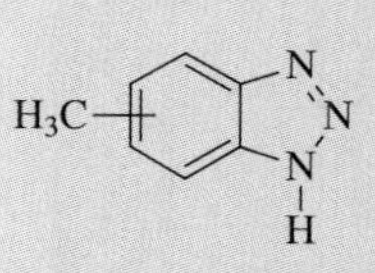	vgl. Abschn. II b							
N-Methyl-bis(2-chlorethyl)amin [51-75-2]	$(ClH_2C{-}CH_2)_2N{-}CH_3$	–	–	–	H Sh	1	–	2	
Methylbromid	s. Brommethan								
2-Methyl-1,3-butadien	s. Isopren								
Methylbutanol	s. Pentanol								

[89] 10 ml/m³ entsprechend 13 mg/m³ sollte als Momentanwert nicht überschritten werden.
[90] Reaktion mit nitrosierenden Agentien kann zur Bildung des kanzerogenen N-Nitrosomethylanilins führen, vgl. Abschn. III „Entstehung kanzerogener Nitrosamine durch Nitrosierung . . .“, S. 172.

Stoff [CAS-Nummer]	Formel	MAK ml/m³ (ppm)	MAK mg/m³	Spitzenbegrenzung	H;S	Krebserzeugend Kategorie	Schwangerschaft Gruppe	Keimzellmutagen Kategorie	Dampfdruck in hPa bei 20°C
Methyl-tert-butylether [1634-04-4]	$(CH_3)_3C{-}O{-}CH_3$	50 vgl. Abschn. XII	180	I(1,5)		3B	C		~300
Methylbutylketon	s. 2-Hexanon								
Methylchloracetat	s. Chloressigsäuremethylester								
2-Methyl-4-chloranilin	s. 4-Chlor-o-toluidin								
Methylchlorformiat	s. Chlorameisensäuremethylester								
Methylchlorid	s. Chlormethan								
Methylchloroform	s. 1,1,1-Trichlorethan								
Methyl-2-cyanacrylat	s. Cyanacrylsäuremethylester								
Methylcyclohexan [108-87-2]	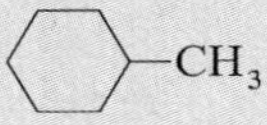	200	810	II(2)			D		48
Methylcyclohexanol (alle Isomeren) [25639-42-3]	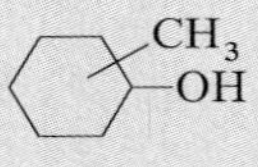	vgl. Abschn. IIb							
1-Methylcyclohexan-2-on [583-60-8]	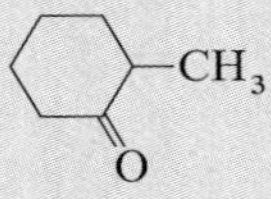	vgl. Abschn. IIb							
Methylcyclopentan	s. bei Hexan								
Methyldibromglutarnitril	s. 2-Brom-2-(brommethyl)pentan-dinitril								
Methyldiethanolamin[23]) [105-59-9]	$H_3C{-}N(CH_2{-}CH_2OH)_2$	vgl. Abschn. IIb							$2{,}7 \cdot 10^{-4}$ [26])
2-Methyl-2,3-dihydroiso-thiazol-3-on [2682-20-4]	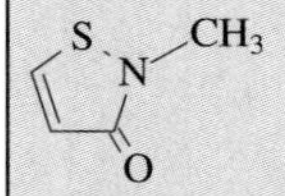	vgl. Abschn. IIb			Sh				
2-Methyl-2,3-dihydro-isothiazol-3-on	s. 5-Chlor-2-methyl-2,3-dihydro-isothiazol-3-on								
4,4'-Methylen-bis(2-chloranilin) [101-14-4]	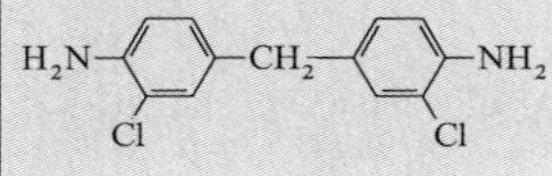	–	–	–	H	2	–		

[23]) Der Stoff kann gleichzeitig als Dampf und Aerosol vorliegen
[26]) Dampfdruck bei 25 °C

Stoff [CAS-Nummer]	Formel	MAK ml/m³ (ppm)	MAK mg/m³	Spitzen-begren-zung	H;S	Krebs-erzeu-gend Kate-gorie	Schwan-ger-schaft Gruppe	Keim-zellmu-tagen Kate-gorie	Dampf-druck in hPa bei 20°C
4,4'-Methylen-bis(2,6-di-tert-butylphenol) [118-82-1]	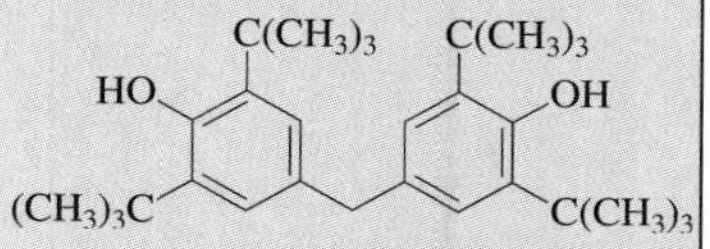	vgl. Abschn. II b und Xc							
4,4'-Methylenbis(N,N-diglycidylanilin)	s. Tetraglycidyl-4,4'-methylendianilin								
4,4'-Methylen-bis(N,N-dimethylanilin) [101-61-1]	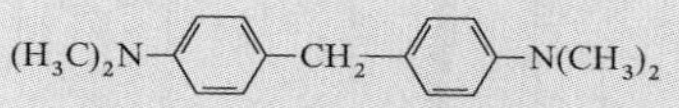	–	–	–		2	–		
4,4'-Methylen-bis(N,N-dimethyl)benzamin	s. 4,4'-Methylen-bis(N,N-dimethyl-anilin)								
4,4'-Methylen-bis(2-methylanilin)	s. 3,3'-Dimethyl-4,4'-diaminodi-phenylmethan								
N,N'-Methylen-bis-(5-methyloxazolidin) [66204-44-2]	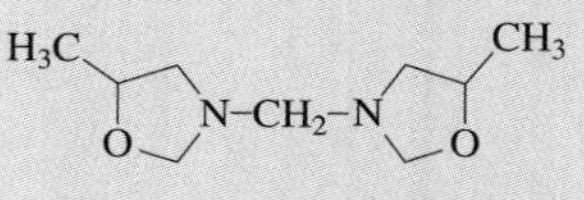	vgl. Abschn. II b			Sh				
Methylenbismorpholin	s. Bis(morpholino)methan								
2,2'-(Methylenbis-(p-phenylenoxymethy-len))bisoxiran	s. Bisphenol-F-diglycidylether								
Methylenchlorid	s. Dichlormethan								
4,4'-Methylendianilin	s. 4,4'-Diaminodiphenylmethan								
4,4'-Methylendimorpholin	s. Bis(morpholino)methan								
4,4'-Methylendi-o-toluidin	s. 3,3'-Dimethyl-4,4'-diaminodi-phenylmethan								
1-Methylethylbenzol	s. iso-Propylbenzol								
2,2'-[(1-Methylethyl-iden)bis(4,1-phenylen-oxymethylen)]bisoxiran	s. Bisphenol-A-diglycidylether								
Methylethylketon	s. 2-Butanon								
Methylethylketonperoxid	s. 2-Butanonperoxid								
1-(1-Methylethyl)-4-nitro-benzol	s. p-Nitrocumol								
N,N-Methylethylnitrosamin	s. N-Nitrosomethylethylamin								

Stoff [CAS-Nummer]	Formel	MAK ml/m³ (ppm)	MAK mg/m³	Spitzenbegrenzung	H;S	Krebserzeugend Kategorie	Schwangerschaft Gruppe	Keimzellmutagen Kategorie	Dampfdruck in hPa bei 20°C
N-(1-Methylethyl)-N'-phenyl-1,4-benzoldiamin	s. N-Isopropyl-N'-phenyl-p-phenylendiamin								
Methylformiat [107-31-3]	HCO–OCH_3	50 vgl. Abschn. XII	120	II(4)	H		C		640
Methylglykol	s. 2-Methoxyethanol								
Methylglykolacetat	s. 2-Methoxyethylacetat								
5-Methylheptan-3-on [541-85-5]	CH_3–CH_2–CO–CH_2–$CH(CH_3)$–CH_2–CH_3	10	53	I(2)			D		2,4
5-Methylhexan-2-on [110-12-3]	CH_3–CO–CH_2–CH_2–$CH_2(CH_3)_2$	10	47	I(2)			D		6
Methyliodid	s. Iodmethan								
Methylisobutylcarbinol	s. 4-Methylpentan-2-ol								
Methylisobutylketon	s. 4-Methylpentan-2-on								
Methylisocyanat [624-83-9]	H_3C–NCO	0,01	0,024	I(1)			D		513
Methylisothiazolinon	s. 2-Methyl-2,3-dihydroisothiazol-3-on								
Methyljodid	s. Iodmethan								
Methylmercaptan	s. Methanthiol								
Methylmethacrylat [80-62-6]	$H_2C{=}C(CH_3)$–$COOCH_3$	50	210	I(2)	Sh		C		47
2-Methyl-4-[(2-methylphenyl)azo]benzamin	s. o-Aminoazotoluol								
N-Methyl-1-naphthylcarbamat	s. Carbaryl								
2-Methyl-5-nitrobenzamin	s. 2-Amino-4-nitrotoluol								
2,2'-[[3-Methyl-4-[(4-nitrophenyl)azo]phenyl]imino]bisethanol	s. Dispersionsrot 17								
N-Methyl-N-nitrosoanilin	s. N-Nitrosomethylphenylamin								
N-Methyl-N-nitrosoethamin	s. N-Nitrosomethylethylamin								
N-Methyl-N-nitrosomethanamin	s. N-Nitrosodimethylamin								

Stoff [CAS-Nummer]	Formel	MAK ml/m³ (ppm)	MAK mg/m³	Spitzenbegrenzung	H;S	Krebserzeugend Kategorie	Schwangerschaft Gruppe	Keimzellmutagen Kategorie	Dampfdruck in hPa bei 20°C
(Z)-(2-Methylnonyl)-octadec-9-enoat	s. iso-Decyloleat								
N-Methylolchloracetamid[32] [2832-19-1]	$H_2CCl-CO-NH-CH_2OH$	vgl. Abschn. Xc		–	Sh	3B	–		
N-Methyl-N-oleyl-aminoessigsäure	s. Oleylsarkosin								
(Z)-N-Methyl-N-(1-oxo-9-octadecenyl)glycin	s. Oleylsarkosin								
2-Methylpentan-2,4-diol	s. Hexylenglykol								
4-Methylpentan-2-ol [108-11-2]	$(H_3C)_2CH-CH_2-CHOH-CH_3$	20	85	I(1)			D		7
4-Methylpentan-2-on [108-10-1]	$(H_3C)_2CH-CH_2-CO-CH_3$	20 vgl. Abschn. XII	83	I(2)	H		C		21
2-Methyl-2-penten-4-on	s. 4-Methylpent-3-en-2-on								
4-Methylpent-3-en-2-on [141-79-7]	$(H_3C)_2C=CH-CO-CH_3$	5	20	I(2)	H		D		
2-[(2-Methylphenoxy)-methyl]oxirane	s. Kresylglycidylether								
Methylphenyldiamin	s. 2,4-Toluylendiamin								
4-Methylphenyldiiod-methylsulfon	s. p-Diiodmethylsulfonyltoluol								
Methylphenyldiphenyl-phosphat	s. Diphenylkresylphosphat								
2-Methyl-2-propanol	s. tert-Butanol								
1-Methylpropylenglykol-2	s. 1-Methoxypropanol-2								
Methylpropylketon	s. Pentan-2-on								
1-Methylpyren [2381-21-7]	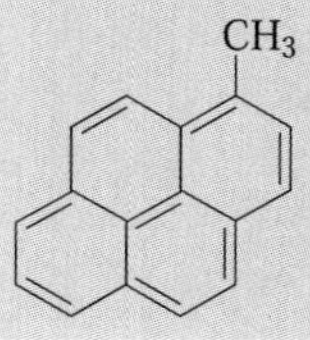	vgl. Abschn. III Pyrolyseprodukte aus organischem Material		–	H	2	–		

Formaldehydabspalter

Stoff [CAS-Nummer]	Formel	MAK ml/m³ (ppm)	MAK mg/m³	Spitzenbegrenzung	H;S	Krebserzeugend Kategorie	Schwangerschaft Gruppe	Keimzellmutagen Kategorie	Dampfdruck in hPa bei 20°C
N-Methyl-2-pyrrolidon [872-50-4]	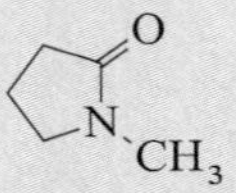	20	82 [23]	II(2)	H		C [25]		0,32
		vgl. Abschn. XII							
Methylquecksilber	s. Quecksilberverbindungen, organische								
α-Methylstyrol	s. 2-Phenylpropen								
Methylstyrol (alle Isomeren) [25013-15-4]	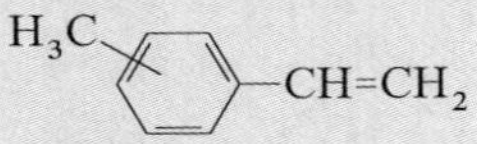	100	490	I(2)					
Methyltetrahydrophthalsäureanhydrid [11070-44-3]	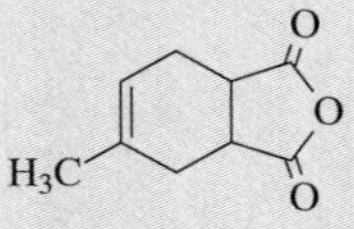	vgl. Abschn. IV			Sa				
N-Methyl-N,2,4,6-tetranitroanilin [479-45-8]	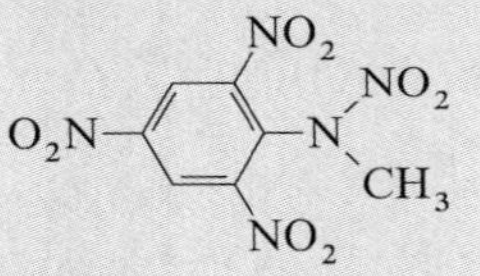	–	–	–	H Sh	3B	–		
Methyltriglykol	s. Triethylenglykolmonomethylether								
Methylvinylether [107-25-5]	$H_2C{=}CH{-}O{-}CH_3$	200	480	II(2)			C		
Methylvinylketon [78-94-4]	$H_2C{=}CH{-}C({=}O){-}CH_3$	vgl. Abschn. II b			H Sh				
Methylzinnverbindungen (als Sn [7440-31-5])									
Monomethylzinnverbindungen **außer**		0,004	0,02 [23]	I(1)	[91]		C		
Methylzinntris(isooctylmercaptoacetat) [MMT(IOMA)₃] [54849-38-6], **Bis[methylzinndi(isooctylmercaptoacetat)]-sulfid** und		0,2	1 [23]	II(2)	[91]		B		0,02 [26]

[23]) Der Stoff kann gleichzeitig als Dampf und Aerosol vorliegen
[25]) Schwangerschaftsgruppe C wurde 2011 überprüft und bestätigt
[91]) Für Methylzinnverbindungen, deren organische Liganden mit „Sa" oder „Sh" markiert sind, gelten diese Markierungen ebenfal
[26]) Dampfdruck bei 25 °C

Stoff [CAS-Nummer]	Formel	MAK ml/m³ (ppm)	MAK mg/m³	Spitzenbegrenzung	H;S	Krebserzeugend Kategorie	Schwangerschaft Gruppe	Keimzellmutagen Kategorie	Dampfdruck in hPa bei 20°C
Bis[methylzinndi(2-mercaptoethyloleat)]-sulfid [59118-99-9]									
Dimethylzinnverbindungen		0,004	0,02 [23]	I (1)	[91]		C		
außer									
Dimethylzinnbis(isooctylmercaptoacetat) [DMT(IOMA)$_2$] [26636-01-1],		0,01	0,05 [23]	II (2)	[91]		C		4,4 $\cdot 10^{-3}$ [26]
Dimethylzinnbis(2-ethylhexylmercaptoacetat) [DMT(2-EHMA)$_2$] [57583-35-4], **Bis[dimethylzinn(isooctylmercaptoacetat)]-sulfid** und **Bis[dimethylzinn(2-mercaptoethyloleat)]-sulfid**									4,4 $\cdot 10^{-3}$ [26]
Trimethylzinnverbindungen		0,001	0,005 [23]	II (4)	H [91]		D		
Tetramethylzinn [594-27-4]	$(CH_3)_4Sn$	0,001	0,005 [23]	II (4)	H		D		147 [26]
Mevinphos [7786-34-7]	$(H_3CO)_2PO{-}O{-}\overset{\displaystyle H_3CO{-}CO{-}CH}{\underset{\Vert}{C}}{-}CH_3$	0,01	0,093 [23]	II (2)	H				1,7$\cdot 10^{-4}$
Michlers Keton [90-94-8]	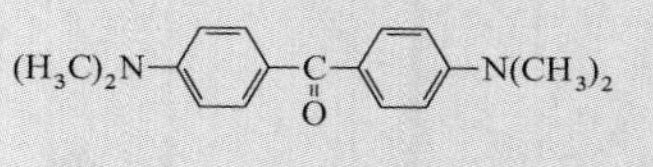	–	–	–		2	–		
Mikrobielle Labersatzstoffe: Endothiapepsin und Mucorpepsin		vgl. Abschn. IV			Sa				
Mineralölsulfonsäure, Ca-Salze	s. Petroleumsulfonate, Ca-Salze								
Mineralölsulfonsäure, Na-Salze	s. Petroleumsulfonate, Na-Salze								

Der Stoff kann gleichzeitig als Dampf und Aerosol vorliegen
Für Methylzinnverbindungen, deren organische Liganden mit „Sa" oder „Sh" markiert sind, gelten diese Markierungen ebenfalls.
Dampfdruck bei 25 °C

Stoff [CAS-Nummer]	Formel	MAK ml/m³ (ppm)	MAK mg/m³	Spitzenbegrenzung	H;S	Krebserzeugend Kategorie	Schwangerschaft Gruppe	Keimzellmutagen Kategorie	Dampfdruck in hPa bei 20°C
Molybdän [7439-98-7] und seine Verbindungen außer Molybdäntrioxid	Mo	vgl. Abschn. II b und XII							
Molybdäntrioxid [1313-27-5]	MoO_3	–	–	–		3B	–		
Monochlordifluormethan (R 22) [92] [75-45-6]	$CHClF_2$	500	1800	II (8)			C		
Monochlordimethylether [107-30-2] [93]	$H_3C{-}O{-}CH_2Cl$	–	–	–		1	–		213
Monochloressigsäure [79-11-8]	$ClCH_2{-}COOH$	vgl. Abschn. II b							
Monochlormonofluormethan	s. Chlorfluormethan								
Monochlornaphthaline	s. Chlorierte Naphthaline								
Monochlortrifluormethan	s. Chlortrifluormethan								
Monoethanolamin	s. 2-Aminoethanol								
Monoisopropanolamin	s. 1-Aminopropan-2-ol								
Monomethylhydrazin [60-34-4]	$H_3C{-}NH{-}NH_2$	vgl. Abschn. II b			H Sh				
Monomethylzinnverbindungen	s. Methylzinnverbindungen								
Mono-n-octylzinnverbindungen	s. n-Octylzinnverbindungen								
Monozyklische aromatische Amino- und Nitroverbindungen		vgl. Abschn. III							
Montmorillonit [1318-93-0], **Bentonit** [1302-78-9] [83]	$Na_{0,33}\{(Al_{1,67}Mg_{0,33})(OH)_2[Si_4O_{10}]\} \times nH_2O$	vgl. Abschn. II b							

[92]) Die Bewertung bezieht sich nur auf den reinen Stoff; Verunreinigung mit Chlorfluormethan [593-70-4] ändert die Risikobeurteilu grundlegend, s. „Toxikologisch-arbeitsmedizinische Begründung von MAK-Werten" (12. Lieferung 1986).

[93]) Die Einstufung bezieht sich auf technischen Monochlordimethylether, der nach vorliegenden Erfahrungen bis zu 7% Dichlor methylether als Verunreinigung enthalten kann.

[83]) Quarzanteil muss gesondert betrachtet werden

Stoff [CAS-Nummer]	Formel	MAK ml/m³ (ppm)	MAK mg/m³	Spitzen-begren-zung	H;S	Krebs-erzeu-gend Kate-gorie	Schwan-ger-schaft Gruppe	Keim-zellmu-tagen Kate-gorie	Dampf-druck in hPa bei 20°C
Morpholin [94] [95] [110-91-8]	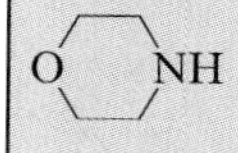	10	36	I(2)			D		10
Morpholinylcarbamoyl-chlorid	s. N-Chlorformylmorpholin								
Morpholinylcarbonylchlorid	s. N-Chlorformylmorpholin								
Morpholinylmercapto-benzothiazol [102-77-2]	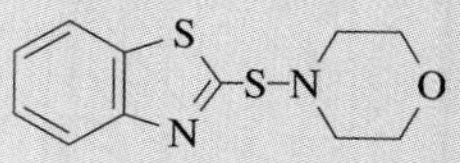	vgl. Abschn. IIb			Sh				
Movingui	s. Hölzer, Distemonanthus benthamianus								
Mucorpepsin	s. Mikrobielle Labersatzstoffe								
Myristinsäure [544-63-8]	$CH_3-(CH_2)_{12}-COOH$	vgl. Abschn. IIb							
Naled [300-76-5]	$(H_3CO)_2PO-O-CHBr-BrCCl_2$		1 E	II(2)	H Sh		C [25]		
Naphtha (Erdöl), mit Wasserstoff behandelte, schwere [64742-48-9]		50 vgl. Abschn. Xc	300	II(2)			D		
Naphthalan	s. Decahydronaphthalin								
Naphthalin [23] [91-20-3]	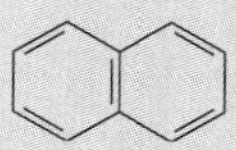	vgl. Abschn. III Pyrolyseprodukte aus organischem Material		–	H	2	–	3B	0,04
Naphthaline, chlorierte	s. Chlorierte Naphthaline								
Naphthalsäureanhydrid [81-84-5]	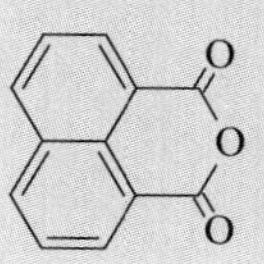	vgl. Abschn. IV			Sh				

Verwendungsverbot als Kühlschmierstoffkomponente: s. TRGS 611.

Reaktion mit nitrosierenden Agentien kann zur Bildung des kanzerogenen N-Nitrosomorpholins führen, vgl. Abschn. III „Entstehung kanzerogener Nitrosamine durch Nitrosierung . . .“, S. 172.

Schwangerschaftsgruppe C wurde 2011 überprüft und bestätigt

Der Stoff kann gleichzeitig als Dampf und Aerosol vorliegen

Stoff [CAS-Nummer]	Formel	MAK ml/m³ (ppm)	MAK mg/m³	Spitzen-begren-zung	H;S	Krebs-erzeu-gend Kate-gorie	Schwan-ger-schaft Gruppe	Keim-zellmu-tagen Kate-gorie	Dampf-druck in hPa bei 20°C
★ **Naphthensäuren** [1338-24-5] und **Natrium-, Calcium-, Kalium-Naphthenate** [61790-13-4; 61789-36-4; 66072-08-0] (technische Gemische)		vgl. Abschn. Xc		–		3B	–		
★ **2-Naphthylamin** [23] [91-59-8]	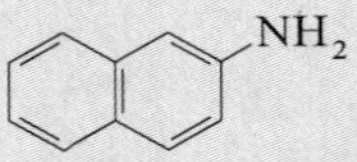	vgl. Abschn. XII		–	H	1	–	3A	3,4 $\cdot 10^{-4}$ [26]
1,5-Naphthylendiisocyanat [3173-72-6]	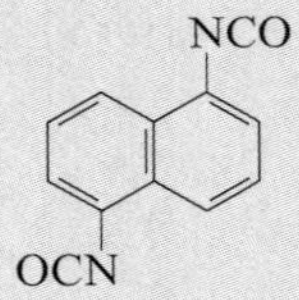	vgl. Abschn. XII		–	Sa	3B	–		
1-Naphthylthioharnstoff	s. ANTU								
Natriumazid [26628-22-8]	N_3Na		0,2 E	I (2)			D		
Natriumbisulfit	s. Sulfite								
Natriumcyanid [143-33-9]	NaCN		3,8 E	II (1)	H		C		
Natriumdichloracetat	s. Dichloressigsäure								
Natriumdiethyldithio-carbamat [94] [57] [148-18-5]	$(CH_3{-}CH_2)_2N{-}\overset{\overset{\displaystyle S}{\|}}{C}{-}SNa$	vgl. Abschn. Xc	2 E	II (2)	Sh		D		
Natriumfluoracetat° [62-74-8]	$FCH_2{-}COO^{\ominus}\ Na^{\oplus}$		0,05 E	II (4)	H		B		
Natriumhydroxid [1310-73-2]	NaOH	vgl. Abschn. II b							
Natriummetabisulfit	s. Sulfite								
Natriummolybdat	s. Molybdän								
Natriumperfluoroctanoat	s. Perfluoroctansäure								

[23]) Der Stoff kann gleichzeitig als Dampf und Aerosol vorliegen

[26]) Dampfdruck bei 25 °C

[94]) Verwendungsverbot als Kühlschmierstoffkomponente: s. TRGS 611.

[57]) Reaktion mit nitrosierenden Agentien kann zur Bildung des kanzerogenen N-Nitrosodiethylamins führen, vgl. Abschn. III „Entstehung kanzerogener Nitrosamine durch Nitrosierung . . .“, S. 172.

Stoff [CAS-Nummer]	Formel	MAK ml/m³ (ppm)	MAK mg/m³	Spitzenbegrenzung	H;S	Krebserzeugend Kategorie	Schwangerschaft Gruppe	Keimzellmutagen Kategorie	Dampfdruck in hPa bei 20°C
Natriumpersulfat	s. Alkalipersulfate								
Natriumpetroleumsulfonate	s. Petroleumsulfonate, Na-Salze								
Natriumpyrithion [3811-73-2; 15922-78-8]	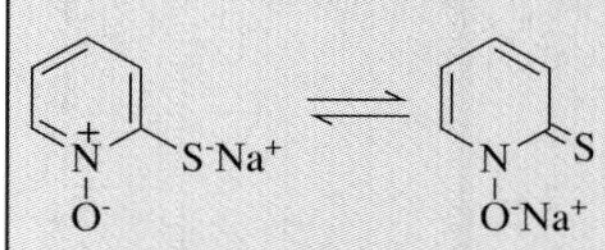	vgl. Abschn. Xc	1 E	II (2)	H		B		
Natriumwarfarin	s. Warfarin								
Natriumzitrat	s. Zitronensäure								
Naturgummilatex [9006-04-6]		vgl. Abschn. IV			Sah				
Naturkautschuk	s. Naturgummilatex								
Naturlatex	s. Naturgummilatex								
Nebel		vgl. Abschn. V							
Nemalith [1317-43-7] (Faserstaub)	$Mg(OH)_2$	vgl. Abschn. III		–		3B	–		
Nickel und Nickelverbindungen (einatembare Fraktion)[96]:		vgl. Abschn. XII		–	Sah [97])	1	–		
Nickelmetall [7440-02-0],	Ni								
Nickelacetat [373-02-4] und vergleichbare lösliche Salze,	$Ni(OOC{-}CH_3)_2$								
Nickelcarbonat [3333-67-3],	$NiCO_3$								
Nickelchlorid [7718-54-9],	$NiCl_2$								
Nickelmonoxid [1313-99-1],	NiO								
Nickeldioxid [12035-36-8],	NiO_2								
Dinickeltrioxid [1314-06-3],	Ni_2O_3								
Nickelhydroxid [12054-48-7],	$Ni(OH)_2$								

) Bezüglich der beim Menschen eindeutig krebserzeugend gefundenen Verbindungen, s. „Toxikologisch-arbeitsmedizinische Begründung von MAK-Werten". Vgl. auch Fußnote [1]), S. 10.
) Die atemwegssensibilisierende Wirkung ist nur für wasserlösliche Nickelverbindungen hinreichend nachgewiesen.

Stoff [CAS-Nummer]	Formel	MAK ml/m³ (ppm)	MAK mg/m³	Spitzenbegrenzung	H;S	Krebserzeugend Kategorie	Schwangerschaft Gruppe	Keimzellmutagen Kategorie	in hPa bei 20°C
Nickelsulfid [16812-54-7], Nickelsubsulfid [12035-72-2], Nickelsulfat [7786-81-4]	NiS Ni_3S_2 $NiSO_4$								
Nickellegierungen					[98]				
Nickeltitangelb [8007-18-9]	$(Ti,Sb,Ni)O_2$	vgl. Abschn. II b							
Nikotin[23] [54-11-5]	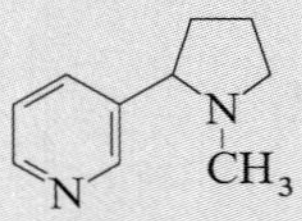	vgl. Abschn. II b			H				0,056
Nitrilotriessigsäure [139-13-9] und ihre Natriumsalze[99]	$N(CH_2OOH)_3$	–	–	–		3A	–		
5-Nitroacenaphthen[23] [602-87-9]	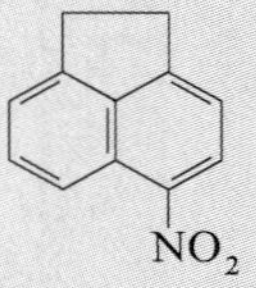	–	–	–		2	–		[100]
4-Nitro-4'-aminodiphenylamin-2-sulfonsäure [91-29-2]	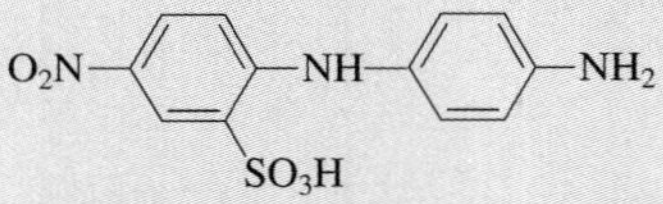	vgl. Abschn. IV			Sh				
2-Nitro-4-aminophenol [119-34-6]	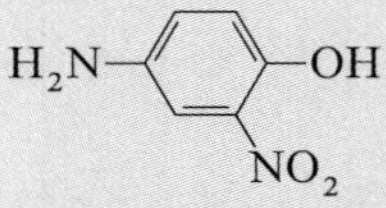	–	–	–	H	3B	–		
4-Nitro-2-aminotoluol	s. 2-Amino-4-nitrotoluol								
4-Nitroanilin [100-01-6]		–	–	–	H	3A	–		
2-Nitroanisol[23] [91-23-6]	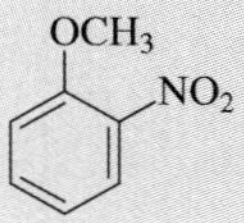	–	–	–		2	–		$4,8 \cdot 10^{-3}$ [26]

[98]) Für Nickellegierungen, aus denen Nickel bioverfügbar ist, siehe Nickel und Nickelverbindungen.
[23]) Der Stoff kann gleichzeitig als Dampf und Aerosol vorliegen
[99]) Mischexposition mit Eisenverbindungen vermeiden (FeNTA-Bildung).
[100]) ($3,6 \cdot 10^{-5}$) Dampfdruck bei 25 °C (berechneter Wert)
[26]) Dampfdruck bei 25 °C

Stoff [CAS-Nummer]	Formel	MAK ml/m³ (ppm)	MAK mg/m³	Spitzen-begren-zung	H;S	Krebs-erzeu-gend Kate-gorie	Schwan-ger-schaft Gruppe	Keim-zellmu-tagen Kate-gorie	Dampf-druck in hPa bei 20°C
★ **3-Nitrobenzoesäure** [121-92-6]	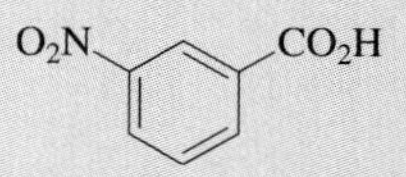	vgl. Abschn. II b und Xc			H				
Nitrobenzol [23]) [98-95-3]	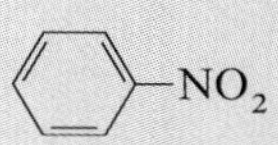	vgl. Abschn. XII		–	H	3B	–		0,3
4-Nitrobiphenyl [92-93-3]	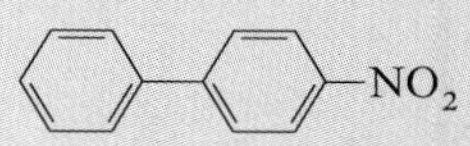	–	–	–	H	2	–		
4-(2-Nitrobutyl)-morpholin (70 Gew.%) [2224-44-4] **und** **4,4'-(2-Ethyl-2-nitro-1,3-propandiyl)bis-morpholin** (20 Gew.%) [1854-23-5] (Gemisch) [101]) [34])	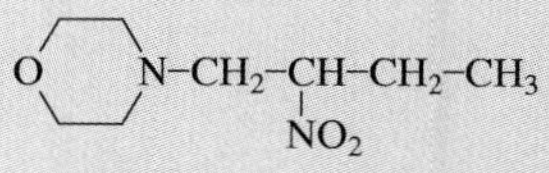 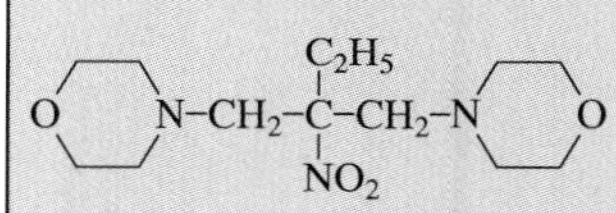	0,5 vgl. Abschn. Xc	4,2	I (2)	Sh		D		
o-Nitrochlorbenzol	s. 1-Chlor-2-nitrobenzol								
p-Nitrochlorbenzol	s. 1-Chlor-4-nitrobenzol								
p-Nitrocumol [23]) [1817-47-6]	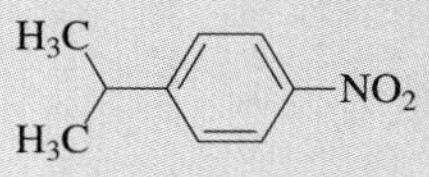	vgl. Abschn. IV			Sh				[102])
2-Nitro-1,4-diaminobenzol	s. 2-Nitro-p-phenylendiamin								
Nitroethan [79-24-3]	$H_3C-CH_2-NO_2$	100	310	II (4)			D		20,8
4-Nitro-4'-[N-ethyl-N-(2-hydroxyethyl)-amino]-azobenzol	s. Dispersionsrot 1								
Nitroglycerin	s. Glycerintrinitrat								
Nitroglykol	s. Ethylenglykoldinitrat								
Nitromethan [75-52-5]	H_3C-NO_2	–	–	–	H	3B	–		37

) Der Stoff kann gleichzeitig als Dampf und Aerosol vorliegen
) Formaldehydabspalter und Nitrosaminbildner.
) Verwendungsverbot als Kühlschmierstoffkomponente und Korrosionsschutzmittelkomponente: s. GefStoffV 2010, Anhang II (zu § 16 Absatz Absatz 2), Nr. 4
) (0,02) Dampfdruck bei 25 °C (berechneter Wert)

Stoff [CAS-Nummer]	Formel	MAK ml/m³ (ppm)	MAK mg/m³	Spitzenbegrenzung	H;S	Krebserzeugend Kategorie	Schwangerschaft Gruppe	Keimzellmutagen Kategorie	Dampfdruck in hPa bei 20°C
1-Nitronaphthalin [23] [86-57-7]	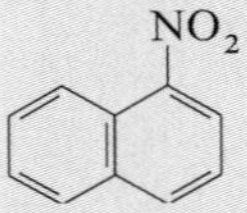	–	–	–		3B	–		[174]
2-Nitronaphthalin [23] [581-89-5]	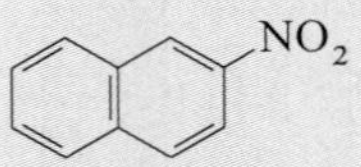	–	–	–		2	–		[103]
4-(4-Nitrophenylazo)anilin	s. Dispersionsorange 3								
2-Nitro-p-phenylendiamin [5307-14-2]	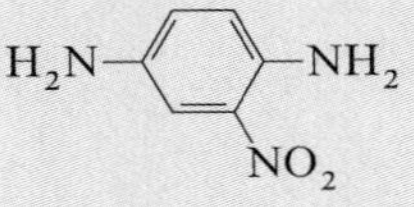	–	–	–	H Sh	3B	–		
1-Nitropropan [104] [108-03-2]	$H_3C{-}(CH_2)_2{-}NO_2$	25	92	I(4)			D		
2-Nitropropan [79-46-9]	$(H_3C)_2CH{-}NO_2$	–	–	–	H	2	–		17
Nitropyrene (Mono-, Di-, Tri-, Tetra-) (Isomere)	$C_{16}H_{10-n}(NO_2)_n$; n = 1–4	–	–	–		3B	–		
Nitrosamin-Entstehung		vgl. Abschn. III							
N-Nitroso-bis(2-hydroxyethyl)amin	s. N-Nitrosodiethanolamin								
N-Nitrosodi-n-butylamin [924-16-3] [23]	$O{=}N{-}N(CH_2{-}CH_2{-}CH_2{-}CH_3)_2$	–	–	–	H	2	–		0,06 [26]
N-Nitrosodiethanolamin [1116-54-7]	$O{=}N{-}N(CH_2{-}CH_2OH)_2$	–	–	–	H	2	–		
N-Nitrosodiethylamin [55-18-5]	$O{=}N{-}N(CH_2{-}CH_3)_2$	–	–	–	H	2	–		
N-Nitrosodiisopropylamin [601-77-4] [23]	$O{=}N{-}N(CH(CH_3)_2)_2$	–	–	–	H	2	–		[105]
N-Nitrosodimethylamin [62-75-9]	$O{=}N{-}N(CH_3)_2$	–	–	–	H	2	–		

[23]) Der Stoff kann gleichzeitig als Dampf und Aerosol vorliegen
[174]) (0,002) Dampfdruck bei 25 °C (berechneter Wert)
[103]) ($3{,}5 \cdot 10^{-4}$) Dampfdruck bei 25 °C (berechneter Wert)
[104]) Techn. Produkte maßgeblich mit 2-Nitropropan verunreinigt, s. dieses.
[26]) Dampfdruck bei 25 °C
[105]) (0,35) Dampfdruck bei 25 °C (berechneter Wert)

Stoff [CAS-Nummer]	Formel	MAK ml/m³ (ppm)	MAK mg/m³	Spitzen-begren-zung	H;S	Krebs-erzeu-gend Kate-gorie	Schwan-ger-schaft Gruppe	Keim-zellmu-tagen Kate-gorie	Dampf-druck in hPa bei 20°C
N-Nitrosodiphenylamin [86-30-6]	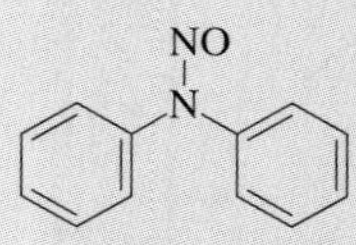	–	–	–		3B	–		
N-Nitrosodi-n-propylamin [621-64-7] [23])	$O=N-N(CH_2-CH_2-CH_3)_2$	–	–	–	H	2	–		[106])
Nitrosoethylanilin	s. N-Nitrosoethylphenylamin								
N-Nitrosoethylphenylamin [612-64-6]	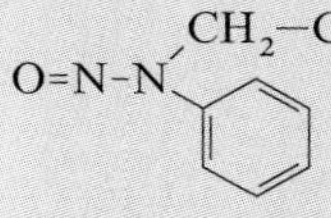	–	–	–	H	2	–		
2,2'-(Nitrosoimino)bis-ethanol	s. N-Nitrosodiethanolamin								
Nitrosomethylanilin	s. N-Nitrosomethylphenylamin								
N-Nitrosomethylethylamin [10595-95-6]	$O=N-N(CH_3)(CH_2-CH_3)$	–	–	–	H	2	–		
N-Nitrosomethyl-phenylamin [614-00-6]	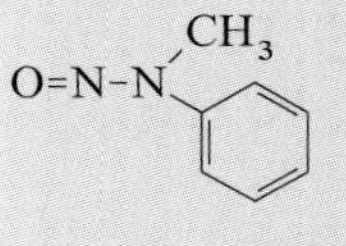	–	–	–	H	2	–		
N-Nitrosomorpholin [23]) [59-89-2]	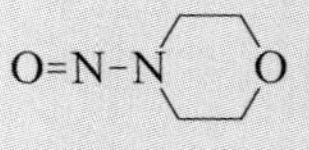	–	–	–	H	2	–		[107])
4-Nitrosophenol [23]) [104-91-6]		vgl. Abschn. IV			–				[108])
p-Nitrosophenol	s. 4-Nitrosophenol								
N-Nitrosopiperidin [23]) [100-75-4]	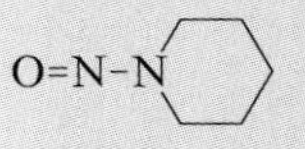	–	–	–	H	2	–		[106])
N-Nitrosopyrrolidin [23]) [930-55-2]	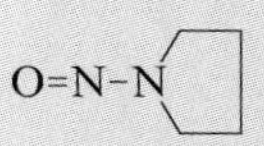	–	–	–	H	2	–		0,08
5-Nitro-o-toluidin	s. 2-Amino-4-nitrotoluol								

) Der Stoff kann gleichzeitig als Dampf und Aerosol vorliegen
) (0,12) Dampfdruck bei 25 °C (berechneter Wert)
) (0,05) Dampfdruck bei 25 °C (berechneter Wert)
) (0,20) Dampfdruck bei 25 °C (berechneter Wert)

Stoff [CAS-Nummer]	Formel	MAK ml/m³ (ppm)	MAK mg/m³	Spitzen-begren-zung	H;S	Krebs-erzeu-gend Kate-gorie	Schwan-ger-schaft Gruppe	Keim-zellmu-tagen Kate-gorie	Dampf-druck in hPa bei 20°C
2-Nitrotoluol [23]) [88-72-2]	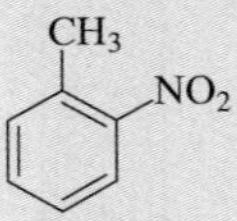	–	–	–	H	2	–	3B	0,20
3-Nitrotoluol [23]) [99-08-1]	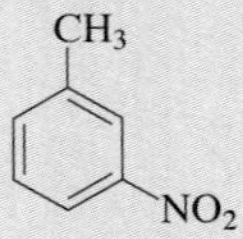	–	–	–	H	3B	–		0,20
4-Nitrotoluol [23]) [99-99-0]	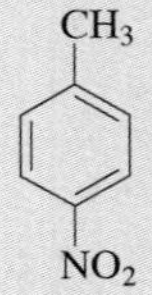	–	–	–	H	3B	–		0,22 [26])
Norfluran	s. 1,1,1,2-Tetrafluorethan								
Obeche	s. Hölzer, Triplochiton scleroxylon								
Ochratoxin A [303-47-9]	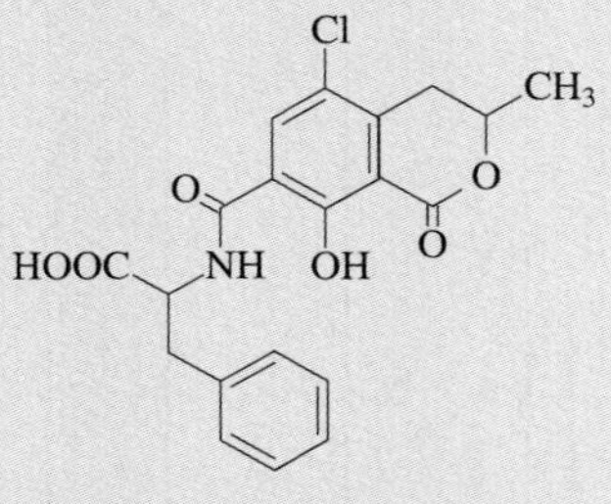	–	–	–		2	–	3B	$4{,}4 \cdot 10^{-1}$
Octachlornaphthaline	s. Chlorierte Naphthaline								
1-Octadecanol [112-92-5]	$HO{-}(CH_2)_{17}{-}CH_3$	vgl. Abschn. II b							
Octadecansäure	s. Stearinsäure								
(Z)-9-Octadecen-1-ol [143-28-2]	$HO{-}(CH_2)_8{-}CH{=}CH{-}(CH_2)_7{-}CH_3$	vgl. Abschn. II b							
(Z)-Octadec-9-ensäure	s. Ölsäure								
9-Octadecensäuredecylester	s. Decyloleat								
Octan (alle Isomeren außer Trimethylpentan-Isomeren)	$H_3C{-}C_6H_{12}{-}CH_3$	500	2400	II(2)			D		15

[23]) Der Stoff kann gleichzeitig als Dampf und Aerosol vorliegen
[26]) Dampfdruck bei 25 °C

Stoff [CAS-Nummer]	Formel	MAK ml/m³ (ppm)	MAK mg/m³	Spitzen-begren-zung	H;S	Krebs-erzeu-gend Kate-gorie	Schwan-ger-schaft Gruppe	Keim-zellmu-tagen Kate-gorie	Dampf-druck in hPa bei 20°C
1,8-Octandicarbonsäure	s. Sebacinsäure								
1-Octanol [111-87-5]	$CH_3-(CH_2)_6-CH_2OH$	vgl. Abschn. IIb							
Octylacetat	s. 2-Ethylhexylacetat								
2-n-Octyl-2,3-dihydro-isothiazol-3-on [26530-20-1]	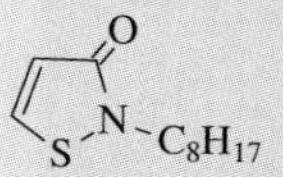	vgl. Abschn. Xc	0,05 E	I(2)	H Sh		C[25]		
2-Octyldodecan-1-ol [5333-42-6]	$CH_3-(CH_2)_9-CH(C_8H_{17})-CH_2OH$	vgl. Abschn. IIb							
2-Octyl-2H-isothiazolin-3-on	s. 2-n-Octyl-2,3-dihydroisothiazol-3-on								
2-Octyl-4-isothiazolin-3-on	s. 2-n-Octyl-2,3-dihydroisothiazol-3-on								
4-Octyl-N-(4-octyl-phenyl)benzolamin	s. 4,4'-Dioctyldiphenylamin								
n-Octylzinnverbindungen (als Sn [7440-31-5])		0,002	0,0098[23]	II(2)	H[110]	4			
Mono-n-octylzinn-verbindungen							C		
Di-n-octylzinn-verbindungen							B		
Tri-n-octylzinn-verbindungen							B		
Tetra-n-octylzinn							D		
Ölsäure [112-80-1]	$CH_3-(CH_2)_7-CH=CH-(CH_2)_7-COOH$	vgl. Abschn. Xc				3A			
Ölsäuredecylester	s. Decyloleat								
Ölsäureisodecylester	s. iso-Decyloleat								
Olaquindox	s. N-(2-Hydroxyethyl)-3-methyl-2-chinoxalincarboxamid-1,4-dioxid								
Oleylsarkosin [110-25-8]	$H_3C-(CH_2)_7-CH=CH-(CH_2)_7-CO-N(CH_3)-CH_2-COOH$	vgl. Abschn. Xc	0,1 E	II(2)			D		
Orthophosphorsäure	s. Phosphorsäure								

[25]) Schwangerschaftsgruppe C wurde 2011 überprüft und bestätigt
[23]) Der Stoff kann gleichzeitig als Dampf und Aerosol vorliegen
[110]) Für n-Octylzinnverbindungen, deren organische Liganden mit „Sa“ oder „Sh“ markiert sind, gelten diese Markierungen ebenfalls.

Stoff [CAS-Nummer]	Formel	MAK ml/m³ (ppm)	MAK mg/m³	Spitzenbegrenzung	H;S	Krebserzeugend Kategorie	Schwangerschaft Gruppe	Keimzellmutagen Kategorie	Dampfdruck in hPa bei 20°C
Osmiumtetroxid [20816-12-0]	OsO_4	vgl. Abschn. II b							
Ostindischer Palisander	s. Hölzer, Dalbergia latifolia								
1-Oxa-4-azacyclohexan	s. Morpholin								
Oxacyclopentadien	s. Furan								
Oxalsäuredinitril [460-19-5]	NC–CN	5	11	II(2)	H		D		
3-Oxapentan-1,5-diol	s. Diethylenglykol								
Oxiran	s. Ethylenoxid								
4,4'-Oxy-bis-benzolamin	s. 4,4'-Oxydianilin								
1,1'-Oxybisethan	s. Diethylether								
4,4'-Oxydianilin [101-80-4]	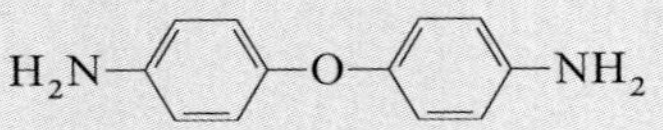	–	–	–		2	–		
2,2'-Oxydiethanol	s. Diethylenglykol								
N-(Oxydiethylen)benzothiazol-2-sulfenamid	s. Morpholinylmercaptobenzothiazol								
β-Oxynaphthoesäure	s. 3-Hydroxy-2-naphthalincarbonsäure								
Ozon [10028-15-6]	O_3	–	–	–		3B	–		
PAH	s. Polycyclische aromatische Kohlenwasserstoffe sowie Pyrolyseprodukte aus org. Material								
Palisander	s. Hölzer, Dalbergia latifolia, D. nigra, D. stevensonii, Machaerium scleroxylon								
Palladium und Palladiumverbindungen		vgl. Abschn. II b							
Palladiummetall [7440-05-3]	Pd				–				
Palladiumchlorid [7647-10-1] und bioverfügbare Palladium(II)-Verbindungen	$PdCl_2$				Sh				

Stoff [CAS-Nummer]	Formel	MAK ml/m³ (ppm)	MAK mg/m³	Spitzenbegrenzung	H;S	Krebserzeugend Kategorie	Schwangerschaft Gruppe	Keimzellmutagen Kategorie	Dampfdruck in hPa bei 20°C
Palmitinsäure [57-10-3]	$CH_3-(CH_2)_{14}-COOH$	vgl. Abschn. IIb							
Palygorskit (Faserstaub)	s. Attapulgit								
Papain [9001-73-4]		vgl. Abschn. IV			Sa				
Paraffine, chlorierte	s. Chlorparaffine								
Paraffinöl	s. Weißöl								
Paraquatdichlorid [1910-42-5]	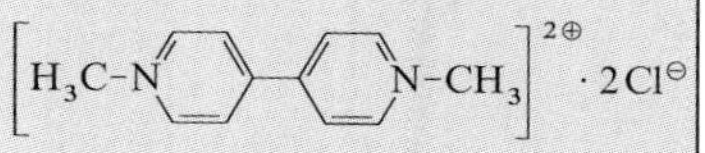		0,1 E	I(1)	H				
Paratecoma peroba	s. Hölzer								
Parathion° [56-38-2]	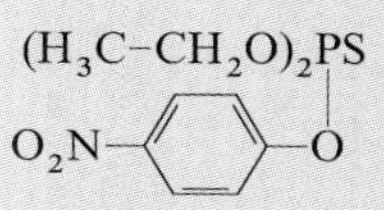	vgl. Abschn. XII	0,1 E	II(8)	H		D		
Passivrauchen am Arbeitsplatz		–	–	–		1	–		
PCB	s. Chlorierte Biphenyle								
PCP	s. Pentachlorphenol								
PCPI	s. 4-Chlorphenylisocyanat								
Pentaboran [19624-22-7]	B_5H_9	0,005	0,013	II(2)					213
Pentachlorethan [76-01-7]	$Cl_2HC-CCl_3$	5	42	II(2)					
Pentachlornaphthaline	s. Chlorierte Naphthaline								
Pentachlorphenol [87-86-5]	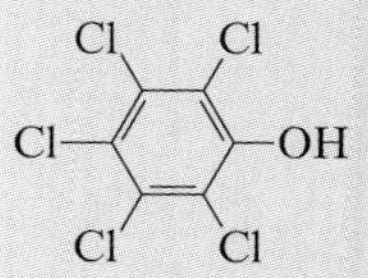	vgl. Abschn. XIII		–	H	2	–		
Pentadecafluoroctansäure	s. Perfluoroctansäure								
Pentaerythrittriacrylat [3524-68-3]	$HO-CH_2-C(CH_2-O-OC-CH=CH_2)_3$	vgl. Abschn. IV			Sh				
Pentan (alle Isomeren):		1000	3000	II(2)			C		573

Stoff [CAS-Nummer]	Formel	MAK ml/m³ (ppm)	MAK mg/m³	Spitzenbegrenzung	H;S	Krebserzeugend Kategorie	Schwangerschaft Gruppe	Keimzellmutagen Kategorie	Dampfdruck in hPa bei 20°C
n-Pentan [109-66-0],	$H_3C-(CH_2)_3-CH_3$								
iso-Pentan [78-78-4],	$(H_3C)_2CH-CH_2-CH_3$								
tert-Pentan [463-82-1]	$C(CH_3)_4$								
1,5-Pentandial	s. Glutardialdehyd								
Pentan-2,4-dion	s. Acetylaceton								
Pentanol (Isomeren) [30899-19-5; 94624-12-1] 1-Pentanol [71-41-0] 2-Pentanol [6032-29-7] 3-Pentanol [584-02-1] 2-Methyl-1-butanol [137-32-6] 3-Methyl-1-butanol [123-51-3] 3-Methyl-2-butanol [598-75-4] 2-Methyl-2-butanol [75-85-4] 2,2-Dimethyl-1-propanol [75-84-3]	$C_5H_{11}OH$	20	73	I(4)			C		
Pentan-2-on [107-87-9]	$H_3C-(CH_2)_2-CO-CH_3$	vgl. Abschn. II b							16
Pentylacetat (alle Isomeren):	$H_3C-COOC_5H_{11}$	50	270	I(1)					<1(
1,1-Dimethylpropyl-acetat [625-16-1],	$CH_3COO-C(CH_3)_2CH_2CH_3$						D		
1-Methylbutylacetat [626-38-0],	$CH_3COO-CH(CH_3)(CH_2)_2CH_3$						D		9,3
2-Methylbutylacetat [624-41-9],	$CH_3COO-CH_2CH(CH_3)CH_2CH_3$						C		
3-Methylbutylacetat [123-92-2],	$CH_3COO-(CH_2)_2CH(CH_3)_2$						D		5,3
1-Pentylacetat [628-63-7],	$CH_3COO-(CH_2)_4CH_3$						C		5,3
3-Pentylacetat [620-11-1]	$CH_3COO-CH(CH_2CH_3)_2$						D		
2-Pentyl-3-phenylpropen-aldehyd	s. α-Amylzimtaldehyd								

Stoff [CAS-Nummer]	Formel	MAK ml/m³ (ppm)	MAK mg/m³	Spitzenbegrenzung	H;S	Krebserzeugend Kategorie	Schwangerschaft Gruppe	Keimzellmutagen Kategorie	Dampfdruck in hPa bei 20°C
Pepsin [9001-75-6]		vgl. Abschn. IV			Sa				
Perchlorbutadien	s. 1,1,2,3,4,4-Hexachlor-1,3-butadien								
Perchlorethylen	s. Tetrachlorethen								
Perchlormethylmercaptan [594-42-3]	$Cl_3C{-}S{-}Cl$	vgl. Abschn. II b							
Peressigsäure	s. Peroxyessigsäure								
Perfluorbutylethylen (3,3,4,4,5,5,6,6,6-Nonafluor-1-hexen) [19430-93-4]	$H_2C{=}CH{-}(CF_2)_3{-}CF_3$	vgl. Abschn. II b							
Perfluoroctansäure [335-67-1] und ihre anorganischen Salze	$F_3C(CF_2)_6COOR$ R = Ag, H, K, NH_4, Na	vgl. Abschn. XII	0,005 E	II (8)	H	4	B		
Perfluoroctansulfonsäure (PFOS) [1763-23-1] **und ihre Salze**	$CF_3(CF_2)_7SO_3H$	vgl. Abschn. XII	0,01 E	II (8)	H	3B	B		
Perhydronaphthalin	s. Decahydronaphthalin								
Peroba do campo	s. Hölzer, Paratecoma peroba								
Peroba jaune	s. Hölzer, Paratecoma peroba								
Peroxyessigsäure [79-21-0]	$H_3C{-}CO{-}OOH$	vgl. Abschn. Xa		–		3B	–		
Petroleumsulfonate, Calcium-Salze (technisches Gemisch in Mineralöl) [61789-86-4]		vgl. Abschn. Xc	5 A	II (4)			D		
Petroleumsulfonate, Natrium-Salze [68608-26-4]		vgl. Abschn. II b und Xc							
PHC	s. Propoxur								
Phenanthren [85-01-8]	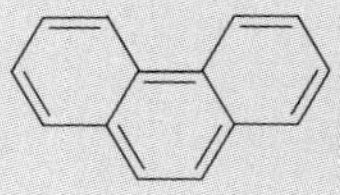	vgl. Abschn. III Pyrolyseprodukte aus organischem Material			H				

Stoff [CAS-Nummer]	Formel	MAK ml/m³ (ppm)	MAK mg/m³	Spitzen-begren-zung	H;S	Krebs-erzeu-gend Kate-gorie	Schwan-ger-schaft Gruppe	Keim-zellmu-tagen Kate-gorie	Dampf-druck in hPa bei 20°C
Phenethylalkohol	s. 2-Phenyl-1-ethanol								
Phenol [108-95-2]	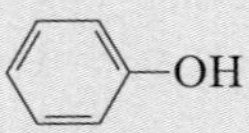	vgl. Abschn. XII		–	H	3B		3B	
Phenol-Formaldehyd-Kondensationsprodukte (niedermolekulare)		vgl. Abschn. IV			Sh				
Phenothiazin[111]) [92-84-2]	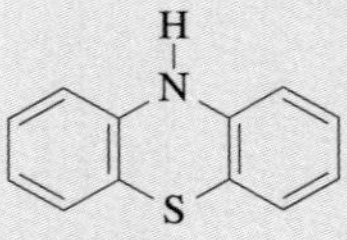	vgl. Abschn. II b und Xc							
2-Phenoxyethanol [122-99-6]	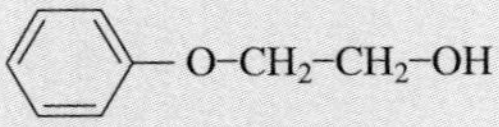	20 vgl. Abschn. Xc	110[23])	I (2)	H		C		0,01 2
Phenoxyisopropanol	s. 1-Phenoxy-2-propanol								
1-Phenoxy-2-propanol[23]) [770-35-4]	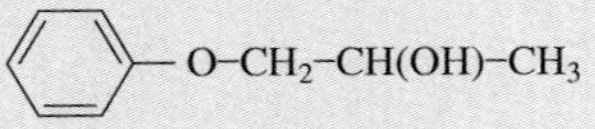	vgl. Abschn. II b							0,03 2
Phenylacrolein	s. Zimtaldehyd								
Phenylallylalkohol	s. Zimtalkohol								
N-Phenylanilin	s. Diphenylamin								
★ **Phenylarsenverbindungen** [637-03-6]		–	–	–	H	3B	–		
4-(Phenylazo)anilin	s. p-Aminoazobenzol								
Phenylbenzol	s. Biphenyl								
N-Phenylbenzolamin	s. Diphenylamin								
N-Phenyl-1,4-benzoldiamin	s. 4-Aminodiphenylamin								
o-Phenylendiamin[23]) [95-54-5]	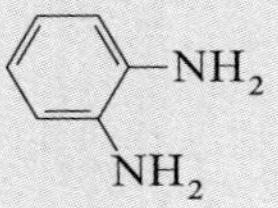	–	–	–	Sh	3B	–		1,1· 10

[111]) Phototoxische Wirkung
[23]) Der Stoff kann gleichzeitig als Dampf und Aerosol vorliegen
[26]) Dampfdruck bei 25 °C

Stoff [CAS-Nummer]	Formel	MAK ml/m³ (ppm)	MAK mg/m³	Spitzenbegrenzung	H;S	Krebserzeugend Kategorie	Schwangerschaft Gruppe	Keimzellmutagen Kategorie	Dampfdruck in hPa bei 20°C
m-Phenylendiamin[23] [108-45-2]	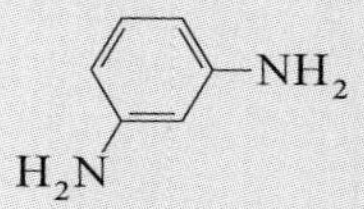	–	–	–	H Sh	3B	–		3,8·10^{-4}
p-Phenylendiamin [106-50-3]			0,1 E[23]	II(2)	HSh[112]	3B	C[25]		0,01
2-Phenyl-1-ethanol[23] [60-12-8]	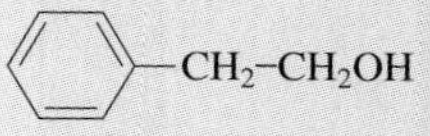	vgl. Abschn. II b			H				0,08
Phenylglycidether	s. Phenylglycidylether								
Phenylglycidylether[23] [122-60-1]	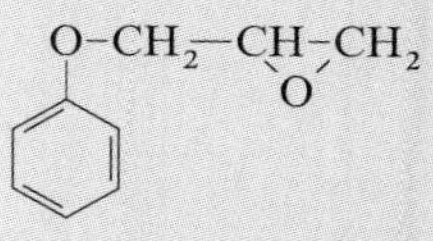	–	–	–	H Sh	2	–		0,013[26]
Phenylhydrazin[23] [100-63-0]	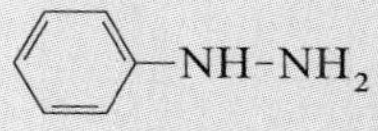	–	–	–	H Sh	3B	–		0,035[26]
Phenylisocyanat [103-71-9]	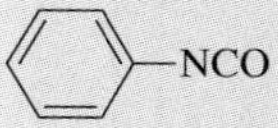	vgl. Abschn. IV			Sah				
2-(Phenylmethylen)-heptanal	s. α-Amylzimtaldehyd								
Phenylmonoglykolether	s. 2-Phenoxyethanol								
N-Phenyl-1-naphthylamin [90-30-2]	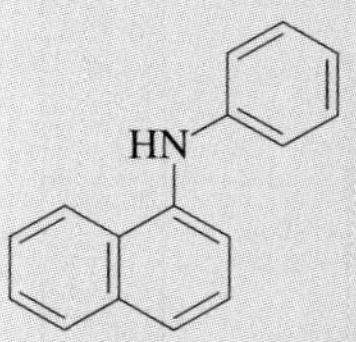	vgl. Abschn. II b und Xc			Sh				
N-Phenyl-2-naphthylamin [135-88-6]	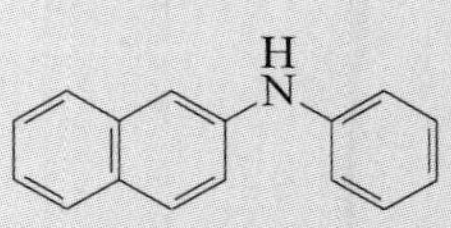	–	–	–	Sh	3B	–		
4-Phenyl-nitrobenzol	s. 4-Nitrobiphenyl								

Der Stoff kann gleichzeitig als Dampf und Aerosol vorliegen

Bei dem früher vor allem in der Pelzfärbung mit p-Phenylendiamin häufiger beobachteten „Ursol-Asthma“ ist eine inhalative Allergie auf p-Phenylendiamin nicht gesichert, s. „Toxikologisch-arbeitsmedizinische Begründung von MAK-Werten“ (27. Lieferung 1998).

Schwangerschaftsgruppe C wurde 2011 überprüft und bestätigt

Dampfdruck bei 25 °C

Stoff [CAS-Nummer]	Formel	MAK ml/m³ (ppm)	MAK mg/m³	Spitzenbegrenzung	H;S	Krebserzeugend Kategorie	Schwangerschaft Gruppe	Keimzellmutagen Kategorie	Dampfdruck in hPa bei 20°C
o-Phenylphenol [90-43-7] und o-Phenylphenol-Natrium [132-27-4]	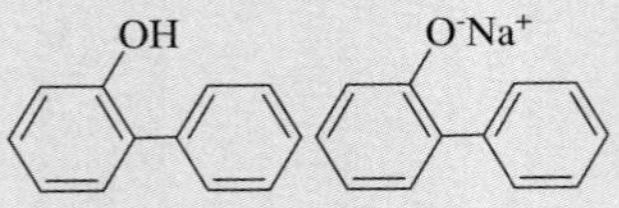	vgl. Abschn. II b							
N-Phenyl-p-phenylendiamin	s. 4-Aminodiphenylamin								
2-Phenylpropan	s. iso-Propylbenzol								
2-Phenylpropen [98-83-9]	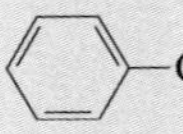 $-C(CH_3)=CH_2$	50	250	I(2)			D		3
3-Phenyl-2-propen-1-al	s. Zimtaldehyd								
3-Phenyl-2-propen-1-ol	s. Zimtalkohol								
Phenylquecksilber	s. Quecksilberverbindungen, organische								
Phenylzinnverbindungen (als Sn [7440-31-5] berechnet)		0,0004	0,002 [23])	II(2)	H	4	C [25])		
Phosgen [75-44-5]	$COCl_2$	0,1	0,41	I(2)			C		
Phosphin	s. Phosphorwasserstoff								
Phosphor, rot [7723-14-0]	P_4	vgl. Abschn. II b							
Phosphor, weiß/gelb [7723-14-0; 12185-10-3]	P_4		0,01 E	II(2)			C		
Phosphoroxidchlorid	s. Phosphorylchlorid								
Phosphorpentachlorid [10026-13-8]	PCl_5		1 E [23])	I(1)			C		0,01
Phosphorpentasulfid	s. Diphosphorpentasulfid								
Phosphorpentoxid	s. Diphosphorpentaoxid								
Phosphorsäure [7664-38-2]	H_3PO_4		2 E	I(2)			C		
o-Phosphorsäure	s. Phosphorsäure								
Phosphorsäuredibutylester	s. Di-n-butylphosphat								

[23]) Der Stoff kann gleichzeitig als Dampf und Aerosol vorliegen

[25]) Schwangerschaftsgruppe C wurde 2011 überprüft und bestätigt

Stoff [CAS-Nummer]	Formel	MAK ml/m³ (ppm)	MAK mg/m³	Spitzenbegrenzung	H;S	Krebserzeugend Kategorie	Schwangerschaft Gruppe	Keimzellmutagen Kategorie	Dampfdruck in hPa bei 20°C
Phosphorsäuretrimethylester	s. Trimethylphosphat								
Phosphortrichlorid [7719-12-2]	PCl_3	0,5	2,8	I(1)			C[25]		127
Phosphorwasserstoff [7803-51-2]	PH_3	0,1	0,14	II(2)			C		
Phosphorylchlorid [10025-87-3]	$POCl_3$	0,2	1,3	I(1)			C		36
o-Phthalsäure [88-99-3]	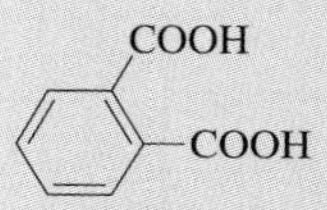	vgl. Abschn. II b							
m-Phthalsäure [121-91-5]	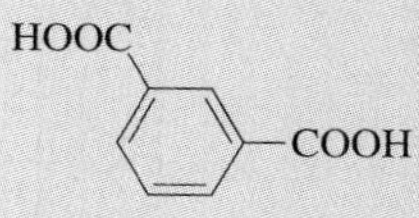		5 E	I(2)			C		
p-Phthalsäure [100-21-0]	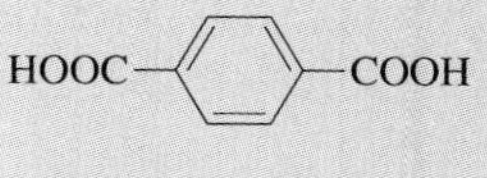		5 E	I(2)			C		
Phthalsäureanhydrid [85-44-9]	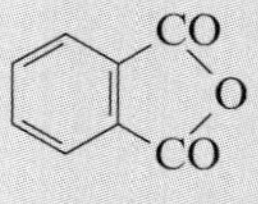	vgl. Abschn. II b			Sa				
Phthalsäuredi-n-butylester	s. Di-n-butylphthalat								
Phthalsäurediisodecylester	s. Diisodecylphthalat								
Phytasen		vgl. Abschn. IV			Sa				
Pikrinsäure	s. 2,4,6-Trinitrophenol								
Pikrylchlorid [88-88-0]	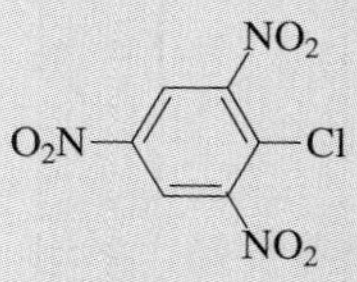	vgl. Abschn. IV			Sh				
Piperazin[94)][113)][23)] [110-85-0]	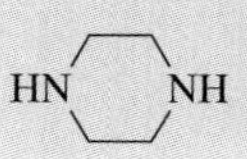	vgl. Abschn. II b			Sah				0,21

Schwangerschaftsgruppe C wurde 2011 überprüft und bestätigt
Verwendungsverbot als Kühlschmierstoffkomponente: s. TRGS 611.
Reaktion mit nitrosierenden Agentien kann zur Bildung des kanzerogenen N,N'-Dinitrosopiperazins führen, vgl. Abschn. III „Entstehung kanzerogener Nitrosamine durch Nitrosierung . . .“, S. 172.
Der Stoff kann gleichzeitig als Dampf und Aerosol vorliegen

Stoff [CAS-Nummer]	Formel	MAK ml/m³ (ppm)	MAK mg/m³	Spitzenbegrenzung	H;S	Krebserzeugend Kategorie	Schwangerschaft Gruppe	Keimzellmutagen Kategorie	Dampfdruck in hPa bei 20°C
Platinverbindungen (Chloroplatinate)		vgl. Abschn. II b	114)		Sah				
pMDI	s. „polymeres MDI"								
Polyacrylsäure (neutralisiert, vernetzt)	$(-CH_2-CH(COO^-)-)_n$		0,05 A	I(1)		4	C		
Polyalphaolefine, versch. CAS-Nr., z. B. [68649-11-6]	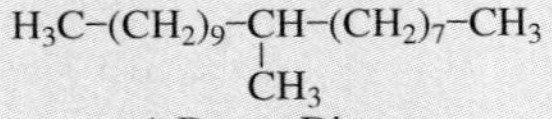 1-Decen-Dimer 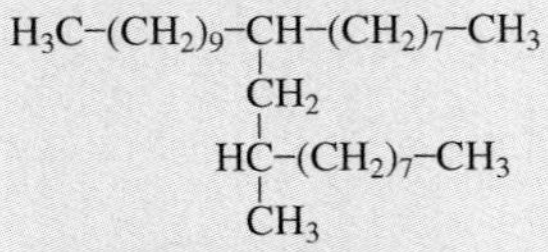 1-Decen-Trimer	vgl. Abschn. Xc	5 A	II(4)			C		
★ **Polybutene** [9003-29-6]	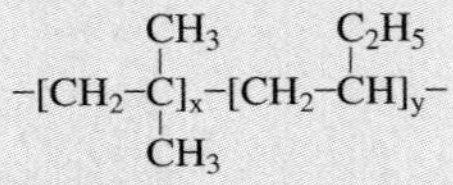 x,y=10-100	vgl. Abschn. II b und Xc							
und **Polyisobutene** [9003-27-4]	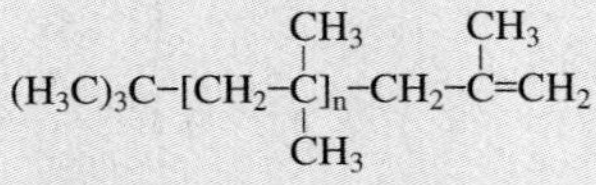 n=10-100								
Polychlorierte Biphenyle	s. Chlorierte Biphenyle								
Polycyclische aromatische Kohlenwasserstoffe (PAH)		vgl. Abschn. III Pyrolyseprodukte aus organischem Material							
Polydimethylsiloxane, lineare [63148-62-9; 9006-65-9; 9016-00-6]	$(CH_3)_3Si-[O-Si(CH_3)_2]_n-O-Si(CH_3)_3$ $n > 14$	vgl. Abschn. II b							
Polyethylenglykole (PEG) (mittlere Molmasse 200–600) 115)	$HO(CH_2-CH_2-O)_xH$; $x \geq 4$	vgl. Abschn. Xc	1000 E	II(8)			C 25)		<0,[…]
Polyethylenglykole (PEG) (mittlere Molmasse > 600)		vgl. Abschn. II b							

114) Eine Spitzenkonzentration von 2 µg/m³ sollte nicht überschritten werden.
115) Wegen möglicher Nebelbildung sollte die Exposition aus Gründen der Arbeitssicherheit und Arbeitsplatzhygiene minimiert werd[…]
25) Schwangerschaftsgruppe C wurde 2011 überprüft und bestätigt

Stoff [CAS-Nummer]	Formel	MAK ml/m³ (ppm)	MAK mg/m³	Spitzen-begren-zung	H;S	Krebs-erzeu-gend Kate-gorie	Schwan-ger-schaft Gruppe	Keim-zellmu-tagen Kate-gorie	Dampf-druck in hPa bei 20°C
Polyethylenoxid	s. Polyethylenglykole								
* **Polyethylenpolypropylenglykol** [9003-11-6]	$HO-[CH_2-CH(CH_3)-O]_n-[CH_2-CH_2-O]_m-H$	vgl. Abschn. II b und Xc							
„polymeres MDI“ [116] [9016-87-9] (einatembare Fraktion) s. auch Diphenylmethan-4,4'-diisocyanat	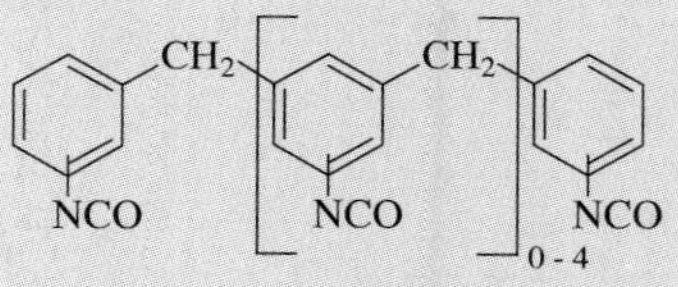		0,05 E	I(1) [65]	HSah	4	C		
Poly[oxy(dimethylsilylen)]	s. Polydimethylsiloxane, lineare								
Poly(oxy-1,2-ethandiyl)-ω-alkyloxy-α-essigsäure	s. Alkylethercarbonsäuren								
Polyoxyethylenoleylether [9004-98-2]	$CH_3(CH_2)_7CH{=}CH(CH_2)_8-(O(CH_2)_2)_n-OH$ n=2–55	vgl. Abschn. II b und Xc							
Poly(oxy-1,2-propandiyl)-ω-alkyloxy-α-essigsäure	s. Alkylethercarbonsäuren								
Poly(p-phenylen-terephthalamid)	s. p-Aramid								
Polypropylenglykole (PPG) [25322-69-4]	$HO-(CH_2-CH(CH_3)-O)_x-H$ x = 3 – 70	vgl. Abschn. II b							
* **Polypropylenglykol-n-butylether** [9003-13-8]	$HO-[CH(CH_3)-CH_2-O]_n-O-(CH_2)_2-CH_3$	vgl. Abschn. II b und Xc							
Polyvinylchlorid [9002-86-2]	$(-CH_2-CHCl-)_n$ n = 500–2000	vgl. Abschn. V f) und g)	1,5 A				C		
Portlandzementstaub [117] [65997-15-1]		–	–	–	[118]	3B	–		
6-PPD	s. N-(1,3-Dimethylbutyl)-N'-phenyl-p-phenylendiamin								

„polymeres MDI“ (pMDI) ist ein technisches MDI, das 30–80 Massen-% Diphenylmethan-4,4'-diisocyanat enthält; Restgehalte bestehen aus MDI-Oligomeren und MDI-Homologen.

Ein Momentanwert von 0,1 mg/m³ sollte nicht überschritten werden.

Quarzanteil und Chromatanteil sind separat zu bewerten

Gilt nur für Chromat-arme Zemente mit einem Chrom(VI)-Gehalt von unter 2 ppm (2 mg/kg). Für Zemente mit einem höheren Chrom(VI)-Gehalt siehe Chrom(VI)-Verbindungen.

Stoff [CAS-Nummer]	Formel	MAK ml/m³ (ppm)	MAK mg/m³	Spitzenbegrenzung	H;S	Krebserzeugend Kategorie	Schwangerschaft Gruppe	Keimzellmutagen Kategorie	Dampfdruck in hPa bei 20°C
Propan [74-98-6]	$H_3C{-}CH_2{-}CH_3$	1000	1800	II(4)			D		
1,2-Propandiol	s. Propylenglykol								
2-Propanol [67-63-0]	$(H_3C)_2CHOH$	200 vgl. Abschn. XII	500	II(2)			C [25])		44
1,3-Propansulton [23]) [1120-71-4]	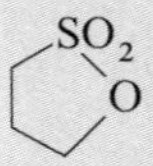	–	–	–	H	1	–	3A	0,48
1,2,3-Propantriol	s. Glycerin								
Propargylalkohol [107-19-7]	$HC{\equiv}C{-}CH_2OH$	2	4,7	I(2)	H		D		11,6
2-Propenal [107-02-8]	$H_2C{=}CH{-}CHO$	–	–	–		3B	–		290
2-Propen-1-ol [107-18-6]	$H_2C{=}CH{-}CH_2OH$	–	–	–	H	3B	–		24
Propensäure-n-butylester	s. n-Butylacrylat								
2-Propensäure-2-ethylhexylester	s. 2-Ethylhexylacrylat								
iso-Propenylbenzol	s. 2-Phenylpropen								
4-Propenyl-2-methoxyphenol	s. Isoeugenol								
Propin	s. Methylacetylen								
β-Propiolacton [57-57-8]	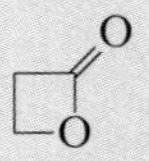	–	–	–	H	2	–		
Propionsäure [79-09-4]	$H_3C{-}CH_2{-}COOH$	10	31	I(2)			C		4
Propoxur [114-26-1]	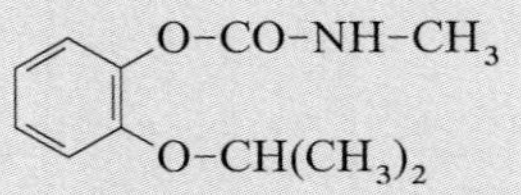		2 E	II(8)					
2-Propoxyethanol	s. 2-(Propyloxy)ethanol								
2-Propoxyethylacetat	s. 2-(Propyloxy)ethylacetat								

25) Schwangerschaftsgruppe C wurde 2011 überprüft und bestätigt
23) Der Stoff kann gleichzeitig als Dampf und Aerosol vorliegen

Stoff [CAS-Nummer]	Formel	MAK ml/m³ (ppm)	MAK mg/m³	Spitzenbegrenzung	H;S	Krebserzeugend Kategorie	Schwangerschaft Gruppe	Keimzellmutagen Kategorie	Dampfdruck in hPa bei 20°C
Propylacetate:		100	420	I(2)					33
n-Propylacetat [109-60-4],	$H_3C-COOCH_2-CH_2-CH_3$						D		
iso-Propylacetat [108-21-4]	$H_3C-COOCH(CH_3)_2$						C		
iso-Propylalkohol	s. 2-Propanol								
Propylallyldisulfid	s. Allylpropyldisulfid								
iso-Propylamin	s. 2-Aminopropan								
iso-Propylbenzol (Cumol) [98-82-8]	$-CH(CH_3)_2$	10 vgl. Abschn. XII	50	II(4)	H	3B	C		4
n-Propylbromid	s. 1-Brompropan								
Propylendichlorid	s. 1,2-Dichlorpropan								
Propylenglykol[23]) [57-55-6]	$CH_3-CH(OH)-CH_2OH$	vgl. Abschn. IIb							0,11
Propylenglykoldinitrat [6423-43-4]	CH_2-ONO_2 $CH-ONO_2$ CH_3	0,05	0,34[23])	II(1)	H				0,084
Propylenglykol-2-methylether	s. 2-Methoxypropanol-1								
Propylenglykol-2-methylether-1-acetat	s. 2-Methoxypropylacetat-1								
Propylenglykolmonoethylether	s. 1-Ethoxy-2-propanol								
Propylenglykol-1-monomethylether	s. 1-Methoxypropanol-2								
Propylenglykol-1-monomethylether-2-acetat	s. 1-Methoxypropylacetat-2								
Propylenglykol-1-phenylether	s. 1-Phenoxy-2-propanol								
Propylenimin [75-55-8]	$H_3C-CH-CH_2$ NH	–	–	–	H	2	–	3B	
1,2-Propylenoxid	s. 1,2-Epoxypropan								

[23]) Der Stoff kann gleichzeitig als Dampf und Aerosol vorliegen

Stoff [CAS-Nummer]	Formel	MAK ml/m³ (ppm)	MAK mg/m³	Spitzen-begren-zung	H;S	Krebs-erzeu-gend Kate-gorie	Schwan-ger-schaft Gruppe	Keim-zellmu-tagen Kate-gorie	Dampf-druck in hPa bei 20°C
iso-Propylether	s. Diisopropylether								
iso-Propylglycidylether [4016-14-2]	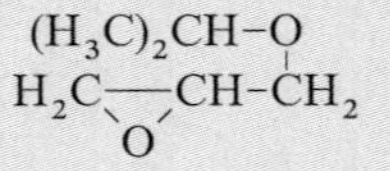	–	–	–		3B	–		
n-Propylglykol	s. 2-(Propyloxy)ethanol								
n-Propylglykolacetat	s. 2-(Propyloxy)ethylacetat								
n-Propylnitrat [627-13-4]	$H_3C-(CH_2)_2-ONO_2$	vgl. Abschn. II b							
2-(Propyloxy)ethanol [2807-30-9]	$CH_3-(CH_2)_2-O-(CH_2)_2-OH$	20	86	I(2)	H		C		1,3
2-(Propyloxy)ethylacetat [20706-25-6]	$CH_3-(CH_2)_2-O-(CH_2)_2-O-C(=O)-CH_3$	20	120 [23])	I(2)	H		C		0,67
4-iso-Propylphenylisocyanat	s. 4-Isopropylphenylisocyanat								
Proteine pflanzlichen oder tierischen Ursprungs		vgl. Abschn. IVe							
Pseudocumol (1,2,4-Tri-methylbenzol)	s. Trimethylbenzol								
PVC	s. Polyvinylchlorid								
Pyren [129-00-0]	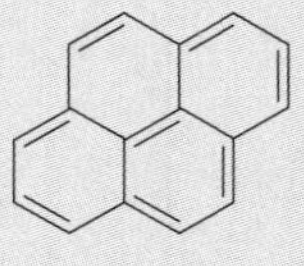	vgl. Abschn. III Pyrolyseprodukte aus organischem Material			H				
Pyrethrum [8003-34-7]	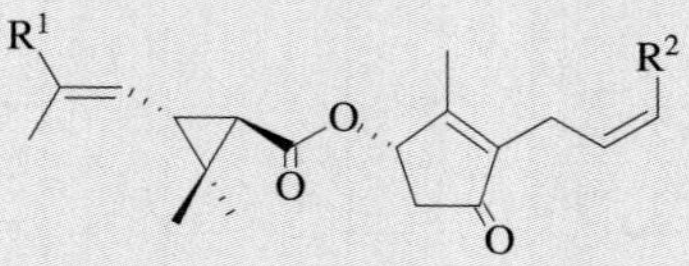	vgl. Abschn. II b und XII			Sh [119])				
Pyridin [110-86-1]	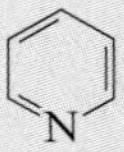	–	–	–	H	3B	–		20
3-Pyridyl-N-methyl-pyrrolidin	s. Nikotin								

[23]) Der Stoff kann gleichzeitig als Dampf und Aerosol vorliegen

[119]) Gilt nicht für die insektiziden Inhaltsstoffe (Pyrethrine und Cinerine) und für synthetische Derivate (Pyrethroide), sondern nur für i der Droge und deren ungereinigten Extrakten enthaltene Inhaltsstoffe (u. a. α-Methylensesquiterpenlactone, z. B. Pyrethrosin).

Stoff [CAS-Nummer]	Formel	MAK ml/m³ (ppm)	MAK mg/m³	Spitzen-begren-zung	H;S	Krebs-erzeu-gend Kate-gorie	Schwan-ger-schaft Gruppe	Keim-zellmu-tagen Kate-gorie	Dampf-druck in hPa bei 20°C
Pyrolyseprodukte aus org. Material		vgl. Abschn. III		–			–		
Pyrrolidin [94] [120] [123-75-1]	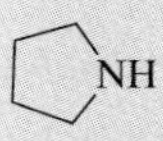	vgl. Abschn. II b			H				
Quarz	s. Siliciumdioxid, kristallin								
Quecksilber [7439-97-6] und seine anorganischen Verbindungen (als Hg berechnet)	Hg	vgl. Abschn. XII	0,02 E	II (8)	H Sh	3B	D		
Quecksilberverbindungen, organische		vgl. Abschn. XII		–	H Sh	3B	–		
Quercus-Arten	s. Hölzer								
R-134a	s. 1,1,1,2-Tetrafluorethan								
Ramin	s. Hölzer, Gonystylus bancanus								
Rauche		vgl. Abschn. V							
Refrigerant 134a	s. 1,1,1,2-Tetrafluorethan								
Resorcin [23] [108-46-3]	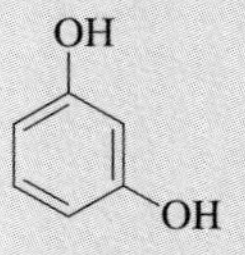	vgl. Abschn. II b			Sh				$3 \cdot 10^{-4}$ [26]
Resorcin-bis(2,3-epoxypropyl)ether	s. Diglycidylresorcinether								
Rhodium [7440-16-6] und seine anorganischen Verbindungen	Rh	–	–	–		3B	–		
Riesenlebensbaum	s. Hölzer, Thuja plicata								
Rio Palisander	s. Hölzer, Dalbergia nigra								
Rizinusproteine		vgl. Abschn. IV			Sa				

) Verwendungsverbot als Kühlschmierstoffkomponente: s. TRGS 611.
) Reaktion mit nitrosierenden Agentien kann zur Bildung des kanzerogenen N-Nitrosopyrrolidins führen, vgl. Abschn. III „Entstehung kanzerogener Nitrosamine durch Nitrosierung . . .“, S. 172.
) Der Stoff kann gleichzeitig als Dampf und Aerosol vorliegen
) Dampfdruck bei 25 °C

Stoff [CAS-Nummer]	Formel	MAK ml/m³ (ppm)	MAK mg/m³	Spitzenbegrenzung	H;S	Krebserzeugend Kategorie	Schwangerschaft Gruppe	Keimzellmutagen Kategorie	Dampfdruck in hPa bei 20°C
Roggen	s. Getreidemehlstäube								
Roteiche, amerikanische	s. Hölzer, Quercus rubra								
Rotenon [83-79-4]	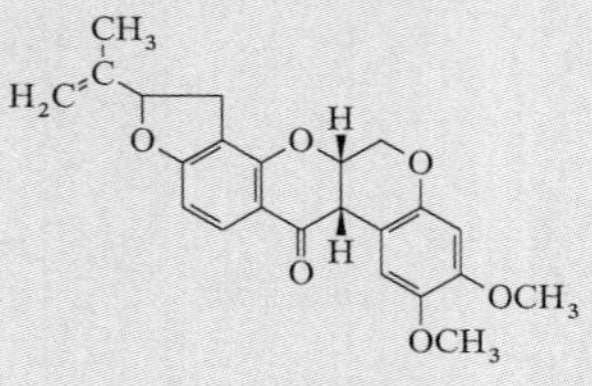	vgl. Abschn. II b			H				
Rotzeder	s. Hölzer, Thuja plicata								
Ruße	s. Industrieruße								
Salpetersäure [7697-37-2]	HNO_3	vgl. Abschn. II b							
Salzsäure	s. Chlorwasserstoff								
Santos Palisander	s. Hölzer, Machaerium scleroxylon								
Sapelli (-Mahagoni)	s. Hölzer, Entandrophragma cylindricum								
Schlackenwolle (Faserstaub)		vgl. Abschn. III		–		3B	–		
Schmierstoffe [121])		vgl. Abschn. Xc							
Schwefeldioxid [7446-09-5]	SO_2	1	2,7	I(1) [122])			C		
Schwefelhexafluorid [2551-62-4]	SF_6	1000	6100	II(8)			D		
Schwefelkohlenstoff [75-15-0]	CS_2	5 vgl. Abschn. XII	16	II(2)	H		B		400
Schwefel-Lost	s. Dichlordiethylsulfid								
Schwefelpentafluorid	s. Dischwefeldecafluorid								
Schwefelsäure [7664-93-9]	H_2SO_4		0,1 E	I(1) [123])		4	C		

[121]) Schmierstoffe enthalten Kohlenwasserstoffgemische, die aufgrund ihrer Zusammensetzung als Partikel-Dampfgemische auftreten können.

[122]) Ein Momentanwert von 1 ml/m³ entsprechend 2,7 mg/m³ sollte nicht überschritten werden.

[123]) Ein Momentanwert von 0,2 mg/m³ sollte nicht überschritten werden.

Stoff [CAS-Nummer]	Formel	MAK ml/m³ (ppm)	MAK mg/m³	Spitzen-begren-zung	H;S	Krebs-erzeu-gend Kate-gorie	Schwan-ger-schaft Gruppe	Keim-zellmu-tagen Kate-gorie	Dampf-druck in hPa bei 20°C
Schwefelwasserstoff [7783-06-4]	H_2S	5	7,1	I (2)			C		
Sebacinsäure [111-20-6]	$HO_2C{-}(CH_2)_8{-}CO_2H$	vgl. Abschn. II b und Xc							
Selen [7782-49-2] und seine anorganischen Verbindungen (als Se berechnet)	Se	vgl. Abschn. XII	0,02 E	II (8)	H	3B	C		
Selenwasserstoff [7783-07-5]	H_2Se	0,006	0,02	II (8)		3B	C		
Senfgas	s. Dichlordiethylsulfid								
Sepiolith (Faserstaub), versch. CAS-Nr. und Formeln, z. B. [18307-23-8] [15501-74-3]	 $Mg_9H_6(SiO_3)_{12} \cdot 10\ H_2O$ $Mg_2H_2(SiO_3)_3 \cdot H_2O$	vgl. Abschn. III		–		3B	–		
Sesquiterpenlactone Alantolacton [546-43-0] Anthecotulid [23971-84-8] Arteglasin A [33204-39-6] Carabron [1748-81-8] Costunolid [553-21-9] Dehydrocostuslacton [477-43-0] (+)-Frullanolid und (–)-Frullanolid [40776-40-7; 27579-97-1] Helenalin [6754-13-8] Isoalantolacton [470-17-7] Lactucin [1891-29-8] Laurenobiolid [35001-25-3] Parthenin [508-59-8] Parthenolid [20554-84-1]		vgl. Abschn. IV			Sh				

Stoff [CAS-Nummer]	Formel	MAK ml/m³ (ppm)	MAK mg/m³	Spitzenbegrenzung	H;S	Krebserzeugend Kategorie	Schwangerschaft Gruppe	Keimzellmutagen Kategorie	Dampfdruck in hPa bei 20°C
α-Peroxyachifolid [134954-21-5] Pyrethrosin [28272-18-6]									
Sevofluran [28523-86-6]	$(CF_3)_2CH-O-CH_2F$	vgl. Abschn. II b							
Silber [7440-22-4]	Ag		0,1 E	II(8)			D		
Silberperfluoroctanoat	s. Perfluoroctansäure								
Silbersalze (als Ag [7440-22-4] berechnet)			0,01 E	I(2)			D		
Siliciumcarbid [409-21-2] (faserfrei)	SiC	vgl. Abschn. II b							
Siliciumcarbid [409-21-2] (Faserstaub)	SiC	vgl. Abschn. III		–		2	–		
Siliciumdioxid, kristallin (alveolengängige Fraktion) Quarz [14808-60-7], Cristobalit [14464-46-1], Tridymit [15468-32-3]		–	–	–		1	–		
Sipo (-Mahagoni)	s. Hölzer, Entandrophragma utile								
Sojabohneninhaltsstoffe		vgl. Abschn. IV			Sa				
Stäube		vgl. Abschn. V							
Stearinsäure [57-11-4]	$CH_3-(CH_2)_{16}-COOH$	vgl. Abschn. II b							
Steinkohlengrubenstaub (alveolengängige Fraktion)		–	–	–		3B	–		
Steinkohlenteere, Steinkohlenteerpeche, Steinkohlenteeröle	s. Pyrolyseprodukte aus org. Material								
Steinwolle (Faserstaub)		vgl. Abschn. III		–		2	–		
Stickstoffdioxid [10102-44-0]	NO_2	0,5	0,95	I(1)		3B	D		960
Stickstoff-Lost	s. N-Methyl-bis(2-chlorethyl)amin								

Stoff [CAS-Nummer]	Formel	MAK ml/m³ (ppm)	MAK mg/m³	Spitzen-begren-zung	H;S	Krebs-erzeu-gend Kate-gorie	Schwan-ger-schaft Gruppe	Keim-zellmu-tagen Kate-gorie	Dampf-druck in hPa bei 20°C
Stickstoffmonoxid [10102-43-9]	NO	0,5	0,63	I(2)			D		
Stickstoffwasserstoffsäure [7782-79-8]	HN_3	0,1	0,18	I(2)					
Stieleiche	s. Hölzer, Quercus robur								
Strontium [7440-24-6] und seine anorganischen Verbindungen	Sr	vgl. Abschn. II b							
Strontiumchromat	s. Chrom(VI)-Verbindungen								
Strychnin° [57-24-9]	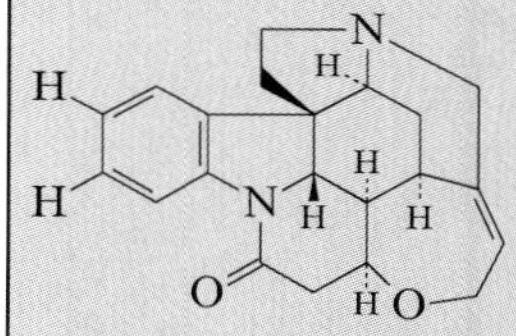	vgl. Abschn. II b							
Styrol [100-42-5]	 —$CH{=}CH_2$	20 [18]) vgl. Abschn. XII	86	II(2)		5	C		6
Subtilisine		vgl. Abschn. IV			Sa				
Sucupira	s. Hölzer, Bowdichia nitida								
Sulfite [124]) [14265-45-3]		vgl. Abschn. IV			–				
Sulfotep [3689-24-5]	$[(H_3C{-}CH_2{-}O)_2PS]_2O$	0,01	0,13 [23])	II(2)	H		C		$2{,}2 \cdot 10^{-4}$
Swietenia macrophylla	s. Hölzer								
Swietenia mahagoni	s. Hölzer								
2,4,5-T	s. 2,4,5-Trichlorphenoxyessigsäure								
Tabebuia avellanedae	s. Hölzer								
Tabebuia serratifolia	s. Hölzer								
Talk [14807-96-6] (asbestfaserfrei) (alveolengängige Fraktion)	$Mg_3(OH)_2Si_4O_{10}$	–	–	–		3B	–		

siehe Definition der Kanzerogenitätskategorie 5 und jeweilige Begründung

Löst pseudoallergische Reaktionen aus, s. „Toxikologisch-arbeitsmedizinische Begründung von MAK-Werten“ (26. Lieferung 1998).

Der Stoff kann gleichzeitig als Dampf und Aerosol vorliegen

Stoff [CAS-Nummer]	Formel	MAK ml/m³ (ppm)	MAK mg/m³	Spitzenbegrenzung	H;S	Krebserzeugend Kategorie	Schwangerschaft Gruppe	Keimzellmutagen Kategorie	Dampfdruck in hPa bei 20°C
Talleol	s. Tallöl, destilliert								
Tallöl, destilliert [8002-26-4]		vgl. Abschn. II b			Sh [125])				
Tallöl, Harz- und Fettsäuren	s. Tallöl, destilliert								
Tallölderivate	s. Abietinsäure, Ölsäure								
Tantal [7440-25-7] (alveolengängige Fraktion)	Ta	vgl. Abschn. V f) und g)	1,5 A				C		
Tantal [7440-25-7] (einatembare Fraktion)	Ta	vgl. Abschn. V f) und g)	4 E				C		
TBTO	s. n-Butylzinnverbindungen								
TCDD	s. 2,3,7,8-Tetrachlordibenzo-p-dioxin								
Teak	s. Hölzer, Tectona grandis								
Tectona grandis	s. Hölzer								
TEDP	s. Sulfotep								
Tellur [13494-80-9] und seine anorganischen Verbindungen	Te	vgl. Abschn. II b							
TEPP [107-49-3]	$[(H_3C{-}CH_2{-}O)_2PO]_2O$	0,005	0,060 [23])	II(2)	H				0,03
Terephthalsäure	s. p-Phthalsäure								
Terminalia ivorensis	s. Hölzer								
Terminalia superba	s. Hölzer								
Terpentinöl [8006-64-2]				–	Sh	3A	–		6,6
Testbenzin	s. Naphtha (Erdöl)								
1,1,2,2-Tetrabromethan [79-27-6]	$Br_2HC{-}CHBr_2$	vgl. Abschn. II b							

[125]) Gilt nur für Abietinsäure-haltige Tallöldestillate (siehe auch Begründung Abietinsäure 2002).
[23]) Der Stoff kann gleichzeitig als Dampf und Aerosol vorliegen

Stoff [CAS-Nummer]	Formel	MAK ml/m³ (ppm)	MAK mg/m³	Spitzenbegrenzung	H;S	Krebserzeugend Kategorie	Schwangerschaft Gruppe	Keimzellmutagen Kategorie	Dampfdruck in hPa bei 20°C
2,4,5,6-Tetrachlorbenzo-1,3-dinitril	s. Chlorthalonil								
2,3,7,8-Tetrachlordibenzo-p-dioxin [1746-01-6]	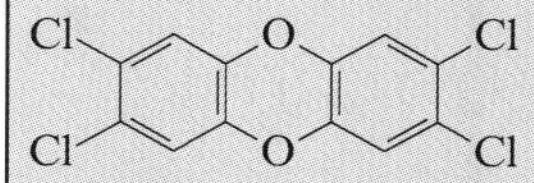		1,0·10^{-8} E	II (8)	H	4	C[25]		
1,1,1,2-Tetrachlor-2,2-difluorethan (R 112a) [76-11-9]	$ClF_2C{-}CCl_3$	200	1700	II (2)			D		
1,1,2,2-Tetrachlor-1,2-difluorethan (R 112) [76-12-0]	$Cl_2FC{-}CCl_2F$	200	1700	II (2)			D		
1,1,2,2-Tetrachlorethan [79-34-5]	$Cl_2HC{-}CHCl_2$	1	7,0	II (2)	H	3B	D		7
Tetrachlorethen [127-18-4]	$Cl_2C{=}CCl_2$	vgl. Abschn. XIII		–	H	3B	–		19
Tetrachlorethylen	s. Tetrachlorethen								
Tetrachlorisophthalsäuredinitril	s. Chlorthalonil								
Tetrachlorkohlenstoff	s. Tetrachlormethan								
Tetrachlormethan [56-23-5]	CCl_4	0,5 vgl. Abschn. XII	3,2	II (2)	H	4	C		120
Tetrachlornaphthaline	s. Chlorierte Naphthaline								
α,α,α,4-Tetrachlortoluol	s. 4-Chlorbenzotrichlorid								
1-Tetradecanol[23] [112-72-1]	$HO{-}(CH_2)_{13}{-}CH_3$	vgl. Abschn. II b							[126]
Tetradecansäure	s. Myristinsäure								
Tetraethylblei	s. Bleitetraethyl								
Tetraethyldiphosphat	s. TEPP								
O,O,O,O-Tetraethyldithiodiphosphat (TEDP)	s. Sulfotep								

Schwangerschaftsgruppe C wurde 2011 überprüft und bestätigt
Der Stoff kann gleichzeitig als Dampf und Aerosol vorliegen
($1{,}5{\cdot}10^{-4}$) Dampfdruck bei 25 °C (berechneter Wert)

Stoff [CAS-Nummer]	Formel	MAK ml/m³ (ppm)	MAK mg/m³	Spitzenbegrenzung	H;S	Krebserzeugend Kategorie	Schwangerschaft Gruppe	Keimzellmutagen Kategorie	Dampfdruck in hPa bei 20°C
Tetraethylenglykol-diacrylat [17831-71-9]	$O{-}(CH_2{-}CH_2{-}O)_2{-}OC{-}CH{=}CH_2$ / $(CH_2{-}CH_2{-}O)_2{-}OC{-}CH{=}CH_2$	vgl. Abschn. IV			Sh				
Tetraethylenglykol-dimethacrylat [109-17-1]	$O{-}(CH_2{-}CH_2{-}O)_2{-}OC{-}C(CH_3){=}CH_2$ / $(CH_2{-}CH_2{-}O)_2{-}OC{-}C(CH_3){=}CH_2$	vgl. Abschn. IV			Sh				
Tetraethylsilicat [78-10-4]	$Si(OCH_2{-}CH_3)_4$	10	86	I (1)			D		~2
Tetrafluorethan	s. 1,1,1,2-Tetrafluorethan								
1,1,1,2-Tetrafluorethan [811-97-2]	$F_3C{-}CH_2F$	1000	4200	II (8)			C		570
Tetrafluorethen [116-14-3]	$F_2C{=}CF_2$	–	–	–		2	–		
★ **trans-1,3,3,3-Tetrafluor-propen** [29118-24-9]	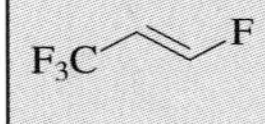	1000	4700	II (2)			C		
★ **2,3,3,3-Tetrafluorpropen** [754-12-1]	$H_2C{=}CF{-}CF_3$	100	470	II (2)			C		
Tetraglycidyl-4,4'-methylendianilin [28768-32-3]	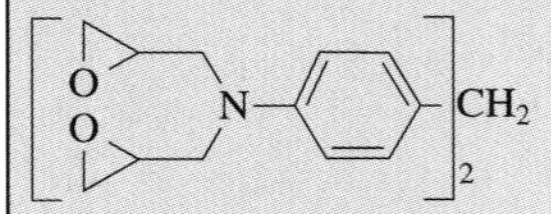	vgl. Abschn. IV			Sh				
Tetrahydrobenzotriazol [6789-99-7]	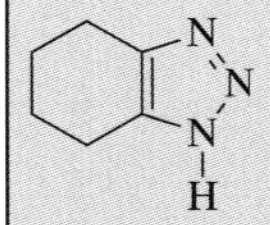	vgl. Abschn. II b							
Tetrahydrofuran [109-99-9]	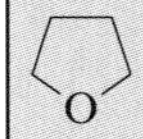	50 vgl. Abschn. XII	150	I (2)	H	4	C		20[illegible]
Tetrahydrofurfuryl-methacrylat[23]) [2455-24-5]	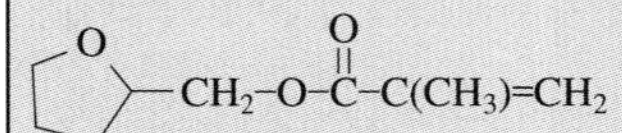	vgl. Abschn. IV			Sh				9,4·1[illegible]
3a,4,7,7a-Tetrahydro-4,7-methanoinden	s. Dicyclopentadien								
Tetrahydromethyl-1,3-isobenzofurandion	s. Methyltetrahydrophthalsäure-anhydrid								

[23]) Der Stoff kann gleichzeitig als Dampf und Aerosol vorliegen

Stoff [CAS-Nummer]	Formel	MAK ml/m³ (ppm)	mg/m³	Spitzenbegrenzung	H;S	Krebserzeugend Kategorie	Schwangerschaft Gruppe	Keimzellmutagen Kategorie	Dampfdruck in hPa bei 20°C
Tetrahydronaphthalin [119-64-2]	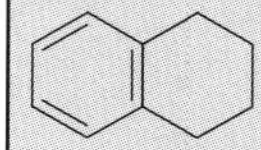	2	11 [23])	I(1)			C		0,24
Tetrahydro-1,4-oxazin	s. Morpholin								
Tetrahydrothiophen (THT) [110-01-0]	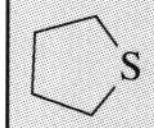	50	180	I(1)			C		
Tetralin	s. Tetrahydronaphthalin								
Tetramethylblei	s. Bleitetramethyl								
Tetramethyldiamino-benzophenon	s. Michlers Keton								
Tetramethyldiamino-diphenylacetimin-hydrochlorid	s. Auramin								
N,N,N',N'-Tetramethyl-4,4'-diaminodiphenyl-methan	s. 4,4'-Methylen-bis(N,N-dimethyl-anilin)								
Tetramethylharnstoff (TMU) [632-22-4]	$((CH_3)_2N)_2CO$	vgl. Abschn. II b							
Tetramethylsuccinnitril [23]) [3333-52-6]	$NC{-}C(CH_3)_2{-}C(CH_3)_2{-}CN$	vgl. Abschn. II b			H				$9{,}8 \cdot 10^{-3}$
Tetramethylthiramdisulfid	s. Thiram								
Tetramethylthiuramdisulfid	s. Thiram								
Tetramethylzinn	s. Methylzinnverbindungen								
3,3',4,4'-Tetraminobiphenyl	s. 3,3'-Diaminobenzidin								
Tetranitromethan [509-14-8]	$C(NO_2)_4$	–	–	–	H	2	–		11
Tetraphosphor	s. Phosphor, weiß/gelb								
Tetryl	s. N-Methyl-N,2,4,6-tetranitro-anilin								
Thalliumverbindungen, löslich		vgl. Abschn. II b							

Der Stoff kann gleichzeitig als Dampf und Aerosol vorliegen

Stoff [CAS-Nummer]	Formel	MAK ml/m³ (ppm)	MAK mg/m³	Spitzen-begren-zung	H;S	Krebs-erzeu-gend Kate-gorie	Schwan-ger-schaft Gruppe	Keim-zellmu-tagen Kate-gorie	Dampf-druck in hPa bei 20°C
Thiabendazol [148-79-8]	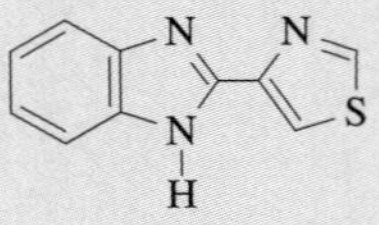	vgl. Abschn. Xc	20 E	II(2)			C[25]	5	
2-(4'-Thiazolyl)benz-imidazol	s. Thiabendazol								
Thimerosal	s. Thiomersal								
2,2'-Thiobis-(4,6-dichlorphenol)	s. Bithionol								
Thiocarbamid	s. Thioharnstoff								
4,4'-Thiodianilin [139-65-1]	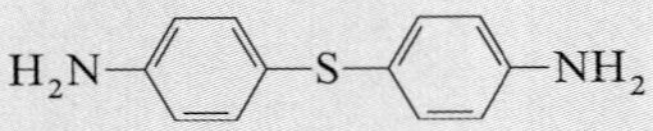	–	–	–		2	–		
p,p'-Thiodianilin	s. 4,4'-Thiodianilin								
Thioglykolate	$HS{-}CH_2{-}COO^-$		2 E	II(2)	H Sh		C		
Thioglykolsäure[23] [68-11-1]	$HS{-}CH_2{-}COOH$	vgl. Abschn. II b			H Sh				0,1
Thioglykolsäure-monoglycerylester	s. Glycerylmonothioglykolat								
Thioharnstoff [62-56-6]	$H_2N{-}CS{-}NH_2$	–	–	–	Sh SP	3B	–		
Thiomersal [54-64-8]	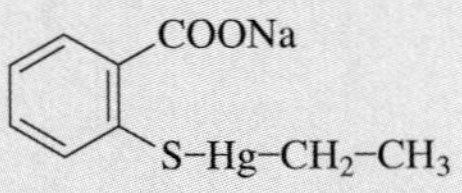	vgl. Abschn. IV			Sh				
Thioperoxydicarbondiamid	s. Thiram								
2-Thiourea	s. Thioharnstoff								
Thiram[60] [137-26-8]	$[(H_3C)_2N{-}CS]_2S_2$		1 E	II(2)	Sh		C[25]		
Thiuram	s. Thiram								
THU	s. Thioharnstoff								
Thuja occidentalis	s. Hölzer								

[25]) Schwangerschaftsgruppe C wurde 2011 überprüft und bestätigt

[23]) Der Stoff kann gleichzeitig als Dampf und Aerosol vorliegen

[60]) Reaktion mit nitrosierenden Agentien kann zur Bildung des kanzerogenen N-Nitrosodimethylamins führen, vgl. Abschn. III „Entstehung kanzerogener Nitrosamine durch Nitrosierung . . .“, S. 172.

Stoff [CAS-Nummer]	Formel	MAK ml/m³ (ppm)	MAK mg/m³	Spitzenbegrenzung	H;S	Krebserzeugend Kategorie	Schwangerschaft Gruppe	Keimzellmutagen Kategorie	Dampfdruck in hPa bei 20°C
Thuja plicata	s. Hölzer								
Tiama	s. Hölzer, Entandrophragma angolense								
Tieghemella africana	s. Hölzer								
Tieghemella heckelii	s. Hölzer								
Tierhaare, -epithelien und andere Stoffe tierischer Herkunft		vgl. Abschn. IV			Sah				
Titandioxid [13463-67-7] (einatembare Fraktion)[127]	TiO_2	–	–	–		3A	–		
TMTD	s. Thiram								
TNT	s. 2,4,6-Trinitrotoluol								
o-Tolidin	s. 3,3'-Dimethylbenzidin								
o-Toluidin[23] [95-53-4]	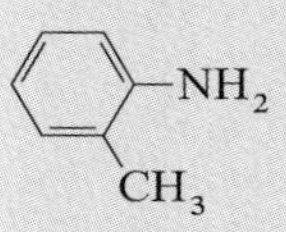	vgl. Abschn. XII		–	H	1	–	3A	0,18
p-Toluidin[23] [106-49-0]		–	–	–	H Sh	3B	–		0,38[26]
Toluol [108-88-3]	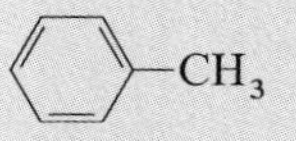	50 vgl. Abschn. XII	190	II(4)	H		C		29
2,4-Toluylendiamin[23] [95-80-7]	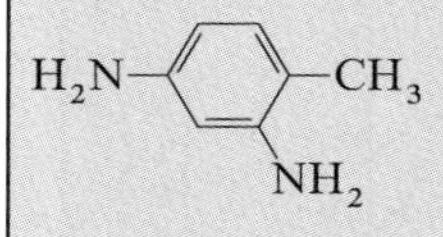	vgl. Abschn. XIII		–	H Sh	2	–		$2,3 \cdot 10^{-4}$[26]
2,5-Toluylendiamin[23] [95-70-5]	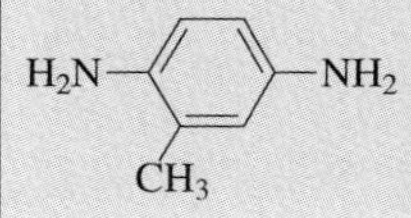	vgl. Abschn. IV			Sh				$4,5 \cdot 10^{-3}$[26]

ausgenommen ultrafeine Partikel; siehe Abschnitt Vh
Der Stoff kann gleichzeitig als Dampf und Aerosol vorliegen
Dampfdruck bei 25 °C

Stoff [CAS-Nummer]	Formel	MAK ml/m³ (ppm)	MAK mg/m³	Spitzenbegrenzung	H;S	Krebserzeugend Kategorie	Schwangerschaft Gruppe	Keimzellmutagen Kategorie	Dampfdruck in hPa bei 20°C
★ **Toluylendiisocyanate** (Diisocyanattoluole): [23])		vgl. Abschn. XII		–	Sah	3A	–		
2,4-Toluylendiisocyanat [584-84-9],	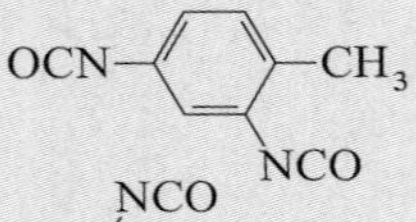								0,011
2,6-Toluylendiisocyanat [91-08-7]	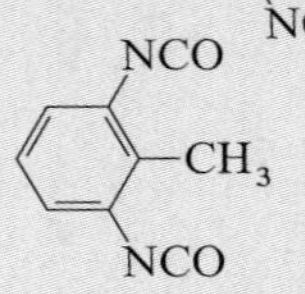								
Gemisch [26471-62-5]									
Tolyldiiodmethylsulfon	s. p-Diiodmethylsulfonyltoluol								
Traubeneiche	s. Hölzer, Quercus petraea								
Tremolit (Faserstaub)	s. Asbest								
Triazintriyltriiminotri-hexansäure [80584-91-4]	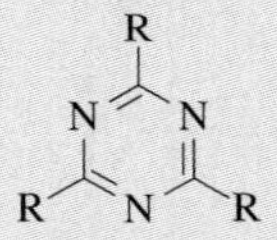 R = NH–C_5H_{10}COOH	vgl. Abschn. II b							
1H-1,2,4-Triazol-3-amin	s. Amitrol								
Tribrommethan [75-25-2]	$CHBr_3$	–	–	–		3B	–		7
Tri-n-butylamin [128]) [23]) [102-82-9]	$N(CH_2–CH_2–CH_2–CH_3)_3$	vgl. Abschn. II b							0,12 2[illegible]
Tri-n-butylphosphat [126-73-8]	$O{=}P(O–(CH_2)_3–CH_3)_3$	1	11 [23])	II (2)	H	4	C		1,5 ·10⁻[illegible] [26])
Tri-n-butylzinnverbindungen	s. n-Butylzinnverbindungen								
1,2,3-Trichlorbenzol [87-61-6]	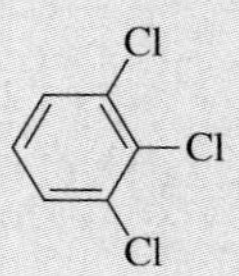	5	38	II (2)	H		C [25])		

[23]) Der Stoff kann gleichzeitig als Dampf und Aerosol vorliegen

[128]) Reaktion mit nitrosierenden Agentien kann zur Bildung des kanzerogenen N-Nitroso-di-n-butylamins führen, vgl. Abschn. [illegible] „Entstehung kanzerogener Nitrosamine durch Nitrosierung . . .", S. 172.

[26]) Dampfdruck bei 25 °C

[25]) Schwangerschaftsgruppe C wurde 2011 überprüft und bestätigt

Stoff [CAS-Nummer]	Formel	MAK ml/m³ (ppm)	MAK mg/m³	Spitzenbegrenzung	H;S	Krebserzeugend Kategorie	Schwangerschaft Gruppe	Keimzellmutagen Kategorie	Dampfdruck in hPa bei 20°C
1,2,4-Trichlorbenzol [120-82-1]	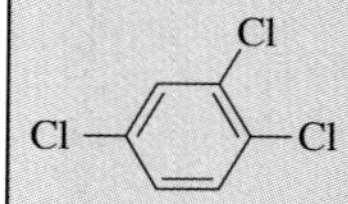	–	–	–	H	3B	–		0,21
1,3,5-Trichlorbenzol [108-70-3]	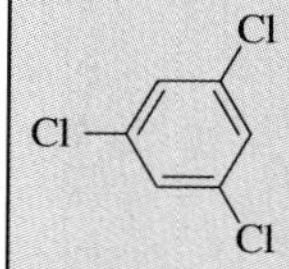	5	38	II (2)	H		C[25]		
1,1,1-Trichlor-2,2-bis-(4-chlorphenyl)ethan	s. DDT								
2,3,4-Trichlor-1-buten [2431-50-7]	$ClCH_2-CHCl-CCl=CH_2$	–	–	–	H	2	–		
Trichloressigsäure[23] [76-03-9]	$Cl_3C-COOH$	vgl. Abschn. II b							0,1
1,1,1-Trichlorethan [71-55-6]	H_3C-CCl_3	200 vgl. Abschn. XII	1100	II (1)	H		C		133
1,1,2-Trichlorethan [79-00-5]	$ClH_2C-CHCl_2$	10	55	II (2)	H	3B			25
Trichlorethen [79-01-6]	$ClHC=CCl_2$	vgl. Abschn. XIII		–	H	1	–	3B	77
Trichlorethylen	s. Trichlorethen								
Trichlorfluormethan (R 11) [75-69-4]	CCl_3F	1000	5700	II (2)			C		889
Trichlormethan	s. Chloroform								
1-Trichlormethylbenzol	s. α,α,α-Trichlortoluol								
Trichlornaphthaline	s. Chlorierte Naphthaline								
Trichlornitromethan [76-06-2]	Cl_3CNO_2	0,1	0,68	I (1)					25
2,4,5-Trichlorphenol[23] [95-95-4]	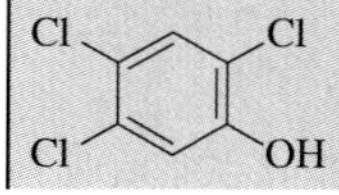	vgl. Abschn. II b							$8 \cdot 10^{-3}$ [26]

Schwangerschaftsgruppe C wurde 2011 überprüft und bestätigt
Der Stoff kann gleichzeitig als Dampf und Aerosol vorliegen
Dampfdruck bei 25 °C

Stoff [CAS-Nummer]	Formel	MAK ml/m³ (ppm)	MAK mg/m³	Spitzenbegrenzung	H;S	Krebserzeugend Kategorie	Schwangerschaft Gruppe	Keimzellmutagen Kategorie	Dampfdruck in hPa bei 20°C
2,4,5-Trichlorphenoxy-essigsäure (2,4,5-T)° [93-76-5] einschließlich Salze und Ester	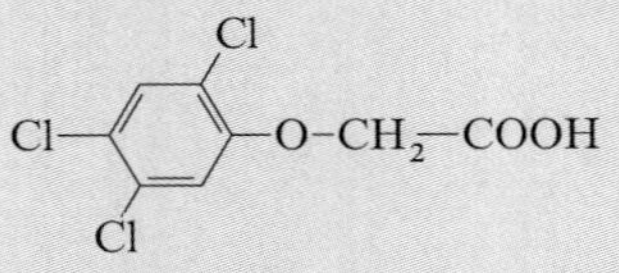		2 E	II(2)	H		C		
1,2,3-Trichlorpropan [96-18-4]	$ClCH_2-CHCl-CH_2Cl$	–	–	–	H	2	–		4,5
α,α,α-Trichlortoluol [23] [98-07-7] s. auch α-Chlortoluole	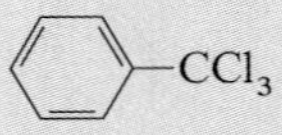	–	–	–	H	2	–		0,2
1,1,2-Trichlor-1,2,2-trifluorethan (R 113) [76-13-1]	ClF_2C-CCl_2F	500	3900	II(2)			D		360
iso-Tridecanol [27458-92-0]		vgl. Abschn. II b							
Tridymit	s. Siliciumdioxid, kristallin								
Triethanolamin [102-71-6]	$N(CH_2-CH_2OH)_3$		5 E	I(4)			D		
Triethylamin [57] [121-44-8]	$(H_3C-CH_2)_3N$	1	4,2	I(2)			D		72
Triethylenglykol [115] [112-27-6]	$HOCH_2-(CH_2-O-CH_2)_2-CH_2OH$		1000 E [23]	II(2)			B		0,00
Triethylenglykol-n-butylether [23] [143-22-6]	$HO-((CH_2)_2O)_3-(CH_2)_3-CH_3$	vgl. Abschn. II b							3,3 $\cdot 10^{-}$ [26]
Triethylenglykoldiacrylat [1680-21-3]	$H_2C{=}CH-C({=}O)-(O-(CH_2)_2)_3-O-C({=}O)-HC{=}CH_2$	vgl. Abschn. IV			Sh				
Triethylenglykol-dimethacrylat [109-16-0]	$O-(CH_2-CH_2-O)_3-OC-C(CH_3){=}CH_2$ / $CO-C(CH_3){=}CH_2$	vgl. Abschn. IV			Sh				
Triethylenglykolmono-methylether [112-35-6]	$CH_3-(O-CH_2-CH_2)_3-OH$	vgl. Abschn. Xc	50 E [23]	II(2)			C		[129]

[23]) Der Stoff kann gleichzeitig als Dampf und Aerosol vorliegen

[57]) Reaktion mit nitrosierenden Agentien kann zur Bildung des kanzerogenen N-Nitrosodiethylamins führen, vgl. Abschn. III „Er stehung kanzerogener Nitrosamine durch Nitrosierung . . .", S. 172.

[115]) Wegen möglicher Nebelbildung sollte die Exposition aus Gründen der Arbeitssicherheit und Arbeitsplatzhygiene minimiert werde

[26]) Dampfdruck bei 25 °C

[129]) ($4{,}7\cdot 10^{-3}$) Dampfdruck bei 25 °C (berechneter Wert)

Stoff [CAS-Nummer]	Formel	MAK ml/m³ (ppm)	MAK mg/m³	Spitzen-begren-zung	H;S	Krebs-erzeu-gend Kate-gorie	Schwan-ger-schaft Gruppe	Keim-zellmu-tagen Kate-gorie	Dampf-druck in hPa bei 20°C
Triethylentetramin [23] [112-24-3]	$H_2N{-}[(CH_2)_2{-}NH]_2{-}(CH_2)_2{-}NH_2$	vgl. Abschn. IV			Sh				5,5 ·10^{-4} [26]
1,3,5-Triethylhexahydro-s-triazin	s. N,N',N''-Triethylhexahydro-1,3,5-triazin								
N,N',N''-Triethylhexa-hydro-1,3,5-triazin [32] [7779-27-3]	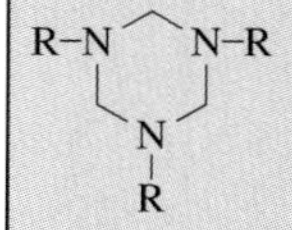 R = CH_2CH_3	vgl. Abschn. Xc				3B			
Trifluorbrommethan	s. Bromtrifluormethan								
1,1,1-Trifluor-2,2-dichlorethan	s. 2,2-Dichlor-1,1,1-trifluorethan								
Triglycidyl-p-aminophenol [5026-74-4]	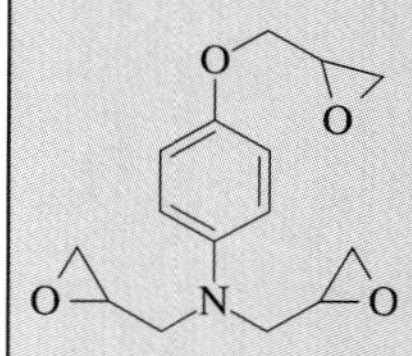	vgl. Abschn. IV			Sh				
Triglycidylisocyanurat (Isomerengemisch) [2451-62-9] α-Isomer [59653-73-5] β-Isomer [59653-74-6]	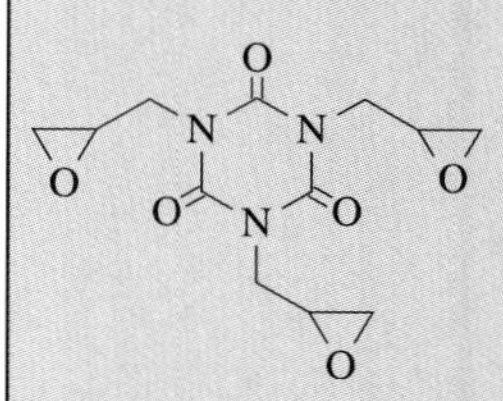	vgl. Abschn. IV			Sah				
Triisobutylphosphat [23] [126-71-6]	$O{=}P(O{-}CH_2{-}CH(CH_3)_2)_3$	vgl. Abschn. IIb			Sh				0,02
Trimangantetroxid	s. Mangan und seine anorganischen Verbindungen								
Trimellitsäureanhydrid [552-30-7] (Rauch)	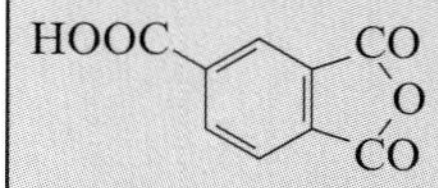		0,04 A	I(1)	Sa				
Trimethylamin [60] [75-50-3]	$N(CH_3)_3$	2	4,9	I(2)			C [25]		

) Der Stoff kann gleichzeitig als Dampf und Aerosol vorliegen
) Dampfdruck bei 25 °C
) Formaldehydabspalter
) Reaktion mit nitrosierenden Agentien kann zur Bildung des kanzerogenen N-Nitrosodimethylamins führen, vgl. Abschn. III „Entstehung kanzerogener Nitrosamine durch Nitrosierung . . .“, S. 172.
) Schwangerschaftsgruppe C wurde 2011 überprüft und bestätigt

Stoff [CAS-Nummer]	Formel	MAK ml/m³ (ppm)	MAK mg/m³	Spitzen-begren-zung	H;S	Krebs-erzeu-gend Kate-gorie	Schwan-ger-schaft Gruppe	Keim-zellmu-tagen Kate-gorie	Dampf-druck in hPa bei 20°C
2,4,5-Trimethylanilin[23] [137-17-7]	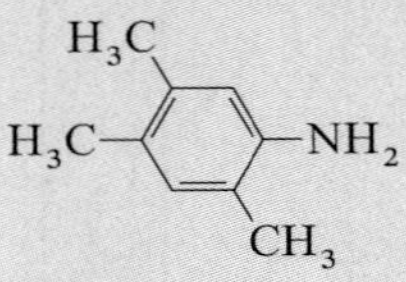	–	–	–	H	2	–		0,057 [26]
Trimethylbenzol (alle Isomeren): 1,2,3-Trimethylbenzol [526-73-8], 1,2,4-Trimethylbenzol [95-63-6], 1,3,5-Trimethylbenzol [108-67-8]	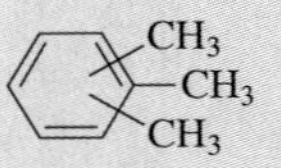	20 vgl. Abschn. XII	100	II(2)			C		2–6
2,4,5-Trimethylbenzolamin	s. 2,4,5-Trimethylanilin								
1,7,7-Trimethylbicyclo-(2.2.1)heptan-2-on	s. Kampfer								
Trimethylcarbinol	s. 2-Methyl-2-propanol (Butanol)								
★ **Trimethylchinon** [935-92-2] und	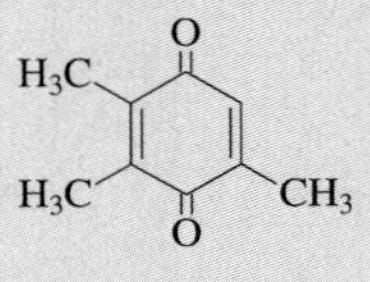	vgl. Abschn. IV			Sh				
Trimethylhydrochinon [700-13-0]	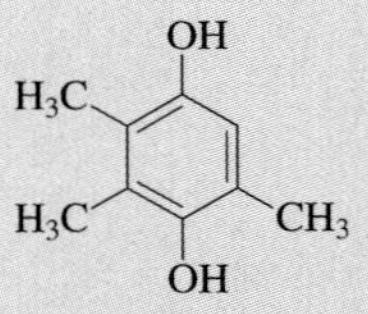								
3,5,5-Trimethyl-2-cyclo-hexen-1-on [78-59-1]	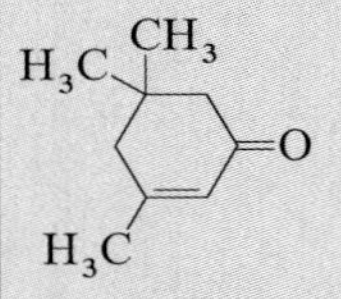	2	11[23]	I(2)		3B	C		0,33
3,7,11-Trimethyl-2,6,10-dodecatrien-1-ol	s. Farnesol								
3,5,5-Trimethylhexansäure	s. Isononansäure								
Trimethylolpropantri-acrylat [15625-89-5]	$H_3C{-}CH_2{-}C(CH_2{-}O{-}OC{-}CH{=}CH_2)_3$	vgl. Abschn. IV			Sh				

[23]) Der Stoff kann gleichzeitig als Dampf und Aerosol vorliegen
[26]) Dampfdruck bei 25 °C

Stoff [CAS-Nummer]	Formel	MAK ml/m³ (ppm)	MAK mg/m³	Spitzenbegrenzung	H;S	Krebserzeugend Kategorie	Schwangerschaft Gruppe	Keimzellmutagen Kategorie	Dampfdruck in hPa bei 20°C
Trimethylpentan (alle Isomeren)	$H_3C{-}C_6H_{12}{-}CH_3$	–	–	–		3A	–		
Trimethylphosphat[23]) [512-56-1]	$(H_3CO)_3PO$	–	–	–	H	3B	–	2	0,59
Trimethylphosphit [121-45-9]	$(H_3CO)_3P$	vgl. Abschn. II b			H				
Trimethylzinnverbindungen	s. Methylzinnverbindungen								
2,4,7-Trinitrofluorenon [129-79-3]	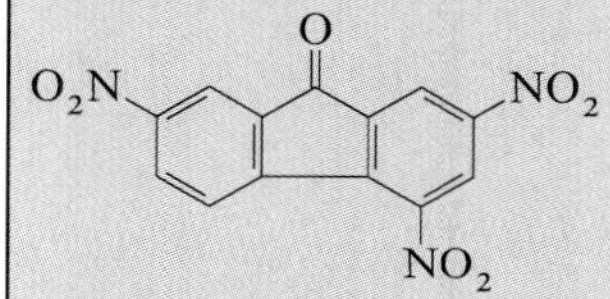	–	–	–		3B	–		
2,4,6-Trinitrophenol [88-89-1]	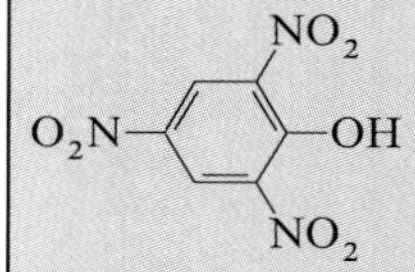	–	–	–	H Sh	3B	–		
2,4,6-Trinitrophenyl-methylnitramin	s. N-Methyl-N,2,4,6-tetranitro-anilin								
2,4,6-Trinitrotoluol [118-96-7]	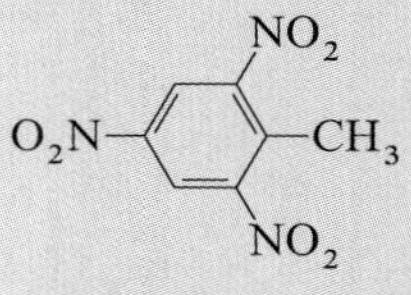	vgl. Abschn. XII		–	HSh	2	–	3B	
Triphenylphosphat [115-86-6]	$(C_6H_5O)_3PO$	vgl. Abschn. II b							
Triphenylphosphin [603-35-0]	$P(C_6H_5)_3$		5 E	II(2)	Sh		C[25])		$1{,}4 \cdot 10^{5}$
Triplochiton scleroxylon	s. Hölzer								
Tripropylenglykol-diacrylat [42978-66-5]	$H_2C{=}CH{-}C(O)(OCH(CH_3)CH_2)_3OC(O){-}CH{=}CH_2$	vgl. Abschn. IV			Sh				
Tris(2,4-di-tert-butyl-phenyl)phosphit [31570-04-4]	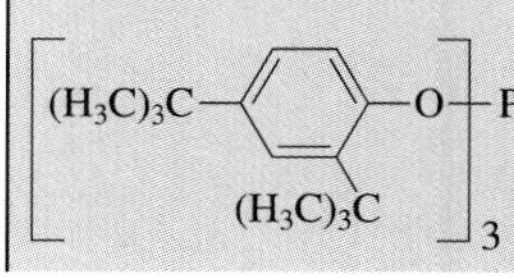	vgl. Abschn. II b							

) Der Stoff kann gleichzeitig als Dampf und Aerosol vorliegen

) Schwangerschaftsgruppe C wurde 2011 überprüft und bestätigt

Stoff [CAS-Nummer]	Formel	MAK ml/m³ (ppm)	MAK mg/m³	Spitzenbegrenzung	H;S	Krebserzeugend Kategorie	Schwangerschaft Gruppe	Keimzellmutagen Kategorie	Dampfdruck in hPa bei 20°C
N,N',N''-Tris(β-hydroxy-ethyl)hexahydro-1,3,5-triazin [32]) [4719-04-4]	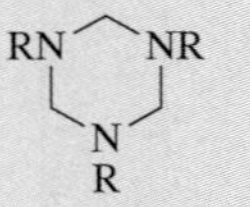 R = CH_2–CH_2OH	vgl. Abschn. II b und Xc			Sh				
Tris(nonylphenyl)phosphit [26523-78-4]	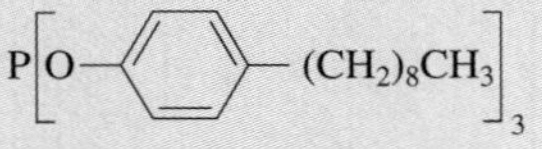	vgl. Abschn. II b und Xc							
Tropische Akazie	s. Hölzer, Acacia melanoxylon								
Uran [7440-61-1] und seine schwer löslichen anorganischen Verbindungen	U		[130])		H	2		3A	
lösliche anorganische Verbindungen			[130])		H	3B		3A	
Urethan	s. Ethylcarbamat								
Utile (-Mahagoni)	s. Hölzer, Entandrophragma utile								
Vanadium [7440-62-2] und seine anorganischen Verbindungen (einatembare Fraktion)	V	vgl. Abschn. XIII		–		2	–	2	
Vinylacetat [108-05-4]	H_2C=CHOOC–CH_3	–	–	–		3A	–		120
Vinylbutyrolactam	s. N-Vinyl-2-pyrrolidon								
Vinylcarbazol [1484-13-5]	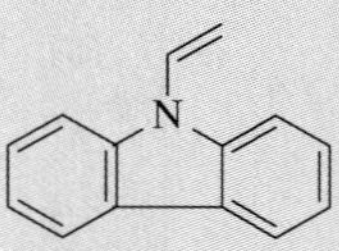	vgl. Abschn. IV			Sh				
9-Vinylcarbazol	s. Vinylcarbazol								
N-Vinylcarbazol	s. Vinylcarbazol								
Vinylchlorid [75-01-4]	H_2C=CHCl	vgl. Abschn. XII		–		1	–		

[32]) Formaldehydabspalter

[130]) Der Grenzwert der Strahlenschutzkommission von 20 mSv pro Jahr bzw. 400 mSv pro Arbeitsleben entspricht bei einem MMAD vo 5 µm ungefähr 25 µg Uran/m³ für schwerlösliche und 250 µg Uran/m³ für lösliche Uranverbindungen. Der Wert für die lösliche Uranverbindungen schützt nicht vor der Nierentoxizität.

Stoff [CAS-Nummer]	Formel	MAK ml/m³ (ppm)	MAK mg/m³	Spitzenbegrenzung	H;S	Krebserzeugend Kategorie	Schwangerschaft Gruppe	Keimzellmutagen Kategorie	Dampfdruck in hPa bei 20°C
Vinylcyclohexen [100-40-3]	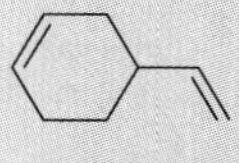	–	–	–	H	2	–		20
1-Vinylcyclohexen-3	s. Vinylcyclohexen								
4-Vinylcyclohexen	s. Vinylcyclohexen								
4-Vinyl-1,2-cyclohexen-diepoxid [23]) [106-87-6]	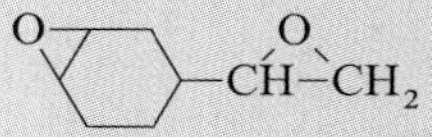	–	–	–	H	2	–		0,13
Vinylethylether	s. Ethylvinylether								
Vinylidenchlorid	s. 1,1-Dichlorethen								
Vinylidenfluorid	s. 1,1-Difluorethen								
Vinylisobutylether	s. iso-Butylvinylether								
Vinylmethylether	s. Methylvinylether								
N-Vinyl-2-pyrrolidon [88-12-0]	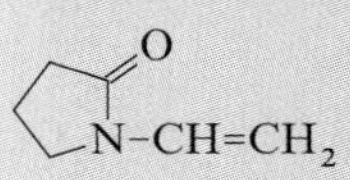	0,02	0,095 [23])	II (2)	H	4	C		0,15 [26])
Vinyltoluol	s. Methylstyrol								
Warfarin [81-81-2] und **Natriumwarfarin** [129-06-6] [131])	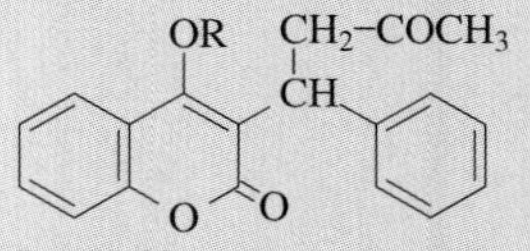 R = H, Na	0,0016	0,02 [23])	II (8)	H		B		0,09
Wasserstoffperoxid [7722-84-1]	H_2O_2	0,5	0,71	I (1)		4	C		
* **Weinsäure** [87-69-4]	$HO_2C–CHOH–CHOH–CO_2H$	vgl. Abschn. Xc	2 E	I (2)			C		
* **Weißöl**, pharmazeutisch [8042-47-5]		vgl. Abschn. Xc	5 A	II (4)			C		
Weißzeder	s. Hölzer, Thuja occidentalis								
Weizen	s. Getreidemehlstäube								
Western Red Cedar	s. Hölzer, Thuja plicata								

) Der Stoff kann gleichzeitig als Dampf und Aerosol vorliegen
) Dampfdruck bei 25 °C
) MAK-Wert für Natriumwarfarin 0,02 mg/m³ E

Stoff [CAS-Nummer]	Formel	MAK ml/m³ (ppm)	MAK mg/m³	Spitzenbegrenzung	H;S	Krebserzeugend Kategorie	Schwangerschaft Gruppe	Keimzellmutagen Kategorie	Dampfdruck in hPa bei 20°C
Westindisches Grenadillholz	s. Hölzer, Brya ebenus								
Wolfram [7440-33-7] und seine Verbindungen	W	vgl. Abschn. II b							
Wolframcarbid	s. auch Hartmetall, Wolframcarbid- und Cobalt-haltig								
Wollastonit [13983-17-0] (Faserstaub)	$CaSiO_3$	vgl. Abschn. II b							
Xylanasen [37278-89-0]		vgl. Abschn. IV			Sa				
Xylidin[23] (Isomeren): 2,3-Xylidin [87-59-2], 2,5-Xylidin [95-78-3], 3,4-Xylidin [95-64-7], 3,5-Xylidin [108-69-0]	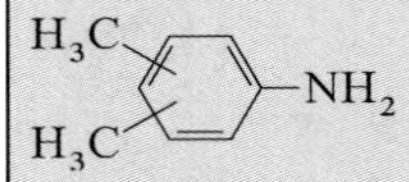	–	–	–	H	3A	–		0,13[26]
2,4-Xylidin[23] [95-68-1] und **2,6-Xylidin**[23] [87-62-7]		–	–	–	H	2	–		
Xylol (alle Isomeren)[132] [1330-20-7]	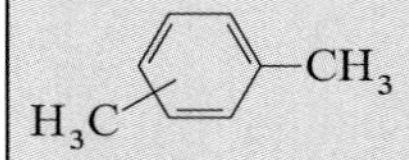	100 vgl. Abschn. XII	440	II(2)	H		D		7–9
m-Xylylendiamin[23] [1477-55-0]	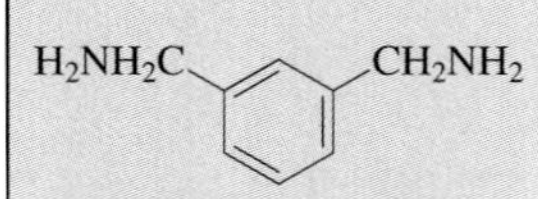	vgl. Abschn. IV			Sh				0,04
Yttrium [7440-65-5] und seine Verbindungen	Y	vgl. Abschn. II b							
Zement	s. Portlandzement								
Zeolithe (Faserstaub)	s. Erionit								

[23]) Der Stoff kann gleichzeitig als Dampf und Aerosol vorliegen

[26]) Dampfdruck bei 25 °C

[132]) Bei größerer körperlicher Aktivität sollte durch biologisches Monitoring die Einhaltung des BAT-Wertes regelmäßig überprü werden.

Stoff [CAS-Nummer]	Formel	MAK ml/m³ (ppm)	MAK mg/m³	Spitzenbegrenzung	H;S	Krebserzeugend Kategorie	Schwangerschaft Gruppe	Keimzellmutagen Kategorie	Dampfdruck in hPa bei 20°C
Zeolithe, synthetische, nicht faserförmig [1318-02-1]		vgl. Abschn. IIb							
Zimtaldehyd [23]) [104-55-2]	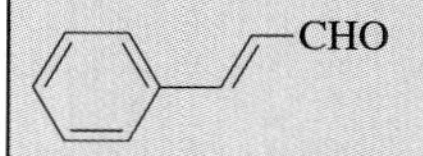	vgl. Abschn. IV			Sh				0,029
Zimtalkohol [23]) [104-54-1]	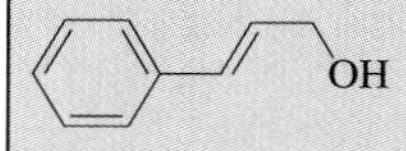	vgl. Abschn. IV			Sh				0,012 [26])
Zink [7440-66-6] und seine anorganischen Verbindungen (alveolengängige Fraktion)	Zn		0,1 A	I(4)			C [25])		
Zink [7440-66-6] und seine anorganischen Verbindungen (einatembare Fraktion)	Zn		2 E	I(2) [133])			C [25])		
Zinkchromat	s. Chrom(VI)-Verbindungen								
Zinkdimethyldithiocarbamat	s. Ziram								
Zinkmolybdat	s. Molybdän								
Zinkpyrithion [13463-41-7]	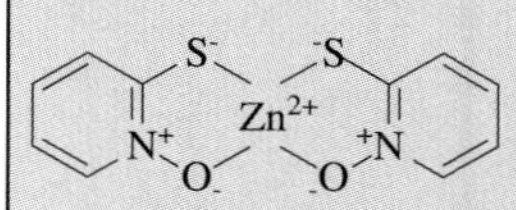	vgl. Abschn. IIb			H				
Zinn [7440-31-5] und seine anorganischen Verbindungen	Sn	vgl. Abschn. IIb							
Zinnverbindungen, organische	s. n-Butyl-, Ethyl-, Methyl-, n-Octyl und Phenylzinnverbindungen								
Ziram [137-30-4]	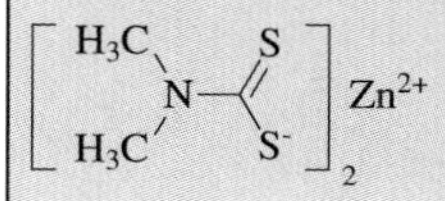		0,01 E	I(2)	Sh		C		

Der Stoff kann gleichzeitig als Dampf und Aerosol vorliegen
Dampfdruck bei 25 °C
Schwangerschaftsgruppe C wurde 2011 überprüft und bestätigt
Zinkchlorid: Kurzzeitkategorie I(1)

Stoff [CAS-Nummer]	Formel	MAK ml/m³ (ppm)	MAK mg/m³	Spitzenbegrenzung	H;S	Krebserzeugend Kategorie	Schwangerschaft Gruppe	Keimzellmutagen Kategorie	Dampfdruck in hPa bei 20°C
Zirkonium [7440-67-7] und seine unlöslichen Verbindungen	Zr		1 E	I(1)	Sah		D		
Zirkoniumverbindungen (löslich)		vgl. Abschn. II b			Sah				
Zitrate	s. Zitronensäure								
Zitronensäure [77-92-9] und ihre Alkalisalze	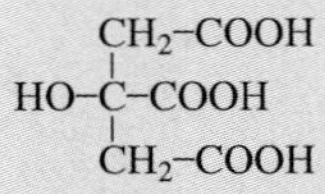	vgl. Abschn. II b							
Zyankali	s. Kaliumcyanid								

b) Stoffe, für die derzeit keine MAK-Werte aufgestellt werden können

Die Kommission hat folgende Stoffe überprüft, für die weder aus Erfahrungen am Menschen noch aus Tierversuchen hinreichende Informationen für die Aufstellung von MAK-Werten vorliegen. Die toxikologischen Daten und Bewertungen finden sich in der von der Kommission herausgegebenen Monographiensammlung „Toxikologisch-arbeitsmedizinische Begründung von MAK-Werten" (WILEY-VCH-Verlagsgesellschaft mbH, D-69451 Weinheim 1972–2014):

Acetessigsäureethylester [141-97-9]
Adipinsäuredimethylester [627-93-0] s. auch Dicarbonsäure (C4-C6)-dimethylester
2-Aminopyridin [504-29-0]
Ammoniumsulfamat [7773-06-0]
Antimonwasserstoff [7803-52-3]
Arsenwasserstoff [7784-42-1]
Benzaldehyd [100-52-7]
Benzalkoniumchlorid [8001-54-5]
Benzoesäure [65-85-0]
Benzylalkohol [100-51-6]
Bernsteinsäuredimethylester [106-65-0] s. auch Dicarbonsäure (C4-C6)-dimethylester
Boroxid [1303-86-2]
Bortrifluorid [7637-07-2]
Brom [7726-95-6]
2-Butanol [78-92-2]
2-Butylacetat [105-46-4]
tert-Butylamin [75-64-9]
2-tert-Butyl-p-kresol [2409-55-4]
p-tert-Butyltoluol [98-51-1]
γ-Butyrolacton [96-48-0]
Chloracetylchlorid [79-04-9]
o-Chloranilin [95-51-2]
m-Chloranilin [108-42-9]
Chlorbenzoesäure (alle Isomeren):
  o-Chlorbenzoesäure [118-91-2]
  m-Chlorbenzoesäure [535-80-8]
  p-Chlorbenzoesäure [74-11-3]
Chlorcyan [506-77-4]
Chlorierte Diphenyloxide, versch. CAS-Nr., z. B. [55720-99-5]
Chlorierte Naphthaline
4-Chlormethylbiphenyl [1667-11-4]
1-Chlor-3-nitrobenzol [121-73-3]
1-Chlor-1-nitropropan [600-25-9]
Chlortrifluorid [7790-91-2]
Chromhexacarbonyl [13007-92-6]
Chrom(III)-Verbindungen
Cyanacrylsäureethylester [7085-85-0]
Cyclohexanol [108-93-0]

Cyclohexen [110-83-8]
1,3-Cyclopentadien [542-92-7]
Demeton°[53]) [8065-48-3]
Desfluran [57041-67-5]
Diallylphthalat [131-17-9]
1,2-Diaminoethan [107-15-3]
Diboran [19287-45-7]
Dibromdifluormethan [75-61-6]
3,4-Dichloranilin [95-76-1]
1,1-Dichlor-1-nitroethan [594-72-9]
2,2-Dichlorpropionsäure [75-99-0] und ihr Natriumsalz [127-20-8]
Dicyandiamid [461-58-5]
Dicyclohexylamin [101-83-7]
Dicyclohexylaminnitrit [3129-91-7]
Diethylenglykoldinitrat [693-21-0]
Diketen [674-82-8]
Dimethylaminopropionitril [1738-25-6]
1,3-Dimethylbutylacetat [108-84-9]
2,6-Dimethylheptan-4-on [108-83-8]
Dimethylsulfid [75-18-3]
4,6-Dinitro-o-kresol [534-52-1]
Dipentamethylenthiuramdisulfid [94-37-1]
Diphenylkresylphosphat [26444-49-5]
Diphosphorpentasulfid [1314-80-3]
Dischwefeldecafluorid (Schwefelpentafluorid) [5714-22-7]
Dischwefeldichlorid [10025-67-9]
Divinylbenzol (alle Isomeren) [1321-74-0]
Ethylendiamintetraessigsäure (EDTA) [71]) [60-00-4]
2-Ethylhexansäure [149-57-5]
N-Ethylmorpholin [100-74-3]
Ethylvinylether [109-92-2]
Ethylzinnverbindungen
Ferbam [14484-64-1]
Ferrovanadium [12604-58-9]
Fluor [7782-41-4]
Formamid [75-12-7]
Germaniumtetrahydrid [7782-65-2]
Glutarsäuredimethylester [1119-40-0] s. auch Dicarbonsäure (C4-C6)-dimethylester
Gold [7440-57-5] und seine anorganischen Verbindungen
Hafnium [7440-58-6]
Hexachlorcyclopentadien [77-47-4]
Hydroxyessigsäurebutylester [7397-62-8]
2-Hydroxyethylmethacrylat [868-77-9]
3-Hydroxy-2-naphthalincarbonsäure [92-70-6]
Hydroxypropylacrylat (alle Isomeren) [25584-83-2]

---

[53]) siehe Abschn.XII, BAT-Werte-Liste, Acetylcholinesterasehemmer.
[71]) Mischexposition mit Eisenverbindungen vermeiden (FeEDTA-Bildung).

Imidazol [288-32-4]
Iod [7553-56-2]
Isofluran [26675-46-7]
Isophorondiamin [2855-13-2]
4-Isopropylphenylisocyanat [31027-31-3]
Kampfer [76-22-2]
Keten [463-51-4]
D,L-Limonen [138-86-3] und ähnliche Gemische
L-Limonen [5989-54-8]
Lithium [7439-93-2] und stärker reizende Lithiumverbindungen
(wie Lithiumamid, -hydrid, -hydroxid, - nitrid, -oxid-
-tetrahydroaluminat, -tetrahydroborat)
Magnesiumoxid-Rauch [1309-48-4]
3-Methoxy-n-butylacetat [4435-53-4]
Methylacetylen [74-99-7]
Methylcyclohexanol (alle Isomeren) [25639-42-3]
1-Methylcyclohexan-2-on [583-60-8]
Methylvinylketon [78-94-4]
Molybdän [7439-98-7] und seine Verbindungen außer Molybdäntrioxid
Monochloressigsäure [79-11-8]
Monomethylhydrazin [60-34-4]
Montmorillonit [1318-93-0] , Bentonit [1302-78-9] [83])
Morpholinylmercaptobenzothiazol [102-77-2]
Natriumhydroxid [1310-73-2]
Nickeltitangelb [8007-18-9]
Nikotin [54-11-5]
Osmiumtetroxid [20816-12-0]
Palladium [7440-05-3] und Palladiumverbindungen
Pentan-2-on [107-87-9]
Perchlormethylmercaptan [594-42-3]
Perfluorbutylethylen (3,3,4,4,5,5,6,6,6-Nonafluor-1-hexen) [19430-93-4]
Phosphor, rot [7723-14-0]
o-Phthalsäure [88-99-3]
Phthalsäureanhydrid [85-44-9]
Platinverbindungen (Chloroplatinate) [114])
n-Propylnitrat [627-13-4]
Pyrethrum [8003-34-7]
Resorcin [108-46-3]
Rotenon [83-79-4]
Salpetersäure [7697-37-2]
Sevofluran [28523-86-6]
Siliciumcarbid [409-21-2] (faserfrei)
Strontium [7440-24-6] und seine anorganischen Verbindungen
Strychnin° [57-24-9]
Tellur [13494-80-9] und seine anorganischen Verbindungen

[83]) Quarzanteil muss gesondert betrachtet werden
[114]) Eine Spitzenkonzentration von 2 μg/m³ sollte nicht überschritten werden.

1,1,2,2-Tetrabromethan [79-27-6]
Tetramethylharnstoff (TMU) [632-22-4]
Tetramethylsuccinnitril [3333-52-6]
Thalliumverbindungen, löslich
Thioglykolsäure [68-11-1]
Tri-n-butylamin[128]) [102-82-9]
Trichloressigsäure [76-03-9]
2,4,5-Trichlorphenol [95-95-4]
Triisobutylphosphat [126-71-6]
Trimethylphosphit [121-45-9]
Wolfram [7440-33-7] und seine anorganischen Verbindungen
Wollastonit (Faserstaub) [13983-17-0]
Yttrium [7440-65-5] und seine Verbindungen
Zeolithe, synthetische, nicht faserförmig [1318-02-1]
Zinkpyrithion [13463-41-7]
Zinn [7440-31-5] und seine anorganischen Verbindungen
Zirkoniumverbindungen (löslich)

Kühlschmierstoffe, Hydraulikflüssigkeiten und andere Schmierstoffe (vgl. Abschn. Xc)

Abietinsäure[16]) [514-10-3]
Alkylbenzolsulfonate C10–C14, lineare [69669-44-9; 85117-50-6]
Alkylethercarbonsäuren
2-Amino-2-ethyl-1,3-propandiol [115-70-8]
1-Aminopropan-2-ol [78-96-6]
Aminotris(methylenphosphonsäure) [6419-19-8]
Azelainsäure [123-99-9]
Behensäure [112-85-6]
1,2-Benzisothiazol-3(2H)-on [2634-33-5]
Benzotriazol [95-14-7]
Benzylalkoholmono(poly)hemiformal[32]) [14548-60-8]
Bis(2-ethylhexyl)zinkdithiophosphat [4259-15-8]
1,3-Bis-(hydroxymethyl)harnstoff[32]) [140-95-4]
Bis(morpholino)methan[32]) [5625-90-1]
Bithionol [97-18-7]
2-Brom-2-(brommethyl)pentandinitril (1,2-Dibrom-2,4-dicyanbutan) [35691-65-7]
2-Brom-2-nitropropan-1,3-diol[34]) [52-51-7]
5(oder 6)-Carboxy-4-hexyl-2-cyclohexen-1-octansäure [53980-88-4]
2-Chloracetamid [79-07-2]
p-Chlor-m-kresol [59-50-7]

[128]) Reaktion mit nitrosierenden Agentien kann zur Bildung des kanzerogenen N-Nitroso-di-n-butylamins führen, vgl. Abschn. III „Entstehung kanzerogener Nitrosamine durch Nitrosierung . . .", S. 172.
[16]) Ein immunologischer Mechanismus für das auf Abietinsäure-haltige Arbeitsstoffe öfter beobachtete Asthma ist nicht gesichert.
[32]) Formaldehydabspalter
[34]) Verwendungsverbot als Kühlschmierstoffkomponente und Korrosionsschutzmittelkomponente: s. GefStoffV 2010, Anhang II (zu § 16 Absatz Absatz 2), Nr. 4

Decyloleat [3687-46-5]
iso-Decyloleat [59231-34-4]
Dibenzyldisulfid [150-60-7]
2,2-Dibrom-2-cyanacetamid [10222-01-2]
2,6-Di-tert-butylphenol [128-39-2]
Diethylentriaminpentakis(methylenphosphonsäure) [15827-60-8]
und ihre Natriumsalze [22042-96-2]
p-Diiodmethylsulfonyltoluol [20018-09-1]
1,3-Dimethylol-5,5-dimethylhydantoin [6440-58-0]
4,4'-Dioctyldiphenylamin [101-67-7]
Diphenylamin, Reaktionsprodukte mit Styrol und 2,4,4-Trimethylpenten [68921-45-9]
Dithio-2,2'-bis(benzmethylamid) [2527-58-4]
Dodecandisäure [693-23-2]
1-Dodecanol [112-53-8]
5-Ethyl-3,7-dioxa-1-azabicyclo[3.3.0]octan (EDAO)[32]) [7747-35-5]
2-Ethylhexandiol-1,3 [94-96-2]
1-Hexadecanol [36653-82-4]
Hexamethylentetramin[32]) [100-97-0]
1-Hexanol [111-27-3]
2-Hexyldecanol [2425-77-6]
1-Hydroxyethan-1,1-diphosphonsäure [2809-21-4] und ihre Natrium- und Kaliumsalze
1-Hydroxyethyl-2-heptadecenyl-imidazolin [21652-27-7]
2-Hydroxymethyl-2-nitropropan-1,3-diol[34]) [126-11-4]
12-Hydroxystearinsäure [106-14-9]
Isononansäure [3302-10-1]
Isooctadecanol [27458-93-1]
★ Lithiumstearat [4485-12-5] und
Lithium-12-hydroxystearat [7620-77-1]
Methyl-1H-benzotriazol [29385-43-1]
Methyldiethanolamin [105-59-9]
2-Methyl-2,3-dihydroisothiazol-3-on [2682-20-4]
4,4'-Methylen-bis(2,6-di-tert-butylphenol) [118-82-1]
N,N'-Methylen-bis(5-methyloxazolidin) [66204-44-2]
Myristinsäure [544-63-8]
★ 3-Nitrobenzoesäure [121-92-6]
1-Octadecanol [112-92-5]
(Z)-9-Octadecen-1-ol [143-28-2]
1-Octanol [111-87-5]
2-Octyldodecan-1-ol [5333-42-6]
Palmitinsäure [57-10-3]
★ Petroleumsulfonate, Natrium-Salze [68608-26-4]
Phenothiazin[111]) [92-84-2]
1-Phenoxy-2-propanol [770-35-4]

32) Formaldehydabspalter

34) Verwendungsverbot als Kühlschmierstoffkomponente und Korrosionsschutzmittelkomponente: s. GefStoffV 2010, Anhang II (zu § 16 Absatz Absatz 2), Nr. 4

111) Phototoxische Wirkung

2-Phenyl-1-ethanol [60-12-8]
N-Phenyl-1-naphthylamin [90-30-2]
o-Phenylphenol [90-43-7] und
o-Phenylphenol-Natrium [132-27-4]
Piperazin[94])[113]) [110-85-0]
★ Polybutene [9003-29-6] und Polyisobutene [9003-27-4]
Polydimethylsiloxane, lineare [63148-62-9; 9006-65-9; 9016-00-6]
Polyethylenglykole (PEG) (mittlere Molmasse > 600)
★ Polyethylenpolypropylenglykol [9003-11-6]
Polyoxyethylenoleylether
Polypropylenglykole (PPG) [25322-69-4]
★ Polypropylenglykol-n-butylether [9003-13-8]
Propylenglykol [57-55-6]
Pyrrolidin [94])[120]) [123-75-1]
★ Sebacinsäure [111-20-6]
Stearinsäure [57-11-4]
Tallöl, destilliert [8002-26-4]
1-Tetradecanol [112-72-1]
Tetrahydrobenzotriazol [6789-99-7]
Triazintriyltriiminotrihexansäure [80584-91-4]
iso-Tridecanol [27458-92-0]
Triethylenglykol-n-butylether [143-22-6]
Triphenylphosphat [115-86-6]
Tris(2,4-di-tert-butylphenyl)phosphit [31570-04-4]
N,N',N''-Tris(β-hydroxyethyl)hexahydro-1,3,5-triazin[32]) [4719-04-4]
Tris(nonylphenyl)phosphit [26523-78-4]
Zitronensäure [77-92-9] und ihre Alkalisalze

---

[94]) Verwendungsverbot als Kühlschmierstoffkomponente: s. TRGS 611.
[113]) Reaktion mit nitrosierenden Agentien kann zur Bildung des kanzerogenen N,N'-Dinitrosopiperazins führen, vgl. Abschn. III „Entstehung kanzerogener Nitrosamine durch Nitrosierung . . .“, S. 172.
[120]) Reaktion mit nitrosierenden Agentien kann zur Bildung des kanzerogenen N-Nitrosopyrrolidins führen, vgl. Abschn. III „Entstehung kanzerogener Nitrosamine durch Nitrosierung . . .“, S. 172.
[32]) Formaldehydabspalter

III. Krebserzeugende Arbeitsstoffe

Krebserzeugende Substanzen können aufgrund fortgeschrittener Erkenntnisse zu Wirkungsmechanismen und Wirkungsstärke differenzierter als bisher bewertet werden. Auf dieser Grundlage wurde 1998 ein erweitertes Einstufungsschema eingeführt.[134]) Die früheren Abschnitte IIIA1, IIIA2 und IIIB wurden in die Kategorien 1, 2 und 3 des Abschnittes III der MAK- und BAT-Werte-Liste umbenannt und um die Kategorien 4 und 5 ergänzt.

Arbeitsstoffe, die sich beim Menschen oder im Tierversuch als krebserzeugend erwiesen haben, werden in die Kategorien 1 oder 2 eingestuft und erhalten keinen MAK- oder BAT-Wert. Arbeitsstoffe mit Verdacht auf krebserzeugende Wirkung werden in Kategorie 3 aufgeführt und erhalten nur dann einen MAK- oder BAT-Wert, wenn der Stoff oder seine Metaboliten nicht genotoxisch wirken.

In die Kategorien 4 und 5 werden Stoffe mit krebserzeugenden Eigenschaften eingestuft, deren Wirkungsstärke aufgrund der verfügbaren Informationen bewertet werden kann. Dazu wird eine Exposition am Arbeitsplatz definiert (MAK- oder BAT-Wert), bei der kein bzw. ein sehr geringer Beitrag zum Krebsrisiko für den Menschen zu erwarten ist. In die Kategorie 4 werden Stoffe eingestuft, bei denen ein nicht-genotoxischer Wirkungsmechanismus im Vordergrund steht. In die Kategorie 5 werden genotoxische Kanzerogene mit geringer Wirkungsstärke eingestuft. Für eine Überwachung der Exposition gegenüber Stoffen der Kategorien 4 und 5 kommt der Aufstellung von BAT-Werten eine besondere Bedeutung zu.

1) Stoffe, die beim Menschen Krebs erzeugen und bei denen davon auszugehen ist, dass sie einen Beitrag zum Krebsrisiko leisten. Epidemiologische Untersuchungen geben hinreichende Anhaltspunkte für einen Zusammenhang zwischen einer Exposition beim Menschen und dem Auftreten von Krebs. Andernfalls können epidemiologische Daten durch Informationen zum Wirkungsmechanismus beim Menschen gestützt werden.

Aflatoxine [1402-68-2]
4-Aminodiphenyl [92-67-1]
Arsen und anorganische Arsenverbindungen
  Arsenmetall [7440-38-2]
  Arsentrioxid [1327-53-3]
  Arsenige Säure [13464-58-9] und ihre Salze, z. B.
  Natriumarsenit [7784-46-5]
  Arsenpentoxid [1303-28-2]
  Arsensäure [7778-39-4] und ihre Salze, z. B.
  Bleiarsenat [3687-31-8]
  Calciumarsenat [7778-44-1]
  Galliumarsenid [1303-00-0]
Asbest [135]) [1332-21-4] (Chrysotil, Krokydolith, Amosit, Anthophyllit, Aktinolith, Tremolit) (Faserstaub)
Benzidin [92-87-5] und seine Salze
Benzol [71-43-2]
Beryllium [7440-41-7] und seine anorganischen Verbindungen

[134]) Ausführliche Begründung siehe „Toxikologisch-arbeitsmedizinische Begründung von MAK-Werten“ (26. Lieferung 1998). Vgl. auch Fußnote [1]) auf S. 10.

[135]) Zigarettenraucher tragen ein erhöhtes Bronchialkrebsrisiko.

MAK- und BAT-Werte-Liste 2014. DFG, Deutsche Forschungsgemeinschaft

ISBN: 978-3-527-33737-8

Bis(chlormethyl)ether (Dichlordimethylether) [136]) [542-88-1]
Buchenholzstaub [137])
1,3-Butadien [106-99-0]
Cadmium [7440-43-9] und seine anorganischen Verbindungen (einatembare Fraktion)
4-Chlor-o-toluidin [95-69-2]
α-Chlortoluole: Gemisch aus α-Chlortoluol [100-44-7], α,α-Dichlortoluol [98-87-3], α,α,α-Trichlortoluol [98-07-7] und Benzoylchlorid [98-88-4]
Chrom(VI)-Verbindungen (einatembare Fraktion)
2,2'-Dichlordiethylsulfid [505-60-2]
Eichenholzstaub [137])
Erionit (Faserstaub) [12510-42-8]
Faserstäube s. S. 177
Hartmetall, Wolframcarbid- und Cobalt-haltig (einatembare Fraktion)
Methylarsenverbindungen
N-Methyl-bis(2-chlorethyl)amin [51-75-2]
Monochlordimethylether [93]) [107-30-2]
2-Naphthylamin [91-59-8]
Nickel und Nickelverbindungen (einatembare Fraktion) [96]):
  Nickelmetall [7440-02-0]
  Nickelacetat [373-02-4] und vergleichbare lösliche Salze,
  Nickelcarbonat [3333-67-3]
  Nickelchlorid [7718-54-9]
  Nickelmonoxid [1313-99-1]
  Nickeldioxid [12035-36-8]
  Dinickeltrioxid [1314-06-3]
  Nickelhydroxid [12054-48-7]
  Nickelsulfid [16812-54-7]
  Nickelsubsulfid [12035-72-2]
  Nickelsulfat [7786-81-4]
Passivrauchen am Arbeitsplatz
1,3-Propansulton [1120-71-4]
Pyrolyseprodukte aus organischem Material s. S. 175
Siliciumdioxid, kristallin (alveolengängige Fraktion)
  Quarz [14808-60-7]
  Cristobalit [14464-46-1]
  Tridymit [15468-32-3]
o-Toluidin [95-53-4]
Trichlorethen [79-01-6]
Vinylchlorid [75-01-4]

---

[136]) Nicht zu verwechseln mit dem asymmetrischen (Dichlormethyl)-methylether.

[137]) Stäube epidemiologisch eindeutig krebserzeugend. Verursachendes krebserzeugendes Prinzip derzeit noch nicht identifiziert.

[93]) Die Einstufung bezieht sich auf technischen Monochlordimethylether, der nach vorliegenden Erfahrungen bis zu 7% Dichlordimethylether als Verunreinigung enthalten kann.

[96]) Bezüglich der beim Menschen eindeutig krebserzeugend gefundenen Verbindungen, s. „Toxikologisch-arbeitsmedizinische Begründung von MAK-Werten". Vgl. auch Fußnote [1]), S. 10.

2) Stoffe, die als krebserzeugend für den Menschen anzusehen sind, weil durch hinreichende Ergebnisse aus Langzeit-Tierversuchen oder Hinweise aus Tierversuchen und epidemiologischen Untersuchungen davon auszugehen ist, dass sie einen Beitrag zum Krebsrisiko leisten. Andernfalls können Daten aus Tierversuchen durch Informationen zum Wirkungsmechanismus und aus In-vitro- und Kurzzeit-Tierversuchen gestützt werden.

Acrylamid [79-06-1]
Acrylnitril [107-13-1]
1-Allyloxy-2,3-epoxypropan [106-92-3]
Aluminiumoxid (Faserstaub) [1344-28-1]
o-Aminoazotoluol [97-56-3]
6-Amino-2-ethoxynaphthalin [293733-21-8]
2-Amino-4-nitrotoluol [99-55-8]
Anthanthren [191-26-4]
Antimon [7440-36-0] und seine anorganischen Verbindungen
(einatembare Fraktion) mit Ausnahme von Antimonwasserstoff
Attapulgit (Faserstaub)
Auramin [492-80-8] und Auraminhydrochlorid [2465-27-2]
Benzo[a]anthracen [56-55-3]
Benzo[b]fluoranthen [205-99-2]
Benzo[j]fluoranthen [205-82-3]
Benzo[k]fluoranthen [207-08-9]
Benzo[b]naphtho-[2,1-d]thiophen [239-35-0]
Benzo[a]pyren [50-32-8]
Bitumen (Dampf und Aerosol) [8052-42-4]
Blei [7439-92-1] und seine anorganischen Verbindungen
(einatembare Fraktion) außer Bleiarsenat und Bleichromat
Bromdichlormethan [75-27-4]
Bromethan [74-96-4]
1-Brompropan [106-94-5]
Butanonoxim [96-29-7]
2,4-Butansulton [1121-03-5]
p-Chloranilin [106-47-8]
p-Chlorbenzotrichlorid [5216-25-1]
Chlordecon° [143-50-0]
1-Chlor-2,3-epoxypropan (Epichlorhydrin) [106-89-8]
Chlorfluormethan (R 31) [593-70-4]
N-Chlorformylmorpholin [15159-40-7]
Chloriertes Camphen [8001-35-2]
2-Chloropren [126-99-8]
α-Chlortoluol [100-44-7] s. auch α-Chlortoluole
Chrysen [218-01-9]
Cobalt und Cobaltverbindungen (einatembare Fraktion)
Cobaltmetall [7440-48-4]
Cobalt(II)carbonat [513-79-1]
Cobalt(II)oxid [1307-96-6]
Cobalt(II,III)oxid [1308-06-1]
Cobalt(II)sulfat · $7H_2O$ [10026-24-1] und vergleichbare lösliche Salze,

Cobalt(II)sulfid [1317-42-6]
Cyclopenta[cd]pyren [27208-37-3]
Dawsonit (Faserstaub) [12011-76-6]
2,4-Diaminoanisol [615-05-4]
4,4'-Diaminodiphenylmethan [101-77-9]
1,5-Diaminonaphthalin [2243-62-1]
Diazomethan [334-88-3]
Dibenz[a,h]anthracen [53-70-3]
Dibenzo[a,e]pyren [192-65-4]
Dibenzo[a,h]pyren [189-64-0]
Dibenzo[a,i]pyren [189-55-9]
Dibenzo[a,l]pyren [191-30-0]
1,2-Dibrom-3-chlorpropan [96-12-8]
1,2-Dibromethan [106-93-4]
Dichloracetylen [7572-29-4]
3,3'-Dichlorbenzidin [91-94-1]
1,4-Dichlorbenzol [106-46-7]
1,4-Dichlor-2-buten [764-41-0]
1,2-Dichlorethan [107-06-2]
1,3-Dichlor-2-propanol [96-23-1]
1,3-Dichlorpropen (cis- und trans-) [542-75-6]
α,α-Dichlortoluol [98-87-3] s. auch α-Chlortoluole
Dieselmotor-Emissionen [55])
Diethylsulfat [64-67-5]
Diglycidylresorcinether [101-90-6]
1,4-Dihydroxybenzol [123-31-9]
3,3'-Dimethoxybenzidin (o-Dianisidin) [119-90-4]
3,3'-Dimethylbenzidin (o-Tolidin) [119-93-7]
Dimethylcarbamidsäurechlorid [79-44-7]
3,3'-Dimethyl-4,4'-diaminodiphenylmethan [838-88-0]
1,1-Dimethylhydrazin [62]) [57-14-7]
1,2-Dimethylhydrazin [62]) [540-73-8]
Dimethylsulfamoylchlorid [13360-57-1]
Dimethylsulfat [77-78-1]
Dinitrotoluole (Isomerengemische) [25321-14-6]
1,2-Epoxybutan [106-88-7]
Ethylcarbamat [51-79-6]
Ethylenimin [151-56-4]
Ethylenoxid [75-21-8]
Faserstäube s. S. 177
Furan [110-00-9]
Glasfasern (Faserstaub)

---

[55]) Aufgrund der neuen Technologie der Dieselmotoren haben sich die Emissionen qualitativ und quantitativ erheblich geändert. Da man davon ausgehen muss, dass erst Ende der 90er Jahre diese neuen Dieselmotoren eingesetzt wurden, beruhen alle vorliegenden epidemiologischen Studien, die 2007 bewertet wurden, auf Expositionen gegen ältere Dieselmotoremissionen. Eine Bewertung der neuen Dieselmotoremissionen kann erst bei Vorliegen geeigneter Studien erfolgen.

[62]) In Deutschland nicht mehr hergestellt.

Glycidol (Glycid) [556-52-5]
Glycidyltrimethylammoniumchlorid [3033-77-0]
Hexamethylphosphorsäuretriamid [680-31-9]
Hydrazin [302-01-2]
Hydrazobenzol [122-66-7]
Indeno[1,2,3-cd]pyren [193-39-5]
Indiumphosphid [22398-80-7]
Iodmethan (Methyliodid) [74-88-4]
Kaliumtitanat (Faserstaub), versch. Formeln und CAS-Nr.
Keramikfasern (Faserstaub)
p-Kresidin [120-71-8]
2-Methoxyanilin (o-Anisidin) [90-04-0]
4,4'-Methylen-bis(2-chloranilin) [101-14-4]
4,4'-Methylen-bis(N,N-dimethylanilin) [101-61-1]
1-Methylpyren [2381-21-7]
Michlers Keton [90-94-8]
Naphthalin [91-20-3]
5-Nitroacenaphthen [602-87-9]
2-Nitroanisol [91-23-6]
4-Nitrobiphenyl [92-93-3]
2-Nitronaphthalin [581-89-5]
2-Nitropropan [79-46-9]
N-Nitrosodi-n-butylamin [924-16-3]
N-Nitrosodiethanolamin [1116-54-7]
N-Nitrosodiethylamin [55-18-5]
N-Nitrosodi-isopropylamin [601-77-4]
N-Nitrosodimethylamin [62-75-9]
N-Nitrosodi-n-propylamin [621-64-7]
N-Nitrosoethylphenylamin [612-64-6]
N-Nitrosomethylethylamin [10595-95-6]
N-Nitrosomethylphenylamin [614-00-6]
N-Nitrosomorpholin [59-89-2]
N-Nitrosopiperidin [100-75-4]
N-Nitrosopyrrolidin [930-55-2]
2-Nitrotoluol [88-72-2]
Ochratoxin A [303-47-9]
4,4'-Oxydianilin [101-80-4]
Pentachlorphenol [87-86-5]
Phenylglycidylether [122-60-1]
β-Propiolacton [57-57-8]
Propylenimin [75-55-8]
Pyrolyseprodukte aus organischem Material s. S. 175
Siliciumcarbid (Faserstaub) [409-21-2]
Steinwolle (Faserstaub)
Tetrafluorethen [116-14-3]
Tetranitromethan [509-14-8]
4,4'-Thiodianilin [139-65-1]
2,4-Toluylendiamin [95-80-7]

2,3,4-Trichlor-1-buten [2431-50-7]
1,2,3-Trichlorpropan [96-18-4]
α,α,α-Trichlortoluol [98-07-7] s. auch α-Chlortoluole
2,4,5-Trimethylanilin [137-17-7]
2,4,6-Trinitrotoluol [118-96-7]
Uran [7440-61-1] und seine schwer löslichen anorganischen Verbindungen
Vanadium [7440-62-2] und seine anorganischen Verbindungen (einatembare Fraktion)
Vinylcyclohexen [100-40-3]
4-Vinyl-1,2-cyclohexendiepoxid [106-87-6]
2,4-Xylidin [95-68-1] und 2,6-Xylidin [87-62-7]

Für Stoffe der Kategorien 1 und 2, deren Einwirkung nach dem gegenwärtigen Stand der Kenntnis eine eindeutige Krebsgefährdung für den Menschen bedeutet, enthält die Liste nach Abschnitt II a keine Konzentrationswerte, da keine noch als unbedenklich anzusehende Konzentration angegeben werden kann. Bei einigen dieser Stoffe bildet auch die Aufnahme durch die unverletzte Haut eine große Gefahr.

Wenn die Verwendung solcher Stoffe technisch notwendig ist, sind besondere Schutz- und Überwachungsmaßnahmen erforderlich. Hierzu gehören 1. die regelmäßige Kontrolle der Luft am Arbeitsplatz unter Einsatz der für den jeweiligen Zweck geeigneten, d. h. genügend empfindlichen Analysenmethode; 2. die besondere ärztliche Überwachung exponierter Personen, bei denen routinemäßig z. B. zu prüfen ist, ob die Stoffe, ihre Metaboliten oder entsprechende Beanspruchungsparameter im Organismus nachweisbar bzw. verändert sind. Durch fortgesetzte technische Verbesserung sollte erreicht werden, dass diese Stoffe nicht in die Luft am Arbeitsplatz gelangen bzw. direkt auf die hier tätigen Personen einwirken. Ist dieses Ziel z. Z. nicht zu erreichen, sind zusätzliche Schutzmaßnahmen (z. B. individueller Atem- und Körperschutz, befristeter Einsatz im Gefährdungsbereich etc.) erforderlich, damit die Exposition so gering wie möglich gehalten wird. Der Umfang der notwendigen Maßnahmen richtet sich auch nach den speziellen physikalischen Eigenschaften des Stoffes und der Art und Stärke seiner krebserzeugenden Wirkung.

3) Stoffe, die wegen erwiesener oder möglicher krebserzeugender Wirkung Anlass zur Besorgnis geben, aber aufgrund unzureichender Informationen nicht endgültig beurteilt werden können. Die Einstufung ist vorläufig.

★ 3 A) Stoffe, die bei Tier oder Mensch Krebs erzeugen oder als krebserzeugend für den Menschen anzusehen sind, bei denen die Voraussetzungen erfüllt wären, sie der Kategorie 4 oder 5 zuzuordnen. Für die Stoffe liegen jedoch keine hinreichenden Informationen vor, um einen MAK- oder BAT-Wert abzuleiten.

Bisphenol-A-diglycidylether [1675-54-3]
Di-n-butylphosphat [107-66-4] und seine technischen Gemische
Dichloressigsäure [79-43-6] und ihre Salze
Kresol (alle Isomeren) [1319-77-3]
Laurinsäure [143-07-7]
Nitrilotriessigsäure [139-13-9] und ihre Natriumsalze [99])

[99]) Mischexposition mit Eisenverbindungen vermeiden (FeNTA-Bildung).

4-Nitroanilin [100-01-6]
Ölsäure [112-80-1]
Terpentinöl [8006-64-2]
Titandioxid [13463-67-7] (einatembare Fraktion)[127])
Toluylendiisocyanate (Diisocyanattoluole):
  2,4-Toluylendiisocyanat [584-84-9]
  2,6-Toluylendiisocyanat [91-08-7]
  Gemisch [26471-62-5]
Trimethylpentan (alle Isomeren)
Vinylacetat [108-05-4]
Xylidine [1300-73-8] (alle Isomeren außer 2,4- und 2,6-Xylidin)

3 B) Aus In-vitro- oder aus Tierversuchen liegen Anhaltspunkte für eine krebserzeugende Wirkung vor, die jedoch zur Einordnung in eine andere Kategorie nicht ausreichen. Zur endgültigen Entscheidung sind weitere Untersuchungen erforderlich. Sofern der Stoff oder seine Metaboliten keine genotoxischen Wirkungen aufweisen, kann ein MAK- oder BAT-Wert festgelegt werden.

Acetamid [60-35-5]
4-Aminodiphenylamin [101-54-2]
3-Amino-9-ethylcarbazol [132-32-1]
Aminofen [14861-17-7]
ANTU [86-88-4]
p-Aramid (Faserstaub) [26125-61-1]
1,4-Benzochinon [106-51-4]
Benzoylchlorid [98-88-4]
Biphenyl [92-52-4]
Bleichromat [7758-97-6]
Bromchlormethan [74-97-5]
Brommethan [74-83-9]
1,4-Butansulton [1633-83-6]
2-Butenal [123-73-9; 4170-30-3]
1-n-Butoxy-2,3-epoxypropan [2426-08-6]
1-tert-Butoxy-2,3-epoxypropan [7665-72-7]
tert-Butyl-4-hydroxyanisol (BHA) [25013-16-5]
Calcium-Natrium-Metaphosphat (Faserstaub) [23209-59-8]
Chloracetaldehyd [107-20-0]
2-Chloracrylnitril [920-37-6]
Chlorameisensäurethylester [541-41-3]
Chlordan [57-74-9]
Chlorethan [75-00-3]
Chlorierte Biphenyle: Mono-, Di-, Trichlorierte Biphenyle
Chlorierte Biphenyle [53469-21-9; 11097-69-1] (technische Produkte)
Chlormethan [74-87-3]
3-Chlor-2-methylpropen [563-47-3]
1-Chlor-2-nitrobenzol [88-73-3]

[127]) ausgenommen ultrafeine Partikel; siehe Abschnitt Vh

1-Chlor-4-nitrobenzol [100-00-5]
Chlorparaffine (bestimmte technische Produkte) versch. CAS-Nr., z. B. [63449-39-8]
4-Chlorphenylisocyanat [104-12-1]
3-Chlor-1,2-propandiol [96-24-2]
3-Chlorpropen (Allylchlorid) [107-05-1]
Chlorthalonil [1897-45-6]
5-Chlor-o-toluidin [95-79-4]
Cyclohexanon [108-94-1]
Destillate (Erdöl), mit Wasserstoff behandelte, leichte [64742-47-8]
★ Diacetyl [431-03-8]
★ Di-n-butylphthalat [23]) [84-74-2]
1,1-Dichlorethen (Vinylidenchlorid) [75-35-4]
1,2-Dichlormethoxyethan [41683-62-9]
1,2-Dichlor-4-nitrobenzol [99-54-7]
1,2-Dichlorpropan [78-87-5]
2,2-Dichlor-1,1,1-trifluorethan (R 123) [306-83-2]
Diethanolamin [56]) [111-42-2]
Diethylcarbamidsäurechlorid [88-10-8]
1,1-Difluorethen (R 1132a) [75-38-7]
Diglycidylether [2238-07-5]
Diisodecylphthalat [26761-40-0]
2,5-Dimethoxy-4-chloranilin [6358-64-1]
N,N-Dimethylanilin [121-69-7]
Dimethylhydrogenphosphit [868-85-9]
Dinitrobenzol (alle Isomeren) [25154-54-5]
Dinitronaphthaline (alle Isomeren) [27478-34-8]
Diphenylamin [122-39-4]
★ Di(2-propylheptyl)phthalat [53306-54-0]
Eisenoxide [1345-25-1]; [1309-37-1]; [1309-38-2]; [1317-61-9] [66])
★ 3,4-Epoxycyclohexylcarbonsäure-3,4-epoxycyclohexylmethylester [2386-87-0]
Ethidiumbromid [1239-45-8]
Ethylen [74-85-1]
Ethylenthioharnstoff (Imidazolidin-2-thion) [96-45-7]
Faserstäube s. S. 177
Furfurylalkohol [98-00-0]
2-Furylmethanal [98-01-1]
Glycerintrinitrat [55-63-0]
Glyoxal [107-22-2]
Halloysit (Faserstaub) [12298-43-0]
1,1,2,3,4,4-Hexachlor-1,3-butadien [87-68-3]
★ Hexahydrophthalsäurediglycidylester [5493-45-8]
Holzstaub (außer Buchen- und Eichenholzstaub)

---

[23]) Der Stoff kann gleichzeitig als Dampf und Aerosol vorliegen

[56]) Reaktion mit nitrosierenden Agentien kann zur Bildung des kanzerogenen N-Nitrosodiethanolamins führen, vgl. Abschn. III „Entstehung kanzerogener Nitrosamine durch Nitrosierung . . .“, S. 172.

[66]) Ausgenommen sind nicht bioverfügbare Eisenoxide

N-(2-Hydroxyethyl)-3-methyl-2-chinoxalincarboxamid-1,4-dioxid (Olaquindox) [23696-28-8]
Industrieruße (Carbon Black) (einatembare Fraktion)
Isopropylöl (Rückstand bei der iso-Propylalkohol-Herstellung)
Kaolinit[83]) [1332-58-7]
Kühlschmierstoffe, die Nitrit oder nitritliefernde Verbindungen und Reaktionspartner für Nitrosaminbildung enthalten
Magnesium-Oxid-Sulfat (Faserstaub) [12286-12-3]
Mercaptobenzothiazol [149-30-4]
4-Methoxyanilin [104-94-9]
Methyl-tert-butylether [1634-04-4]
N-Methylolchloracetamid[32]) [2832-19-1]
N-Methyl-N,2,4,6-tetranitroanilin [479-45-8]
Molybdäntrioxid [1313-27-5]
★ Naphthensäuren [1338-24-5] und Natrium-, Calcium-, Kalium-Naphthenate [61790-13-4; 61789-36-4; 66072-08-0] (technische Gemische)
1,5-Naphthylendiisocyanat [3173-72-6]
Nemalith (Faserstaub) [1317-43-7]
2-Nitro-4-aminophenol [119-34-6]
Nitrobenzol [98-95-3]
Nitromethan [75-52-5]
1-Nitronaphthalin [86-57-7]
2-Nitro-p-phenylendiamin [5307-14-2]
Nitropyrene (Mono-, Di-, Tri-, Tetra-) (Isomere)
N-Nitrosodiphenylamin [86-30-6]
3-Nitrotoluol [99-08-1]
4-Nitrotoluol [99-99-0]
Ozon [10028-15-6]
Perfluoroctansulfonsäure (PFOS) [1763-23-1] und ihre Salze
Peroxyessigsäure [79-21-0]
Phenol [108-95-2]
★ Phenylarsenverbindungen [637-03-6]
o-Phenylendiamin [95-54-5]
m-Phenylendiamin [108-45-2]
p-Phenylendiamin [106-50-3]
Phenylhydrazin [100-63-0]
N-Phenyl-2-naphthylamin [135-88-6]
Portlandzement[117]) [65997-15-1]
2-Propenal [107-02-8]
2-Propen-1-ol [107-18-6]
iso-Propylbenzol (Cumol) [98-82-8]
iso-Propylglycidylether [4016-14-2]
Pyridin [110-86-1]
Pyrolyseprodukte aus organischem Material s. S. 175

---

[83]) Quarzanteil muss gesondert betrachtet werden
[32]) Formaldehydabspalter
[117]) Quarzanteil und Chromatanteil sind separat zu bewerten

Quecksilber [7439-97-6] und seine anorganischen Verbindungen
Quecksilberverbindungen, organische
Rhodium [7440-16-6] und seine anorganischen Verbindungen
Schlackenwolle (Faserstaub)
Selen [7782-49-2] und seine anorganischen Verbindungen
Selenwasserstoff [7783-07-5]
Sepiolith (Faserstaub), versch. CAS-Nr. und Formeln
Steinkohlegrubenstaub (alveolengängige Fraktion)
Stickstoffdioxid [10102-44-0]
Talk [14807-96-6] (asbestfaserfrei) (alveolengängige Fraktion)
1,1,2,2-Tetrachlorethan [79-34-5]
Tetrachlorethen [127-18-4]
Thioharnstoff [62-56-6]
p-Toluidin [106-49-0]
Tribrommethan (Bromoform) [75-25-2]
1,2,4-Trichlorbenzol [120-82-1]
1,1,2-Trichlorethan [79-00-5]
N,N',N''-Triethylhexahydro-1,3,5-triazin [32]) [7779-27-3]
3,5,5-Trimethyl-2-cyclohexen-1-on [78-59-1]
Trimethylphosphat [512-56-1]
2,4,7-Trinitrofluorenon [129-79-3]
2,4,6-Trinitrophenol [88-89-1]
Uranverbindungen, lösliche anorganische

Für Stoffe der Kategorie 3 sollte die gesundheitliche Überwachung der mit diesen Stoffen umgehenden Beschäftigten intensiviert werden. Zugleich sind die solche Stoffe produzierenden und verarbeitenden Industriezweige aufgerufen, sich — ebenso wie alle einschlägigen Forschungslaboratorien — an der Klärung der Zusammenhangsfrage zu beteiligen und ggf. nach unbedenklichen Alternativstoffen zu suchen.

Die Kategorie 3 wird in jährlichen Abständen daraufhin überprüft, ob Stoffe in die Kategorien 1 und 2 überführt werden müssen, ob die Datenlage eine Überführung in die Kategorien 4 oder 5 erlaubt oder ob Stoffe keiner Einstufung bedürfen und ganz aus Abschnitt III entlassen werden können.

★ **4) Stoffe, die bei Tier oder Mensch Krebs erzeugen oder als krebserzeugend für den Menschen anzusehen sind und für die ein MAK-Wert abgeleitet werden kann. Im Vordergrund steht ein nicht-genotoxischer Wirkungsmechanismus, und genotoxische Effekte spielen bei Einhaltung des MAK- und BAT-Wertes keine oder nur eine untergeordnete Rolle. Unter diesen Bedingungen ist kein Beitrag zum Krebsrisiko für den Menschen zu erwarten. Die Einstufung wird insbesondere durch Befunde zum Wirkungsmechanismus gestützt, die beispielsweise darauf hinweisen, dass eine Steigerung der Zellproliferation, Hemmung der Apoptose oder Störung der Differenzierung im Vordergrund stehen. Einstufung und MAK- und BAT-Wert berücksichtigen die vielfältigen Mechanismen, die zur Kanzerogenese beitragen können, sowie ihre charakteristischen Dosis-Zeit-Wirkungsbeziehungen.**

[32]) Formaldehydabspalter

Allgemeiner Staubgrenzwert (alveolengängige Fraktion; granuläre biobeständige Stäube, GBS) [20])
Amitrol [61-82-5]
Anilin [62-53-3]
2-Butoxyethanol [111-76-2]
2-Butoxyethylacetat [112-07-2]
Butylhydroxytoluol (BHT) [128-37-0]
n-Butylzinnverbindungen
Mono-n-butylzinnverbindungen
Di-n-butylzinnverbindungen
Tri-n-butylzinnverbindungen
Tetra-n-butylzinn
Chlorierte Biphenyle: höherchlorierte (≥ 4 Cl) Biphenyle
Di-(2-ethylhexyl)phthalat (DEHP) [117-81-7]
1,4-Dioxan [123-91-1]
Diphenylmethan-4,4'-diisocyanat [101-68-8] (einatembare Fraktion)
1,2-Epoxypropan [75-56-9]
Ethylbenzol [100-41-4]
Formaldehyd [50-00-0]
Glutardialdehyd [111-30-8]
Heptachlor [76-44-8]
Hexachlorbenzol [118-74-1]
α-Hexachlorcyclohexan [319-84-6]
β-Hexachlorcyclohexan [319-85-7]
1,2,3,4,5,6-Hexachlorcyclohexan° (techn. Gemisch aus α-HCH [319-84-6] u. β-HCH [319-85-7])
Lindan [58-89-9]
n-Octylzinnverbindungen
Mono-n-octylzinnverbindungen
Di-n-octylzinnverbindungen
Tri-n-octylzinnverbindungen
Tetra-n-octylzinn
Perfluoroctansäure [335-67-1] und ihre anorganischen Salze
Phenylzinnverbindungen (als Sn [7440-31-5] berechnet)
Polyacrylsäure (neutralisiert, vernetzt)
„polymeres MDI" [116]) [9016-87-9] (einatembare Fraktion)
Schwefelsäure [7664-93-9]
2,3,7,8-Tetrachlordibenzo-p-dioxin [1746-01-6]
Tetrachlormethan [56-23-5]
Tetrahydrofuran [109-99-9]
Tri-n-butylphosphat [126-73-8]
Trichlormethan [67-66-3]
N-Vinyl-2-pyrrolidon [88-12-0]
Wasserstoffperoxid [7722-84-1]

---

[20]) ausgenommen sind ultrafeine Partikel; siehe Abschnitt Vh

[116]) „polymeres MDI" (pMDI) ist ein technisches MDI, das 30–80 Massen-% Diphenylmethan-4,4'-diisocyanat enthält; Restgehalte bestehen aus MDI-Oligomeren und MDI-Homologen.

★ **5) Stoffe, die bei Tier oder Mensch Krebs erzeugen oder als krebserzeugend für den Menschen anzusehen sind und für die ein MAK-Wert abgeleitet werden kann. Im Vordergrund steht ein genotoxischer Wirkungsmechanismus, für den aber bei Einhaltung des MAK- und BAT-Wertes nur ein sehr geringer Beitrag zum Krebsrisiko für den Menschen zu erwarten ist. Die Einstufung und der MAK- und BAT-Wert werden gestützt durch Informationen zum Wirkungsmechanismus, zur Dosisabhängigkeit und durch toxikokinetische Daten.**

Acetaldehyd [18]) [75-07-0]
★ Dichlormethan [18]) [75-09-2]
Ethanol [18]) [64-17-5]
Isopren (2-Methyl-1,3-butadien) [18]) [78-79-5]
Styrol [18]) [100-42-5]

Für Stoffe der Kategorien 4 und 5 sollte die gesundheitliche Überwachung der mit diesen Stoffen umgehenden Beschäftigten intensiviert werden, da bei Überschreitung des MAK- oder BAT-Wertes mit einer Erhöhung des Krebsrisikos zu rechnen ist.

Besondere Stoffgruppen

Krebserzeugende Arzneistoffe [138])

Bei einer Anzahl von Arzneimitteln muss aufgrund von Tierexperimenten oder Erfahrungen beim Menschen davon ausgegangen werden, dass sie krebserzeugende Wirkungen besitzen. Möglichkeiten der Exposition von Beschäftigten gegenüber solchen Substanzen bestehen bei Herstellung, therapeutischer Anwendung und in Forschungslaboratorien.

Krebserzeugende Eigenschaften sind zu unterstellen bei Substanzen, denen ein genotoxischer therapeutischer Wirkungsmechanismus zugrunde liegt. Erfahrungen in der Therapie mit alkylierenden Zytostatika wie Cyclophosphamid, Ethylenimin, Chlornaphazin sowie mit arsen- und teerhaltigen Salben, die über lange Zeit angewendet worden sind, bestätigen dies insofern, als bei diesen Patienten Tumorneubildungen beschrieben worden sind.

Demgemäß muss mit einer Gefährdung auch in Bereichen, in denen berufsmäßig mit diesen Substanzen umgegangen wird, gerechnet werden. Geeignete Vorsichtsmaßnahmen müssen gewährleisten, dass eine Exposition gegenüber solchen Substanzen verhindert wird.

Entstehung kanzerogener Nitrosamine durch Nitrosierung von Aminen

Die in dieser Gruppe genannten Stoffe verdienen insofern besondere Beachtung, als sie in Anwesenheit nitrosierender Agentien zu möglicherweise stark kanzerogenen Nitrosoverbindungen umgewandelt werden können. Eine eingehendere Darstellung zur „Nitro-

---

[18]) siehe Definition der Kanzerogenitätskategorie 5 und jeweilige Begründung

[138]) s. „Toxikologisch-arbeitsmedizinische Begründung von MAK-Werten“ (11. Lieferung 1985). Vgl. auch Fußnote [1]) S. 10.

sierung flüchtiger Amine am Arbeitsplatz“ findet sich in „Toxikologisch-arbeitsmedizinische Begründung von MAK-Werten“.

Die Entstehung von Nitrosaminen aus den genannten Aminen ist nicht nur in Modelluntersuchungen beobachtet, sondern — zumindest für einige der Verbindungen — auch am Arbeitsplatz nachgewiesen worden. Die aminhaltigen Arbeitsstoffe und Endprodukte können bereits selbst in beträchtlichem Maße durch die entsprechenden Nitrosamine verunreinigt sein. Unter praxisnahen Bedingungen ist im wesentlichen mit der Nitrosierung sekundärer Amine zu rechnen, obwohl prinzipiell auch primäre und tertiäre Amine nitrosierbar sind. Als nitrosierende Agentien kommen vor allem Stickoxide in Frage. Daneben bewirken Nitrosylchlorid, Nitritester, Metallnitrit- und Nitrosoverbindungen die Nitrosierung von Aminen.

Das Gefahrenpotential der einzelnen Amine ergibt sich einerseits aus der Leichtigkeit, mit der sie nitrosiert werden können, andererseits aus dem Grad der Kanzerogenität, den die entsprechenden Nitrosamine besitzen. Für beide Parameter bestehen erhebliche Unterschiede zwischen den verschiedenen Aminen. Aus Modelluntersuchungen sind mehrere Faktoren, wie pH, Temperatur, Katalysatoren und Inhibitoren bekannt, die das Ausmaß der Nitrosierungsreaktion bestimmen. Eine Nitrosierung von Aminen kann nicht nur im sauren, sondern auch im alkalischen Milieu erfolgen. Da Stickoxide auch im Alkalischen wirkungsvolle Nitrosierungsreagenzien sind, sollte bei Anwesenheit nitrosierbarer Amine auf den Ausschluss von Stickoxiden geachtet werden. Die Reaktion von Nitrit mit nitrosierbarem Amin wird durch Formaldehyd beschleunigt, und der pH-Bereich, in dem eine relevante Nitrosierung erfolgen kann, wird zum Alkalischen ausgedehnt (vgl. Rote Ringbuchsammlung[139]) „Kühlschmierstoffe“). Der heutige Kenntnisstand reicht aber nicht aus, um für die Entstehung von Nitrosaminen unter den komplexen Bedingungen am Arbeitsplatz und in Gemischen von Arbeitsstoffen quantitative Voraussagen zu treffen.

Beim Umgang mit Aminen am Arbeitsplatz sind daher zwei Vorsichtsmaßnahmen geboten:

1. Die gleichzeitige Einwirkung von nitrosierenden Agentien sollte auf ein Minimum beschränkt werden. Dies kann dadurch geschehen, dass nitrosierende Agentien entfernt bzw. — wenn sie im direkten Arbeitsprozess eine Funktion besitzen — durch Verbindungen, die nicht zur Entstehung kanzerogener Nitrosamine führen, ersetzt werden. Insbesondere ist die Konzentration von Stickoxiden am Arbeitsplatz zu kontrollieren und gegebenenfalls zu vermindern.
2. Es sollte die Konzentration an Nitrosaminen in der Luft am Arbeitsplatz und im aminhaltigen Arbeitsstoff gemessen werden. Dies gilt besonders bei Verwendung von Aminen, aus denen stark kanzerogene Nitrosoverbindungen z.B. Nitrosodimethylamin oder Nitrosodiethylamin entstehen können.

Monozyklische aromatische Amino- und Nitroverbindungen

In der MAK- und BAT-Werte-Liste werden 38 monozyklische aromatische Amino- und Nitroverbindungen aufgeführt, die überwiegend in die Kategorien 1 bis 3 für krebserzeugende Substanzen eingestuft wurden, teilweise aber auch einen MAK-Wert besitzen, oder für die kein MAK-Wert aufgestellt werden konnte und die damit im Abschnitt

[139]) „Toxikologisch-arbeitsmedizinische Begründung von MAK-Werten“. Vgl. auch Fußnote [1]) auf S. 10.

IIb der MAK- und BAT-Werte-Liste erscheinen. Eine vergleichende Betrachtung (s. „Toxikologisch-arbeitsmedizinische Begründungen von MAK-Werten") ergibt, dass sich ihre akut- und chronisch-toxischen Wirkungen sehr ähnlich sind. Unter geeigneten Bedingungen getestet, lässt sich ein kanzerogenes Potential nachweisen (Kategorien 1, 2) oder zumindest ein Verdacht (Kategorie 3) begründen. Auch die Tumorspektren sind einander sehr ähnlich. Die Substanzen sind generell nur schwach genotoxisch, deshalb wird den akut-toxischen Effekten eine wichtige Rolle im Sinne der Tumorpromotion zugewiesen. Durch die Einführung der Kategorien 4 und 5 für krebserzeugende Substanzen wurde es erforderlich, vor allem die Substanzen mit Verdacht auf krebserzeugende Wirkung (Kategorie 3) hinsichtlich ihrer genotoxischen und nicht genotoxischen Eigenschaften differenzierter zu betrachten und zu prüfen, ob sie in eine dieser Kategorien überführt werden können. Außerdem wurden Widersprüche in der Einstufung erkennbar. Da die Informationen über einzelne Stoffe für eine Einstufung häufig nicht ausreichen, liegt es nahe, aus dem Verhalten strukturverwandter Verbindungen Analogschlüsse zu ziehen. Die vergleichende Betrachtung ergibt, dass dies innerhalb gewisser Grenzen möglich ist, aber eine Substanz bei unzureichender Kenntnis einstufungsrelevanter Daten nicht sicher in das Spektrum schwach bis stark kanzerogener Wirkungen eingeordnet werden kann.

Die betrachteten monozyklischen aromatischen Amino- und Nitroverbindungen erzeugen praktisch alle Methämoglobin und die meisten Hämosiderosen. Das spricht dafür, dass die jeweiligen N-Hydroxylamine bei Versuchstieren und beim Menschen für die toxischen Effekte verantwortlich sind. Es ist aber noch nicht sicher, ob die zu beobachtenden Geschlechts-, Spezies- und Zielorganunterschiede allein mit toxikokinetisch bedingten Unterschieden der Bioverfügbarkeit des wirksamen Metaboliten erklärt werden können. Auch die Rolle der Freisetzung von Eisen im Zuge der Methämoglobinbildung oder die des Erythrozyten-Abbaus und die damit verbundene Erzeugung von „oxidativem Stress" für die genotoxischen oder akut-toxischen Effekte ist nicht klar. Toxische Gewebsveränderungen und die Entwicklung von Fibrosen gehen jedenfalls der Tumorentstehung in Milz, Leber und Niere voraus.

Genotoxische Effekte sind bei vielen monozyklischen aromatischen Amino- und Nitroverbindungen nachgewiesen, bei anderen wahrscheinlich. Aufgrund der (schwachen) genotoxischen Wirksamkeit könnte man deshalb zunächst an eine Einstufung in Kategorie 5 für krebserzeugende Substanzen denken. Vieles spricht jedoch dafür, die Gewebsschädigung als ausschlaggebend für die Tumorentstehung anzusehen und diese Stoffe in Kategorie 4 einzustufen. Vorraussetzung dafür ist aber, die Ursachen und die Dosis-Abhängigkeit der Gewebsschädigung besser zu kennen.

Aus der vergleichenden Betrachtung folgt darüber hinaus, dass hämatotoxische Stoffe dieser Substanzgruppe generell als Krebsrisikofaktoren anzusehen sind und daraufhin geprüft werden sollten, ob es einer Einstufung in eine Kategorie für krebserzeugende Arbeitsstoffe bedarf.

Azo-Farbmittel

Azo-Farbmittel sind charakterisiert durch die Azogruppierung —N=N—. Sie entstehen durch Kupplung von einfach und mehrfach diazotierten Arylaminen. Toxikologisch besonders wichtig sind dabei Farbmittel aus doppelt diazotiertem Benzidin und Benzidin-abgeleiteten Komponenten (3,3'-Dimethylbenzidin, 3,3'-Dimethoxybenzidin, 3,3'-Dichlorbenzidin). Daneben kommen Aminoazobenzol, Aminonaphthalin und monozyklische aromatische Amine vor. Durch reduktive Spaltung der Azogruppierung entweder durch Darmbakterien oder durch Azoreduktasen der Leber und extrahepatischer Gewebe können diese Komponenten wieder freigesetzt werden. Entsprechende Spaltprodukte wurden in Tierversuchen und auch beim Menschen (im Urin) nachgewiesen. Auf die Freisetzung von Aminen und deren nachfolgende metabolische Aktivierung wird die in zahlreichen Fällen festgestellte Mutagenität in in-vitro-Testsystemen und die kanzerogene Wirkung im Tierversuch zurückgeführt. Inzwischen gibt es epidemiologische Hinweise darauf, dass berufliche Exposition gegenüber aus Benzidin aufgebauten Azo-Farbmitteln die Inzidenz von Blasenkarzinomen erhöhen kann.

Daraus leitet sich der Verdacht ab, dass alle Azo-Farbmittel, die eine im Stoffwechsel freisetzbare kanzerogene Arylaminkomponente enthalten, ein krebserzeugendes Potential besitzen. Wegen der großen Zahl der möglichen Kandidaten (mehrere Hundert) erscheint es nicht möglich und vertretbar, diesen Verdacht in jedem Einzelfall durch den nach den üblichen Kriterien zur Einstufung erforderlichen Tierversuch zu belegen. Man ist daher auf wissenschaftlich vertretbare Hilfskonstruktionen angewiesen. Es wird deshalb empfohlen, eine Gefährdung exponierter Personen durch geeignete Schutzmaßnahmen dadurch zu verhindern, dass die Stoffe so gehandhabt werden, als ob sie eingestuft wären, wie es der kanzerogenen bzw. kanzerogenverdächtigen Aminkomponente entspricht (Kategorie 1, 2, 3).

Bestehen Hinweise darauf, dass das Farbmittel selbst (z. B. Pigmente) oder kanzerogene Spaltprodukte nicht bioverfügbar sind, sollte der Ausschluss experimentell oder durch Biomonitoring belegt werden. Der Verdacht auf krebserzeugendes Potential kann auch durch einen geeigneten Tierversuch ausgeräumt werden.

Pyrolyseprodukte aus organischem Material

Wenn organisches Material unter Sauerstoffmangel erhitzt wird oder verbrennt, entstehen in Abhängigkeit vom Ausgangsmaterial und von den Reaktionsbedingungen unterschiedlich zusammengesetzte Gemische, die, unter vielen anderen Stoffen, polycyclische aromatische Kohlenwasserstoffe (PAH) beinhalten.

Die äußerst komplexen Gemische enthalten, soweit bisher überprüft, nebeneinander und in sehr unterschiedlichen Anteilen krebserzeugende Komponenten, die Krebsentstehung fördernde Verbindungen sowie bei gleichzeitigem Einwirken die Krebsentstehung hemmende Anteile.

Unter den regelmäßig in Pyrolyseprodukten auftretenden PAH sind zahlreiche Vertreter im Tierversuch krebserzeugend. Ihr Anteil ist in

Braunkohlenteeren,
Steinkohlenteeren,
Steinkohlenteerpechen,
Steinkohlenteerölen,
Kokereirohgasen

besonders hoch. Für diese Aromatengemische ist die krebserzeugende Wirkung beim gewerblichen Umgang mit epidemiologischen Methoden nachgewiesen worden. Deshalb wurden sie nach

Kategorie 1 eingestuft.

Die insbesondere lokal krebserzeugende Wirkung dieser Gemische wird maßgeblich auf den PAH-Gehalt zurückgeführt. Sie ist deshalb auch bei anderen PAH-haltigen Gemischen zu erwarten. Gehalt und Bedeutung anderer krebserzeugender Inhaltsstoffe wurden bisher nur sehr begrenzt untersucht. So enthalten

Dieselmotor-Emissionen[55])

zwar auch krebserzeugende PAH, in ihrem Fall sind aber wahrscheinlich die Rußpartikeln für den kanzerogenen Effekt ausschlaggebend. Er wurde in Tierversuchen nachgewiesen und Dieselmotor-Emissionen wurden deswegen nach

Kategorie 2 eingestuft.

Die krebserzeugende Wirkung anderer Gemische, z.B. Ottomotor-Emissionen, gebrauchter Motorenöle, Räucherrauch, gebrauchter Schneidöle, ist weniger gut untersucht. Sie sind aufgrund ihrer Zusammensetzung auch nur schwer zu definieren. Wenn aber beim Umgang mit solchen Pyrolyseprodukten Expositionen gegenüber PAH nachgewiesen werden können, die sich im Tierversuch als krebserzeugend erwiesen haben, z. B.

Anthanthren,
Benzo[a]anthracen,
Benzo[b]fluoranthen,
Benzo[j]fluoranthen,
Benzo[k]fluoranthen,
Benzo[b]naphtho[2,1-d]thiophen,
Benzo[a]pyren,
Chrysen,
Cyclopenta[cd]pyren,
Dibenz[a,h]anthracen,
Dibenzo[a,e]pyren,
Dibenzo[a,h]pyren,
Dibenzo[a,i]pyren,
Dibenzo[a,l]pyren,
Indeno[1,2,3-cd]pyren
1-Methylpyren,
Naphthalin

sollten die Gemische

wie Stoffe der Kategorie 2 gehandhabt werden. Phenanthren und Pyren sind aufgrund der Daten in keine Kanzerogenitäts-Kategorie eingestuft (s. auch Begründung „PAH" 2008).

Die genauere Kenntnis der Zusammensetzung bestimmter Gemische und ihrer krebserzeugenden Wirkung wird es ermöglichen, den Zusammenhang zwischen Exposition und Erhöhung des Krebsrisikos auf eine aussagefähigere und quantitative Grundlage zu stellen (s. auch Begründung „PAH" 2008). Auf die Dringlichkeit solcher Untersuchung macht die Kommission aufmerksam.

Polycyclische aromatische Kohlenwasserstoffe (PAH) besitzen ein hohes Potential, über die Haut aufgenommen zu werden. Deshalb sollten Pyrolyseprodukte sowie

[55]) Aufgrund der neuen Technologie der Dieselmotoren haben sich die Emissionen qualitativ und quantitativ erheblich geändert. Da man davon ausgehen muss, dass erst Ende der 90er Jahre diese neuen Dieselmotoren eingesetzt wurden, beruhen alle vorliegenden epidemiologischen Studien, die 2007 bewertet wurden, auf Expositionen gegen ältere Dieselmotoremissionen. Eine Bewertung der neuen Dieselmotoremissionen kann erst bei Vorliegen geeigneter Studien erfolgen.

andere Gemische, die PAH enthalten, wie Stoffe gehandhabt werden, die mit einer H-Markierung (s. Abschn. VII „Hautresorption“, S. 207) versehen sind (s. auch Begründung „PAH“ 2008).

Faserstäube

Neben den für den Menschen als tumorerzeugend ausgewiesenen Asbestarten muss auch der Faserzeolith Erionit als beim Menschen tumorerzeugend angesehen werden. Darüber hinaus hat eine Reihe von faserförmigen Stäuben in Tierversuchen nach inhalativer, intratrachealer oder unmittelbarer Verabreichung in die Brust- (intrapleural) oder Bauchhöhle (intraperitoneal) Tumoren erzeugt.

Im Vergleich mit nicht faserigen unlöslichen Stäuben ähnlicher Zusammensetzung wird unter Einbeziehung der Gesamtheit der vorliegenden Erfahrungen am Menschen und der Ergebnisse aus Tier- und Zellversuchen geschlossen, dass

- die im Körper beständige faserige Form der Asbeststaubteilchen die Ursache ihrer tumorerzeugenden Wirkung darstellt,
- langgestreckte Staubteilchen jeder Art im Prinzip die Möglichkeit zur Tumorerzeugung wie Asbestfasern besitzen, sofern sie hinreichend lang, dünn und biobeständig sind.

Als weitere Faktoren werden zusätzliche Fasereigenschaften, wie die Oberflächenbeschaffenheit, diskutiert.

Die Tierversuche haben darüber hinaus gezeigt, dass längere oder beständigere Fasern eine stärkere kanzerogene Potenz besitzen als kürzere oder weniger beständige.

Kriterien für die Einstufung

a) Eigenschaften krebserzeugender Fasern

Nach der in den 1960er Jahren für Asbeststaubmessungen am Arbeitsplatz entwickelten und international angewendeten Konvention über die lichtmikroskopische Faserzählung werden lediglich Partikeln gezählt, die ein *Länge-zu-Durchmesser-Verhältnis von 3:1 überschreiten, die eine Länge von größer als 5 µm aufweisen und deren Durchmesser kleiner als 3 µm ist.* Fasern dieser Abmessungen werden im folgenden als *Faserstäube* bezeichnet. Für diese Faserstäube wurde tierexperimentell eine positive Korrelation zwischen Faserzahl und Tumorrate ermittelt.

Die angeführte Definition leistet eine Abgrenzung zwischen kanzerogenen und nicht kanzerogenen Fasern aber nur näherungsweise. So ist es aufgrund des gegenwärtigen Wissenstandes nicht möglich, präzise anzugeben, ab welcher Länge und ab welchem Durchmesser alleine oder ab welchem Länge-zu-Durchmesser-Verhältnis und ab welcher Beständigkeit die zur Induktion eines Tumors führende biologische Aktivität von Fasern beginnt. Dennoch existiert zur Zeit keine Definition, die wissenschaftlich besser zu begründen wäre.

Erschwerend kommt hinzu, dass mit Ausnahme einiger textiler anorganischer und organischer Faserstäube alle Fasermaterialien stets Längen- und Durchmesserverteilungen mit erheblicher Streubreite aufweisen.

Auch kann, z. B. bei inkorporierten Asbestfasern, eine Verringerung des Durchmessers infolge Längsspaltung auftreten. Dadurch können in der Lunge Fasern mit Durchmessern $< 3\,\mu m$ angetroffen werden, die in der Atemluft vor ihrer Längsspaltung noch nicht der Faserstaubdefinition zuzurechnen waren.

b) Erfahrungen beim Menschen

Epidemiologische Untersuchungen an den Einwohnern von drei Dörfern in Zentralanatolien ergaben in Verbindung mit mineralogischen Untersuchungen und begleitenden Lungenstaubfaseranalysen eine überzeugende Evidenz für die mesotheliom- und die lungenkrebserzeugende Wirkung von Erionitfasern.

In epidemiologischen Studien in Produktionsbetrieben für Glasfasern und Glaswolle konnten weder für das Mesotheliom noch für den Lungenkrebs eindeutig erhöhte Risiken nachgewiesen werden. Bei einer Exposition gegenüber Stein- und Schlackenwolle wurden erhöhte Lungenkrebsrisiken festgestellt, die jedoch nicht eindeutig auf die Exposition gegenüber diesen Faserstäuben zurückzuführen waren.

Aus den bisher vorliegenden Studien lässt sich damit eine kanzerogene Wirkung von künstlichen Mineralfasern weder bestätigen noch widerlegen. Sie wäre unter der Voraussetzung einer etwa gleichen Wirkungsstärke pro Einzelfaser wie für Asbest bei den gemessenen niedrigen Konzentrationswerten auch nicht zu erwarten. Derzeit liegen keine geeigneten Studien für Arbeitsplätze der Weiterverarbeitung und Anwendung vor. Da an diesen Arbeitsplätzen erheblich höhere Konzentrationen aufgetreten sind, könnte mit solchen Studien die Frage einer krebserzeugenden Wirkung beim Menschen mit größerer Empfindlichkeit überprüft werden.

c) Inhalationsversuche am Tier

Die Ergebnisse aus Inhalationsversuchen sind z.T. widersprüchlich. So konnten positive Resultate aus bestimmten Untersuchungen nicht bestätigt werden. Der wesentliche Grund liegt in der Schwierigkeit, zu gewährleisten, dass eine ausreichende Dosis der kanzerogenen Faserfraktion das Zielgewebe erreicht. So passieren für den Menschen wirkungsrelevante Fasern nicht oder nur sehr eingeschränkt das Nasenfilter der Nagetiere. Für Krokydolith, dessen kanzerogene Wirkung beim Menschen nachgewiesen wurde, gibt es bisher unter den ausreichend dokumentierten Inhalationsversuchen mehrere negative und nur einen ausreichend dokumentierten positiven an der Ratte.

Daher bedeutet ein negativer Inhalationsversuch nicht, dass eine kanzerogene Wirkung ausgeschlossen werden kann. Bei positiven Befunden in der Lunge ist zu prüfen, ob es zu einer Überladung gekommen ist.

d) Tierversuche mit intratrachealer Instillation, intrapleuraler und intraperitonealer Verabreichung

Darüber hinaus haben sich zahlreiche Faserarten nach intratrachealer Instillation, intrapleuraler oder intraperitonealer Verabreichung als kanzerogen erwiesen. Diese Applikationswege sind zwar unphysiologisch, gewährleisten jedoch unmittelbar nach der Applikation eine hohe Dosis von Fasern an den Wirkungsorten, die auch beim Menschen relevant sind (Bronchialtrakt, Pleura und Peritoneum). Da sich in Inhalationsversuchen die Faserkonzentration in den Zielorganen nur allmählich aufbaut, steht im Gegensatz dazu bei den Versuchen mit intratrachealer, intraperitonealer und intrapleuraler Verabreichung eine längere Zeit und eine höhere Dosis für die Entstehung von Tumoren zur Verfügung.

Bei diesen Versuchsanordnungen lassen sich auch Dosis-Wirkungs-Beziehungen darstellen. Diese haben zu der allgemeinen Erkenntnis geführt, dass die Fasergestalt eine wesentliche Voraussetzung der kanzerogenen Wirkung bildet. Inhalationsversuche mit ausgewählten Keramikfasern haben positive Injektionsversuche bestätigt. Obwohl bei diesen Applikationsarten eine Überladung im Zielgewebe nicht auszuschließen ist, wird ein positives Ergebnis aus solchen Untersuchungen als starker Hinweis auf eine kanzerogene Faserwirkung auch beim Menschen gewertet.

e) Versuche zur Genotoxizität und Zelltransformation

Untersuchungen zur Genotoxizität und zur zelltransformierenden Wirkung von verschiedenen Fasern zeigen ebenfalls, dass der Fasergestalt eine wesentliche Bedeutung für die Wirkung von Fasern zukommt. In verschiedenen Testsystemen waren numerische und strukturelle Chromosomenveränderungen nachweisbar, während es für Punktmutationen keine eindeutigen Hinweise gibt.

f) Biobeständigkeit

Aufgrund der tierexperimentellen Ergebnisse mit beständigen und unbeständigen Fasern wird geschlossen, dass die sog. Biobeständigkeit einen wesentlichen Einfluss auf die kanzerogene Wirkung von Fasern hat. Im Augenblick lässt sich jedoch nicht abgrenzen, ab welcher Biobeständigkeit eine kanzerogene Wirkung zu erwarten ist und in welchem Maße die Biobeständigkeit die Stärke der kanzerogenen Wirkung bestimmt. Gips oder Wollastonit z. B. lösen sich im Organismus innerhalb von Tagen bis zu einigen Wochen auf und ergeben auch im Intraperitonealversuch keinen Hinweis auf eine kanzerogene Wirkung.

Zusammenfassung

Derzeit läßt sich keine präzise und wissenschaftlich ausreichend begründete Definition der Faktoren, die eine kanzerogene Wirksamkeit von Fasern ausmachen, ableiten.

Die Bewertung der kanzerogenen Eigenschaften von anorganischen Fasern wird derzeit reevaluiert.

Organische Faserstäube

Für organische Fasern kritischer Abmessungen ist keine Bewertung der Kanzerogenität möglich. Erforderlich sind Untersuchungen z. B. zur Kanzerogenität, Oberflächenbeschaffenheit, Bioverfügbarkeit und Biobeständigkeit, um eine kanzerogene Wirkung von organischen Fasern beurteilen zu können.

IV. Sensibilisierende Arbeitsstoffe

Durch Arbeitsstoffe hervorgerufene allergische Krankheitserscheinungen treten bevorzugt an der Haut (Kontaktekzem, Kontakturtikaria), den Atemwegen (Rhinitis, Asthma, Alveolitis) und an den Augenbindehäuten (Blepharokonjunktivitis) auf. Maßgebend für die Manifestationsart sind der Aufnahmeweg, die chemischen Eigenschaften und der Aggregatzustand der Stoffe.

Kontaktallergien manifestieren sich bevorzugt in der Form eines Kontaktekzems, dem pathogenetisch eine durch T-Lymphozyten vermittelte Immunreaktion vom verzögerten Typ zugrunde liegt. Ursache eines Kontaktekzems ist fast immer eine reaktive, niedermolekulare Substanz. Immunologisch sind diese niedermolekularen Substanzen als Haptene oder Prohaptene anzusehen. Sie werden im Organismus entweder als solche (Haptene) oder nach Metabolisierung (Prohaptene) durch Bindung an Peptide oder Proteine zu Antigenen komplettiert.

Die Entwicklung einer Kontaktallergie vom Spättyp wird von mehreren Faktoren bestimmt, und zwar vom Sensibilisierungsvermögen, das sich aus den chemischen Eigenschaften des Stoffes bzw. dessen im Organismus entstehenden Metaboliten ergibt, von Konzentration, Dauer und Art der Einwirkung, von der genetisch determinierten Disposition und nicht zuletzt vom Zustand der Gewebe, auf die der Stoff trifft. Für die Induktion einer Sensibilisierung ist die durch eine vorbestehende Entzündung der Haut oder eine Irritation durch Fremdstoffe ausgelöste Freisetzung von (pro-)inflammatorischen Cytokinen (z. B. TNF-α oder Interleukin-1β) erforderlich. Irritative Eigenschaften einer Substanz können somit das Sensibilisierungsvermögen des Stoffes steigern. Eine die Immunantwort stimulierende Cytokin-Induktion kann aber auch durch den zusätzlichen Kontakt mit anderen irritativen Stoffen, z. B. Detergenzien wie Natriumdodecylsulfat, ausgelöst werden, die dann den erforderlichen (pro-)inflammatorischen Stimulus liefern. Außerdem kann die irritative Wirkung derartiger Substanzen zu einer erhöhten Penetration sensibilisierender Stoffe führen. Eine die Penetration fördernde (oder auch senkende) Wirkung ist jedoch auch durch nicht-irritative Stoffe mit einer geeigneten Polarität (z. B. Dimethylsulfoxid) möglich. Derartige Kofaktoren und kombinatorische Effekte sowie besondere Einflüsse, welche unter Arbeitsplatzbedingungen relevant sind und auf die in den Begründungen ausdrücklich hingewiesen wird, werden daher bei der Bewertung, wie in Abschnitt IV.c) dargestellt, berücksichtigt. Das Sensibilisierungsvermögen eines Stoffes ist nicht identisch mit der Sensibilisierungshäufigkeit, da die klinische Bedeutung eines Kontaktallergens nicht nur von dessen Sensibilisierungsvermögen bestimmt wird, sondern auch von der Verbreitung des Stoffes und der Häufigkeit der Expositionsmöglichkeiten. Eine Aussage über das Sensibilisierungsvermögen einer Substanz ist zur Zeit vor allem über Tierversuche möglich.

Andere allergische Hauterkrankungen, z. B. urtikarielle Reaktionen, beruhen auf einer durch spezifische Antikörper vermittelten Immunreaktion. Ähnliche Symptome können aber auch auf nicht-immunologischen Mechanismen basieren (s. u.).

Bei den Atemwegsallergenen handelt es sich überwiegend um Makromoleküle, vorwiegend um Peptide oder Proteine. Aber auch niedermolekulare Stoffe sind in der Lage, spezifische immunologische Reaktionen an den Atemwegen hervorzurufen (siehe Liste der Allergene). Einige der niedermolekularen inhalativen Allergene wirken auch als Kontaktallergene.

MAK- und BAT-Werte-Liste 2014. DFG, Deutsche Forschungsgemeinschaft

ISBN: 978-3-527-33737-8

Die an den Atemwegen und Augenbindehäuten als Asthma bronchiale oder Rhinokonjunktivitis auftretenden allergischen Reaktionen sind in der Mehrzahl auf eine Reaktion des Allergens mit spezifischen Antikörpern der IgE-Klasse zurückzuführen und zählen zu den Manifestationen vom Soforttyp, können an den unteren Atemwegen aber auch erst nach mehreren Stunden auftreten. Die exogen allergische Alveolitis wird im wesentlichen durch allergenspezifische Immunkomplexe vom IgG-Typ und durch zellvermittelte Reaktionen induziert. Allergische Reaktionen vom Soforttyp können auch systemische Reaktionen bis hin zum anaphylaktischen Schock hervorrufen.

Wie auch bei der Kontaktallergie ist die Entwicklung der inhalativen Allergie von verschiedenen Faktoren abhängig. Neben dem Substanz-spezifischen Sensibilisierungsvermögen sind Menge und Einwirkungsdauer des Allergens sowie die genetisch bedingte individuelle Disposition von maßgeblicher Bedeutung. Als prädisponierende Faktoren spielen genetisch determinierte oder erworbene Empfindlichkeitssteigerungen der Schleimhäute, z. B. durch Infekte oder Reizstoffe, eine Rolle. Besonderer Erwähnung bedarf die atopische Diathese, die durch eine erhöhte Bereitschaft für das atopische Ekzem (Neurodermitis) oder für die Ausbildung von allergischer Rhinitis und allergischem Asthma bronchiale gekennzeichnet ist und häufig mit einer gesteigerten IgE-Synthese einhergeht.

Darüber hinaus kommen auch andersartige, relativ selten zu beobachtende, immunologisch bedingte Erkrankungen vor, die dem allergischen Formenkreis zuzuordnen sind, wie mit Granulombildung einhergehende Erscheinungen (z. B. Berylliose) oder bestimmte exanthematische Hauterkrankungen.

Einige Stoffe führen erst dann zur Bildung von Antigenen und schließlich zu einer Kontaktsensibilisierung, wenn sie zuvor durch Lichtabsorption in einen energetisch angeregten Zustand übergegangen sind (Photokontaktsensibilisierung, „Photoallergisierung"). Viele andere Stoffe können ebenfalls zu einer durch Lichteinwirkung vermittelten Hautreaktion führen, ohne dass für diese jedoch ein immunologischer Mechanismus nachgewiesen ist (Phototoxizität). Die Unterscheidung zwischen einer phototoxischen Wirkung und einer immunologischen Photokontaktsensibilisierung kann Schwierigkeiten bereiten, da die klassischen Unterscheidungsmerkmale zwischen (photo)allergischer und (photo)toxischer Wirkung nicht immer anzutreffen sind. Im anglo-amerikanischen Sprachgebrauch wird für beide Mechanismen der Ausdruck „Photosensitization" verwendet. Obwohl die photokontaktsensibilisierende und die phototoxische Reaktion primär auf der physikalischen Aktivierung („Photosensibilisierung") eines Chromophors beruhen, sind beide Reaktionstypen klinisch und diagnostisch prinzipiell unterscheidbar.

Bis heute lassen sich weder für die Induktion einer Allergie (Sensibilisierung) noch für die Auslösung einer allergischen Reaktion beim Sensibilisierten allgemein gültige, wissenschaftlich begründbare Grenzwerte angeben. Eine Induktion ist umso eher zu befürchten, je höher die Konzentration eines Allergens bei der Exposition ist. Für die Auslösung einer akuten Symptomatik sind in der Regel niedrigere Konzentrationen ausreichend als für die Induktion einer Sensibilisierung. Auch bei Einhaltung der MAK-Werte sind Induktion oder Auslösung einer allergischen Reaktion nicht sicher zu vermeiden.

Sensibilisierende Arbeitsstoffe werden in der MAK- und BAT-Werte-Liste in der besonderen Spalte „H ; S" mit „Sa" oder „Sh" markiert. Diese Markierung richtet sich ausschließlich nach dem Organ oder Organsystem, an dem sich die allergische Reaktion manifestiert. Der den Krankheitserscheinungen zugrunde liegende Pathomechanismus bleibt unberücksichtigt. Mit „Sh" werden solche Stoffe markiert, die zu allergischen Reaktionen an der Haut und den hautnahen Schleimhäuten führen können (hautsensibilisierende Stoffe). Das Symbol „Sa“ (atemwegssensibilisierende Stoffe) weist darauf hin, dass eine Sensibilisierung mit Symptomen an den Atemwegen und auch den Konjunktiven auftreten kann, dass aber auch weitere Wirkungen im Rahmen einer Soforttypreaktion möglich sind. Hierzu gehören systemische Wirkungen (Anaphylaxie) oder auch lokale Wirkungen (Urtikaria) an der Haut. Letztere führen aber nur dann zu einer zusätzlichen Markierung mit „Sh“, wenn die Hauterscheinungen unter Arbeitsplatzbedingungen relevant sind. Stoffe, die die Lichtempfindlichkeit bei Exponierten auf nicht-immunologischem Wege erhöhen (z. B. Furocumarine), werden nicht gesondert markiert. Photokontaktsensibilisierende Stoffe (z. B. Bithionol) werden hingegen mit „SP“ markiert. Für ihre Bewertung sind keine eigenen Kriterien notwendig, da diese sich im wesentlichen an den Kriterien zur Bewertung von kontaktsensibilisierenden Substanzen orientieren kann.

Einige Substanzen können durch nicht spezifisch-immunologische Mechanismen, wie z. B. durch nicht-immunologische Freisetzung verschiedener Mediatoren, lokale oder systemische Reaktionen hervorrufen, deren Symptomatik vollständig oder weitgehend der Symptomatik der allergischen Reaktionen entspricht. Sie beruhen jedoch nicht auf einer Antigen-Antikörper-Reaktion und können deshalb auch bereits bei Erstkontakt eintreten. Derartige Reaktionen werden u. a. durch Sulfite, Benzoesäure, Acetylsalicylsäure und deren Derivate sowie verschiedene Farbstoffe, z. B. Tartrazin, ausgelöst. Solche Substanzen werden nicht mit „S“ markiert, auf die Möglichkeit nicht-immunologischer Reaktionen wird jedoch in den Bewertungen und gegebenenfalls auch in der MAK-und BAT-Werte-Liste ausdrücklich hingewiesen.

Im folgenden werden die Kriterien aufgeführt, die zur Bewertung von kontakt- und atemwegssensibilisierenden Stoffen herangezogen werden.

a) Kriterien zur Bewertung von Kontaktallergenen

Die allergologische Bewertung stützt sich auf unterschiedliche Informationen, die eine abgestufte Bewertung ihres Evidenzgrades erfordert:

1) Eine allergene Wirkung ist auf folgender valider Datengrundlage nach i) **oder** ii) **ausreichend begründbar**:

i) Erfahrungen beim Menschen
- Studien, in denen bei der Testung an größeren Patienten-Kollektiven in mindestens zwei unabhängigen Zentren mehrfach klinisch relevante Sensibilisierungen (Assoziation von Krankheitssymptomen und Exposition gegeben) beobachtet wurden, oder
- epidemiologische Studien, die eine Beziehung zwischen Sensibilisierung und Exposition zeigen, oder
- Fallberichte von mehr als einem Patienten aus mindestens zwei unabhängigen Zentren über eine klinisch relevante Sensibilisierung (Assoziation von Krankheitssymptomen und Exposition gegeben)

oder

ii) Ergebnisse aus tierexperimentellen Untersuchungen
   - Mindestens ein positiver Tierversuch nach geltenden Prüf-Richtlinien ohne Verwendung von Adjuvans, oder
   - mindestens zwei weniger gut dokumentierte positive Tierversuche nach Prüf-Richtlinien, davon einer ohne Adjuvans.

2) Eine allergene Wirkung kann auf folgender Datengrundlage nach i) **und** ii) als **wahrscheinlich** angesehen werden:

i) Erfahrungen beim Menschen
   - Studien, in denen bei der Testung in nur einem Zentrum mehrfach klinisch relevante Sensibilisierungen (Assoziation von Krankheitssymptomen und Exposition gegeben) beobachtet wurden, oder
   - Studien, in denen bei der Testung an größeren Patienten-Kollektiven in mindestens zwei unabhängigen Zentren mehrfach Sensibilisierungen ohne Angaben zur klinischen Relevanz beobachtet wurden

und

ii) Ergebnisse aus tierexperimentellen Untersuchungen
   - ein positiver Tierversuch mit Adjuvans nach geltenden Prüf-Richtlinien, oder
   - positive Ergebnisse aus in-vitro-Untersuchungen, oder
   - Hinweise aus strukturellen Überlegungen anhand ausreichend valider Befunde für strukturell eng verwandte Verbindungen.

3) Eine allergene Wirkung ist **nicht ausreichend begründbar**, aber auch nicht auszuschließen, wenn lediglich folgende Daten vorliegen:

- unzureichend dokumentierte Fallberichte, oder
- lediglich ein positiver, nach geltenden Prüf-Richtlinien durchgeführter Tierversuch unter Verwendung von Adjuvans, oder
- positive Tierversuche, die nicht nach geltenden Prüf-Richtlinien durchgeführt wurden, oder
- Hinweise aus Untersuchungen zu Struktur-Wirkungs-Beziehungen oder aus in-vitro-Untersuchungen.

Kommentar:
Beobachtungen beim Menschen:
Die an mehreren Kliniken und allergologischen Zentren laufend gewonnenen Daten über serienmäßig vorgenommene Epikutantests vermitteln ein gut brauchbares Bild über die Häufigkeit der Kontaktsensibilisierung und die praktische Bedeutung der einzelnen Kontaktallergene. Hingegen liegen nur für wenige Allergene Daten vor, die durch zuverlässige, aussagekräftige epidemiologische Untersuchungen gewonnen wurden.

Die besonders häufig beobachteten Allergene, z. B. Nickel weisen nicht immer das höchste Sensibilisierungsvermögen auf. Umgekehrt spielen Substanzen mit besonders ausgeprägtem Sensibilisierungspotenzial, z. B. 2,4-Dinitrochlorbenzol, zahlenmäßig nur eine geringe Rolle, weil nur eine kleine Zahl von Menschen mit diesen Substanzen in ausreichender Intensität in Kontakt kommt. Eine Reihe von hochwirksamen Kontaktallergenen ist aufgrund klinischer Beobachtungen an nur wenigen Erkrankten entdeckt worden, nicht selten nach erstmaliger und einmaliger Applikation (evtl. auch bei erstmaliger Epikutantestung). Als Beispiele seien genannt: Chlormethylimidazolin, Diphenylcyclopropenon, Quadratsäurediethylester, p-Nitrobenzoylbromid. Für derartige Ausnahmefälle und bei valider wissenschaftlicher Datenlage wäre eine Evidenz als „wahrscheinlich gegeben" (Kategorie a2) anzunehmen, auch wenn die Daten nur aus einem Zentrum stammen.

Gebrauchstests mit Arbeitsstoffen an Menschen — oft firmeninterne Untersuchungen des Herstellers — haben bei sachgemäßer Durchführung einen hohen Stellenwert. Experimentelle Sensibilisierungsprüfungen sind heute aus ethischen Gründen abzulehnen, historische Ergebnisse aber bei der Bewertung eines Stoffes durchaus von Bedeutung.

Beobachtungen im Tierexperiment:
Tierexperimente zur Ermittlung des Sensibilisierungsvermögens eines Stoffes werden bevorzugt am Meerschweinchen durchgeführt. Diese Untersuchungen können mit oder ohne Zuhilfenahme von Freundschem komplettem Adjuvans (FCA) vorgenommen werden. Am häufigsten werden der Maximierungstest nach Magnusson und Kligman (FCA-Methode) und der Buehler-Test (Nicht-FCA-Methode) sowie auch der offene Epikutantest (Nicht-FCA-Methode) eingesetzt. Die FCA-Methoden besitzen in der Regel die größere Empfindlichkeit und können deshalb gelegentlich Anlass für die Überbewertung eines Sensibilisierungsrisikos sein. Aus diesem Grunde wurde einem positiven Test ohne Adjuvans ein höherer Evidenzgrad zuerkannt als einem positiven Test mit Adjuvans.

Die Aussagefähigkeit der tierexperimentellen Verfahren ist im allgemeinen als gut zu bezeichnen, d.h. bei der Mehrzahl der untersuchten Stoffe hat sich eine gute Übereinstimmung mit den bei Menschen gewonnenen Daten ergeben. Ein Vorteil der tierexperimentellen Methoden besteht darin, dass Dosis-Wirkungsbeziehungen ermittelt werden können. Tierexperimentelle Sensibilisierungstests können auch an der Maus vorgenommen werden. Diese Verfahren, insbesondere der Local Lymph Node Assay (LLNA), gewinnen zunehmend an Bedeutung und werden als experimentelle Untersuchungen ohne Verwendung von Adjuvans bei der Bewertung berücksichtigt.

Bei Substanzen, für die bisher eine Expositionsmöglichkeit nicht gegeben bzw. bekannt ist (z.B. weil sie neu synthetisiert oder neu vermarktet wurden) und deshalb klinische Daten nicht vorliegen können (das Kriterium der klinischen Beobachtung also weder positiv noch negativ eingesetzt werden kann), können auch allein positive Ergebnisse aus tierexperimentellen Untersuchungen, die nach Prüf-Richtlinien unter Verwendung von Adjuvans durchgeführt wurden, auf eine wahrscheinliche allergene Wirkung hinweisen (Kategorie a2). Dies kann in Einzelfällen auch für positive Ergebnisse aus plausibel durchgeführten tierexperimentellen Untersuchungen gelten, die nicht den Anforderungen geltender Prüf-Richtlinien entsprechen, wenn theoretische Überlegungen über eine enge strukturchemische Verwandtschaft mit bekannten Allergenen auf analoge Eigenschaften eines Stoffes schließen lassen.

Theoretische Überlegungen bedürfen der praktischen Bestätigung; ihr Stellenwert im Rahmen der Gesamtbeurteilung ist daher geringer anzusetzen und sie können ohne weitere klinische oder experimentelle Daten kein alleiniges Kriterium bei der Beurteilung der möglichen sensibilisierenden Wirkung sein.

b) Kriterien zur Bewertung von inhalativ wirksamen Allergenen

Folgende Daten können zur Bewertung von inhalativ wirksamen Allergenen herangezogen werden, müssen aber ebenfalls hinsichtlich ihres Evidenzgrades unterschiedlich beurteilt werden:

1) Die allergene Wirkung einer Substanz an den Atemwegen oder der Lunge ist auf folgender valider Datengrundlage **ausreichend begründbar**:

   – Studien oder Fallberichte über eine spezifische Überempfindlichkeit der Atemwege oder der Lunge, die auf einen immunologischen Wirkungsmechanismus hinweisen, von mehr als einem Patienten aus mindestens zwei unabhängigen Zentren. Zusätzlich muss eine Assoziation von Exposition und (objektivierbaren) Symptomen oder Funktionseinschränkungen der oberen oder unteren Atemwege bzw. der Lunge nachgewiesen sein.

2) Eine allergene Wirkung kann auf folgender Datengrundlage als **wahrscheinlich** angesehen werden:

   – lediglich ein Fallbericht über eine spezifische Überempfindlichkeit der Atemwege oder der Lunge

   und

   – ergänzende Hinweise auf eine sensibilisierende Wirkung, z. B. anhand enger Struktur-Wirkungsbeziehungen mit bekannten Atemwegsallergenen.

3) Eine allergene Wirkung ist **nicht ausreichend begründbar**, aber auch nicht auszuschließen, wenn lediglich folgende Daten vorliegen:

   – epidemiologische Studien, die eine Häufung von Symptomen oder Funktionseinschränkungen bei Exponierten nachweisen, oder
   – Studien oder Fallberichte über eine spezifische Überempfindlichkeit der Atemwege oder der Lunge von nur einem Patienten, oder
   – Studien oder Fallberichte über Sensibilisierungen (z. B. IgE-Nachweis) ohne das Vorliegen von Symptomen oder Funktionseinschränkungen mit Kausalbezug zur Exposition, oder
   – positive Tierversuche, oder
   – Struktur-Wirkungsbeziehungen mit bekannten Atemwegsallergenen.

Kommentar:
Die Bewertung stützt sich in der Regel auf epidemiologische Studien. Fallbeschreibungen halten dagegen nicht immer der Kritik stand, nicht zuletzt wegen der Schwierigkeit bzw. Unmöglichkeit, ausreichende Kontrolluntersuchungen vornehmen zu können. Das gilt insbesondere für die inhalativen Provokationstests. Hinzu kommt, dass die Expositionsdaten nicht immer in ausreichendem Maße zu erstellen sind.

Symptome sind zumeist für eine Markierung als Atemwegsallergen nicht ausreichend; in aller Regel sind ein Sensibilisierungsnachweis und objektivierbare Symptome wie expositionsbezogene Verschlechterung der Lungenfunktion oder bronchiale Überempfindlichkeit auf spezifische Stimuli erforderlich. Ein immunologischer Wirkmechanismus kann durch In-vivo- (z.B. Pricktest) oder In-vitro-Befunde wahrscheinlich gemacht werden, im Idealfall durch Nachweis eines spezifischen Antikörpers bei nachgewiesener Exposition.

Für viele Substanzen ist ein immunologischer Mechanismus als direkter Hinweis bisher nicht nachgewiesen. Deshalb können auch indirekte Hinweise auf einen immunologischen Wirkmechanismus bei der Bewertung berücksichtigt werden. Hier sind zu nennen:

- Latenzzeit zwischen Expositionsbeginn und Auftreten erster Symptome (Sensibilisierungsperiode)
- Geringe Substanzkonzentrationen für die Symptomauslösung, die bei geeigneten Kontrollen nicht zu Symptomen führen
- Isolierte Spätreaktionen oder aufeinanderfolgende Sofort- und Spätreaktionen (duale Reaktionen) im inhalativen Provokationstest
- Begleitende kutane Symptome wie Urtikaria oder Quincke-Ödem.

Eine allergene Wirkung ist nicht ausreichend begründbar, aber auch nicht auszuschließen, wenn Hinweise auf eine atemwegssensibilisierende Wirkung vorliegen, die in den Kriterien genannten Bedingungen aber nicht erfüllt sind. Insbesondere liefern epidemiologische Studien, die eine Häufung von Symptomen oder Funktionseinschränkungen bei Exponierten nachweisen (ggf. auch mit Nachweis einer Dosis-Wirkungsbeziehung), ohne dass Hinweise auf einen spezifischen immunologischen Mechanismus vorliegen, keine ausreichende Evidenz für eine sensibilisierende Eigenschaft. Auch Studien oder Fallberichte, die ausschließlich eine arbeitsplatzbezogene Variation der Lungenfunktion oder der bronchialen Hyperreaktivität dokumentieren, sind nicht ausreichend.

Bis heute gibt es keine vollständig validierte Methode zur Induzierung und zum Nachweis von Atemwegsallergien im Tiermodell.

In Meerschweinchen-Modellen führen sensibilisierende Stoffe zu ähnlichen Reaktionen wie beim Menschen. Durch inhalative oder auch durch intradermale, subkutane Applikation lassen sich Antikörper-vermittelte Sensibilisierungen induzieren, wobei im Gegensatz zum Menschen IgG-Antikörper im Vordergrund stehen. In diesen Tests werden die respiratorische Hyperreagibilität (Atemfrequenz, Atemzugvolumen, Atemminutenvolumen, Inspirations- und Exspirationszeit, Ausatemgeschwindigkeit) und die Antikörper-Konzentrationen gemessen. Im Maus-IgE-Test wird das Sensibilisierungspotenzial an BALB/c-Mäusen als Funktion des Anstieges des Gesamt-IgE, bisher aber nicht des substanzspezifischen IgE bestimmt.

Mittels dieser Tiermodelle lässt sich ein NOEL (No-observed-effect level) aufstellen, dessen Übertragbarkeit auf den Menschen aber fraglich ist. Systematisch vergleichende Prüfungen wurden bisher nicht durchgeführt.

In-vitro-Standard-Methoden, die zugleich sensitiv und spezifisch sind, liegen für niedermolekulare Soforttyp-Allergene mit wenigen Ausnahmen bisher nicht vor.

c) Markierung eines Arbeitsstoffes als Allergen

Anhand der jeweiligen Evidenz einer allergenen Wirkung wird, soweit möglich, unter zusätzlicher Berücksichtigung des anzunehmenden Ausmaßes der Exposition gegen den betreffenden Stoff die Notwendigkeit zur Markierung in der MAK- und BAT-Werte-Liste überprüft:

- Die entsprechend den Kriterien in Abschnitt IVa) oder IVb) charakterisierten Stoffe der Kategorie 1) oder der Kategorie 2) werden in der Regel als Allergene mit „Sa", „Sh", „Sah" bzw. „SP" markiert.
  – Stoffe, bei denen diese Kriterien erfüllt sind, werden auch dann mit „S" markiert, wenn die beobachteten Sensibilisierungen im überwiegenden Maße an Kofaktoren gebunden sind, die (nur) unter Arbeitsplatzbedingungen relevant sind (z. B. (Vor-) Schädigung der Hautbarriere durch chemische oder physikalische Beeinflussung).

- Eine Markierung mit „S" erfolgt hingegen nicht, wenn
  – trotz vielfacher Verwendung nur sehr wenige (gut dokumentierte) Fälle beobachtet wurden, oder
  – die beobachteten Sensibilisierungen im wesentlichen an Kofaktoren gebunden sind, die unter Arbeitsplatzbedingungen nicht relevant sind (z. B. das Vorliegen eines Unterschenkelekzems), oder
  – der Stoff entsprechend den Kriterien in Abschnitt IVa) oder IVb) der Kategorie 3) zugeordnet wurde. Hierzu zählen auch Stoffe, bei denen zwar ein positiver Befund in einer tierexperimentellen Untersuchung unter Verwendung von Adjuvans (Maximierungstest) vorliegt, gleichzeitig aber trotz maßgeblicher Exposition beim Menschen keine Fälle einer Kontaktsensibilisierung beobachtet wurden. Eine Markierung mit „Sa" erfolgt nicht, wenn die aufgetretenen Reaktionen auf irritativen oder pharmakologischen Effekten beruhen, da diese Effekte bei der Festlegung des MAK-Wertes berücksichtigt werden.

- In Einzelfällen ist daher ein von der Kennzeichnung nach der EU-Gefahrstoffverordnung abweichendes Vorgehen möglich.

Die Kriterien haben den Charakter von Leitlinien, an denen sich die Bewertung der Datenlage in nachvollziehbarer Weise orientieren soll, von deren strikter Anwendung in besonderen Fällen aber abgewichen werden kann.

d) Liste der Allergene

Die folgende Liste enthält die in der Stoffliste (vgl. Abschnitt II a) mit Sa, Sh, Sah oder SP markierten Stoffe. Sie erhebt keinen Anspruch auf Vollständigkeit und wird ständig überprüft und ergänzt.

Abietinsäure[16]) [514-10-3] (Sh)
Acrylamid [79-06-1] (Sh)
Acrylnitril [107-13-1] (Sh)
Alkalipersulfate (Sah)
1-Allyloxy-2,3-epoxypropan [106-92-3] (Sh)

[16]) Ein immunologischer Mechanismus für das auf Abietinsäure-haltige Arbeitsstoffe öfter beobachtete Asthma ist nicht gesichert.

p-Aminoazobenzol [60-09-3] (Sh)
o-Aminoazotoluol [97-56-3] (Sh)
4-Aminodiphenylamin [101-54-2] (Sh)
2-Aminoethanol [141-43-5] (Sh)
2-(2-Aminoethoxy)ethanol (Diglykolamin) [929-06-6] (Sh)
3-Aminophenol [591-27-5] (Sh)
4-Aminophenol [123-30-8] (Sh)
Ammoniumpersulfat [7727-54-0] (Sah)
α-Amylase (Sa)
α-Amylzimtaldehyd [122-40-7] (Sh)
Anilin [62-53-3] (Sh)
Antibiotika
Benomyl [17804-35-2] (Sh)
1,2-Benzisothiazol-3(2H)-on [2634-33-5] (Sh)
1,4-Benzochinon [106-51-4] (Sh)
Benzylalkoholmono(poly)hemiformal [32]) [14548-60-8] (Sh)
Beryllium [7440-41-7] und seine anorganischen Verbindungen (Sah)
Bisphenol A (4,4'-Isopropylidendiphenol) [80-05-7] (SP)
Bisphenol-A-diethoxymethacrylat (BIS-EMA) [24448-20-2] (Sh)
Bisphenol-A-diglycidylacrylat (BIS-GA) [4687-94-9] (Sh)
Bisphenol-A-diglycidylether [1675-54-3] (Sh)
Bisphenol-A-diglycidylmethacrylat [1565-94-2] (Sh)
Bisphenol-F-diglycidylether (Sh)
o,o'-Isomer [54208-63-8]
o,p'-Isomer [57469-07-5]
p,p'-Isomer [2095-03-6]
Bithionol [97-18-7] (SP)
2-Brom-2-(brommethyl)pentandinitril (1,2-Dibrom-2,4-dicyanbutan) [35691-65-7] (Sh)
Bromelain [9001-00-7] (Sa)
2-Brom-2-nitropropan-1,3-diol [34]) [52-51-7] (Sh)
1,4-Butandioldiacrylat [1070-70-8] (Sh)
1,4-Butandioldiglycidylether [2425-79-8] (Sh)
1,4-Butandioldimethacrylat [2082-81-7] (Sh)
Butanonoxim [96-29-7] (Sh)
Butindiol [110-65-6] (Sh)
1-n-Butoxy-2,3-epoxypropan [2426-08-6] (Sh)
1-tert-Butoxy-2,3-epoxypropan [7665-72-7] (Sh)
n-Butylacrylat [141-32-2] (Sh)
tert-Butylacrylat [1663-39-4] (Sh)
p-tert-Butylbrenzkatechin [98-29-3; 27213-78-1] (Sh)
n-Butylmethacrylat [97-88-1] (Sh)
p-tert-Butylphenol [98-54-4] (Sh)
p-tert-Butylphenol-Formaldehyd-Kondensationsprodukte (niedermolekulare) (Sh)

[32]) Formaldehydabspalter

[34]) Verwendungsverbot als Kühlschmierstoffkomponente und Korrosionsschutzmittelkomponente: s. GefStoffV 2010, Anhang II (zu § 16 Absatz 2), Nr. 4

p-tert-Butylphenylglycidylether [3101-60-8] (Sh)
N-Carboxyanthranilsäureanhydrid [118-48-9] (Sh)
Cellulasen (Sa)
2-Chloracetamid [79-07-2] (Sh)
m-Chloranilin [108-42-9] (Sh)
p-Chloranilin [106-47-8] (Sh)
2-Chlor-10-(3-(dimethylamino)propyl)phenothiazin (Chlorpromazin) [50-53-3] (SP)
1-Chlor-2,4-dinitrobenzol [97-00-7] (Sh)
1-Chlor-2,3-epoxypropan [106-89-8] (Sh)
Chloressigsäuremethylester [96-34-4] (Sh)
p-Chlor-m-kresol [59-50-7] (Sh)
5-Chlor-2-methyl-2,3-dihydroisothiazol-3-on [26172-55-4] und 2-Methyl-2,3-dihydroisothiazol-3-on [2682-20-4] Gemisch im Verhältnis 3:1 (Sh)
Chlorthalonil [1897-45-6] (Sh)
Chrom(III)-Verbindungen (Sh[47]))
Chrom(VI)-Verbindungen (Sh[49]))
Cobalt und Cobaltverbindungen: (Sah)
Cobaltmetall [7440-48-4]
Cobalt(II)carbonat [513-79-1]
Cobalt(II)oxid [1307-96-6]
Cobalt(II,III)oxid [1308-06-1]
Cobalt(II)sulfat $\cdot 7H_2O$ [10026-24-1] und vergleichbare lösliche Salze,
Cobalt(II)sulfid [1317-42-6]
Colophonium[51]) [8050-09-7] (Sh)
Cyanamid [420-04-2] (Sh)
N-Cyclohexyl-2-benzothiazylsulfenamid [95-33-0] (Sh)
N-Cyclohexyl-N'-phenyl-p-phenylendiamin [101-87-1] (Sh)
★ Diacetyl [431-03-8] (Sh)
4,4'-Diaminodiphenylmethan [101-77-9] (Sh)
1,2-Diaminoethan [107-15-3] (Sah)
1,5-Diaminonaphthalin [2243-62-1] (Sh)
Dibenzothiazyldisulfid [120-78-5] (Sh)
2,2-Dibrom-2-cyanacetamid [10222-01-2] (Sh)
3,4-Dichloranilin [95-76-1] (Sh)
1,3-Dichlorpropen [542-75-6] (cis- und trans-) (Sh)
Dicyclohexylcarbodiimid [538-75-0] (Sh)
Diethanolamin [56]) [111-42-2] (Sh)
Diethylenglykoldiacrylat [4074-88-8] (Sh)
Diethylenglykoldimethacrylat [2358-84-1] (Sh)
Diethylentriamin [111-40-0] (Sh)

---

[47]) Gilt nicht für Chrom(III)-oxid und vergleichbar schwerlösliche Chrom(III)-Verbindungen.

[49]) keine Sh-Markierung für Barium- und Bleichromat

[51]) Ein immunologischer Mechanismus für das auf Colophonium-haltige Arbeitsstoffe öfter beobachtete Asthma ist nicht gesichert.

[56]) Reaktion mit nitrosierenden Agentien kann zur Bildung des kanzerogenen N-Nitrosodiethanolamins führen, vgl. Abschn. III „Entstehung kanzerogener Nitrosamine durch Nitrosierung . . .“, S. 172.

Diglycidylresorcinether [101-90-6] (Sh)
1,4-Dihydroxybenzol [123-31-9] (Sh)
N,N'-Dimethylaminoethylmethacrylat [2867-47-2] (Sh)
N-(1,3-Dimethylbutyl)-N'-phenyl-p-phenylendiamin [793-24-8] (Sh)
1,1-Dimethylhydrazin [62]) [57-14-7] (Sh)
1,2-Dimethylhydrazin [62]) [540-73-8] (Sh)
Dimethyloldihydroxyethylenharnstoff [1854-26-8] (Sh)
1,3-Dimethylol-5,5-dimethylhydantoin [6440-58-0] (Sh)
Dipentamethylenthiuramdisulfid [94-37-1] (Sh)
Diphenylmethan-4,4'-diisocyanat [101-68-8] (Sah)
N,N'-Diphenyl-p-phenylendiamin [74-31-7] (Sh)
Dispers Blau 106/124 [68516-81-4; 15141-18-1] (Sh)
Dispersionsgelb 3 [2832-40-8] (Sh)
Dispersionsorange 3 [730-40-5] (Sh)
Dispersionsrot 1 [2872-52-8] (Sh)
Dispersionsrot 17 [3179-89-3] (Sh)
Disulfiram [57]) [97-77-8] (Sh)
Dithio-2,2'-bis(benzmethylamid) [2527-58-4] (Sh)
Duftstoffkomponenten
Eichenmoos-Extrakte (Sh)
3,4-Epoxycyclohexylcarbonsäure-3,4-epoxycyclohexylmethylester [2386-87-0] (Sh)
1,2-Epoxypropan [75-56-9] (Sh)
Ethylacrylat [140-88-5] (Sh)
5-Ethyl-3,7-dioxa-1-azabicyclo[3.3.0]octan (EDAO) [32]) [7747-35-5] (Sh)
Ethylenglykoldimethacrylat [97-90-5] (Sh)
2-Ethylhexylacrylat [103-11-7] (Sh)
★ 2-Ethylhexylmercaptoacetat [7659-86-1] (Sh)
Ethylmethacrylat [97-63-2] (Sh)
Eugenol [97-53-0] (Sh)
Farnesol [4602-84-0] (Sh)
Formaldehyd [50-00-0] (Sh)
Geraniol [106-24-1] (Sh)
Getreidemehlstäube (Sa)
  Roggen
  Weizen
Glutardialdehyd [111-30-8] (Sah)
Glycerylmonothioglykolat [30618-84-9] (Sh)
★ Glycidylmethacrylat [106-91-2] (Sh)
Glycidyltrimethylammoniumchlorid [3033-77-0] (Sh)
Glyoxal [107-22-2] (Sh)
Gold [7440-57-5] und seine anorganischen Verbindungen (Sh [77]))
Gummiinhaltsstoffe:
  Dithiocarbamate (Sh)

---

[62]) In Deutschland nicht mehr hergestellt.
[57]) Reaktion mit nitrosierenden Agentien kann zur Bildung des kanzerogenen N-Nitrosodiethylamins führen, vgl. Abschn. III „Entstehung kanzerogener Nitrosamine durch Nitrosierung . . .“, S. 172.
[32]) Formaldehydabspalter
[77]) nur lösliche Goldverbindungen

p-Phenylendiaminverbindungen (Sh)
Thiazolgruppe (Sh)
Thiurame (Sh)
Hartmetall, Wolframcarbid- und Cobalt-haltig (einatembare Fraktion) (Sah)
Hexahydrophthalsäureanhydrid [85-42-7] (Sa)
Hexahydrophthalsäurediglycidylester [5493-45-8] (Sh)
Hexamethylendiisocyanat [822-06-0] (Sah)
Hexamethylentetramin [100-97-0] (Sh)
1,6-Hexandioldiacrylat [13048-33-4] (Sh)
1,6-Hexandioldiglycidylether [16096-31-4] (Sh)
Hölzer
Acacia melanoxylon R.Br., tropische Akazie (Sh)
Brya ebenus DC., Cocusholz, westindisches Grenadillholz (Sh)
Chlorophora excelsa (Welw.) Benth. & Hook, Iroko, Kambala (Sh)
Dalbergia latifolia Roxb., ostindischer Palisander (Sh)
Dalbergia melanoxylon Guill. et Perr., afrikanisches Grenadillholz (Sh)
Dalbergia nigra Allem., Rio Palisander (Sh)
Dalbergia retusa Hemsl., Cocobolo (Sh)
Dalbergia stevensonii Standley, Honduras Palisander (Sh)
Distemonanthus benthamianus Baill., Ayan, Movingui (Sh)
Grevillea robusta A.Cunn., australische Silbereiche (Sh)
Khaya anthotheca C.DC., Acajou blanc, afrikanisches Mahagoni (Sh)
Machaerium scleroxylon Tul., Jacaranda pardo, Santos Palisander (Sh)
Mansonia altissima A.Chev., Bété (Sh)
Paratecoma peroba (Record) Kuhlm., Peroba do campo, Peroba jaune (Sh)
Tectona grandis L.f., Teak (Sh)
Terminalia superba Engl. u. Diels, Fraké, Limba (Sa)
Thuja plicata (D.Don.) Donn., Riesenlebensbaum, Rotzeder, Western Red Cedar (Sah)
Triplochiton scleroxylon K.Schum., Abachi, Obeche (Sah)
Hydrazin [302-01-2] (Sh)
Hydrazinhydrat [7803-57-8] und Hydrazinsalze (Sh)
Hydroxycitronellal [107-75-5] (Sh)
Hydroxyethylacrylat [818-61-1] (Sh)
2-Hydroxyethylmethacrylat [868-77-9] (Sh)
N-(2-Hydroxyethyl)-3-methyl-2-chinoxalincarboxamid-1,4-dioxid (Olaquindox) [23696-28-8] (SP)
Hydroxylamin [7803-49-8] und seine Salze (Sh)
Hydroxymethylpentylcyclohexencarboxaldehyd (Lyral) [31906-04-4] (Sh)
Hydroxypropylacrylat (alle Isomeren) [25584-83-2] (Sh)
2-Hydroxypropylmethacrylat [923-26-2] (Sh)
3-Iod-2-propinylbutylcarbamat [55406-53-6] (Sh)
Isoeugenol [97-54-1] (Sh)
E-Form [5932-68-3]
Z-Form [5912-86-7]
Isophorondiamin [2855-13-2] (Sh)
Isophorondiisocyanat [4098-71-9] (Sah)
4-Isopropylphenylisocyanat [31027-31-3] (Sh)

N-Isopropyl-N'-phenyl-p-phenylendiamin [101-72-4] (Sh)
Kresylglycidylether o-Isomer [2210-79-9], Isomerengemisch [26447-14-3] (Sh)
D-Limonen [5989-27-5] (Sh)
D,L-Limonen [138-86-3] und ähnliche Gemische (Sh)
L-Limonen [5989-54-8] (Sh)
Maleinsäureanhydrid [108-31-6] (Sah)
Mangan-N,N'-ethylen-bis-(dithiocarbamat) (Maneb) [12427-38-2] (Sh)
Merbromin [129-16-8] (Sh)
Mercaptobenzothiazol [149-30-4] (Sh)
Methenamin-3-chlorallylchlorid[32]) [4080-31-3] (Sh)
Methylacrylat [96-33-3] (Sh)
N-Methyl-bis(2-chlorethyl)amin [51-75-2] (Sh)
2-Methyl-2,3-dihydroisothiazol-3-on [2682-20-4] (Sh)
N,N'-Methylen-bis(5-methyloxazolidin) [66204-44-2] (Sh)
Methylmethacrylat [80-62-6] (Sh)
N-Methylolchloracetamid [2832-19-1] (Sh)
Methyltetrahydrophthalsäureanhydrid [11070-44-3] (Sa)
N-Methyl-2,4,6-N-tetranitroanilin [479-45-8] (Sh)
Methylvinylketon [78-94-4] (Sh)
Mikrobielle Labersatzstoffe: Endothiapepsin und Mucorpepsin (Sa)
Monomethylhydrazin [60-34-4] (Sh)
Morpholinylmercaptobenzothiazol [102-77-2] (Sh)
Naled [300-76-5] (Sh)
Naphthalsäureanhydrid [81-84-5] (Sh)
1,5-Naphthylendiisocyanat [3173-72-6] (Sa)
Natriumdiethyldithiocarbamat[57])[94]) [148-18-5] (Sh)
Naturgummilatex [9006-04-6] (Sah)
Nickel und Nickelverbindungen[96]): (Sah[97]))
  Nickelmetall [7440-02-0]
  Nickelacetat [373-02-4] und vergleichbare lösliche Salze,
  Nickelcarbonat [3333-67-3]
  Nickelchlorid [7718-54-9]
  Nickelmonoxid [1313-99-1]
  Nickeldioxid [12035-36-8]
  Dinickeltrioxid [1314-06-3]
  Nickelhydroxid [12054-48-7]
  Nickelsulfid [16812-54-7]
  Nickelsubsulfid [12035-72-2]
  Nickelsulfat [7786-81-4]
4-Nitro-4'-aminodiphenylamin-2-sulfonsäure [91-29-2] (Sh)

---

[32]) Formaldehydabspalter
[57]) Reaktion mit nitrosierenden Agentien kann zur Bildung des kanzerogenen N-Nitrosodiethylamins führen, vgl. Abschn. III „Entstehung kanzerogener Nitrosamine durch Nitrosierung . . .“, S. 172.
[94]) Verwendungsverbot als Kühlschmierstoffkomponente: s. TRGS 611.
[96]) Bezüglich der beim Menschen eindeutig krebserzeugend gefundenen Verbindungen, s. „Toxikologisch-arbeitsmedizinische Begründung von MAK-Werten“. Vgl. auch Fußnote [1]), S. 10.
[97]) Die atemwegssensibilisierende Wirkung ist nur für wasserlösliche Nickelverbindungen hinreichend nachgewiesen.

4-(2-Nitrobutyl)-morpholin [2224-44-4] (70 Gew.%) und
4,4'-(2-Ethyl-2-nitro-1,3-propandiyl)bis-morpholin [1854-23-5]
(20 Gew.%) (Gemisch) [101]) [34]) (Sh)
p-Nitrocumol [1817-47-6] (Sh)
2-Nitro-p-phenylendiamin [5307-14-2] (Sh)
2-n-Octyl-2,3-dihydroisothiazol-3-on [26530-20-1] (Sh)
Palladiumchlorid [7647-10-1] und bioverfügbare Palladium(II)-Verbindungen (Sh)
Papain [9001-73-4] (Sa)
Pentaerythrittriacrylat [3524-68-3] (Sh)
Pepsin [9001-75-6] (Sa)
Phenol-Formaldehyd-Kondensationsprodukte (niedermolekulare) (Sh)
o-Phenylendiamin [95-54-5] (Sh)
m-Phenylendiamin [108-45-2] (Sh)
p-Phenylendiamin [112]) [106-50-3] (Sh)
Phenylglycidylether [122-60-1] (Sh)
Phenylhydrazin [100-63-0] (Sh)
Phenylisocyanat [103-71-9] (Sah)
N-Phenyl-1-naphthylamin [90-30-2] (Sh)
N-Phenyl-2-naphthylamin [135-88-6] (Sh)
Phthalsäureanhydrid [85-44-9] (Sa)
Phytasen (Sa)
Pikrylchlorid [88-88-0] (Sh)
Piperazin [113]) [94]) [110-85-0] (Sah)
Platinverbindungen (Chloroplatinate) (Sah)
„polymeres MDI“ [9016-87-9] (Sah)
Pyrethrum [8003-34-7] (Sh[119]))
Quecksilber [7439-97-6] und seine anorganischen Verbindungen (Sh)
Quecksilberverbindungen, organische (Sh)
Resorcin [108-46-3] (Sh)
Rizinusproteine (Sa)
Sesquiterpenlactone (Sh)
Alantolacton [546-43-0]
Anthecotulid [23971-84-8]
Arteglasin A [33204-39-6]
Carabron [1748-81-8]
Costunolid [553-21-9]
Dehydrocostuslacton [477-43-0]

---

[101]) Formaldehydabspalter und Nitrosaminbildner.

[34]) Verwendungsverbot als Kühlschmierstoffkomponente und Korrosionsschutzmittelkomponente: s. GefStoffV 2010, Anhang II (zu § 16 Absatz 2), Nr. 4

[112]) Bei dem früher vor allem in der Pelzfärbung mit p-Phenylendiamin häufiger beobachteten „Ursol-Asthma“ ist eine inhalative Allergie auf p-Phenylendiamin nicht gesichert, s. „Toxikologisch-arbeitsmedizinische Begründung von MAK-Werten“ (27. Lieferung 1998).

[113]) Reaktion mit nitrosierenden Agentien kann zur Bildung des kanzerogenen N,N'-Dinitrosopiperazins führen, vgl. Abschn. III „Entstehung kanzerogener Nitrosamine durch Nitrosierung . . .“, S. 172.

[94]) Verwendungsverbot als Kühlschmierstoffkomponente: s. TRGS 611.

[119]) Gilt nicht für die insektiziden Inhaltsstoffe (Pyrethrine und Cinerine) und für synthetische Derivate (Pyrethroide), sondern nur für in der Droge und deren ungereinigten Extrakten enthaltene Inhaltsstoffe (u. a. α-Methylensesquiterpenlactone, z. B. Pyrethrosin).

(+)-Frullanolid und (−)-Frullanolid [40776-40-7; 27579-97-1]
Helenalin [6754-13-8]
Isoalantolacton [470-17-7]
Lactucin [1891-29-8]
Laurenobiolid [35001-25-3]
Parthenin [508-59-8]
Parthenolid [20554-84-1]
α-Peroxyachifolid [134954-21-5]
Pyrethrosin [28272-18-6]
Sojabohneninhaltsstoffe (Sa)
Subtilisine [9014-01-1] (Sa)
Tallöl, destilliert [8002-26-4] (Sh[125]))
Terpentinöl [8006-64-2] (Sh)
Tetraethylenglykoldiacrylat [17831-71-9] (Sh)
Tetraethylenglykoldimethacrylat [109-17-1] (Sh)
Tetraglycidyl-4,4'-methylendianilin [28768-32-3] (Sh)
Tetrahydrofurfurylmethacrylat [2455-24-5] (Sh)
Thioglykolate (Sh)
Thioglykolsäure [68-11-1] (Sh)
Thioharnstoff [62-56-6] (Sh SP)
Thiomersal [54-64-8] (Sh)
Thiram [60]) [137-26-8] (Sh)
Tierhaare, -epithelien und andere Stoffe tierischer Herkunft (Sah)
p-Toluidin [106-49-0] (Sh)
2,4-Toluylendiamin [95-80-7] (Sh)
2,5-Toluylendiamin [95-70-5] (Sh)
★ Toluylendiisocyanate (Diisocyanattoluole): (Sah)
2,4-Toluylendiisocyanat [584-84-9]
2,6-Toluylendiisocyanat [91-08-7]
Gemisch [26471-62-5]
Triethylenglykoldiacrylat [1680-21-3] (Sh)
Triethylenglykoldimethacrylat [109-16-0] (Sh)
Triethylentetramin [112-24-3] (Sh)
Triglycidyl-p-aminophenol [5026-74-4] (Sh)
Triglycidylisocyanurat (Isomerengemisch) [2451-62-9]
α-Isomer [59653-73-5], β-Isomer [59653-74-6] (Sah)
Triisobutylphosphat [126-71-6] (Sh)
Trimellitsäureanhydrid [552-30-7] (Sa)
★ Trimethylchinon [935-92-2] und
Trimethylhydrochinon [700-13-0] (Sh)
Trimethylolpropantriacrylat [15625-89-5] (Sh)
2,4,6-Trinitrophenol [88-89-1] (Sh)
2,4,6-Trinitrotoluol [118-96-7] (Sh)
Triphenylphosphin [603-35-0] (Sh)

---

[125]) Gilt nur für Abietinsäure-haltige Tallöldestillate (siehe auch Begründung Abietinsäure 2002).
[60]) Reaktion mit nitrosierenden Agentien kann zur Bildung des kanzerogenen N-Nitrosodimethylamins führen, vgl. Abschn. III „Entstehung kanzerogener Nitrosamine durch Nitrosierung . . .“, S. 172.

Tripropylenglykoldiacrylat [42978-66-5] (Sh)
N,N',N''-Tris(β-hydroxyethyl)hexahydro-1,3,5-triazin [4719-04-4] (Sh)
Vinylcarbazol [1484-13-5] (Sh)
Xylanasen [37278-89-0] (Sa)
m-Xylylendiamin [1477-55-0] (Sh)
Zimtaldehyd [104-55-2] (Sh)
Zimtalkohol [104-54-1] (Sh)
Zinkchromat [13530-65-9] (Sh)
★ Ziram [137-30-4] (Sh)
Zirkonium [7440-67-7] und seine unlöslichen Verbindungen (Sah)
Zirkoniumverbindungen (löslich) (Sah)

e) Bewertung von Stoffen aus speziellen Stoffgruppen

Die Bewertung der sensibilisierenden Wirkung zahlreicher Stoffe ist nach den oben aufgeführten Kriterien nicht zweifelsfrei möglich. Häufig handelt es sich hierbei um Vertreter aus speziellen, eine Vielzahl von Substanzen umfassenden Stoffgruppen. Valide Humandaten liegen in der Regel nur für einzelne Vertreter dieser Stoffgruppen vor, mit denen als ‚Leitsubstanzen' für die jeweilige Stoffgruppe getestet wird und die zumeist auch als kommerziell vertriebene Testsubstanzen verfügbar sind. Mit anderen, weniger häufig eingesetzten Substanzen oder solchen Substanzen, für die kaum verlässliche Angaben zum Ausmaß ihrer Verwendung vorliegen, wird hingegen nur relativ selten und zuweilen wegen der Gefahr einer Sensibilisierung durch den Epikutantest nur in speziellen Fällen getestet. Erschwert wird die Beurteilung der Erfahrungen beim Menschen zusätzlich dadurch, dass diese Substanzen auch im Gemisch mit anderen Vertretern der jeweiligen Stoffgruppe eingesetzt werden und somit sowohl Kopplungssensibilisierungen als auch Kreuzreaktionen beteiligt sein können. Häufig werden auch Gemische mit Vertretern anderer allergener Stoffgruppen eingesetzt, wodurch eine Ermittlung der Kausalität der beobachteten Erkrankung ebenfalls nicht ohne weiteres möglich ist. Zudem sind nicht immer alle Inhaltsstoffe des ursächlichen Gemisches zu ermitteln, so dass ein allergologisch relevanter Inhaltsstoff unberücksichtigt bleiben kann. Nicht in der MAK- und BAT-Werte-Liste aufgeführte Stoffe aus Stoffgruppen, die erfahrungsgemäß zu einer Sensibilisierung führen können, sollten daher auch mit entsprechenden Vorsichtsmaßnahmen gehandhabt werden.

Ausdrücklich hinzuweisen ist darauf, dass von ausgehärteten Kunststoffen in der Regel keine Sensibilisierungsgefahr ausgeht. Eine allenfalls geringe Sensibilisierungsgefahr kann auf die Freisetzung von Restmonomeren zurückzuführen sein, z. B. bei der mechanischen Bearbeitung.

Zu den Stoffgruppen, aus denen zahlreiche Vertreter eine sensibilisierende Wirkung an der Haut bzw. den Atemwegen aufweisen können, zählen beispielsweise:

- Acrylate und Methacrylate
- Dicarbonsäureanhydride
- Diisocyanate
- Glycidylverbindungen (Epoxide)
- Enzym-haltige Stäube
- spezielle Proteine pflanzlichen oder tierischen Ursprungs

Im gängigen Sprachgebrauch wird die allgemeine Bezeichnung „**Isocyanat**" sowohl für Monoisocyanate als auch für Di- oder Polyisocyanate verwendet. Sowohl hinsichtlich der Anwendungsbereiche als auch hinsichtlich der toxikologischen und allergologischen Eigenschaften müssen diese Verbindungsklassen jedoch streng unterschieden werden: Monoisocyanate wie Methylisocyanat oder Phenylisocyanat werden praktisch ausschließlich bei Synthesen als Vor- oder Zwischenprodukte eingesetzt, z.B. bei der Herstellung von Insektiziden oder Pestiziden. Hingegen dienen Diisocyanate insbesondere zur Herstellung von Polyurethanen, die zu Klebstoffen, Isolierschäumen, Lacken und Schaumstoffen verarbeitet werden. Aufgrund des breiten Einsatzes liegen Befunde beim Menschen zur sensibilisierenden Wirkung an den Atemwegen praktisch nur für Diisocyanate vor. Obwohl auch Monoisocyanate eine ausgeprägte atemwegsreizende Wirkung aufweisen können und auch eine atemwegssensibilisierende Wirkung bei den Monoisocyanaten nicht auszuschließen ist, berechtigen die Erfahrungen mit den Diisocyanaten, die als potente Atemwegsallergene bewertet sind, nicht dazu, auch Monoisocyanate allein im Analogieschluss als atemwegssensibilisierende Stoffe einzustufen, sondern es ist jeweils eine Einzelfallbewertung erforderlich.

Eine große, allerdings strukturell und hinsichtlich der sensibilisierenden Wirkung sehr heterogene Gruppe sind die **Antibiotika**. Zu ihnen ist ein beruflicher Kontakt bei der Isolierung bzw. Herstellung der Wirkstoffe, bei der Zubereitung und der Verpackung der Medikamente sowie bei der Verwendung im human- und tiermedizinischen Bereich möglich. Eine Sensibilisierung an der Haut kann bei einer späteren parenteralen Anwendung zu einem hämatogenen Kontaktekzem führen. Über eine Sensibilisierung der Atemwege oder ein allergisches Kontaktekzem durch den beruflichen Kontakt mit Vertretern der β-Lactam-Antibiotika (vor allem Penicilline und Cephalosporine) wurde mehrfach berichtet. Allergische Reaktionen nach medikamentöser (enteraler oder parenteraler) Anwendung äußern sich hingegen zumeist als IgE-vermittelte Soforttyp-Reaktionen. Es können aber auch andere immunologische Reaktionen wie Arzneimittelexanthem und in schweren Fällen auch Erythema exsudativum multiforme, Stevens-Johnson-Syndrom oder Lyell-Syndrom auftreten. Einige Vertreter der Aminoglykosid-Antibiotika fallen ebenfalls durch relativ hohe Sensibilisierungsquoten auf, die vor allem Folge der medikamentösen Anwendung auf (chronisch) erodierter Haut ist. Eine Sensibilisierung der Haut durch den beruflichen Kontakt mit Aminoglykosiden wurde seltener beschrieben. Einzelne, vor allem in der Tierzucht eingesetzte Makrolid-Antibiotika können immunologische Reaktionen an den Atemwegen, aber auch ein (aerogen vermitteltes) Kontaktekzem verursachen. Kontaktallergische Reaktionen oder allergische Atemwegsreaktionen auf die meisten anderen Makrolid-Antibiotika sowie auf Polyen- oder Peptid-Antibiotika und auch auf Tetracycline sind hingegen nur in seltenen Einzelfällen bekannt geworden.

Die strukturell und hinsichtlich der allergenen Potenz sowie auch hinsichtlich der klinischen Bedeutung sehr unterschiedlichen **Duftstoff-Komponenten** müssen ebenfalls differenziert betrachtet werden. Dies wird bereits bei den einzelnen Komponenten des standardmäßig getesteten Duftstoff-Mixes erkennbar. Für viele weitere Duftstoff-Komponenten liegen keine ausreichenden klinischen Befunde vor, da sie nicht oder sehr selten im Epikutantest überprüft werden. Die kaum auszuschließende außerberufliche Exposition gegen die nahezu ubiquitären Duftstoffe erschwert den Nachweis einer beruflich bedingten Sensibilisierung.

V. Aerosole

a) Allgemeine Definitionen

Aerosole sind mehrphasige Systeme von Gasen, insbesondere Luft und darin dispers verteilten partikelförmigen Feststoffen oder Flüssigkeiten. Am Arbeitsplatz können Stäube, Rauche oder Nebel als Aerosole vorkommen.

Stäube sind disperse Verteilungen fester Stoffe in Gasen, insbesondere Luft, zumeist entstanden durch mechanische Prozesse oder durch Aufwirbelung.
Luftgetragene Teilchen können aus kompakten feinen sowie ultrafeinen freien Primärteilchen, aber auch aus deren Aggregaten oder Agglomeraten bestehen. Dabei wird folgende Nomenklatur verwendet:

- **Primärteilchen** sind kompakte einzelne Teilchen, die im Elektronenmikroskop als solche erkennbar sind, auch wenn sie mit anderen zu Aggregaten oder Agglomeraten verknüpft sind.
- **Aggregate** [140)][141)] sind Gruppen fest miteinander verbundener Primärteilchen.
- **Agglomerate** [140)][141)] sind Gruppen von Teilchen (Primärteilchen oder Aggregate), die durch schwache Kräfte (insbesondere van der Waals-Kräfte) zusammengehalten werden. Sie können durch den Eintrag geringer Energien (z. B. in wässriger Suspension durch Ultraschallbehandlung) wieder in kleinere Einheiten aufgetrennt werden.

Faserstäube sind disperse Verteilungen von anorganischen oder organischen Fasern bestimmter Abmessungen in Gasen, insbesondere Luft (vgl. Abschnitt III. Faserstäube). Anorganische Faserstäube entstehen bei der mechanischen Bearbeitung insbesondere von faserig gewachsenen Mineralen und von Produkten aus/mit natürlichen oder künstlichen Fasern. Auch faserförmige Bruchstücke nicht faserig gewachsener Minerale und von nicht faserigen Produkten zählen zu den Faserstäuben. Ebenso können Erosionsprozesse Fasern freisetzen.

Rauche sind feinste disperse Verteilungen fester Stoffe in Gasen, insbesondere Luft, entstanden durch thermische (z. B. Schweißrauch, Metalloxidrauch, Ruß, bzw. Flugasche) oder chemische Prozesse (z. B. Reaktion von Ammoniak mit Chlorwasserstoff).

Nebel sind disperse Verteilungen partikelförmiger flüssiger Stoffe (Tröpfchen) in Gasen, insbesondere Luft. Sie entstehen durch Zerstäuben von Flüssigkeiten, durch Kondensation aus der Dampfphase oder durch chemische Prozesse (z. B. Ölnebel, Chlorwasserstoff an feuchter Luft).

Ultrafeine Partikel, deren Agglomerate und Aggregate vgl. Abschnitt Vh.

---

140) Die Begriffe „Aggregate“ und „Agglomerate“ werden international nicht einheitlich verwendet. Vgl. hierzu z. B. die Definitionen der ISO 14887, des NIST, des BSI, der IUPAC usw.

141) Bei Messungen der Form und Größe luftgetragener Teilchen im Aerosol kann nicht zwischen kompakten Teilchen und Aggregaten und Agglomeraten gleicher Größe unterschieden werden. Eine Differenzierung zwischen Flüssigkeitströpfchen und festen Teilchen ist ebenfalls nicht möglich. Da bei Luftmessungen auch mit dem Elektronenmikroskop nicht unterschieden werden kann, ob es sich bei den beobachteten zusammengelagerten Gruppen ultrafeiner Primärteilchen um Aggregate oder Agglomerate handelt, werden solche bei Messungen beobachteten Teilchengruppen in der Praxis oft zusammengefasst als „Aggregate und Agglomerate (A+A)“ bezeichnet.

MAK- und BAT-Werte-Liste 2014. DFG, Deutsche Forschungsgemeinschaft

ISBN: 978-3-527-33737-8

Ultrafeine Partikel als Bestandteile von Stäuben und Rauchen sind durch einen Mobilitäts-Äquivalentdurchmesser (D_M) < 100 nm (entspricht einem Diffusions-Äquivalentdurchmesser (D_{ae}) < 100 nm) gekennzeichnet (vgl. Vh und Begründung „Aerosole" 1997).

Die **alveolengängige (A)- und die einatembare (E)-Fraktion** sind die gesundheitlich relevanten Aerosolfraktionen (gemäß DIN/EN 481), die derzeit mit Grenzwerten belegt sind (vgl. Vd).

b) Wirkungsbestimmende Eigenschaften von Aerosolen

Partikelförmige Arbeitsstoffe können im Bereich der Atmungsorgane zu verschiedenen Erkrankungen führen. Diese gehen im Wesentlichen auf Überladungseffekte, chemisch-irritative, fibroseerzeugende (fibrogene), tumorerzeugende, allergisierende oder sonstige toxische Wirkungen zurück. Die Wirkung hängt u. a. vom Ort der Ablagerung (Deposition) eingeatmeter Partikel und Tröpfchen im Atemtrakt ab. Die Deposition der Partikel und Tröpfchen sowie die Intensität und Geschwindigkeit der einsetzenden Wirkungen werden wesentlich durch die Größe, Masse, spezifische Dichte, Form, Oberfläche, chemische Zusammensetzung, Biobeständigkeit, Löslichkeit und durch die hygroskopischen Eigenschaften der Partikel bestimmt.

Diese Parameter können sowohl unabhängig voneinander als auch in Kombination wirken. Die Wirkung gröberer Partikel ist im Wesentlichen proportional zur Masse bzw. zum Volumen.

Bei allen **Aerosolen aus ultrafeinen Teilchen** spielen im Vergleich zu gröberen Partikeln die große spezifische Oberfläche, die leichtere Löslichkeit und die Aufnahme in die Zelle eine besondere Rolle. Diese Eigenschaften der ultrafeinen Partikel können für weitere toxikologisch relevante Wirkungsqualitäten von Bedeutung sein.Werden Aggregate oder Agglomerate aus ultrafeinen Partikeln deponiert, hängt die Wirkung auch davon ab, ob diese im Milieu der Lungenflüssigkeiten desaggregieren oder nicht.

Im Milieu der Lungenflüssigkeiten haben partikelförmige Stoffe in der Regel eine andere Bioverfügbarkeit als die in der Fachliteratur angegebenen, zumeist in Wasser, ggfs. auch in anderen Solventien, bestimmten Löslichkeiten anzeigen. Somit ist auch eine aus den Löslichkeitsangaben eines Stoffes ableitbare Schwerlöslichkeit nicht direkt auf das Lungenmilieu übertragbar. Bei der stofflichen Vielfalt der in den Lungenflüssigkeiten deponierten Partikel können im Einzelfall auch Veränderungen der jeweiligen Toxizität durch Maskierungs- und Demaskierungseffekte auftreten, wenn z. B. Partikel mit adsorbierenden Oberflächen präsent sind.

In Lungenflüssigkeiten beobachtet man nicht nur das Auflösen von Partikeln (z. B. Metallpartikel) und die Resorption von gelösten Stoffen, sondern auch Veränderungen an der kristallinen Struktur. So werden z. B. bestimmte Glasfasern geliert (d. h. sie verlieren ihre Festigkeit und werden „gummiartig"), oder Chrysotilfasern in ihre Einzelfibrillen aufgespleißt, was in diesem Falle zu einer Vermehrung der Anzahl besonders feiner Fasern führt. Solche Aufspleißungsvorgänge sind inzwischen auch von anderen faserförmigen Stoffen bekannt. Noch unzureichend erforscht sind die Eigenschaften ultrafeiner Fasern (z. B. Nanotubes) in biologischen Systemen.

c) Inhalation, Deposition und Clearance von Aerosolen in den Atmungsorganen

Aufnahme

Die Aufnahme von Stäuben und Rauchen in den Körper erfolgt vorwiegend über die Atemwege. Bei Nebeln kann auch die Aufnahme über die Haut Bedeutung erlangen.

Deposition und Transport von Feststoffpartikeln und Tröpfchen in den Atemwegen hängen von der Größe, der Form und der spezifischen Dichte der Feststoffpartikel bzw. der Tröpfchen ab.

Die Verteilung des eingeatmeten Aerosols auf die Teilbereiche der Atemwege wird neben den Teilcheneigenschaften stark beeinflusst durch:

1. Individuelle Unterschiede in der Anatomie der Atemwege.
2. Individuelle Atemgewohnheiten, insbesondere durch den unterschiedlichen Übergang von der Nasen- zur Mundatmung bei körperlicher Arbeit sowie unterschiedliche Atemfrequenzen, Atemströme und damit Atemvolumina.
3. Pathophysiologische Veränderungen der Atmungsorgane (z. B. obstruktive Atemwegserkrankungen).

Bestimmende Größe für Partikel mit Durchmesser $>0{,}5\,\mu m$ im Aerosol ist der **aerodynamische Durchmesser** (D_{ae}). Als aerodynamischer Durchmesser eines Partikels beliebiger Form und Dichte wird der geometrische Durchmesser einer Kugel mit der Dichte $1\,g/cm^3$ bezeichnet, welche die gleiche Sinkgeschwindigkeit in ruhender oder laminar strömender Luft besitzt. Diese Definition gilt auch für faserförmige Teilchen. Der aerodynamische Durchmesser von Fasern wird wesentlich vom Faserdurchmesser, weniger stark durch die Faserlänge bestimmt. Er beträgt für lange Fasern ($l \gg d$) etwa das Dreifache des Durchmessers.

Bei isometrischen Partikeln mit Durchmessern $<0{,}5\,\mu m$ bestimmt der **Diffusions-Äquivalentdurchmesser** (D_d) den Ort der Ablagerung in den Atemwegen. Der Diffusions-Äquivalentdurchmesser eines Partikels entspricht dem geometrischen Durchmesser einer Kugel, die im gleichen Dispersionsmittel (am Arbeitsplatz: Luft) dieselbe Diffusionsgeschwindigkeit wie das untersuchte Partikel hat.

Grundsätzlich ist zwischen den Anteilen der Aerosole, die bei der Ein- und Ausatmung in die verschiedenen Bereiche der Atemwege g e l a n g e n und den Teilmengen dieser Anteile, die dabei in diesen Bereichen a b g e l a g e r t (d e p o n i e r t) w e r d e n, zu unterscheiden.

Die Deposition kann sowohl bei der Ein- als auch bei der Ausatmung erfolgen. Ein Teil der eingeatmeten Partikel wird in den Atemwegen nicht deponiert und somit wieder ausgeatmet.

Arbeitsmedizinisch-toxikologisch sind während des Atemvorganges folgende in die Atmungsorgane gelangende und dort deponierte Anteile des Aerosols von besonderer Bedeutung (Abbildung 1):

Von den im Atembereich insgesamt vorhandenen Partikeln wird lediglich ein Teil (der als **eingeatmeter Anteil** bezeichnet wird) eingeatmet. Maßgeblich sind dabei die Ansauggeschwindigkeiten im Bereich von Mund und Nase sowie die Umströmungs-

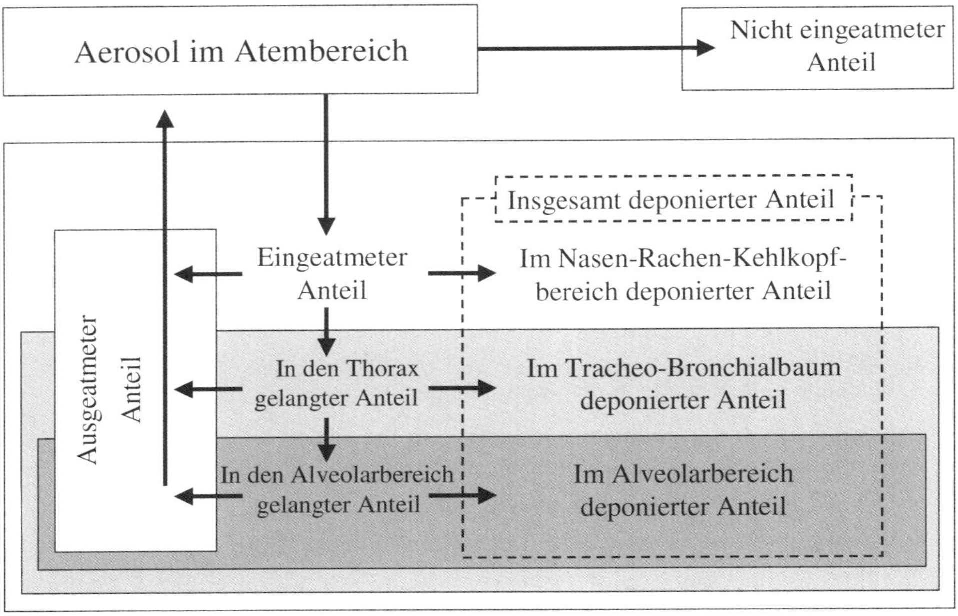

Abb. 1. Beziehungen zwischen den arbeitsmedizinisch-toxikologisch definierten Anteilen des „Aerosols im Atembereich“ und deren Deposition.
Der Übergang des eingeatmeten Anteils des im Atembereich enthaltenen Aerosols in den Thorax und den Alveolarbereich, d. h. die Alveolen, zilienfreien Bronchiolen und Ductus alveolares, ist durch Pfeile symbolisiert. Die nach rechts weisenden Pfeile zeigen den Übergang zu den in den drei Bereichen der Atmungsorgane deponierten Anteilen, die nach links weisenden Pfeile den Zustrom von dort in den ausgeatmeten Anteil.

bedingungen des Kopfes. Während kleinere Partikel ($D_{ae} < 5\,\mu m$) nahezu vollständig eingeatmet werden, nimmt die Inhalierbarkeit zu größeren Partikeln hin ab.

Aus dem eingeatmeten Anteil werden größere Feststoffpartikel und Tröpfchen ($D_{ae} > 15\,\mu m$) nahezu ausschließlich extrathorakal, d. h. im Bereich der Nase, des Rachens und des Kehlkopfes deponiert.

Aus dem **in den Thorax gelangten** Anteil werden kleinere Feststoffpartikel und Tröpfchen zum Teil im Tracheo-Bronchialbereich oder im Alveolarbereich deponiert.

Der **in den Alveolarbereich gelangte Anteil** enthält diejenigen Partikel, die bis in die nicht mit Zilien versehenen Bereiche, d. h. die Alveolen, terminalen (zilienfreien) Bronchiolen und Ductus alveolares, der Atemwege vordringen können, wobei eine Teilmenge dort deponiert wird.

Deposition und Clearance

Im Nasen-Rachen-Kehlkopfbereich deponierter (extrathorakaler) Anteil

Hierunter wird der Aerosolanteil verstanden, der nach dem Einatmen im Bereich der Nase, des Mundes, des Rachens und des Kehlkopfes deponiert wird und teilweise durch Verschlucken in den Verdauungstrakt übertreten kann. Der Abtransport des Materials (Clearance) aus diesem Bereich der Atemwege ist spätestens nach wenigen Stunden abgeschlossen.

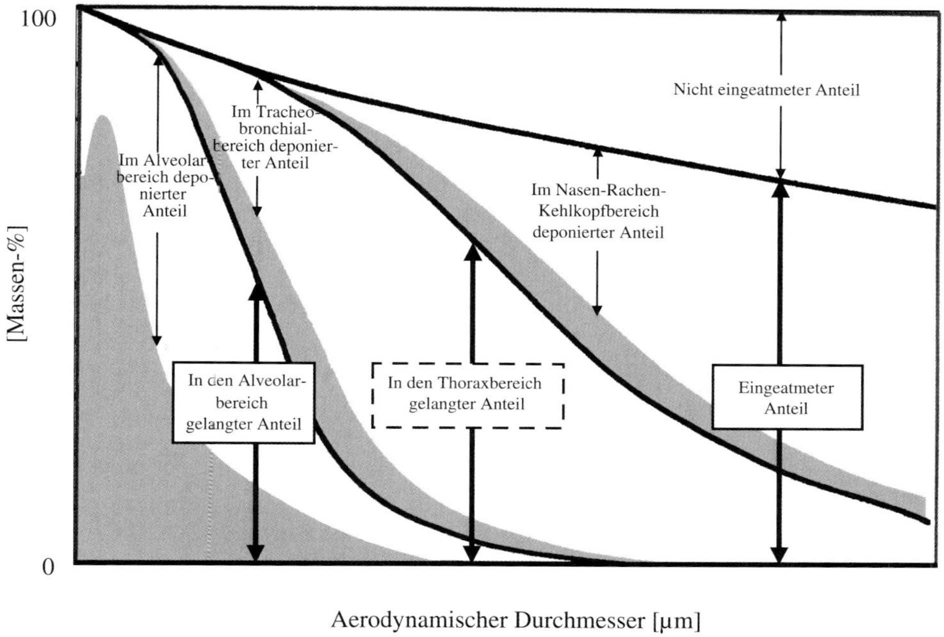

Abb. 2. Schematische Darstellung der arbeitsmedizinisch-toxikologisch relevanten Anteile des Aerosols in den Atmungsorganen.
Neben den in den verschiedenen Bereichen deponierten Anteilen sind die von dort jeweils ausgeatmeten Anteile getönt dargestellt. Die beiden durchgehend eingerahmten Anteile entsprechen den mit MAK-Werten belegten Anteilen. Die Abszisse ist nicht skaliert, weil keine exakte Zuordnung zwischen Partikelabscheidung in den Lungenkompartimenten und der Partikelgröße angegeben werden kann.

Im Tracheo-Bronchialbereich deponierter Anteil

Hierunter wird der in den Thorax gelangte Aerosolanteil verstanden, der im Bereich des mukoziliaren Reinigungsapparates des Tracheo-Bronchialbaumes deponiert wird.

Isometrische Partikel mit Durchmessern $> 7\,\mu m$ werden beim Gesunden aus dem Tracheo-Bronchialbereich innerhalb eines Tages vollständig eliminiert. Es gibt Hinweise, dass ein Teil der kleineren Partikel und insbesondere die ultrafeinen Partikel über mehrere Wochen im Tracheo-Bronchialbereich aufzufinden sind. Der Abtransport erfolgt umso langsamer, je kleiner die Partikel sind.

Im Alveolarbereich deponierter Anteil

Hierunter wird der Aerosolanteil verstanden, der sich im Alveolarbereich sowie im Bereich der zilienfreien Bronchiolen (Bronchioli respiratorii) und Ductus alveolares ablagert. Hier findet keine mukoziliare Reinigung statt. Diese Teilmenge kann über das Zwischengewebe der Lunge (Interstitium) in das Lymphsystem und besonders bei ultrafeinen Partikeln auch in die Blutkapillaren übertreten. Alveolarmakrophagen können Teilchen phagozytieren und mit diesen auch über den Tracheo-Bronchialbaum durch Verschlucken in den Verdauungstrakt gelangen. Der im Alveolarbereich deponierte Anteil wird bei schwer löslichen Partikeln mit Halbwertszeiten von Monaten bis Jahren wieder aus der Lunge eliminiert.

Insgesamt deponierter Anteil
Es handelt sich hierbei um denjenigen Anteil des Aerosols, der eingeatmet, aber nicht wieder ausgeatmet wird. Dieser Anteil umfasst die in Nase, Rachen und Kehlkopfbereich, im Tracheo-Bronchialbaum und den zilienfreien tieferen Atemwegen deponierten Partikel und Tröpfchen und damit alle Größenordnungen der einatembaren Staubfraktion.

Zu beachten ist, dass sich abgeschiedene Tröpfchen und lösliche Partikel auf der Oberfläche der Atmungsorgane ausbreiten und ihre Gestalt verlieren. Lösliche Anteile können resorbiert werden, d. h., dass die Bestandteile der Partikel nach deren Auflösung entsprechend ihrer Ausbreitung nicht mehr nur lokal in Zellen wirksam werden. Sie können in den Blutkreislauf bzw. das Lymphsystem gelangen und systemisch wirken.

Nicht lösliche Anteile können von Makrophagen phagozytiert oder, mit Einschränkungen, von Lungenepithelzellen aufgenommen und aus dem Alveolarbereich in das Interstitium übertragen werden. Besonders die ultrafeinen Partikel können auf diesem Wege die Blutbahn erreichen.

Die nicht gelösten und nicht resorbierten Anteile können mit Hilfe des mukoziliaren Reinigungsmechanismus (mukoziliare Clearance) aus dem Tracheo-Bronchialbaum in Richtung des Kehlkopfes transportiert werden. Auch die im Nasen-Rachen-Kehlkopfbereich abgeschiedenen Partikel können in Richtung Kehlkopf transportiert werden. Von dort gelangen sie entweder durch Verschlucken in den Verdauungstrakt und können gegebenenfalls dort wirksam werden oder werden durch Abhusten/Ausspucken bzw. Schnäuzen aus dem Atembereich bzw. Körper entfernt.

d) Konventionen zur wirkungsbezogenen Messung von Partikeln: Festlegungen von Fraktionen für die Messtechnik

Bei der Messung der Partikelkonzentration sollen nach Abschnitt c) jeweils die für die pathogene Wirkung in den Atmungsorganen relevanten Partikel erfasst werden. Hierzu müsste in Probenahme- und Messgeräten eine Abscheidung der luftgetragenen Partikel in Abhängigkeit vom aerodynamischen Durchmesser erreicht werden, die der bei der Atmung auftretenden Deposition in den Atemwegen entspricht.

Zur Erfassung verschiedener Partikelfraktionen mittels Mess- und Probenahmegeräten in der Luft an Arbeitsplätzen wurden weltweit jedoch nur drei Abscheidefunktionen festgelegt (s. DIN/EN 481, 1993)[142]). Sie beruhen unter festgelegten Rahmenbedingungen auf den gemittelten experimentellen Daten für die in die verschiedenen Bereiche der Atmungsorgane gelangten Anteile des Aerosols.

Demnach werden messtechnisch die drei deponierbaren Anteile jeweils einschließlich des wieder ausgeatmeten Anteils als Fraktion erfasst. Es werden somit als Fraktionen diejenigen Aerosolanteile erfasst, die in die arbeitsmedizinisch-toxikologisch relevanten Bereiche der Atmungsorgane hinein gelangen (s. Abbildungen 1 und 2).

1. **Einatembare Fraktion (E):** Die Abscheidefunktion entspricht der mittleren Inhalationswahrscheinlichkeit für Partikel und Tröpfchen insgesamt in Abhängigkeit vom aerodynamischen Durchmesser (eingeatmeter Anteil).

---

142) Europäisches Komitee für Normung (CEN): EN 481 – Festlegung der Teilchengrößenverteilung zur Messung luftgetragener Partikel. Brüssel 1993. Beuth Verlag, Berlin, 1993.

2. **Thoraxgängige Fraktion:** Als Teilmenge der einatembaren Fraktion entspricht die Funktion der mittleren Wahrscheinlichkeit für Partikel und Tröpfchen in Abhängigkeit vom aerodynamischen Durchmesser, in den Tracheo-Bronchialbaum und den Alveolarbereich einzudringen (in den Thorax gelangter Anteil).
3. **Alveolengängige Fraktion (A):** Als eine Teilmenge der thoraxgängigen Fraktion entspricht die Funktion in Abhängigkeit vom aerodynamischen Durchmesser der mittleren Wahrscheinlichkeit für Partikel und Tröpfchen, in den Alveolarbereich zu gelangen (in den Alveolarbereich gelangter Anteil).
4. **Extrathorakale Fraktion:** Diese Fraktion ergibt sich aus der Differenz zwischen der einatembaren und der thoraxgängigen Fraktion (vgl. Abb. 2).
5. **Tracheo-Bronchiale Fraktion:** Diese Fraktion ergibt sich aus der Differenz zwischen der thoraxgängigen und der alveolengängigen Fraktion (vgl. Abb. 2).

Diese messtechnische Verfahrensweise ist für hygroskopische Partikel darin begründet, dass sich deren aerodynamischer Durchmesser beim Transport in die Bereiche der Atmungsorgane infolge Feuchtigkeitsaufnahme erhöht und sich dadurch Ort und Menge der Deposition nicht vorhersagbar verändern können.

Die Definitionen „einatembare Fraktion" (E)[143]) bzw. „alveolengängige Fraktion" (A)[144]) entsprechen den bis 1996 für die MAK-Werte-Findung zugrunde gelegten Definitionen für **„Gesamtstaub"** (G) bzw. **„Feinstaub"** (F)[145]). Seit 1996 werden die international vereinbarten Definitionen (E- und A-Staub) verwendet.

e) Fibrogene Aerosole

Als **fibrogene Stäube** werden Aerosole einschließlich Tröpfchen, die schwer lösliche Partikel enthalten, bezeichnet, die mit Bindegewebsbildung einhergehende Staublungenerkrankungen (z. B. Silikose) verursachen können. Voraussetzung für die Entstehung derartiger Erkrankungen ist die Deposition des Aerosols im Alveolarraum. Zur wirkungsbezogenen Beurteilung von fibrogenen Aerosolen ist deshalb die Konzentration der alveolengängigen Fraktion „A" (bisher „Feinstaub", F) heranzuziehen.

---

143) Englisch: „I" für „inhalable"

144) Englisch: „R" für „respirable"

145) Deutsche Forschungsgemeinschaft (1995): MAK- und BAT-Werte-Liste 1995, Senatskommission zur Prüfung gesundheitsschädlicher Arbeitsstoffe, Mitteilung 31, Seite 137–138, WILEY-VCH Weinheim
Health and Safety Executive, Health and Safety Laboratory, Project Report: *Pilot study of CEN Protocols for the Performance Testing of Workplace Aerosol Sampling Instruments* by L.C. Kenny. Sheffield, September 1995
BGIA-Arbeitsmappe „Messung von Gefahrstoffen". Expositionsermittlung bei chemischen und biologischen Einwirkungen. Herausgeber: Berufsgenossenschaftliches Institut für Arbeitssicherheit (BGIA), Erich Schmidt Verlag

f) Allgemeiner Staubgrenzwert

Als „Allgemeiner Staubgrenzwert" wird eine Konzentration der alveolengängigen Fraktion (A) für granuläre biobeständige Stäube (GBS) von 0,3 mg/m^3 [20]) und eine Konzentration der einatembaren Fraktion (E) von 4 mg/m^3 festgesetzt.

Überschreitungen entsprechend Kapitel V, Abschnitt g) sind für die E-Fraktion zulässig. Die Höhe der zulässigen Überschreitungen sollte das Zweifache des Allgemeinen Staubgrenzwertes nicht übertreffen (s. „Toxikologisch-arbeitsmedizinische Begründung von MAK-Werten" 25. Lieferung 1997).

Der Allgemeine Staubgrenzwert soll unspezifische Wirkungen (z.B. Überladungseffekte) auf die Atemorgane verhindern. Er ist anzuwenden für schwer lösliche oder unlösliche Stäube, die nicht anderweitig reguliert sind oder für Mischstäube. Das gilt auch, wenn für einzelne Komponenten eines Staubes spezifische MAK-Werte existieren und eingehalten werden. Der Geltungsbereich erstreckt sich nicht auf lösliche Partikel, insbesondere nicht auf Salze aus Steinsalz- und Kalilagerstätten und auch nicht auf ultrafeine (vgl. Vh) oder grobdisperse Partikel.

Bei Einhaltung des Allgemeinen Staubgrenzwertes ist mit einer Gesundheitsgefährdung nur dann nicht zu rechnen, wenn sichergestellt ist, dass keine zusätzlichen stoffspezifischen toxischen Wirkungen des Staubes zu erwarten sind.

g) Überschreitung von MAK-Werten

Die mit einem Verweis auf das Kapitel V, Abschnitt g („Vg") gekennzeichneten MAK-Werte für Aerosole sind aus gemittelten Langzeitexpositionswerten abgeleitet (englisch: no observed adverse effect level, NOAEL).

Die Beeinträchtigung des Atmungsorgans durch diese Stäube beruht auf Langzeiteffekten, die maßgeblich von der über einen längeren Zeitraum einwirkenden Aerosolkonzentration bestimmt sind. Die jeweiligen MAK-Werte entsprechen den gemittelten Langzeitexpositionswerten (NOAEL), beziehen sich aber auf eine Schicht. Da sich die gemittelten Langzeitexpositionswerte aus unterschiedlich hohen Schichtmittelwerten zusammensetzen, kann es toleriert werden, dass einzelne Schichtwerte den MAK-Wert überschreiten. Die zulässige Häufigkeit und Höhe der Überschreitungen wird unter Berücksichtigung arbeitsmedizinisch-toxikologischer Erkenntnisse festgesetzt (vgl. „Toxikologisch-arbeitsmedizinische Begründung von MAK-Werten", 23. Lieferung 1996). Eine zusätzliche Anwendung der Kurzzeitwertkategorien entfällt.

Für alle übrigen Aerosole sind die Kurzzeitwertkategorien zu berücksichtigen (s. Abschnitt Begrenzung von Expositionsspitzen).

h) Ultrafeine Partikel, deren Agglomerate und Aggregate

Ultrafeine Primärteilchen werden gemäß ihres Mobilitäts-Äquivalentdurchmessers (D_M) < 100 nm (entsprechend Diffusions-Äquivalentdurchmesser (D_{ae}) < 100 nm) gemessen. Sie können in der Luft am Arbeitsplatz einzeln auftreten oder häufiger als

[20]) ausgenommen sind ultrafeine Partikel; siehe Abschnitt Vh

Grundeinheiten von Aggregaten und Agglomeraten. In diesen können sie z. B. elektronenmikroskopisch dargestellt werden.

Für die Charakterisierung des Gefährdungspotenzials **ultrafeiner Primärteilchen**, unter Einbeziehung ihrer Aggregate und Agglomerate, sind folgende Aspekte von Bedeutung:

- Die Teilchen entstehen im wesentlichen bei Verbrennungsprozessen und Gasphasenreaktionen.
- Die Depositionsmechanismen im Atemtrakt hängen von der Brown'schen Molekularbewegung ab.
- Die Wirkung der Partikel im Atemtrakt steigt weniger masseproportional als mit der Partikeloberfläche oder der Anzahlkonzentration an.
- Die Wahrscheinlichkeit der Aggregat- bzw. Agglomeratbildung hängt unter anderem auch von der Primärteilchenkonzentration in der Luft am Arbeitsplatz ab.

Ergänzende Hinweise:

Bei **Stäuben und Rauchen** wird abhängig von der Festlegung des jeweiligen Grenzwertes die einatembare Fraktion „E" bzw. die alveolengängige Fraktion „A" gemessen. Bei **Nebeln** ist die einatembare Fraktion „E" zu messen.

Messgeräte, die nach der früher in Deutschland üblichen Johannesburger Konvention Feinstaub erfassen, erfüllen gemäß DIN/EN 481 die Anforderungen zur Erfassung von A-Staub.

Werden Messgeräte verwendet, die nach anderen als den genannten Abscheidefunktion die zu messende(n) Fraktion(en) erfassen, ist das Ergebnis unter Verwendung eines von der Partikelgrößenverteilung abhängigen Umrechnungsfaktors zu korrigieren. Hierbei ist die Validität dieser Vorgehensweise zu belegen.

Ausdrücklich muss darauf hingewiesen werden, dass nicht automatisch von einer Äquivalenz der früher üblichen Gesamtstaubfraktion und mithin der heute üblichen E-Staub-Fraktion zum sogenannten **„total dust"**, einem Begriff, der nach wie vor in der internationalen Literatur weit verbreitet ist, ausgegangen werden kann. Der Ausdruck „total dust" ist derzeit nicht als einheitliche Größe zu verstehen. Messgeräte, die diese Größe erfassen, bedürfen zwingend einer Validierung.

Die bei Umweltschutz-Außenluftmessungen erfassten Fraktionen PM_{10} und $PM_{2.5}$ sind nach ISO 7708 definiert. Dabei entspricht PM_{10} der „Thoraxgängigen Fraktion" (Trennkurve mit 50%igem Abscheidegrad bei 10 µm) während $PM_{2.5}$ durch eine Trennkurve mit 50% Abscheidegrad bei 2,5 µm beschrieben wird. Die A-Fraktion entspräche demnach PM_4.

Für die Messung **faserförmiger Stäube** werden keine Fraktionen nach aerodynamischen Kriterien festgelegt. Stattdessen sind Faserlängen und Faserdurchmesser mikroskopisch zu beurteilen (vgl. Abschnitt III. Krebserzeugende Arbeitsstoffe, Faserstäube).

VI. Begrenzung von Expositionsspitzen

MAK-Werte werden als 8-Stunden-Mittelwerte konzipiert und angewendet. Die aktuellen Konzentrationen der Arbeitsstoffe in der Luft am Arbeitsplatz weisen jedoch häufig erhebliche Schwankungen auf. Die Abweichung vom Mittelwert nach oben bedarf der Begrenzung, um lokale Reizungen, unangemessene Belästigungen und adverse systemische Effekte zu verhindern.

Die gesundheitlichen Folgen kurzzeitiger Überschreitungen des MAK-Werts hängen entscheidend vom Wirkungscharakter der Stoffe ab. Seit 2000 werden Stoffe individuell betrachtet und stoffspezifische Überschreitungsfaktoren (Verhältnis von kurzzeitig erlaubter Konzentrationsspitze zum MAK-Wert) festgelegt. Bei Stoffen der Kategorie I darf der MAK-Wert in der Regel nicht überschritten werden (Überschreitungsfaktor 1 = „Basiswert"), falls die Datenlage keinen anderen Überschreitungsfaktor erlaubt. Für einzelne Stoffe sind auch Überschreitungsfaktoren > 1 abgeleitet worden. Für die Stoffe der Kategorie II beträgt der Basiswert 2. In begründeten Fällen sind auch bei dieser Stoffgruppe Abweichungen vom Basiswert festgelegt worden. Aus messtechnischen Gründen werden die Kurzzeitwerte für die Stoffe dieser beiden Kategorien nun für einen Zeitraum von 15 Minuten festgelegt. Für längere Messzeiten siehe „Toxikologisch-arbeitsmedizinische Begründung von MAK-Werten". Die Häufigkeit der Grenzwertüberschreitungen pro Schicht, der Abstand zwischen den einzelnen Expositionsspitzen sowie die Gesamtdauer der erlaubten Grenzwertüberschreitungen sind als Konvention anzusehen.

Für alle Stoffe ist jedoch der 8-Stunden-Mittelwert einzuhalten.[146])

Dieses Konzept berücksichtigt sowohl toxikologische Erfordernisse als auch die analytische Vollziehbarkeit.

Unter diesen Prämissen werden für die Begrenzung von Überschreitungen der Arbeitsplatzkonzentrationen die zwei folgenden Kategorien festgelegt; s. auch „Spitzenbegrenzung" in „Toxikologisch-arbeitsmedizinische Begründung von MAK-Werten"[1]):

Überschreitungsfaktoren sowie Dauer, Häufigkeit und Abstand der Überschreitungen

	Kategorie	Überschreitungsfaktor	Dauer	Häufigkeit pro Schicht	Abstand ***)
I	Stoffe, bei denen die lokale Reizwirkung grenzwertbestimmend ist oder atemwegssensibilisierende Stoffe	1*)	15 min, Mittelwert**)	4	1 h
II	resorptiv wirksame Stoffe	2*)	15 min, Mittelwert	4	1 h

*) Basiswert, ansonsten stoffspezifisch bis maximal 8.
**) In begründeten Fällen kann auch ein Momentanwert (Konzentration, die zu keiner Zeit überschritten werden soll) festgelegt werden.
***) nur für Überschreitungsfaktoren > 1.

[146]) vgl. aber Abschnitt Vg

[1]) Zu beziehen von WILEY-VCH, D-69451 Weinheim bzw. Online unter http://www.mak-collection.com.

MAK- und BAT-Werte-Liste 2014. DFG, Deutsche Forschungsgemeinschaft

ISBN: 978-3-527-33737-8

In der MAK- und BAT-Werte-Liste (Teil II a) werden in der Spalte „Spitzenbegrenzung“ die jeweiligen Kategorien und in Klammern die jeweiligen Überschreitungsfaktoren aufgeführt. Krebserzeugende Arbeitsstoffe ohne MAK-Werte erhalten ein „–“.

Eine Handlungsanweisung für die analytische Kontrolle („Analytische Methoden zur Prüfung gesundheitsschädlicher Arbeitsstoffe — Luftanalysen“[1])) ist veröffentlicht. Daten zu den einzelnen Stoffen finden sich in den Begründungen der MAK-Werte.[1])

VII. Hautresorption

Bei Arbeitsstoffen kann die Resorption durch die Haut entscheidend zur inneren Exposition der Arbeitnehmer beitragen oder sogar der bedeutsamste Aufnahmeweg sein.

Die einzig relevante Barriere gegen eine Arbeitsstoffresorption bildet die Hornschicht (Stratum corneum) der Haut. Die Fähigkeit eines Stoffes zur Penetration durch diese Barriere wird durch dessen physiko-chemische Eigenschaften bestimmt. Die dermale Penetrationsrate wird zusätzlich durch Arbeitsplatzbedingungen und individuelle Faktoren beeinflusst. Perkutan können feste, flüssige und gasförmige Stoffe aufgenommen werden. Die Haut bildet für viele Stoffe ein Depot, aus dem die Resorption auch noch nach der Exposition stattfindet. Die übliche Arbeitskleidung schützt nicht vor einer dermalen Resorption von Arbeitsstoffen. Eine Quantifizierung der dermal aufgenommenen Arbeitsstoffe ist nur durch ein Biologisches Monitoring möglich (siehe Abschnitt XI „Überwachung“).

Eine Markierung mit „H“ erfolgt dann, wenn durch den Beitrag der dermalen Exposition die Einhaltung des MAK-Werts alleine nicht mehr vor den für die Festlegung des Grenzwerts maßgeblichen gesundheitlichen Schäden schützt. Hierzu kann neben systemischen Wirkungen auch eine Atemwegssensibilisierung zählen, wenn nachgewiesen wurde, dass Hautkontakt diese induzieren kann. Eine Markierung mit „H“ unterbleibt, wenn toxische Effekte unter Bedingungen des Arbeitsplatzes nicht zu erwarten sind, unabhängig von der Penetrationsfähigkeit der Substanz. Aus dem Fehlen einer Markierung mit „H“ kann jedoch nicht geschlossen werden, dass das Tragen von Atemschutz genügt, um den Beschäftigten ausreichend vor dem Arbeitsstoff zu schützen, wenn der MAK-Wert nicht eingehalten werden kann. Unter diesen Bedingungen wurde insbesondere für amphiphile Stoffe eine erhebliche Resorption aus der Gasphase nachgewiesen. Stoffe des Abschnitts II b werden analog wie Stoffe mit MAK-Wert bearbeitet und mit „H“ markiert, wenn von einer toxikologisch relevanten Aufnahme auszugehen ist und eines der Markierungskriterien erfüllt ist. Bei krebserzeugenden Arbeitsstoffen der Kategorie 1 und 2 sowie bei Stoffen mit möglicher krebserzeugender Wirkung der Kategorie 3 ohne MAK-Wert erfolgt die Markierung mit „H“ dann, wenn davon auszugehen ist, dass durch die perkutane Resorption ein nennenswerter Beitrag zur inneren Belastung für den Menschen resultiert. Zur adäquaten Beurteilung der erforderlichen arbeitsplatzhygienischen Maßnahmen sind die jeweiligen Begründungen heranzuziehen.

Ein Stoff wird markiert, wenn eines der folgenden Kriterien erfüllt ist:

[1]) Zu beziehen von WILEY-VCH, D-69451 Weinheim bzw. Online unter http://www.mak-collection.com.

MAK- und BAT-Werte-Liste 2014. DFG, Deutsche Forschungsgemeinschaft

ISBN: 978-3-527-33737-8

1. Kennzeichnung aufgrund von Untersuchungen am Menschen
Feldstudien oder wissenschaftlich fundierte Kasuistiken belegen, dass der perkutanen Resorption beim Umgang mit dem zu beurteilenden Arbeitsstoff eine praktische Relevanz zukommt:
Die perkutane Resorption ist sicher für einen Teil der inneren Exposition verantwortlich zu machen und diese Exposition kann zu toxischen Effekten beitragen.

2. Kennzeichnung aufgrund von Untersuchungen am Tier
Tierexperimentell konnte eine perkutane Resorption nachgewiesen werden und diese Exposition kann zu toxischen Effekten beitragen.

3. Kennzeichnung aufgrund von In-vitro-Untersuchungen
Mit anerkannten Methoden wurde eine relevante perkutane Resorption quantifiziert und diese Exposition kann zu toxischen Effekten beitragen. Der „Flux" durch die Haut wurde bestimmt, und die Permeabilitätskonstante wurde berechnet bzw. ist zu berechnen, oder Angaben zur prozentualen Resorption der applizierten Dosis (% resorbiert pro Zeiteinheit und Fläche) liegen vor.

4. Kennzeichnung aufgrund theoretischer Modelle
Aufgrund von Analogieschlüssen oder mathematischen Modellrechnungen ist eine relevante perkutane Resorption anzunehmen und diese Exposition kann zu toxischen Effekten beitragen.

Die Kriterien 1–4 sind hierarchisch geordnet, wobei Daten von Menschen die größte Bedeutung zukommt. Eine ausführliche Darstellung der quantitativen Kriterien findet sich in den „Kriterien für die Vergabe der „H"-Markierung" in „Toxikologisch-arbeitsmedizinische Begründung von MAK-Werten".[1])

Markierte Stoffe sind in der MAK- und BAT-Werte-Liste in der besonderen Spalte „H ;S" durch ein „H" gekennzeichnet. Das „H" weist jedoch nicht auf eine Hautreizung hin.

VIII. MAK-Werte und Schwangerschaft

Die Einhaltung von MAK- und BAT-Werten gewährleistet nicht in jedem Falle den sicheren Schutz des ungeborenen Kindes, da zahlreiche Arbeitsstoffe nicht oder nur teilweise auf fruchtschädigende Wirkungen untersucht worden sind.

Definition
Der Begriff „fruchtschädigend" bzw. entwicklungstoxisch wird von der Kommission im weitesten Sinne verstanden, und zwar im Sinne jeder Stoffeinwirkung, die eine gegenüber der physiologischen Norm veränderte Entwicklung des Organismus hervorruft, die prä- oder postnatal zum Tod oder zu einer permanenten morphologischen oder funktionellen Schädigung der Leibesfrucht führt.

---

[1]) Zu beziehen von WILEY-VCH, D-69451 Weinheim bzw. Online unter http://www.mak-collection.com.

MAK- und BAT-Werte-Liste 2014. DFG, Deutsche Forschungsgemeinschaft

ISBN: 978-3-527-33737-8

Erfahrungen beim Menschen

Epidemiologische Studien, die Hinweise auf fruchtschädigende Wirkungen von Stoffen beim Menschen geben, sind für die Bewertung von besonderer Bedeutung. Aufgrund von Limitierungen solcher Studien wie methodischen Unzulänglichkeiten, geringer statistischer Aussagekraft, Mischexposition, persönlichen Einflussfaktoren und Lebensstil ist eine eindeutige Aussage über stoffspezifische Wirkungen und Effektschwellen meist jedoch nicht möglich.

Tierexperimentelle Untersuchungen

Die Beurteilung der entwicklungstoxischen Eigenschaften von Substanzen erfolgt überwiegend auf Grundlage von tierexperimentellen Studien. Von maßgeblicher Bedeutung sind hierbei Studien, die nach international anerkannten Prüfrichtlinien, wie den OECD- oder vergleichbaren Prüfrichtlinien (z. B. EU, Japan) durchgeführt wurden. Zur Ermittlung der pränatalen Toxizität ist vor allem die OECD-Prüfrichtlinie 414 relevant. Die Prüfung der peri- und postnatalen Toxizität, in eingeschränktem Maß auch der pränatalen Toxizität, erfolgt vor allem in Eingenerationsstudien nach OECD-Prüfrichtlinie 415, in Zweigenerationsstudien nach OECD-Prüfrichtlinie 416 oder in Screening-Tests nach den OECD-Prüfrichtlinien 421 und 422. Liegen Studien vor, die nicht nach diesen Richtlinien durchgeführt wurden, ist deren Aussagekraft im einzelnen zu bewerten. Die wichtigsten Kriterien hierfür sind eine ausreichend große Tierzahl, die Verwendung verschiedener Dosisgruppen mit der Ableitung eines NOAEL (no observed adverse effect level), ausreichende Untersuchungstiefe (äußere, skelettale und viszerale Untersuchungen der Feten bei den Entwicklungstoxizitätsstudien) und eine ausreichende Dokumentation der Befunde.

Zur Beurteilung der fruchtschädigenden Wirkungen von Stoffen am Arbeitsplatz sind Inhalationsstudien von besonderer Bedeutung. Jedoch können auch Studien mit oraler oder dermaler Verabreichung berücksichtigt werden, wenn die vorhandenen Daten nicht gegen eine Übertragung auf die inhalative Situation sprechen (z. B. bei einem ausgeprägten „first pass“ Effekt). Studien, die mit Applikationswegen durchgeführt wurden, die für den Menschen nicht relevant sind (z. B. i. p.) werden in der Regel für die Bewertung nicht herangezogen.

Bei Studien mit oraler Verabreichung werden meist höhere Dosierungen erreicht als mit inhalativer oder dermaler Verabreichung. Damit werden auch Effekte erfasst, die nur im hohen Dosisbereich auftreten. In den genannten Prüfrichtlinien gelten daher 1000 mg/kg KG als maximal zu testende Dosierung („Limit Dose“). Solche Hochdosiseffekte sind für die Beurteilung von fruchtschädigenden Wirkungen bei Konzentrationen im Bereich des MAK-Wertes meist ohne Relevanz. Von geringer Relevanz für die Situation am Arbeitsplatz sind Fruchtschädigungen, die in Gegenwart ausgeprägter maternaler Toxizität zu beobachten sind, da diese durch Einhaltung des MAK-Wertes verhindert werden. Von besonderer Relevanz sind Befunde in Dosierungen bzw. Konzentrationen, bei denen keine oder nur geringfügige maternale Toxizität zu beobachten ist.

Als bevorzugte Versuchstierspezies werden in der oben genannten Prüfrichtlinie zur pränatalen Entwicklungstoxizität (OECD 414) üblicherweise weibliche Ratten und Kaninchen empfohlen. Dagegen werden die Generationsstudien (z. B. OECD 415 und 416) einschließlich der Screening-Tests (z. B. OECD 421 und 422) normalerweise nur mit Ratten beiderlei Geschlechts durchgeführt.

Um Unsicherheiten in der Bewertung der Tierversuche zu berücksichtigen, ist ein ausreichender Abstand zwischen dem NOAEL für entwicklungstoxische Effekte im Tierexperiment und der resultierenden Belastung bei Einhaltung des MAK- bzw. BAT-Wertes erforderlich. Die erforderliche Größe des Abstandes hängt von einer Anzahl sehr unterschiedlicher Faktoren ab:

- Vergleichenden toxikokinetischen Daten bei Mensch und Tier.
- Kenntnis des toxikokinetischen Profils eines Stoffes bei Muttertier und Embryonen bzw. Feten, um Unterschiede in der Belastung zwischen maternalen und fetalen Organen/Geweben zu beurteilen.
- Liegen solche Daten nicht vor, spielt die Beurteilung spezifischer Stoffeigenschaften wie Molekülgröße, Lipidlöslichkeit und Proteinbindung eine wesentliche Rolle, weil diese für den transplazentaren Übergang des Stoffes vom Muttertier maßgeblich sind und die innere Belastung der Embryonen bzw. Feten bestimmen.
- Art und Schweregrad der beobachteten Befunde sind wichtige Faktoren. So sind gravierende Effekte, wie das vermehrte Vorkommen spezifischer Missbildungen in Dosierungen ohne gleichzeitige maternale Toxizität stärker zu berücksichtigen als eher unspezifische bzw. weniger schwerwiegende fetotoxische Effekte, wie geringfügig verringertes fetales Körpergewicht oder verzögerte Skelettreifung.

Die Festlegung des erforderlichen Abstandes ist somit ein stoffspezifischer Prozess, der zu unterschiedlich begründeten Ergebnissen führt.

Schwangerschaftsgruppen

Auf Basis der genannten Voraussetzungen überprüft die Kommission alle gesundheitsschädlichen Arbeitsstoffe mit MAK- oder BAT-Wert daraufhin, ob eine fruchtschädigende Wirkung bei Einhaltung des MAK- oder BAT-Wertes nicht zu befürchten ist (Gruppe C), ob eine solche nach den vorliegenden Informationen nicht auszuschließen ist (Gruppe B) oder sicher nachgewiesen ist (Gruppe A). Für eine Anzahl an Arbeitsstoffen ist es jedoch vorerst nicht möglich, eine Aussage zur fruchtschädigenden Wirkung zu machen (Gruppe D). Dies ist in der jeweiligen Begründung ausführlich dargestellt.

Folgende Schwangerschaftsgruppen werden daher definiert:

Gruppe A: Eine fruchtschädigende Wirkung ist beim Menschen sicher nachgewiesen und auch bei Einhaltung des MAK- und BAT-Wertes zu erwarten.

Gruppe B: Eine fruchtschädigende Wirkung ist nach den vorliegenden Informationen bei Exposition in Höhe des MAK- und BAT-Wertes nicht auszuschließen. In der jeweiligen Begründung ist, sofern die Bewertung der Datenlage durch die Kommission es ermöglicht, ein Hinweis gegeben, welche Konzentration der Zuordnung zur Schwangerschaftsgruppe C entsprechen würde. Die Stoffe mit einem Hinweis werden in der MAK- und BAT-Werte-Liste mit der Fußnote „Hinweis auf Voraussetzung für Gruppe C siehe Begründung“ versehen.

Gruppe C: Eine fruchtschädigende Wirkung braucht bei Einhaltung des MAK- und BAT-Wertes nicht befürchtet zu werden.

Gruppe D: Für die Beurteilung der fruchtschädigenden Wirkung liegen entweder keine Daten vor oder die vorliegenden Daten reichen für eine Einstufung in eine der Gruppen A, B oder C nicht aus.

Arbeitsstoffe ohne MAK- oder BAT-Wert (krebserzeugende Stoffe oder Stoffe des Abschnittes II b) erhalten ein „–“.

IX. Keimzellmutagene

Keimzellmutagene erzeugen in Keimzellen Genmutationen sowie strukturelle oder numerische Chromosomenveränderungen, die vererbt werden. Die Auswirkungen der Keimzellmutationen in Folgegenerationen reichen von genetisch bedingten Variationen ohne Krankheitswert über Fertilitätsstörungen, embryonalen und perinatalen Tod, mehr oder weniger schwere Missbildungen bis zu Erbkrankheiten unterschiedlichsten Schweregrades. Der Begriff Keimzellmutagenität ist hier gegenüber der Mutagenität in somatischen Zellen abgegrenzt, die als Initiation zu der Krebsentstehung beitragen kann, und bezieht sich ausdrücklich auf männliche und weibliche Keimzellen.

Epidemiologische Studien haben bisher keinen Beweis dafür erbracht, dass eine Exposition gegen Chemikalien oder Strahlen zu Erbkrankheiten beim Menschen geführt hat. Zwar wurden in den Keimzellen strahlenexponierter Männer strukturelle Chromosomenveränderungen nachgewiesen, aber selbst aus dieser Beobachtung kann nur der Verdacht abgeleitet werden, dass die betreffende Exposition zu genetischen Schäden der Nachkommen führt. Der Nachweis eines expositionsbedingt erhöhten Auftretens von Erbkrankheiten ist mit großen methodischen Schwierigkeiten verbunden. In der menschlichen Bevölkerung existieren zahlreiche Erbkrankheiten unbekannter Ursache, die in verschiedenen Populationen mit unterschiedlichen Häufigkeiten auftreten. Auf Grund der weitgehenden Zufälligkeit der Verteilung von Mutationsereignissen im Genom ist nicht zu erwarten, dass ein Stoff eine bestimmte charakteristische Erbkrankheit auslöst. Es ist somit auch in absehbarer Zeit nicht damit zu rechnen, dass Beweise für einen ursächlichen Zusammenhang zwischen der Exposition gegenüber einem Stoff und dem Auftreten von Erbkrankheiten zu erbringen sein werden.

In dieser Situation müssen die Ergebnisse aus Tierversuchen bei der Identifizierung potentieller Keimzellmutagene Berücksichtigung finden. Die mutagene Wirkung von Arbeitsstoffen in Keimzellen kann anhand des Auftretens einer erhöhten Mutantenhäufigkeit unter den Nachkommen exponierter Versuchstiere gezeigt werden. Außerdem liefert der Nachweis genotoxischer Effekte in den Keimzellen oder in Somazellen Hinweise auf eine Gefährdung nachfolgender Generationen durch Arbeitsstoffe.

Die Keimzellmutagene werden in weitgehender Analogie zu den Kategorien für krebserzeugende Arbeitsstoffe in folgende Kategorien eingeteilt:

1. Keimzellmutagene, deren Wirkung anhand einer erhöhten Mutationsrate unter den Nachkommen exponierter Personen nachgewiesen wurde.
2. Keimzellmutagene, deren Wirkung anhand einer erhöhten Mutationsrate unter den Nachkommen exponierter Säugetiere nachgewiesen wurde.

3A. Stoffe, für die eine Schädigung des genetischen Materials der Keimzellen beim Menschen oder im Tierversuch nachgewiesen wurde oder für die gezeigt wurde, dass sie mutagene Effekte in somatischen Zellen von Säugetieren in vivo hervorrufen und dass sie in aktiver Form die Keimzellen erreichen.

MAK- und BAT-Werte-Liste 2014. DFG, Deutsche Forschungsgemeinschaft

ISBN: 978-3-527-33737-8

3B. Stoffe, für die aufgrund ihrer genotoxischen Wirkungen in somatischen Zellen von Säugetieren in vivo ein Verdacht auf eine mutagene Wirkung in Keimzellen abgeleitet werden kann. In Ausnahmefällen Stoffe, für die keine In-vivo-Daten vorliegen, die aber in vitro eindeutig mutagen sind und die eine strukturelle Ähnlichkeit zu In-vivo-Mutagenen haben.

4. Entfällt (⁂)
5. Keimzellmutagene oder Verdachtsstoffe (gemäß der Definition in Kategorien 3A und 3B), deren Wirkungsstärke als so gering erachtet wird, dass unter Einhaltung des MAK- und BAT-Wertes ein sehr geringer Beitrag zum genetischen Risiko für den Menschen zu erwarten ist.

(⁂) Die Kategorie 4 für krebserzeugende Arbeitsstoffe berücksichtigt nicht-genotoxische Wirkungsmechanismen. Da einer Keimzellmutation per definitionem eine genotoxische Wirkung zugrunde liegt, entfällt eine solche Kategorie 4 für Keimzellmutagene. Falls neue Forschungsergebnisse es sinnvoll erscheinen lassen, könnte zu einem späteren Zeitpunkt eine Kategorie 4 für genotoxische Stoffe gebildet werden, deren primäres Target nicht die DNA ist (z. B. reine Aneugene).

X. Besondere Arbeitsstoffe

a) Organische Peroxide

Bei den organischen Peroxiden ist die entzündliche und ätzende Wirkung auf die Haut und die Schleimhäute sehr unterschiedlich stark ausgeprägt: Manche führen noch in starker Verdünnung und kleinsten Mengen zu tiefgreifenden Hautnekrosen oder Cornealnekrosen mit Verlust des Auges. Die Einatmung der Dämpfe ruft unterschiedlich starke Reizerscheinungen an den Atemwegen hervor. Die Gefahr einer resorptiven Wirkung ist in der Praxis gering. Sensibilisierungen vom Soforttyp durch Einatmung sind beobachtet worden. Bei den Hydroperoxiden und bei einzelnen Peroxiden ist außerdem mit einer Kontaktsensibilisierung zu rechnen.

Eine Anzahl organischer Peroxide hat bei in-vitro-Untersuchungen mutagene Wirkungen erkennen lassen. Es wurden weiterhin in einzelnen Tierexperimenten Tumoren erzeugt z. B. durch Acetylperoxid, tert-Butylperoxid, Dilauroylperoxid, α,α-Dimethylbenzylhydroperoxid.

Prakt. ohne Hautwirkung oder sehr schwache Hautwirkung:	Di-tert-butylperoxid	
	Dibenzoylperoxid	(50 %)
	Dilauroylperoxid	(50 %)
Mäßige Hautwirkung:	tert-Butylhydroperoxid	
	tert-Butylperacetat	(50 %)

MAK- und BAT-Werte-Liste 2014. DFG, Deutsche Forschungsgemeinschaft

ISBN: 978-3-527-33737-8

Sehr starke Hautwirkung:	α,α-Dimethylbenzylhydroperoxid (Methylethylketonperoxid)	
	2-Butanonperoxid (Methylethylketonperoxid)	(40 %)
	Cyclohexanonperoxidgemische	(50 %)
	Dicyclohexylperoxid	(50 %)
	Diacetylperoxid	(30 %)
	Peroxyessigsäure	(40 %)

b) Benzine

Die Kommission kann sich nicht entschließen, einen MAK-Wert für „Benzine" anzugeben, da es sich hierbei um Gemische stark differierender Zusammensetzung wie Vergaserkraftstoffe, Spezialbenzine, Testbenzine und Pyrolysebenzine handelt. Die Toxizität der Benzine hängt hauptsächlich von dem — je nach Herstellungsverfahren — sehr unterschiedlichen Gehalt an Aromaten ab (Benzol, Toluol, Xylole, Ethylbenzol, iso-Propylbenzol).

Die zur Festlegung von MAK-Werten vorgeschlagenen Verfahren, die lediglich auf einer rechnerischen Bewertung der Zusammensetzung von Lösemittelgemischen als Flüssigkeiten beruhen, sind aus grundsätzlichen Erwägungen abzulehnen, da sie kaum Aufschlüsse über die tatsächlichen Konzentrationen in der Atemluft am Arbeitsplatz geben können. Erst wenn die Ergebnisse von Untersuchungen definierter Benzin-Dampfgemische vorliegen (vgl. Abschn. I), kann sich die Kommission konkret äußern.

Der Gehalt an Zusätzen wie 1,2-Dibromethan, 1,2-Dichlorethan u. a. ist gesondert zu bewerten (s. diese).

c) Kühlschmierstoffe, Hydraulikflüssigkeiten und andere Schmierstoffe

Definition

Schmierstoffe sind Schmiermedien auf Basis von Mineralölen, natürlichen Ölen oder synthetischen Flüssigkeiten. Infolge dessen sollen Schmierstoffe in flüssiger Zubereitung wie Kühlschmierstoffe (KSS nach DIN 51385) und Schmierfette unterschiedlicher Konsistenz (physikalisch kolloidale Suspensionen von Verdickern in Ölen – DIN 51825) betrachtet werden. Einbezogen werden zudem Hydraulikflüssigkeiten (DIN 51524), die der Kraftübertragung in hydrostatischen/hydrodynamischen Systemen dienen und zugleich durch z. B. Kontamination Eintrag in den Kühlschmierstoffkreislauf finden können.

Teilt man die Schmierstoffe nach Sorten bzw. Einsatzbereichen ein, so werden sog. „automotive" Schmierstoffe (Motoröle, Getriebeöle) von Schmierstoffen für industrielle Anwendungsbereiche unterschieden, wie Kühlschmierstoffe und Hydraulikflüssigkeiten.

Schmierstoffe sind chemisch eine heterogene Gruppe und komplex zusammengesetzt. Eine Vielfalt der enthaltenen Substanzen findet sich sowohl in Kühlschmierstoffen als auch in anderen Schmierstoffen. Daher werden die früher getrennt in der MAK- und BAT-Werte-Liste sowie in den „Toxikologisch-arbeitsmedizinischen Begründungen von MAK-Werten" [139]) aufgeführten Substanzen seit 2013 in einer gemeinsamen Liste geführt. Hydraulikflüssigkeiten teilen eine Vielzahl Komponenten mit beiden anderen Gruppen und werden deshalb hier ebenfalls mit betrachtet.

---

[139]) Zu beziehen von WILEY-VCH, D-69451 Weinheim, bzw. Online unter http://www.mak-collection.com.

Kühlschmierstoffe

Kühlschmierstoffe werden zum Kühlen von Metallwerkstücken verwendet und erhöhen bei der Zerspanung (hierzu zählen z.B. Drehen, Bohren, Fräsen, Schneiden) Qualität und Geschwindigkeit der Bearbeitung und die Standzeit der Werkzeuge.

Bei der umformenden Be- und Verarbeitung von Werkstücken (hierzu zählen z.B. Walzen, Formen) vermindern sie die Reibung und schützen die Oberflächen. Sie werden in nicht wassermischbare Kühlschmierstoffe (frühere Synonyme Hon-, Schneid-, Schleif- und Walzöle) und wassermischbare Kühlschmierstoffe unterteilt. Mit Wasser gemischt verwendet heißen sie dann „wassergemischte Kühlschmierstoffe", in der Praxis auch Bohrmilch oder -emulsion und Schleifwasser.

Bei den heutigen nicht wassermischbaren Kühlschmierstoffen handelt es sich in der Regel um Mehrstoffgemische, deren Zusammensetzung je nach Verwendungszweck erheblich wechseln kann. Sie bestehen überwiegend aus Grundölen (Basisöle). Dies sind entweder Mineralöle (natürliche Kohlenwasserstoffe, paraffinisch oder naphthenisch), natürliche Öle (z.B. Rapsöle) oder chemisch synthetisierte Öle wie synthetische Esteröle (z.B. Trimethylpropanester und Polyglykolether). Wesentliche, technisch gewünschte Eigenschaften wie Lasttragevermögen, Einstellung von Viskositätsindex und Stockpunkt (Pour Point) werden jedoch erst durch Zugabe von Additiven erreicht.

Wesentliche Additive dienen zum Verschleiß-, Korrosions-, Alterungsschutz, als Schaumverhinderer, Antinebelzusatz und können auch grenzflächenaktive Substanzen (Tenside) sein. Antioxidantien verhindern z.B. die Zersetzung des Schmierstoffs, Metalldesaktivatoren hemmen die katalytische Aktivität und die Korrosion von Buntmetallen.

In wassermischbaren Kühlschmierstoffen, die typischerweise als wassergemischte Kühlschmierstoffe in Konzentrationen von 1–20 % vorliegen, sind zusätzliche Additive wie Emulgatoren, Lösungsvermittler, Geruchsüberdecker und Farbstoffe enthalten. Biozide dienen der Kontrolle von Keimbesiedlung (Konservierung) in wasserhaltigen Systemen. Bei wassergemischten Kühlschmierstoffen können zudem durch Nachstellen einzelner Komponenten im Rahmen der Kontrolle/Wartung/Pflege z.B Biozide bei erhöhter Keimbesiedelung zugesetzt werden, die nicht immer der ursprünglichen Herstellerrezeptur entsprechen. Somit muss im Verlauf bzw. bei längeren Standzeiten mit einer sich ständig verändernden Zusammensetzung gerechnet werden.

Die toxikologische Bewertung der Kühlschmierstoffe ist abhängig von ihrer stofflichen Zusammensetzung und von den Eigenschaften der Komponenten, die je nach Verwendungszweck in Zahl und Anteil stark differieren. Die Mineralölkomponente allein ist deshalb nicht repräsentativ für das Wirkungspotential. Der früher für reines Mineralöl aufgestellte MAK-Wert von 5 mg/m^3 kann daher nicht auf die heutigen Kühlschmierstoffe angewendet werden, da es sich in der Regel um Mehrstoffgemische handelt, deren Zusammensetzung je nach Verwendungszweck erheblich differieren kann. Aus diesem Grunde steht auch ein einheitlicher MAK-Wert für alle Kühlschmierstofftypen nicht in Aussicht. Von erheblichem Nachteil ist, dass keine Deklarationspflicht für die einzelnen Komponenten von Kühlschmierstoffen besteht. Somit ist eine systematische Erfassung praktisch unmöglich. Mit fortschreitender Technik ist mit neuen Komponenten und Zusammensetzungen zu rechnen. Für eine ausreichende Bewertung durch die Kommission ist zu fordern, dass die Zusammensetzung bekannt gegeben wird.

Hydraulikflüssigkeiten und andere Schmierstoffe wie Schmierfette
Hydraulikflüssigkeiten sind Betriebsflüssigkeiten für hydrostatische/hydrodynamische Kraftübertragungen. Sie bestehen überwiegend aus Ölen wie Mineralölen, natürlichen Ölen oder synthetischen Flüssigkeiten unterschiedlicher Struktur und Viskosität mit Additiven (Norm DIN 51524). Beim Einsatz von Hydraulikflüssigkeiten und anderen Schmierstoffen wie Schmierfetten kann es zu intensivem Hautkontakt kommen. Der Hautkontakt zu Komponenten von Hydraulikflüssigkeiten findet hauptsächlich durch den Eintrag in wassergemischte Kühlschmierstoffe während der Metallbearbeitung statt.

Es gibt zahlreiche Anwendungsfälle, bei denen flüssige Schmierstoffe ungeeignet sind (z.B. Walz- und Gleitlager in Werkzeugmaschinen). Hier kommen Schmierfette zur Anwendung, die einen breiten Viskositätsbereich abdecken. Schmierfette sind physikalisch gesehen kolloidale Suspensionen von Verdickern in Ölen. Als Verdicker kommen hauptsächlich Metallseifen zum Einsatz, aber auch mineralische Stoffe und Polymere.

Gefährdungen
Bei Hautkontakt sind gesundheitliche Wirkungen überwiegend als sensibilisierende und irritative Wirkung an der Haut im Sinne einer toxisch-irritativen oder Typ-IV-sensibilisierenden Wirkung zu erwarten (siehe Kapitel IV „Sensibilisierende Arbeitsstoffe“ und TRGS 401 [147])). Systemische Toxizität durch Hautresorption steht dagegen nicht im Vordergrund.

Bei Einsatz von Kühlschmierstoffen können durch hohe Temperaturen an der Schneide Dämpfe und durch hohe Drehzahlen Aerosole in die Luft am Arbeitsplatz gelangen. Über die Langzeitwirkung nach Aufnahme unter Arbeitsbedingungen in die Lunge liegen bisher kaum tierexperimentelle oder epidemiologische Erfahrungen vor. Die toxischen Profile einzelner Komponenten weisen jedoch nach pulmonaler oder auch dermaler Resorption auch auf systemisch-toxische Reaktionen hin. Reaktionen nach Inhalation an Atemwegen und Lunge können irritativ oder toxisch sein. Es ist anzunehmen, dass systemisch-toxische Wirkungen ebenso wie die lokale Wirkung auf Haut und Atemtrakt überwiegend von den Zusatzstoffen (Additiven) ausgehen.

Von potentieller toxikologischer Bedeutung können bei wassergemischten Kühlschmierstoffen krebserzeugende Nitrosamine sein, die sich aus nitrosierbaren sekundären Aminen wie Diethanolamin und Morpholin bilden können (vgl. Kapitel III „Entstehung kanzerogener Nitrosamine durch Nitrosierung von Aminen“, siehe TRGS 552 [148]) und 611 [149])), insbesondere wenn keine Inhibitoren gegen deren Bildung enthalten sind.

Einen erheblichen Einfluss auf die Nitrosaminbildung bzw. deren Geschwindigkeit haben sowohl die Nitritkonzentration als auch der pH-Wert des wassergemischten Kühlschmierstoffes. Bakterielle Nitritbildung kann durch Biozidzugabe vermieden werden.

---

[147]) Ausschuss für Gefahrstoffe (2011) „Gefährdung durch Hautkontakt- Ermittlungen, Beurteilung, Maßnahmen“ (TRG401) Gemeinsames Ministerblatt 2011, 17 http://www.baua.de/de/Themen-von-A-Z/Gefahrstoffe/TRGS/TRGS.html

[148]) Ausschuss für Gefahrstoffe (2007) Nitrosamine (TRGS 552) http://www.baua.de/de/Themen-von-A-Z/Gefahrstoffe/TRGS/TRGS.html

[149]) Ausschuss für Gefahrstoffe (2007) Verwendungsbeschränkungen für wassermischbare bzw. wassergemischte Kühlschmierstoffe, bei deren Einsatz N-Nitrosamine auftreten können http://www.baua.de/de/Themen-von-A-Z/Gefahrstoffe/TRGS/TRGS.html

Da der Nitrosamingehalt nicht immer mit dem Nitritgehalt korreliert, ist in Kühlschmierstoffen mit sekundären Aminen (diese entsprechen nicht der TRGS 6114 [149]), außer deren Öffnungsklausel nach Abschnitt 2.4 gilt) die Messung des Nitrosamingehalts zuverlässiger als die des Nitritgehalts. Insbesondere schließt die Abwesenheit von Nitrit zu einem bestimmten Messzeitpunkt nicht das Vorhandensein von Nitrosaminen aus.

Beim Gebrauch nicht wassermischbarer Kühlschmierstoffe entstehen polycyclische aromatische Kohlenwasserstoffe (PAH; Leitsubstanz Benzo[a]pyren). Diese entstehen in nicht kritischen Konzentrationen, wenn deren mineralische Basisöle ausreichend raffiniert oder hydriert sind. Nach TRGS 905 [150]) soll bei nicht wassermischbaren Kühlschmierstoffen der Massengehalt an Benzo[a]pyren in den Basisölen weniger als 0,005 % (50 ppm) betragen.

In der Begründung von systemisch kaum toxischen und als nicht schleimhautreizend bewerteten Kühlschmierstoffkomponenten, für die kein MAK-Wert aufgestellt werden kann, wird darauf hingewiesen, dass bei einer Konzentration von bis zu 10 mg Kühlschmierstoff/m^3, die dem technikbasierten Grenzwert der BG-Regel (BGR/GUV–R 143, 2011 [151])) entspricht, keine Gesundheitsgefährdung durch den Stoff zu erwarten ist.

Die Kommission erarbeitet toxikologisch-arbeitsmedizinische Begründungen zu einzelnen Komponenten mit dem Ziel, praktikable Bewertungen, wenn möglich in Form von MAK-Werten, zu publizieren. Die Liste, die einer ständigen Fortschreibung unterliegt, soll bei der von Fall zu Fall vorzunehmenden Beurteilung der Wirkung von Kühlschmierstoffen, Hydraulikflüssigkeiten und anderen Schmierstoffen und der eventuell zu treffenden Maßnahmen des Gesundheitsschutzes behilflich sein.

Die folgenden Stoffe wurden bearbeitet

Abietinsäure [16]) [514-10-3]
Alkylbenzolsulfonate C10–C14, lineare [69669-44-9; 85117-50-6]
Alkylethercarbonsäuren
1-(2-Allyloxy)-2-(2,4-dichlorphenyl)ethyl)-1H-imidazol (Imazalil) [35554-44-0]
2-Aminobutanol [96-20-8]
2-(2-Aminoethoxy)ethanol (Diglykolamin) [929-06-6]
2-Amino-2-ethyl-1,3-propandiol [115-70-8]
2-Amino-2-methyl-1-propanol [124-68-5]
1-Aminopropan-2-ol [78-96-6]
Aminotris(methylenphosphonsäure) [6419-19-8]
Azelainsäure [123-99-9]
Behensäure [112-85-6]
1,2-Benzisothiazol-3(2H)-on [2634-33-5]
Benzotriazol [95-14-7]

[149]) Ausschuss für Gefahrstoffe (2007) Verwendungsbeschränkungen für wassermischbare bzw. wassergemischte Kühlschmierstoffe, bei deren Einsatz N-Nitrosamine auftreten können http://www.baua.de/de/Themen-von-A-Z/Gefahrstoffe/TRGS/TRGS.html

[150]) Ausschuss für Gefahrstoffe (2007) Verzeichnis krebserzeugender, erbgutverändernder oder fortpflanzungsgefährdender Stoffe (TRGS 905) http://www.baua.de/de/Themen-von-A-Z/Gefahrstoffe/TRGS/TRGS.html

[151]) Deutsche Gesetzliche Unfallversicherung (2011) Regel „Tätigkeiten mit Kühlschmierstoffen“, BGR/GUV – R 143. http://publikationen.dguv.de/dguv/pdf/10002/r-143.pdf

[16]) Ein immunologischer Mechanismus für das auf Abietinsäure-haltige Arbeitsstoffe öfter beobachtete Asthma ist nicht gesichert.

Benzylalkoholmono(poly)hemiformal [32]) [14548-60-8]
Bis(2-ethylhexyl)zinkdithiophosphat [4259-15-8]
1,3-Bis-(hydroxymethyl)harnstoff [32]) [140-95-4]
Bis(morpholino)methan [32]) [5625-90-1]
Bithionol [97-18-7]
Borsäure [10043-35-3]
2-Brom-2-(brommethyl)pentandinitril (1,2-Dibrom-2,4-dicyanbutan) [35691-65-7]
2-Brom-2-nitropropan-1,3-diol [34]) [52-51-7]
p-tert-Butylbenzoesäure [98-73-7]
tert-Butyl-4-hydroxyanisol (BHA) [25013-16-5]
Butylhydroxytoluol (BHT) [128-37-0]
Calciumhydroxid [1305-62-0]
5(oder 6)-Carboxy-4-hexyl-2-cyclohexen-1-octansäure [53980-88-4]
2-Chloracetamid [79-07-2]
p-Chlor-m-kresol [59-50-7]
5-Chlor-2-methyl-2,3-dihydroisothiazol-3-on [26172-55-4] und 2-Methyl-2,3-dihydroisothiazol-3-on [2682-20-4] Gemisch im Verhältnis 3:1
N-Cyclohexylhydroxydiazen-1-oxid, Kaliumsalz (K-HDO) [66603-10-9]
N-Cyclohexylhydroxydiazen-1-oxid, Kupfersalz (Cu-HDO) [15627-09-5]
Decyloleat [3687-46-5]
iso-Decyloleat [59231-34-4]
Destillate (Erdöl), mit Wasserstoff behandelte, leichte [64742-47-8]
Dibenzyldisulfid [150-60-7]
2,2-Dibrom-2-cyanacetamid [10222-01-2]
2,6-Di-tert-butylphenol [128-39-2]
Di-n-butylphosphat [107-66-4]
Di-n-butylphthalat [84-74-2]
Di-tert-dodecyl-pentasulfid [31565-23-8]
Di-tert-dodecyl-polysulfid [68583-56-2; 68425-15-0]
Diethylentriaminpentakis(methylenphosphonsäure) [15827-60-8]
p-Diiodmethylsulfonyltoluol [20018-09-1]
Diisodecylphthalat [26761-40-0]
1,3-Dimethylol-5,5-dimethylhydantoin [6440-58-0]
4,4'-Dioctyldiphenylamin [101-67-7]
Diphenylamin [122-39-4]
Diphenylamin, Reaktionsprodukte mit Styrol und 2,4,4-Trimethylpenten [68921-45-9]
Dipropylenglykol [25265-71-8]
Dithio-2,2'-bis(benzmethylamid) [2527-58-4]
Dodecandisäure [693-23-2]
1-Dodecanol [112-53-8]
5-Ethyl-3,7-dioxa-1-azabicyclo[3.3.0]octan (EDAO) [32]) [7747-35-5]

---

[32]) Formaldehydabspalter

[34]) Verwendungsverbot als Kühlschmierstoffkomponente und Korrosionsschutzmittelkomponente: s. GefStoffV 2010, Anhang II (zu § 16 Absatz 2), Nr. 4

2-Ethylhexandiol-1,3 [94-96-2]
Glycerin [56-81-5]
1-Hexadecanol [36653-82-4]
Hexamethylenbis(3-(3,5-di-tert-butyl-4-hydroxyphenyl)propionat) [35074-77-2]
Hexamethylentetramin [32]) [100-97-0]
1-Hexanol [111-27-3]
2-Hexyldecanol [2425-77-6]
Hexylenglykol [107-41-5]
1-Hydroxyethan-1,1-diphosphonsäure [2809-21-4]
1-Hydroxyethyl-2-heptadecenyl-imidazolin [21652-27-7]
2-Hydroxymethyl-2-nitropropan-1,3-diol [34]) [126-11-4]
12-Hydroxystearinsäure [106-14-9]
3-Iod-2-propinylbutylcarbamat [55406-53-6]
Isononansäure [3302-10-1]
Isooctadecanol [27458-93-1]
Laurinsäure [143-07-7]
★ Lithiumstearat [4485-12-5] und Lithiumhydroxystearat [7620-77-1]
Mercaptobenzothiazol [149-30-4]
Methenamin-3-chlorallylchlorid [32]) [4080-31-3]
Methyl-1H-benzotriazol [29385-43-1]
Methyldiethanolamin [105-59-9]
2-Methyl-2,3-dihydroisothiazol-3-on [2682-20-4]
4,4'-Methylen-bis(2,6-di-tert-butylphenol) [118-82-1]
N,N'-Methylen-bis(5-methyloxazolidin) [66204-44-2]
N-Methylolchloracetamid [32]) [2832-19-1]
Myristinsäure [544-63-8]
Naphtha (Erdöl), mit Wasserstoff behandelte, schwere [64742-48-9]
★ Naphthensäuren [1338-24-5] und Natrium-, Calcium-, Kaliumnapthenate [61790-13-4; 61789-36-4; 66072-08-0] [61790-13-4]
Natriumdiethyldithiocarbamat [94]) [57]) [148-18-5]
Natriumpyrithion [3811-73-2; 15922-78-8]
★ 3-Nitrobenzoesäure [121-92-6]
4-(2-Nitrobutyl)-morpholin [2224-44-4] (70 Gew.%) und 4,4'-(2-Ethyl-2-nitro-1,3-propandiyl)bis-morpholin [1854-23-3] (20 Gew.%) (Gemisch) [101]) [34])
1-Octadecanol [112-92-5]
(Z)-9-Octadecen-1-ol [143-28-2]
1-Octanol [111-87-5]
2-n-Octyl-2,3-dihydroisothiazol-3-on [26530-20-1]
2-Octyldodecan-1-ol [5333-42-6]
Ölsäure [112-80-1]

[32]) Formaldehydabspalter
[34]) Verwendungsverbot als Kühlschmierstoffkomponente und Korrosionsschutzmittelkomponente: s. GefStoffV 2010, Anhang II (zu § 16 Absatz 2), Nr. 4
[94]) Verwendungsverbot als Kühlschmierstoffkomponente: s. TRGS 611.
[57]) Reaktion mit nitrosierenden Agentien kann zur Bildung des kanzerogenen N-Nitrosodiethylamins führen, vgl. Abschn. III „Entstehung kanzerogener Nitrosamine durch Nitrosierung . . .“, S. 172.
[101]) Formaldehydabspalter und Nitrosaminbildner.

Oleylsarkosin [110-25-8]
Palmitinsäure [57-10-3]
★ Petroleumsulfonate, Ca-Salze [61789-86-4]
★ Petroleumsulfonate, Na-Salze [68608-26-4]
Phenothiazin [111]) [92-84-2]
2-Phenoxyethanol [122-99-6]
1-Phenoxy-2-propanol [770-35-4]
2-Phenyl-1-ethanol [60-12-8]
N-Phenyl-1-naphthylamin [90-30-2]
o-Phenylphenol [90-43-7] und
o-Phenylphenol-Natrium [132-27-4]
Piperazin [94]) [113]) [110-85-0]
Polyalphaolefine, versch. CAS-Nr., z. B. [68649-11-6]
★ Polybutene [9003-29-6] und Polyisobutene [9003-27-4]
Polydimethylsiloxane, lineare [63148-62-9; 9006-65-9; 9016-00-6]
Polyethylenglykole (PEG)
★ Polyethylenpolypropylenglykol [9003-11-6]
Polyoxyethylenoleylether [9004-98-2]
Polypropylenglykole (PPG) [25322-69-4]
★ Polypropylenglykol-n-butylether [9003-13-8]
Propylenglykol [57-55-6]
Pyrrolidin [94]) [120]) [123-75-1]
★ Sebacinsäure [111-20-6]
Stearinsäure [57-11-4]
Tallöl, destilliert [8002-26-4]
1-Tetradecanol [112-72-1]
Tetrahydrobenzotriazol [6789-99-7]
Thiabendazol [148-79-8]
Triazintriyltriiminotrihexansäure [80584-91-4]
iso-Tridecanol [27458-92-0]
Triethylenglykol-n-butylether [143-22-6]
Triethylenglykolmonomethylether [112-35-6]
N,N',N''-Triethylhexahydro-1,3,5-triazin [32]) [7779-27-3]
Triphenylphosphat [115-86-6]
Tris(2,4-di-tert-butylphenyl)phosphit [31570-04-4]
N,N',N''-Tris(β-hydroxyethyl)-hexahydro-1,3,5-triazin [32]) [4719-04-4]
Tris(nonylphenyl)phosphit [26523-78-4]
★ Weinsäure [87-69-4]
★ Weißöl, pharmazeutisch [8042-47-5]
Zitronensäure [77-92-9] und ihre Alkalisalze

---

[111]) Phototoxische Wirkung
[94]) Verwendungsverbot als Kühlschmierstoffkomponente: s. TRGS 611.
[113]) Reaktion mit nitrosierenden Agentien kann zur Bildung des kanzerogenen N,N'-Dinitrosopiperazins führen, vgl. Abschn. III „Entstehung kanzerogener Nitrosamine durch Nitrosierung . . .“, S. 172.
[120]) Reaktion mit nitrosierenden Agentien kann zur Bildung des kanzerogenen N-Nitrosopyrrolidins führen, vgl. Abschn. III „Entstehung kanzerogener Nitrosamine durch Nitrosierung . . .“, S. 172.
[32]) Formaldehydabspalter

d) Metalle und Metallverbindungen

Das Metall wird in der MAK- und BAT-Werte-Liste mit dem Zusatz „und seine anorganischen Verbindungen" aufgeführt; der Grenzwert bezieht sich dann stets auf den Metallgehalt als analytische Berechnungsbasis. In den meisten Fällen liegen zur Bewertung der einzelnen Verbindungen eines Metalls keine ausreichenden Daten aus Tierversuchen oder Erfahrungen beim Menschen vor. Sofern plausible Gründe für Analogieschlüsse zwischen verschiedenen Metallverbindungen, einschließlich des betreffenden Elements, vorliegen sollten diese Substanzen gleich behandelt werden. Daher ist es erforderlich, die einzelnen Metallverbindungen möglichst genau zu spezifizieren. Metall-organische Verbindungen sollen generell getrennt von den anorganischen Verbindungen in Bezug auf eventuell festzulegende MAK-Werte sowie potentielle krebserzeugende Eigenschaften bewertet werden.

Da jedoch Art und Ausmaß der Schadwirkung von Metallen meist erheblich von deren Bindungsart bestimmt werden, können Unterschiede in der Wasserlöslichkeit der Metallverbindungen die akute und chronische Giftwirkung beeinflussen. Grundsätzlich sollte jede Metallverbindung für sich geprüft und entsprechend ihrer Toxizität und unter Berücksichtigung einer eventuell nachgewiesenen krebserzeugenden Wirkung eingestuft werden. Für eine solche Einstufung ausreichende Erfahrungen liegen bislang nur für wenige Metallverbindungen vor.

e) Radioaktive Stoffe

Für den Umgang mit Radionukliden sind die besonderen Bestimmungen der Strahlenschutzverordnung mit zahlreichen Stoffen zu beachten (Verordnung in der jeweils gültigen Fassung des BGBl.).

Beurteilungswerte in biologischem Material

XI. Bedeutung und Benutzung von BAT-Werten und Biologischen Leitwerten

Definition

Die Kommission legt BAT-Werte (**B**iologische **A**rbeitsstoff-**T**oleranz-Werte) und BLW (**B**iologische **L**eit-**W**erte) fest, um das aus einer Exposition gegenüber einem Arbeitsstoff resultierende individuelle gesundheitliche Risiko bewerten zu können.

Der BAT-Wert beschreibt die arbeitsmedizinisch-toxikologisch abgeleitete Konzentration eines Arbeitsstoffes, seiner Metaboliten oder eines Beanspruchungsindikators im entsprechenden biologischen Material, bei der im Allgemeinen die Gesundheit eines Beschäftigten auch bei wiederholter und langfristiger Exposition nicht beeinträchtigt wird. BAT-Werte beruhen auf einer Beziehung zwischen der äußeren und inneren Exposition oder zwischen der inneren Exposition und der dadurch verursachten Wirkung des Arbeitsstoffes. Dabei orientiert sich die Ableitung des BAT-Wertes an den mittleren inneren Expositionen.

Der BAT-Wert ist überschritten, wenn bei mehreren Untersuchungen einer Person die mittlere Konzentration des Parameters oberhalb des BAT-Wertes liegt; Messwerte oberhalb des BAT-Wertes müssen arbeitsmedizinisch-toxikologisch bewertet werden. Aus einer alleinigen Überschreitung des BAT-Wertes kann nicht notwendigerweise eine gesundheitliche Beeinträchtigung abgeleitet werden. Dies gilt nicht für akut toxische Effekte, die zu keinem Zeitpunkt toleriert werden dürfen. Hinweise zur akuten Toxizität finden sich in den einzelnen Stoffbegründungen. Weiterhin werden Stoffe, deren BAT-Wert auf eine akute Toxizität abzielt, in der MAK- und BAT-Werte-Liste mit einer entsprechenden Fußnote gekennzeichnet („Ableitung des BAT-Wertes als Höchstwert wegen akut toxischer Effekte").

Bei kanzerogenen Arbeitsstoffen und bei Stoffen mit ungenügender Datenlage werden BLW abgeleitet, die ebenfalls als Mittelwerte festgelegt sind (vgl. Abschnitt XIV).

Voraussetzungen

BAT-Werte können definitionsgemäß nur für solche Arbeitsstoffe angegeben werden, die über die Lunge und/oder andere Körperoberflächen in nennenswertem Maße in den Organismus eintreten. Weitere Voraussetzungen für die Aufstellung eines BAT-Wertes sind ausreichende arbeitsmedizinische und toxikologische Erfahrungen mit dem Arbeitsstoff, wobei sich die Angaben auf Beobachtungen am Menschen stützen sollen. Die verwertbaren Erkenntnisse müssen mittels zuverlässiger Methoden erhalten worden sein. Für die Neuaufnahme und jährliche Überprüfung von BAT-Werten sind Anregungen und Mitteilungen über Erfahrungen am Menschen erwünscht.

MAK- und BAT-Werte-Liste 2014. DFG, Deutsche Forschungsgemeinschaft

ISBN: 978-3-527-33737-8

Ableitung von BAT-Werten

Der Ableitung eines BAT-Wertes können verschiedene Konstellationen wissenschaftlicher Daten zugrunde liegen, die eine quantitative Beziehung zwischen äußerer und innerer Belastung ausweisen und daher eine Verknüpfung zwischen MAK- und BAT-Wert gestatten. Dies sind

– Studien, die eine direkte Beziehung zwischen Stoff-, Metabolit- oder Adduktkonzentrationen im biologischen Material (innere Belastungen) und adversen Effekten auf die Gesundheit aufzeigen,
– Studien, die eine Beziehung zwischen einem biologischen Indikator (Beanspruchungsparameter) und adversen Effekten auf die Gesundheit ausweisen.

Hinsichtlich geschlechtsspezifischer Faktoren bei der Festsetzung von BAT-Werten gilt:

1. Die Variationsbreite der die Toxikokinetik beeinflussenden anatomischen und physiologischen Unterschiede ist bereits innerhalb der Geschlechter sehr erheblich und überlappt sich zwischen den Geschlechtern.
2. Die dadurch bedingten geschlechtsspezifischen Unterschiede in der Toxikokinetik bewegen sich in einem Bereich, der gegenüber der Unsicherheit der Grenzwertfestsetzung zu vernachlässigen ist.
3. Im Zustand der Schwangerschaft können besondere Verschiebungen in der Toxikokinetik von Fremdstoffen eintreten. Die praktische Bedeutung dieser Unterschiede ist jedoch limitiert, so dass für den Gesundheitsschutz am Arbeitsplatz vor allem die Beeinflussung der Leibesfrucht von Bedeutung ist (vgl. Abschnitt VIII „MAK-Werte und Schwangerschaft“).

Begründung

Zur Erläuterung, welche Gründe für den Ansatz von BAT-Werten maßgeblich waren, gibt die Kommission zur Prüfung gesundheitsschädlicher Arbeitsstoffe eine Sammlung „Arbeitsmedizinisch-toxikologische Begründungen für BAT-Werte, EKA, BLW und BAR“ heraus. Unter kritischer Wichtung des Wissensstandes werden darin die Werte für die Parameter kommentiert, die sich in der arbeitsmedizinischen Praxis als sinnvoll erwiesen haben [152]).

Die Kommission stützt sich in aller Regel nur auf die im wissenschaftlichen Schrifttum veröffentlichten Arbeiten. Soweit erforderlich können auch andere Quellen zitiert werden, zum Beispiel unveröffentlichte interne Firmenunterlagen; sie werden im Literaturverzeichnis der Begründung als solche kenntlich gemacht. Die vollständigen Unterlagen werden der Kommission zur Verfügung gestellt und im wissenschaftlichen Sekretariat niedergelegt. Wird von Dritten aufgrund des Literaturzitats in der Begründung Auskunft zu den zitierten internen Unterlagen erbeten, so wird diese schriftlich vom Kommissionsvorsitzenden im von diesem erforderlich gehaltenen Umfang erteilt. Einsicht in die Firmenunterlagen wird Dritten nicht gewährt. Kopien, auch auszugsweise, werden nicht zur Verfügung gestellt.

---

[152]) „Arbeitsmedizinisch-toxikologische Begründungen für BAT-Werte, EKA, BLW und BAR“, zu beziehen von WILEY-VCH, D-69451 Weinheim bzw. Online unter http://www.mak-collection.com.

Zweck

BAT-Werte dienen im Rahmen spezieller ärztlicher Vorsorgeuntersuchungen dem Schutz der Gesundheit am Arbeitsplatz. Sie geben eine Grundlage für die Beurteilung der Bedenklichkeit oder Unbedenklichkeit vom Organismus aufgenommener Arbeitsstoffmengen ab. Beim Umgang mit hautresorbierbaren Arbeitsstoffen erlaubt nur das Biologische Monitoring eine Erfassung der individuellen Belastung. Bei der Anwendung der BAT-Werte sind die ärztlichen Ausschlusskriterien nach den Berufsgenossenschaftlichen Grundsätzen für arbeitsmedizinische Vorsorgeuntersuchungen zu berücksichtigen. Der BAT-Wert ist nicht geeignet, biologische Grenzwerte für langdauernde Belastungen aus der allgemeinen Umwelt, etwa durch Verunreinigungen der freien Atmosphäre oder von Nahrungsmitteln, anhand konstanter Umrechnungsfaktoren abzuleiten.

Zusammenhänge zwischen BAT- und MAK-Werten

Unter laborexperimentellen Bedingungen bestehen bei inhalativer Aufnahme im Fließgleichgewicht eines Arbeitsstoffes Beziehungen zwischen BAT- und MAK-Werten, die mit Funktionen der Pharmakokinetik formuliert werden können. Aufgrund der am Arbeitsplatz bestehenden Randbedingungen sind jedoch im konkreten Fall aus dem arbeitsstoffspezifischen biologischen Wert nicht ohne weiteres Rückschlüsse auf die bestehende Arbeitsstoffkonzentration in der Arbeitsplatzluft zulässig. Neben der Aufnahme über die Atemwege können nämlich noch eine Reihe anderer Faktoren das Ausmaß der Arbeitsstoffbelastung des Organismus bestimmen; solche Faktoren sind z. B. Schwere der körperlichen Arbeit (Atemminutenvolumen), Hautresorption oder Abweichungen des Stoffwechsel- und Ausscheidungsverhaltens eines Arbeitsstoffes.

Bei der Evaluierung von Feldstudien, die die Beziehung zwischen äußerer und innerer Belastung beschreiben, bestehen daher besondere Probleme bei der Bewertung hautresorbierbarer Arbeitsstoffe. Erfahrungsgemäß treten bei solchen Stoffen häufig Diskrepanzen zwischen den einzelnen Studien auf. Diese Diskrepanzen werden auf unterschiedlich starke Hautbelastungen bei den Studien zurückgeführt. Bei der Bewertung solcher Studien im Hinblick auf den Zusammenhang zwischen MAK- und BAT-Werten soll den Studien Vorzug eingeräumt werden, in denen die Hautresorption nach Lage der Daten die geringere Rolle spielt.

Bei gut hautresorbierbaren Arbeitsstoffen mit niedrigem Dampfdruck besteht in der Regel keine Korrelation zwischen äußeren und inneren Belastungen. Für diese Stoffe kann ein BAT-Wert oft nur anhand einer Beziehung zwischen innerer Belastung und Beanspruchung (Effekt) abgeleitet werden.

Zudem zeigen die Konzentrationen der Arbeitsstoffe in der Arbeitsplatzluft oft zeitliche Schwankungen, denen die biologischen Werte mehr oder minder stark gedämpft folgen können. Dementsprechend entbindet die Einhaltung von BAT-Werten nicht von einer Überwachung der Arbeitsstoffkonzentrationen in der Luft. Dies gilt insbesondere für lokal reizende und ätzende Arbeitsstoffe. Bei der Bewertung von makromolekularen Fremdstoffaddukten ist ferner die Persistenz dieser Addukte zu berücksichtigen, so dass sich zwangsläufig Diskrepanzen zwischen den äußeren Expositionsprofilen und dem Verhalten der biologischen Parameter ergeben. Ähnliche Überlegungen gelten für alle stark kumulierenden Stoffe wie Schwermetalle und polyhalogenierte Kohlenwasserstoffe.

Unabhängig von den aufgezeigten Störeinflüssen und der dadurch bedingten unterschiedlichen Definition sind bei der Aufstellung von BAT- und MAK-Werten die im Allgemeinen gleichen Wirkungsäquivalente zugrunde gelegt. Bei Stoffen, bei denen jedoch der MAK-Wert nicht aufgrund systemischer Wirkungen, sondern aufgrund von Reizerscheinungen an Haut und Schleimhäuten festgelegt ist, kann sich der BAT-Wert an einer „kritischen Toxizität" orientieren, die aus einer systemischen inneren Belastung resultiert. In solchen Ausnahmefällen können die Begründungen der MAK- und BAT-Werte auf unterschiedlichen Endpunkten beruhen. In diesem Fall ist eine Parallelität von MAK- und BAT-Wert nicht notwendigerweise gegeben.

Überwachung

Der durch die Aufstellung von BAT-Werten erstrebte individuelle Gesundheitsschutz kann durch die periodische quantitative Bestimmung der Arbeitsstoffe bzw. ihrer Stoffwechselprodukte in biologischem Material oder biologischer Parameter überwacht werden. Die dabei verwendeten Untersuchungsmethoden sollten für die Beantwortung der anstehenden Frage diagnostisch hinreichend spezifisch und empfindlich, für den Beschäftigten zumutbar und für den Arzt praktikabel sein. Der Zeitpunkt der Probengewinnung ist so zu planen, dass diese den Expositionsverhältnissen am Arbeitsplatz sowie dem pharmakokinetischen Verhalten des jeweiligen Arbeitsstoffes gerecht wird („Messstrategie"). In der Regel wird insbesondere bei kumulierenden Stoffen eine Probengewinnung am Ende eines Arbeitstages nach einer längeren Arbeitsperiode (Arbeitswoche) dieser Forderung Rechnung tragen.

Bei Expositionen gegenüber gasförmigen Stoffen, die schnell metabolisiert werden und deren Blut/Luft-Verteilungskoeffizient größer als 10 ist, muss berücksichtigt werden, dass die resultierenden Blut- und Gewebekonzentrationen mit der Intensität der körperlichen Tätigkeiten positiv korrelieren.

Für das Arbeiten auf Druckluftbaustellen lässt sich für Blut- und Gewebekonzentrationen inhalierter gasförmiger Stoffe eine positive Korrelation zu den Überdruckbedingungen ableiten. In solchen Fällen ist die Einhaltung des BAT-Wertes häufiger zu überprüfen, da der BAT-Wert im Vergleich zu Arbeiten unter Normaldruck bereits bei niedrigeren externen Belastungen erreicht wird (vgl. S. 14).

Als Untersuchungsmaterialien kommen Vollblut-, Serum- oder Urinproben zum Einsatz, in Einzelfällen unter bestimmten Voraussetzungen Alveolarluftproben. Speichel- und Haaranalysen sind für ein arbeitsmedizinisches Biomonitoring nicht geeignet.

Die verwendeten Analysenmethoden sollten präzise und richtige Ergebnisse liefern sowie unter den Bedingungen der statistischen Qualitätssicherung durchgeführt werden. Die Arbeitsgruppe „Analysen in biologischem Material" der Kommission hat mit der Sammlung „Analytische Methoden zur Prüfung gesundheitsschädlicher Arbeitsstoffe, Band 2: Analysen in biologischem Material" Methoden zusammengestellt, die in diesem Zusammenhang als erprobt gelten können.

Bei unmittelbarem Hautkontakt zu Arbeitsstoffen, die mit „H" gekennzeichnet sind, ist die Einhaltung der BAT-Werte zu überprüfen oder im Falle krebserzeugender Stoffe die innere Belastung anhand der EKA zu beurteilen.

Beurteilung von Untersuchungsdaten

Wie jedes Laborergebnis können auch toxikologisch-analytische Daten nur aus der Gesamtsituation heraus bewertet werden. Neben den sonstigen ärztlichen Befunden sind dabei insbesondere

- die Dynamik pathophysiologischer Vorgänge
- kurzfristig der Einfluss von Erholungszeiten
- langfristig der Einfluss von Alterungsvorgängen
- die speziellen Arbeitsplatzverhältnisse
- intensive körperliche Aktivität und ungewöhnliche atmosphärische Druckbedingungen

sowie Hintergrundbelastungen in Einzelfällen zu berücksichtigen.

Urinuntersuchungen zum Biomonitoring erfolgen in der arbeitsmedizinischen Praxis aus Spontanurinproben. Diese sind dann für eine Untersuchung nicht geeignet, wenn sie diuresebedingt stark konzentriert oder stark verdünnt sind. Hierzu orientiert man sich in der Praxis am Kreatiningehalt der Urinproben, während ein Bezug auf das spezifische Gewicht oder die Osmolalität keine wesentliche Bedeutung erlangt hat. Ausschlusskriterien für eine repräsentative Verwendbarkeit der Spontanurinprobe sind Kreatininkonzentrationen $<0{,}3$ g/l bzw. $>3{,}0$ g/l. Darüber hinaus sieht es die Kommission als sinnvoll an, zur weiteren Verbesserung der Aussagekraft von Analysenergebnissen mit und ohne expliziten Kreatininbezug und von Studien zur Korrelation zwischen innerer und äußerer Belastung einen engeren Zielbereich von 0,5–2,5 g Kreatinin/l für Urinproben zu wählen (s. Spezielle Vorbemerkungen, Seite 21–31 und Seite 31a–31c der „Arbeitsmedizinisch-toxikologischen Begründungen für BAT-Werte, EKA, BLW und BAR“). Dieser Aspekt sollte bereits in der präanalytischen Phase eines Biologischen Monitoring berücksichtigt werden.

Ergebnisse von Analysen in biologischem Material unterliegen der ärztlichen Schweigepflicht. Ihre Beurteilung muss generell dem Arzt vorbehalten bleiben, der hierfür auch die Verantwortung trägt.

BAT-Werte werden aufgrund wissenschaftlicher Erkenntnisse und praktischer ärztlicher Erfahrung erstellt.

Allergisierende Arbeitsstoffe

Allergische Wirkungen können nach Sensibilisierung, z. B. der Haut oder der Atemwege, je nach persönlicher Disposition unterschiedlich schnell und stark durch Stoffe verschiedener Art ausgelöst werden. Die Einhaltung des BAT-Wertes bedeutet keinen Schutz vor dem Auftreten derartiger Reaktionen.

Krebserzeugende Arbeitsstoffe

Vgl. Abschnitt XIII.

Biologische Arbeitsstoff-Referenzwerte

Vgl. Abschnitt XV.

Stoffgemische

BAT-Werte gelten in der Regel für eine Belastung mit reinen Stoffen. Sie sind nicht ohne weiteres beim Umgang mit Zubereitungen (Gemenge, Gemische, Lösungen), die aus zwei oder mehreren toxisch wirkenden Arbeitsstoffen bestehen, anwendbar. Dies gilt insbesondere für BAT-Werte, die auf den Arbeitsstoff selbst oder dessen Stoffwechselprodukte ausgerichtet sind. Bei Zubereitungen, deren Komponenten gleichartige Wirkungseigenschaften zugrunde liegen, kann ein an einem biologischen Parameter orientierter BAT-Wert für die Abschätzung eines Gesundheitsrisikos hilfreich sein. Voraussetzung hierfür ist, dass der betreffende Parameter in klinisch-funktioneller Hinsicht eine kritische Größe für die in Betracht kommenden Stoffkomponenten darstellt. Die Kommission ist bestrebt, solche biologischen Wirkungskriterien für interferierende Arbeitsstoffe zu definieren und bekanntzugeben.

XII. Stoffliste

Zur Interpretation arbeitsmedizinisch-toxikologischer Untersuchungsdaten sind zusätzlich die „Arbeitsmedizinisch-toxikologischen Begründungen für BAT-Werte, EKA, BLW und BAR“[152]) heranzuziehen.

Abkürzungen

BW = Beurteilungswerte in biologischem Material (BAT/EKA/BLW/BAR)
BAT = Biologischer Arbeitsstoff-Toleranz-Wert
EKA = Expositionsäquivalente für krebserzeugende Arbeitsstoffe
BLW = Biologischer Leit-Wert
BAR = Biologischer Arbeitsstoff-Referenzwert

In der Spalte Arbeitsstoff:
H = Gefahr der Hautresorption (vgl. S. 207 und S. 224)

Untersuchungsmaterial:
B = Vollblut
B_E = Erythrozytenfraktion des Vollblutes
U = Urin
P/S = Plasma/Serum

Probenahmezeitpunkt:
a) keine Beschränkung
b) Expositionsende bzw. Schichtende
c) bei Langzeitexposition: nach mehreren vorangegangenen Schichten
d) vor nachfolgender Schicht
e) nach Expositionsende: ... Stunden

Stoffe, die auf die Möglichkeit eines biologischen Monitorings hin überprüft wurden und für die Dokumentationen in den „Arbeitsmedizinisch-toxikologischen Begründungen für BAT-Werte, EKA, BLW und BAR“ vorliegen:

Arbeitsstoff	H	Krebserzeugend Kategorie	Parameter	BW	Wert bzw. Korrelation	Untersuchungsmaterial	Probenahmezeitpunkt
Aceton [67-64-1]			Aceton	BAT	80 mg/l	U	b
Acetylcholinesterase-Hemmer			Acetylcholinesterase	BAT	Reduktion der Aktivität auf 70% des Bezugswertes[153])	B_E	c, b
Acrylamid [79-06-1]	H	2	N-(2-Carbonamidethyl)-valin	EKA	vgl. Abschn. XIII.1	B_E	a
				BLW	550 pmol/g Globin vgl. Abschn. XIV.1	B_E	a
				BAR	50 pmol/g Globin[154]) vgl. Abschn. XV.1	B_E	a
			N-Acetyl-S-(2-carbonamidethyl)cystein	BAR	100 µg/g Kreatinin[154]) vgl. Abschn. XV.1	U	b

) „Arbeitsmedizinisch-toxikologische Begründungen für BAT-Werte, EKA, BLW und BAR“, zu beziehen von WILEY-VCH, D-69451 Weinheim, bzw. Online unter http://www.mak-collection.com.
) Ableitung des BAT-Wertes als Höchstwert wegen akut toxischer Effekte
) für Nichtraucher abgeleitet

MAK- und BAT-Werte-Liste 20014. DFG, Deutsche Forschungsgemeinschaft

ISBN: 978-3-527-33737-8

Arbeitsstoff	H	Krebs-erzeugend Kategorie	Parameter	BW	Wert bzw. Korrelation	Unter-suchungs-material	Probe-nahme-zeitpunkt
Acrylnitril [107-13-1]	H	2	N-(2-Cyanoethyl)valin	EKA	vgl. Abschn. XIII.1	B_E	a
				BAR	0,3 µg/l [154]) vgl. Abschn. XV.1	B_E	a
Alkalichromate (Chrom(VI)-Verbindungen)		1	Chrom	EKA	vgl. Abschn. XIII.1	B_E, U	c, b
Aluminium [7429-90-5]			Aluminium	BAT	60 µg/g Kreatinin	U	a
4-Aminobiphenyl [92-67-1]	H	1	4-Aminobiphenyl (aus Hämoglobin-Konjugat freigesetzt)	BLW	nicht festgelegt vgl. Abschn. XIV.2	B_E	a
				BAR	15 ng/l [154]) vgl. Abschn. XV.1	B_E	a
Anilin [62-53-3]	H	4	Anilin (nach Hydrolyse)	BAT	1 mg/l	U	c
			Anilin (aus Hämoglobin-Konjugat freigesetzt)	BAT	100 µg/l	B_E	c
Antimon [7440-36-0] und seine anorganischen Verbindungen		2	Antimon	BAT	nicht festgelegt [155]) vgl. Abschn. XII.2	U	c, b
				EKA	nicht festgelegt [156]) vgl. Abschn. XIII.2	U	c, b
Arsen [7440-38-2] und anorganische Arsenverbindungen [157])	H [29])	1	Anorganisches Arsen und methylierte Metaboliten [158])	BLW	50 µg/l vgl. Abschn. XIV.1	U	c, b
				BAR	15 µg/l vgl. Abschn. XV.1	U	c
Arsentrioxid [1327-53-3]		1	Anorganisches Arsen und methylierte Metaboliten [158])	EKA	vgl. Abschn. XIII.1	U	c
Bariumverbindungen, löslich (als Ba [7440-39-3] berechnet)			Barium	BAR	10 µg/l vgl. Abschn. XV.1	U	c, b

[154]) für Nichtraucher abgeleitet
[155]) für Antimon und Antimonwasserstoff
[156]) für Antimontrioxid
[157]) mit Ausnahme von Arsenwasserstoff
[29]) mit Ausnahme von Arsen und Galliumarsenid
[158]) durch direkte Hydrierung bestimmte flüchtige Arsenverbindungen

Arbeitsstoff	H	Krebs-erzeugend Kategorie	Parameter	BW	Wert bzw. Korrelation	Unter-suchungs-material	Probe-nahme-zeitpunkt
Benzidin [92-87-5]	H	1	Benzidin-Addukte	EKA	nicht festgelegt vgl. Abschn. XIII.2	P/S, B_E	a
			Benzidin	EKA	nicht festgelegt vgl. Abschn. XIII.2	U	c, b
			Benzidin-Addukte	BAR	nicht festgelegt vgl. Abschn. XV.2	P/S, B_E	a
			Benzidin	BAR	nicht festgelegt vgl. Abschn. XV.2	U	c, b
★ Benzol [71-43-2]	H	1	Benzol	EKA	nicht festgelegt vgl. Abschn. XIII.2	B	b
			S-Phenylmerkaptursäure	EKA	vgl. Abschn. XIII.1	U	b
			trans, trans-Muconsäure	EKA	vgl. Abschn. XIII.1	U	b
Beryllium [7440-41-7] und seine anorganischen Verbindungen		1	Beryllium	EKA	nicht festgelegt vgl. Abschn. XIII.2	U	c, b
				BAR	0,05 µg/l vgl. Abschn. XV.1	U	c, b
Bisphenol A (4,4'-Isopropyliden-diphenol) [80-05-7]			Bisphenol A (nach Hydrolyse)	BLW	80 mg/l vgl. Abschn. XIV.1	U	b
Blei [7439-92-1] und seine Verbindungen (außer Bleiarsenat, Bleichromat und Alkyl-bleiverbindungen)		2	Blei	BLW	300 µg/l (für Frauen >45 J. und für Männer) vgl. Abschn. XIV.1	B	a
				BAR	70 µg/l (für Frauen) vgl. Abschn. XV.1	B	a
Bleitetraethyl [78-00-2]	H		Diethylblei	BAT	25 µg/l, als Pb berechnet	U	b
			Gesamtblei (gilt auch für Gemische mit Bleitetramethyl)	BAT	50 µg/l	U	b
Bleitetramethyl [75-74-1]	H		Gesamtblei	BAT	50 µg/l	U	b
★ Borsäure [10043-35-3] und Tetraborate [10043-35-3]			Bor	BAT	nicht festgelegt vgl. Abschn. XII.2	U	[159]
2-Brom-2-chlor-1,1,1-trifluorethan (Halothan) [151-67-7]			Trifluoressigsäure	BAT	2,5 mg/l	B	c, b

) Differenz zwischen Vorschichturin und Nachschichturin

Arbeitsstoff	H	Krebs-erzeugend Kategorie	Parameter	BW	Wert bzw. Korrelation	Unter-suchungs-material	Probe-nahme-zeitpunkt
Brommethan (Methylbromid) [74-83-9]		3B	Bromid	BLW	12 mg/l vgl. Abschn. XIV.1	P/S	c
			S-Methylcystein-Albumin	EKA	nicht festgelegt vgl. Abschn. XIII.2	S	a
1-Brompropan [106-94-5]	H	2	S(n-Propyl)merkaptur-säure	EKA	vgl. Abschn. XIII.1	U	c
1,3-Butadien [106-99-0]		1	3,4-Dihydroxybutyl-merkaptursäure [160])	EKA	vgl. Abschn. XIII.1	U	b, c
			2-Hydroxy-3-butenyl-merkaptursäure [161])	EKA	vgl. Abschn. XIII.1	U	b, c
			3,4-Dihydroxybutyl-merkaptursäure [160])	BAR	400 µg/g Kreatinin [154]) vgl. Abschn. XV.1	U	b, c
			2-Hydroxy-3-butenyl-merkaptursäure [161])	BAR	< 2 µg/g Kreatinin [154]) vgl. Abschn. XV.1	U	b, c
1-Butanol [71-36-3]			1-Butanol (nach Hydrolyse)	BAT	2 mg/g Kreatinin	U	d
				BAT	10 mg/g Kreatinin	U	b
2-Butanon (Methyl-ethylketon) [78-93-3]	H		2-Butanon	BAT	2 mg/l	U	b
2-Butoxyethanol [111-76-2]	H	4	Butoxyessigsäure	BAT	100 mg/l	U	c
			Butoxyessigsäure (nach Hydrolyse)	BAT	200 mg/l	U	c
2-Butoxyethylacetat [112-07-2]	H	4	Butoxyessigsäure	BAT	100 mg/l	U	c
			Butoxyessigsäure (nach Hydrolyse)	BAT	200 mg/l	U	c
p-tert-Butylphenol (ptBP) [98-54-4]	H		p-tert-Butylphenol (nach Hydrolyse)	BAT	2 mg/l	U	b
Cadmium [7440-43-9] und seine anorganischen Verbindungen	H	1	Cadmium	BLW	nicht festgelegt vgl. Abschn. XIV.2	U	a
				BAR	1 µg/l [154]) vgl. Abschn. XV.1	B	a
				BAR	0,8 µg/l [154]) vgl. Abschn. XV.1	U	a

[160]) Synonym für N-Acetyl-S-(3,4-dihydroxybutyl)cystein
[161]) Synonym für N-Acetyl-S-(2-hydroxy-3-butenyl)cystein
[154]) für Nichtraucher abgeleitet

Arbeitsstoff	H	Krebs-erzeugend Kategorie	Parameter	BW	Wert bzw. Korrelation	Unter-suchungs-material	Probe-nahme-zeitpunkt
Chlorbenzol [108-90-7]			4-Chlorkatechol (nach Hydrolyse)	BAT	25 mg/g Kreatinin	U	d
				BAT	150 mg/g Kreatinin	U	b
Chlorierte Biphenyle: Mono-, Di-, Trichlorierte Biphenyle	H	3B	PCB 28	BAR	0,02 µg/l	P	a
Chlorierte Biphenyle: höherchlorierte (≥ 4 Cl) Biphenyle	H	4	PCB 52	BAR	< 0,01 µg/l	P	a
			PCB 101	BAR	< 0,01 µg/l	P	a
Chloropren [126-99-8]	H	2	3,4-Dihydroxybutyl-merkaptursäure	BAR	400 µg/g Kreatinin [154])	U	b, c
Chrom [7440-47-3] und seine Verbindungen			Gesamt-Chrom	BAR	0,6 µg/l vgl. Abschn. XV.1	U	b
Cobalt [7440-48-4] und Cobaltverbindungen	H	2	Cobalt	EKA	vgl. Abschn. XIII.1	U	a
Cyclohexan [110-82-7]			1,2-Cyclohexandiol (nach Hydrolyse)	BAT	150 mg/g Kreatinin	U	c, b
Cyclohexanon [108-94-1]	H	3B	1,2-Cyclohexandiol (nach Hydrolyse)	EKA	vgl. Abschn. XIII.1	U	c, b
			Cyclohexanol (nach Hydrolyse)	EKA	vgl. Abschn. XIII.1	U	b
4,4'-Diaminodiphenyl-methan [101-77-9]	H	2	4,4'-Diaminodiphenyl-methan (nach Hydrolyse)	BLW	nicht festgelegt vgl. Abschn. XIV.2	U	b
				BAR	< 0,5 µg/l vgl. Abschn. XV.1	U	b
			4,4'-Diaminodiphenyl-methan (aus Hämoglobin-Konjugat freigesetzt)	BAR	< 5 ng/l vgl. Abschn. XV.1	B_E	a
1,2-Dichlorbenzol [95-50-1]	H		1,2-Dichlorbenzol	BAT	140 µg/l	B	b
			3,4- und 4,5-Dichlor-katechol (nach Hydrolyse)	BAT	150 mg/g Kreatinin	U	b
1,4-Dichlorbenzol [106-46-7]	H	2	2,5-Dichlorphenol (nach Hydrolyse)	EKA	vgl. Abschn. XIII.1	U	c, b
Dichlormethan [75-09-2]	H	5	Dichlormethan	EKA	vgl. Abschn. XIII.1	B	b
N,N-Dimethylacetamid [127-19-5]	H		N-Methylacetamid plus N-Hydroxymethyl-N-methylacetamid	BAT	30 mg/g Kreatinin	U	c, b

[154]) für Nichtraucher abgeleitet

Arbeitsstoff	H	Krebs-erzeugend Kategorie	Parameter	BW	Wert bzw. Korrelation	Unter-suchungs-material	Probe-nahme-zeitpunkt
N,N-Dimethylformamid [68-12-2]	H		N-Methylformamid plus N-Hydroxymethyl-N-methylformamid	BAT	35 mg/l	U	b
Dimethylsulfat [77-78-1]	H	2	N-Methylvalin	EKA	vgl. Abschn. XIII.1	B_E	a
1,4-Dioxan [123-91-1]	H	4	2-Hydroxyethoxy-essigsäure	BAT	400 mg/g Kreatinin	U	b
Diphenylmethan-4,4'-diisocyanat [101-68-8] (einatembare Fraktion)	H	4	4,4'-Diaminodiphenyl-methan (nach Hydrolyse)	BLW	10 µg/l vgl. Abschn. XIV.1	U	b
★ 1,2-Epoxypropan [75-56-9]		4	N-(2-Hydroxypropyl)valin	BAT	2500 pmol/g Globin	B_E	a
			N-(2-Hydroxypropyl)valin	BAR	10 pmol/g Globin [154]) vgl. Abschn. XV.1	B_E	a
			2-Hydroxypropyl-merkaptursäure	BAR	25 µg/g Kreatinin [154]) vgl. Abschn. XV.1	U	b, c
			N-(2-Hydroxypropyl)valin	EKA	vgl. Abschn. XIII.1	B_E	a
2-Ethoxyethanol [110-80-5]	H		Ethoxyessigsäure	BAT	50 mg/l	U	c
2-Ethoxyethylacetat [111-15-9]	H		Ethoxyessigsäure	BAT	50 mg/l	U	c
1-Ethoxy-2-propanol [1569-02-4]	H		1-Ethoxy-2-propanol	BAT	nicht festgelegt vgl. Abschn. XII.2	U	b
1-Ethoxy-2-propylacetat [54839-24-6]			1-Ethoxy-2-propanol	BAT	nicht festgelegt vgl. Abschn. XII.2	U	b
Ethylbenzol [100-41-4]	H	4	Mandelsäure plus Phenyl-glyoxylsäure	BAT	300 mg/l	U	b
			2- plus 4-Ethylphenol (nach Hydrolyse)	EKA	vgl. Abschn. XIII.1	U	b
			Mandelsäure plus Phenyl-glyoxylsäure	EKA	vgl. Abschn. XIII.1	U	b
Ethylen [74-85-1]		3B	N-(2-Hydroxyethyl)valin	EKA	vgl. Abschn. XIII.1	B_E	a
Ethylenglykoldinitrat [628-96-6]	H		Ethylenglykoldinitrat	BAT	0,3 µg/l	B	b
Ethylenoxid [75-21-8]	H	2	N-(2-Hydroxyethyl)valin	EKA	vgl. Abschn. XIII.1	B_E	a

[154]) für Nichtraucher abgeleitet

Arbeitsstoff	H	Krebs-erzeugend Kategorie	Parameter	BW	Wert bzw. Korrelation	Unter-suchungs-material	Probe-nahme-zeitpunkt
Fluorwasserstoff [162]) [7664-39-3] und anorganische Fluor-verbindungen (Fluoride) H			Fluorid	BAT	4 mg/l	U	b
Glycerintrinitrat [55-63-0]	H	3B	1,2-Glycerindinitrat	BLW	nicht festgelegt vgl. Abschn. XIV.2	P/S	b
			1,3-Glycerindinitrat	BLW	nicht festgelegt vgl. Abschn. XIV.2	P/S	b
n-Heptan [142-82-5]			n-Heptan	BAT	nicht festgelegt vgl. Abschn. XII.2	B	–
			2,5-Heptandion	BAT	nicht festgelegt vgl. Abschn. XII.2	U	–
Hexachlorbenzol [118-74-1]	H	4	Hexachlorbenzol	BAT	150 µg/l	P/S	a
Hexamethylendiisocyanat [822-06-0]			Hexamethylendiamin (nach Hydrolyse)	BAT	15 µg/g Kreatinin	U	b
n-Hexan [110-54-3]			2,5-Hexandion plus 4,5-Dihydroxy-2-hexanon (nach Hydrolyse)	BAT	5 mg/l	U	b, c
2-Hexanon [591-78-6]	H		2,5-Hexandion plus 4,5-Dihydroxy-2-hexanon (nach Hydrolyse)	BAT	5 mg/l	U	b, c
Hydrazin [302-01-2]	H	2	Hydrazin	EKA	vgl. Abschn. XIII.1	U, P	b
Kohlenmonoxid [630-08-0]			CO-Hb	BAT	5% [154]) [153])	B	b
Kresol (alle Isomeren) [1319-77-3]: o-Kresol [95-48-7], m-Kresol [108-39-4], p-Kresol [106-44-5]	H	3A	Kresol (Summe aller Isomeren nach Hydrolyse)	BLW	200 mg/l vgl. Abschn. XIV.1	U	b
Lindan (γ-1,2,3,4,5,6-Hexachlorcyclohexan) [58-89-9]	H	4	Lindan	BAT	25 µg/l	P/S	b
Lithium [7439-93-2]			Lithium	BAR	50 µg/l vgl. Abschn. XV.1	U	a

kein „H“ für Fluorwasserstoff

für Nichtraucher abgeleitet

Ableitung des BAT-Wertes als Höchstwert wegen akut toxischer Effekte

Arbeitsstoff	H	Krebs-erzeugend Kategorie	Parameter	BW	Wert bzw. Korrelation	Unter-suchungs-material	Probe-nahme-zeitpunkt
Mangan [7439-96-5] und seine anorganischen Verbindungen			Mangan	BAT	nicht festgelegt vgl. Abschn. XII.2	B	c, b
				BAR	15 µg/l vgl. Abschn. XV.1	B	c, b
Methämoglobin-Bildner			MetHb	BAT	nicht festgelegt [163]) vgl. Abschn. XII.2	B	b
Methanol [67-56-1]	H		Methanol	BAT	30 mg/l	U	c, b
2-Methoxyethanol [109-86-4]	H		Methoxyessigsäure	BAT	15 mg/g Kreatinin	U	b
2-Methoxyethylacetat [110-49-6]	H		Methoxyessigsäure	BAT	15 mg/g Kreatinin	U	b
1-Methoxypropanol-2 [107-98-2]			1-Methoxypropanol-2	BAT	15 mg/l	U	b
Methyl-tert-butylether [1634-04-4]		3B	Methyl-tert-butylether	BAT	nicht festgelegt vgl. Abschn. XII.2	B, U	b
			tert-Butylalkohol	BAT	nicht festgelegt vgl. Abschn. XII.2	B, U	–
4,4'-Methylen-bis-(2-chloranilin) (MOCA) [101-14-4]	H	2	4,4'-Methylen-bis-(2-chloranilin) (MOCA) (nach Hydrolyse)	BAR	< 1 µg/l vgl. Abschn. XV.1	U	b
Methylformiat [107-31-3]	H		Methanol	BAT	nicht festgelegt vgl. Abschn. XII.2	U	c
			Ameisensäure	BAT	nicht festgelegt vgl. Abschn. XII.2	U	–
★ 4-Methylpentan-2-on (Methylisobutylketon) [108-10-1]	H		4-Methylpentan-2-on	BAT	0,7 mg/l [22])	U	b
N-Methyl-2-pyrrolidon [872-50-4]	H		5-Hydroxy-N-methyl-2-pyrrolidon	BAT	150 mg/l	U	b
Molybdän [7439-98-7] und seine Verbindungen außer Molybdäntrioxid			Molybdän	BAT	nicht festgelegt vgl. Abschn. XII.2	U, P	–

[163]) Werte ab 1,5% Methämoglobin weisen auf eine Exposition gegenüber Methämoglobin-Bildnern hin. Zur Beurteilung der Toxizität ist der verursachende Stoff heranzuziehen.

[22]) im Rahmen der Kommentierungsfrist geändert

Arbeitsstoff	H	Krebs-erzeugend Kategorie	Parameter	BW	Wert bzw. Korrelation	Unter-suchungs-material	Probe-nahme-zeitpunkt
2-Naphthylamin [91-59-8]	H	1	2-Naphthylamin	EKA	nicht festgelegt vgl. Abschn. XIII.2	U	b
			2-Naphthylamin-Addukte	EKA	nicht festgelegt vgl. Abschn. XIII.2	B_E	a
			2-Naphthylamin	BAR	nicht festgelegt vgl. Abschn. XV.2	U	b
			2-Naphthylamin-Addukte	BAR	nicht festgelegt vgl. Abschn. XV.2	B_E	a
1,5-Naphthylen-diisocyanat [3173-72-6]		3B	1,5-Diaminonaphthalin	BLW	nicht festgelegt vgl. Abschn. XIV.2	U	b
Nickel [7440-02-0] und seine Verbindungen		1	Nickel	BAR	3 µg/l vgl. Abschn. XV.1	U	c
Nickel [7440-02-0] (Nickelmetall, -oxid, -carbonat, -sulfid, sulfidische Erze)		1	Nickel	EKA	vgl. Abschn. XIII.1	U	c
Nickel (leichtlösliche Nickelverbindungen wie Nickelacetat und vergleichbare lösliche Salze, Nickelchlorid, Nickelsulfat)		1	Nickel	EKA	vgl. Abschn. XIII.1	U	c
Nitrobenzol [98-95-3]	H	3B	Anilin (aus Hämoglobin-Konjugat freigesetzt)	BAT	100 µg/l	B_E	c
Parathion [56-38-2]	H		p-Nitrophenol (nach Hydrolyse)	BAT	500 µg/l	U	c
			Acetylcholinesterase	BAT	Reduktion der Aktivität auf 70% des Bezugswertes [153])	B_E	c
Pentachlorphenol [87-86-5]	H	2	Pentachlorphenol	EKA	vgl. Abschn. XIII.1	P/S	a
			Pentachlorphenol (nach Hydrolyse)	EKA	vgl. Abschn. XIII.1	U	a
Perfluoroctansäure [335-67-1] und ihre anorganischen Salze	H	4	Perfluoroctansäure	BAT	5 mg/l	S	a
Perfluoroctansulfonsäure [1763-23-1] und ihre Salze	H	3B	Perfluoroctansulfonsäure	BAT	15 mg/l	S	a

Ableitung des BAT-Wertes als Höchstwert wegen akut toxischer Effekte

	Arbeitsstoff	H	Krebs-erzeugend Kategorie	Parameter	BW	Wert bzw. Korrelation	Unter-suchungs-material	Probe-nahme-zeitpunkt
	Phenol [108-95-2]	H	3B	Phenol (nach Hydrolyse)	BLW	200 mg/l vgl. Abschn. XIV.1	U	b
	Polychlorierte Biphenyle (PCB)			s. Chlorierte Biphenyle				
	Polycyclische aromatische Kohlen-wasserstoffe (PAH)	H	[164])	3-Hydroxybenzo[a]pyren (nach Hydrolyse)	EKA	vgl. Abschn. XIII.1	U	d
				1-Hydroxypyren (nach Hydrolyse)	BAR	0,3 µg/g Kreatinin [154]) vgl. Abschn. XV.1	U	c, b
	2-Propanol [67-63-0]			Aceton	BAT	25 mg/l	B	b
					BAT	25 mg/l	U	b
★	2-Propenal (Acrolein) [107-02-8]		3B	3-Hydroxypropyl-merkaptursäure	BAR	600 µg/g Kreatinin [154]) vgl. Abschn. XV.1	U	c, b
	iso-Propylbenzol (Cumol) [98-82-8]	H	3B	2-Phenyl-2-propanol (nach Hydrolyse)	BAT	10 mg/g Kreatinin	U	b
	Pyrethrum [8003-34-7] und Pyrethroide (z. B. Allethrin, Cyfluthrin, Cypermethrin, Delta-methrin, Permethrin, Phenothrin, Resmethrin, Tetramethrin)			trans-Chrysanthemum-dicarbonsäure, 4-Fluor-3-phenoxybenzoesäure, cis- und trans-3-(2,2-Di-chlorvinyl)-2,2-dimethyl-cyclopropancarbonsäure, oder cis-3-(2,2-Dibrom-vinyl)-2,2-dimethylcyclo-propancarbonsäure (alle Parameter nach Hydrolyse)	BAT	nicht festgelegt vgl. Abschn. XII.2	U	b
	Quecksilber [7439-97-6] und seine anorganischen Verbindungen	H	3B	Quecksilber	BAT	25 µg/g Kreatinin [166])	U	a
	Quecksilberverbin-dungen, organische	H	3B	Quecksilber	EKA	nicht festgelegt vgl. Abschn. XIII.2	B	a
	Schwefelkohlenstoff [75-15-0]	H		2-Thiothiazolidin-4–carboxylsäure (TTCA)	BAT	2 mg/g Kreatinin	U	b
	Selen [7782-49-2] und seine anorganischen Verbindungen	H	3B	Selen	BAT	150 µg/l	S	a
	Styrol [100-42-5]		5	Mandelsäure plus Phenylglyoxylsäure	BAT	600 mg/g Kreatinin	U	c, b

[164]) vgl. Abschn. III „Pyrolyseprodukte aus organischem Material"
[154]) für Nichtraucher abgeleitet
[166]) 30 µg/l Urin

Arbeitsstoff	H	Krebs-erzeugend Kategorie	Parameter	BW	Wert bzw. Korrelation	Unter-suchungs-material	Probe-nahme-zeitpunkt
Tetrachlorethen [127-18-4]	H	3B	Tetrachlorethen	EKA	vgl. Abschn. XIII.1	B	e
Tetrachlormethan (Tetrachlorkohlenstoff) [56-23-5]	H	4	Tetrachlormethan	BAT	3,5 µg/l	B	c, b
Tetrahydrofuran [109-99-9]	H	4	Tetrahydrofuran	BAT	2 mg/l	U	b
o-Toluidin [95-53-4]	H	1	o-Toluidin (nach Hydrolyse)	BAR	0,2 µg/l [154]) vgl. Abschn. XV.1	U	b
Toluol [108-88-3]	H		Toluol	BAT	600 µg/l	B	b
			o-Kresol (nach Hydrolyse)	BAT	1,5 mg/l	U	c, b
2,4-Toluylendiamin [95-80-7]	H	2	2,4-Toluylendiamin (nach Hydrolyse)	EKA	vgl. Abschn. XIII.1	U	b
				BAR	nicht festgelegt vgl. Abschn. XV.2	U	b
2,4-Toluylendiisocyanat [584-84-9]		3A	2,4-Toluylendiamin (nach Hydrolyse)	BAR	nicht festgelegt vgl. Abschn. XV.2	U	b
1,1,1-Trichlorethan (Methylchloroform) [71-55-6]	H		1,1,1-Trichlorethan	BAT	550 µg/l	B	c, d
Trichlorethen [79-01-6]	H	1	Trichloressigsäure	EKA	vgl. Abschn. XIII.1	U	c, b
				BAR	0,07 mg/l vgl. Abschn. XV.1	U	c, b
Trimethylbenzol (alle Isomeren): 1,2,3-Trimethylbenzol [526-73-8], 1,2,4-Trimethylbenzol [95-63-6], 1,3,5-Trimethylbenzol [108-67-8]			Dimethylbenzoesäuren (Summe aller Isomeren nach Hydrolyse)	BAT	400 mg/g Kreatinin	U	c, b
2,4,6-Trinitrotoluol [118-96-7] (und Isomeren in technischen Gemischen)	H	2	4-Amino-2,6-dinitrotoluol (nach Hydrolyse)	BAR	< 1 µg/l vgl. Abschn. XV.1	U	b
			2-Amino-4,6-dinitrotoluol (nach Hydrolyse)	BAR	< 4 µg/l vgl. Abschn. XV.1	U	b
Uran [7440-61-1] und seine schwer löslichen anorganischen Verbindungen	H	2	Uran	BAR	nicht festgelegt vgl. Abschn. XV.2	U	a

für Nichtraucher abgeleitet

Arbeitsstoff	H	Krebs-erzeugend Kategorie	Parameter	BW	Wert bzw. Korrelation	Unter-suchungs-material	Probe-nahme-zeitpun[kt]
Uranverbindungen, lösliche anorganische	H	3B	Uran	BAR	nicht festgelegt vgl. Abschn. XV.2	U	a
Vanadium [7440-62-2] und seine anorganischen Verbindungen einschließlich Vanadiumpentoxid [167])		2	Vanadium	EKA	vgl. Abschn. XIII.1	U	c, b
Vinylchlorid [75-01-4]		1	Thiodiglykolsäure	EKA	vgl. Abschn. XIII.1	U	c
				BAR	1,5 mg/l vgl. Abschn. XV.1	U	d
Vitamin K-Antagonisten			Quick-Wert	BAT	Reduktion auf nicht weniger als 70% [153])	B	a
Xylol (alle Isomeren) [1330-20-7]	H		Xylol	BAT	1,5 mg/l	B	b
			Methylhippur-(Tolur-)-säure (alle Isomeren)	BAT	2000 mg/l	U	b

2 Für folgende Stoffe können aufgrund der Datenlage derzeit keine BAT-Werte abgeleitet werden; es lieg[en] jedoch Dokumentationen in den „Arbeitsmedizinisch-toxikologischen Begründungen für BAT-Werte, EK[A] und BLW“ vor:

Antimon [7440-36-0] und Antimonwasserstoff [7803-52-3]
★ Borsäure [10043-35-3] und Tetraborate [10043-35-3]
1-Ethoxy-2-propanol [1569-02-4]
1-Ethoxy-2-propylacetat [54839-24-6]
n-Heptan [142-82-5]
Mangan [7439-96-5] und seine anorganischen Verbindungen
Methämoglobin-Bildner
Methyl-tert-butylether [1634-04-4]
Methylformiat [107-31-3]
Molybdän [7439-98-7] und seine Verbindungen außer Molybdäntrioxid
Pyrethrum [8003-34-7] und Pyrethroide (z. B. Allethrin, Cyfluthrin, Cypermethrin, Deltamethrin, Permethrin, Phenothrin, Resmethrin, Tetramethrin)
Vanadiumpentoxid [1314-62-1]

[167]) für Vanadiumpentoxid: BAT nicht festgelegt, vgl. Abschn. XII.2
[153]) Ableitung des BAT-Wertes als Höchstwert wegen akut toxischer Effekte

XIII. Krebserzeugende Arbeitsstoffe

Arbeitsstoffe, die als solche, in Form ihrer reaktiven Zwischenprodukte oder ihrer Metaboliten beim Menschen Krebs erzeugen oder als krebserzeugend für den Menschen anzusehen sind (Kategorie 1 und 2 für krebserzeugende Arbeitsstoffe) oder die wegen erwiesener oder möglicher krebserzeugender Wirkung Anlass zur Besorgnis geben (Kategorie 3A und 3B für krebserzeugende Arbeitsstoffe), und für die kein MAK-Wert abgeleitet werden kann, werden nicht mit BAT-Werten belegt, da gegenwärtig kein als unbedenklich anzusehender biologischer Wert angegeben werden kann. Die Verwendung dieser Arbeitsstoffe hat daher unter den in Abschnitt III der MAK-Werte-Liste dargestellten Bedingungen zu erfolgen. Krebserzeugende Arbeitsstoffe werden bei der Untersuchung biologischer Proben nicht unter der strengen Definition von BAT-Werten, sondern unter dem Blickwinkel arbeitsmedizinischer Erfahrungen zum Nachweis und zur Quantifizierung der individuellen Arbeitsstoffbelastung berücksichtigt. Stoff- bzw. Metabolitenkonzentrationen im biologischen Material, die höher liegen als es der Stoffkonzentration in der Arbeitsplatzluft entspricht, weisen auf zusätzliche, in der Regel perkutane Aufnahmen hin.

Vor diesem Hintergrund werden von der Kommission Beziehungen zwischen der Stoffkonzentration in der Luft am Arbeitsplatz und der Stoff- bzw. Metabolitenkonzentration im biologischen Material (**E**xpositionsäquivalente für **k**rebserzeugende **A**rbeitsstoffe, EKA) für krebserzeugende Arbeitsstoffe aufgestellt. Aus ihnen kann entnommen werden, welche innere Belastung sich bei ausschließlich inhalativer Stoffaufnahme ergeben würde.

Bei Stoffen mit perkutaner Aufnahme („H" nach dem Stoffnamen = Gefahr der Hautresorption) gelten sinngemäß die in Kapitel XI unter „Zusammenhänge zwischen BAT- und MAK-Werten" gemachten Aussagen.

1 Krebserzeugende/krebsverdächtige Arbeitsstoffe, für die Korrelationen (Expositionsäquivalente für krebserzeugende Arbeitsstoffe, EKA) begründet werden können: (kursiv gedruckt: Äquivalenzwerte zur ERB (ERB = Expositions-Risiko-Beziehung für krebserzeugende Stoffe) gemäß „Risikowerte und Expositions-Risiko-Beziehungen für Tätigkeiten mit krebserzeugenden Gefahrstoffen (Bekanntmachung 910)")

Acrylamid [79-06-1] **H**

Luft Acrylamid (mg/m³)	Probenahmezeitpunkt: keine Beschränkung Erythrozytenfraktion des Vollblutes N-(2-Carbonamidethyl)valin (pmol/g Globin)
0,035	200
0,07	*400*
0,10	550
0,15	800
0,30	1600

MAK- und BAT-Werte-Liste 2014. DFG, Deutsche Forschungsgemeinschaft

ISBN: 978-3-527-33737-8

Acrylnitril [107-13-1] **H**

Luft Acrylnitril (ml/m³)	Luft Acrylnitril (mg/m³)	Probenahmezeitpunkt: keine Beschränkung Erythrozytenfraktion des Vollblutes N-(2-Cyanoethyl)valin (µg/l Vollblut)
0,14	0,3	16
0,23	0,5	35
0,45	1	60
3	7	420

Alkalichromate (Cr(VI))

Luft CrO_3 (mg/m³)	Probenahmezeitpunkt: bei Langzeitexposition: nach mehreren vorangegangenen Schichten Erythrozytenfraktion des Vollblutes *) Chrom (µg/l Vollblut)	Probenahmezeitpunkt: Expositionsende bzw. Schichtende Urin **) Chrom (µg/l)
0,03	9	12
0,05	17	20
0,08	25	30
0,10	35	40

*) gilt n i c h t für Schweißrauch-Exposition
**) gilt a u c h für Schweißrauch-Exposition

Arsentrioxid [1327-53-3]

Luft Arsen (mg/m³)	Probenahmezeitpunkt: bei Langzeitexposition: nach mehreren vorangegangenen Schichten Urin *) Anorganisches Arsen und methylierte Metaboliten (µg/l)
0,01	50
0,05	90
0,10	130

*) Durch direkte Hydrierung bestimmte flüchtige Arsenverbindungen

★ **Benzol** [71-43-2] **H**

Luft Benzol (ml/m³)	Luft Benzol (mg/m³)	Probenahmezeitpunkt: Expositionsende bzw. Schichtende Urin S-Phenyl-merkaptursäure (mg/g Kreatinin)	Probenahmezeitpunkt: Expositionsende bzw. Schichtende Urin trans, trans-Muconsäure (mg/l)
0,3	1,0	10	–
0,6	*2,0*	*25*	*1,6*
0,9	3,0	40	–
1,0	3,3	45	2
2	6,5	90	3
4	13	180	5
6	19,5	270	7

1-Brompropan [106-94-5] **H**

Luft 1-Brompropan (ml/m³)	Luft 1-Brompropan (mg/m³)	Probenahmezeitpunkt: bei Langzeitexposition: nach mehreren vorangegangenen Schichten Urin S(n-Propyl)merkaptursäure (mg/g Kreatinin)
1	5	2,0
2	10	3,4
5	25	7,0
10	50	12,0
20	101	20,0

1,3-Butadien [106-99-0]

Luft 1,3-Butadien (ml/m³)	Luft 1,3-Butadien (mg/m³)	Probenahmezeitpunkt: Expositionsende bzw. Schichtende; bei Langzeitexposition: nach mehreren vorangegangenen Schichten Urin 3,4-Dihydroxybutylmerkaptursäure [160] (µg/g Kreatinin)	Probenahmezeitpunkt: Expositionsende bzw. Schichtende; bei Langzeitexposition: nach mehreren vorangegangenen Schichten Urin 2-Hydroxy-3-butenylmerkaptursäure [161] (µg/g Kreatinin)
0,2	*0,45*	*600*	*10*
0,5	1,1	1000	20
1	2,3	1600	40
2	4,5	*2900*	*80*
3	6,8	4200	120

[160]) Synonym für N-Acetyl-S-(3,4-dihydroxybutyl)cystein
[161]) Synonym für N-Acetyl-S-(2-hydroxy-3-butenyl)cystein

Cobalt [7440-48-4] und Cobaltverbindungen **H**

Luft Cobalt (mg/m³)	Probenahmezeitpunkt: keine Beschränkung Urin Cobalt (µg/l)
0,010	6
0,025	15
0,050	30
0,100	60
0,500	300

Cyclohexanon [108-94-1] **H**

Luft Cyclohexanon (ml/m³)	(mg/m³)	Probenahmezeitpunkt: Expositionsende bzw. Schichtende; bei Langzeitexposition: nach mehreren vorangegangenen Schichten Urin 1,2-Cyclohexandiol (nach Hydrolyse) (mg/l)	Probenahmezeitpunkt: Expositionsende bzw. Schichtende Urin Cyclohexanol (nach Hydrolyse) (mg/l)
10	40	50	6
20	80	100	12
50	200	250	30

1,4-Dichlorbenzol [106-46-7] **H**

Luft 1,4-Dichlorbenzol (ml/m³)	(mg/m³)	Probenahmezeitpunkt: Expositionsende bzw. Schichtende; bei Langzeitexposition: nach mehreren vorangegangenen Schichten Urin 2,5-Dichlorphenol (nach Hydrolyse) (mg/g Kreatinin)
10	61	20
20	122	40
50	306	100

Dichlormethan [75-09-2] **H**

Luft Dichlormethan (ml/m³)	(mg/m³)	Probenahmezeitpunkt: während der Exposition, mind. 2 Stunden nach Expositionsbeginn Vollblut Dichlormethan (mg/l)
10	35	0,1
20	70	0,2
50	175	0,5
100	350	1

Dimethylsulfat [77-78-1] **H**

Luft Dimethylsulfat (ml/m³)	(mg/m³)	Probenahmezeitpunkt: keine Beschränkung Erythrozytenfraktion des Vollblutes N-Methylvalin (µg/l Vollblut)
0,002	0,01	10
0,006	0,03	13
0,01	0,05	17
0,04	0,20	40

1,2-Epoxypropan [75-56-9]

Luft 1,2-Epoxypropan (ml/m³)	(mg/m³)	Probenahmezeitpunkt: keine Beschränkung Erythrozytenfraktion des Vollblutes N-(2-Hydroxypropyl)valin (pmol/g Globin)
0,5	1,2	600
1,0	2,4	1300
2,0	4,8	2600
2,5	6,0	3200

Ethylbenzol [100-41-4] **H**

Luft Ethylbenzol		Probenahmezeitpunkt: Expositionsende bzw. Schichtende; bei Langzeitexposition: nach mehreren vorangegangenen Schichten Urin	
(ml/m³)	(mg/m³)	2- plus 4-Ethylphenol (nach Hydrolyse) (mg/l)	Mandelsäure plus Phenylglyoxylsäure (mg/l)
10	44	1	160
25	110	3	400
50	220	6	800
100	440	12	1600

Ethylen [74-85-1]

Luft Ethylen (ml/m³)	(mg/m³)	Probenahmezeitpunkt: keine Beschränkung Erythrozytenfraktion des Vollblutes Hydroxyethylvalin (µg/l Vollblut)
25	29	45
50	59	90
100	117	180

Ethylenoxid [75-21-8] **H**

Luft Ethylenoxid (ml/m³)	(mg/m³)	Probenahmezeitpunkt: keine Beschränkung Erythrozytenfraktion des Vollblutes Hydroxyethylvalin (µg/l Vollblut)
0,5	0,92	45
1	*1,83*	90
2	3,66	180

Hydrazin [302-01-2] **H**

Luft Hydrazin		Probenahmezeitpunkt: Expositionsende bzw. Schichtende	
(ml/m³)	(mg/m³)	Urin Hydrazin (µg/g Kreatinin)	Plasma Hydrazin (µg/l)
0,01	0,013	35	27
0,02	0,026	70	55
0,05	0,065	200	160
0,08	0,104	300	270
0,10	0,130	380	340

Nickel [7440-02-0] (Nickelmetall, -oxid, -carbonat, -sulfid, sulfidische Erze)

Luft Nickel (mg/m³)	Probenahmezeitpunkt: bei Langzeitexposition: nach mehreren vorangegangenen Schichten Urin Nickel (µg/l)
0,10	15
0,30	30
0,50	45

Nickel (leichtlösliche Nickelverbindungen wie Nickelacetat und vergleichbare lösliche Salze, Nickelchlorid, Nickelsulfat)

Luft Nickel (mg/m³)	Probenahmezeitpunkt: bei Langzeitexposition: nach mehreren vorangegangenen Schichten Urin Nickel (µg/l)
0,025	25
0,050	40
0,100	70

Pentachlorphenol [87-86-5] **H**

Luft Pentachlorphenol (mg/m³)	Probenahmezeitpunkt: keine Beschränkung Urin Pentachlorphenol (nach Hydrolyse) (µg/l)	 Serum/Plasma Pentachlorphenol (µg/l)
0,001	6*)	17*)
0,05	300	1000
0,10	600	1700

*) extrapolierte Werte

Polycyclische aromatische Kohlenwasserstoffe (PAH)

Luft Benzo[a]pyren (µg/m³)	Probenahmezeitpunkt: vor nachfolgender Schicht Urin 3-Hydroxybenzo[a]pyren (nach Hydrolyse) (ng/g Kreatinin)
0,07	*0,7*
0,35	2
0,7	*3,5*
1,0	5
1,5	7

Tetrachlorethen [127-18-4] **H**

Luft Tetrachlorethen (ml/m³)	 (mg/m³)	Probenahmezeitpunkt: 16 Stunden nach Schichtende Vollblut Tetrachlorethen (mg/l)
10	69	0,2
20	138	0,4
30	206	0,6
50	344	1,0

2,4-Toluylendiamin [95-80-7] **H**

Luft 2,4-Toluylendiamin (mg/m³)	Probenahmezeitpunkt: Expositionsende bzw. Schichtende Urin 2,4-Toluylendiamin (nach Hydrolyse) (µg/g Kreatinin)
0,0025	6
0,01	13
0,017	20
0,035	37
0,100*)	100*)

*) extrapolierte Werte

Trichlorethen [79-01-6] **H**

Luft Trichlorethen (ml/m³)	Luft Trichlorethen (mg/m³)	Probenahmezeitpunkt: Expositions- bzw. Schichtende nach mehreren vorangegangenen Schichten Urin Trichloressigsäure (mg/l)
0,6	3,3	1,2
6	*33*	*12*
10	55	20
11	*60*	*22*
15	82	30
20	109	40
25	137	50

Vanadium [7440-62-2] und seine anorganischen Verbindungen

Luft Vanadium (mg/m^3)	Probenahmezeitpunkt: Expositionsende bzw. Ende der Arbeitswoche Urin Vanadium (µg/g Kreatinin)
0,025	35
0,050	70
0,100	140

Vinylchlorid [75-01-4]

Luft Vinylchlorid (ml/m^3)	Luft Vinylchlorid (mg/m^3)	Probenahmezeitpunkt: bei Langzeitexposition: nach mehreren vorangegangenen Schichten Urin Thiodiglykolsäure (mg/24 h)
1	2,6	1,8
2	5,2	2,4
4	10	4,5
8	21	8,2
16	41	10,6

2 Krebserzeugende/krebsverdächtige Arbeitsstoffe, für die Korrelationen (Expositionsäquivalente für krebserzeugende Arbeitsstoffe, EKA) nicht oder nur unvollständig begründet werden können, aber Dokumentationen in den „Arbeitsmedizinisch-toxikologischen Begründungen für BAT-Werte, EKA, BLW und BAR“ [152]) vorliegen:

Antimontrioxid [1309-64-4; 1327-33-9]
Benzidin [92-87-5]
★ Benzol [71-43-2], Parameter: Benzol im Vollblut
Beryllium [7440-41-7] und seine anorganischen Verbindungen
Brommethan (Methylbromid) [74-83-9]
2-Naphthylamin [91-59-8]
Quecksilberverbindungen, organische

[152]) „Arbeitsmedizinisch-toxikologische Begründungen für BAT-Werte, EKA, BLW und BAR“, zu beziehen von WILEY-VCH, D-69451 Weinheim, bzw. Online unter http://www.mak-collection.com.

XIV. Biologische Leitwerte

Der BLW (**B**iologischer **L**eit-**W**ert) ist die Quantität eines Arbeitsstoffes bzw. Arbeitsstoffmetaboliten oder die dadurch ausgelöste Abweichung eines biologischen Indikators von seiner Norm beim Menschen, die als Anhalt für die zu treffenden Schutzmaßnahmen heranzuziehen ist. Biologische Leitwerte werden nur für solche gefährlichen Stoffe benannt, für die keine arbeitsmedizinisch-toxikologisch begründeten Biologischen Arbeitsstofftoleranzwerte (BAT-Werte) aufgestellt werden können (z. B. für krebserzeugende bzw. krebsverdächtige Stoffe der Kategorien 1 bis 3 und für nicht krebserzeugende Stoffe, bei denen die vorliegenden Daten für die Ableitung eines BAT-Wertes nicht ausreichen).

Für den Biologischen Leitwert wird in der Regel eine Arbeitsstoffbelastung von maximal 8 Stunden täglich und 40 Stunden wöchentlich über die Lebensarbeitszeit zugrunde gelegt.

Der Biologische Leitwert orientiert sich an den arbeitsmedizinischen und arbeitshygienischen Erfahrungen im Umgang mit dem gefährlichen Stoff unter Heranziehung toxikologischer Erkenntnisse. Da bei Einhaltung des Biologischen Leitwertes das Risiko einer Beeinträchtigung der Gesundheit nicht auszuschließen ist, ist anzustreben, die Kenntnisse der Grundlagen über die Zusammenhänge zwischen der äußeren Belastung, der inneren Belastung und den resultierenden Gesundheitsrisiken zu verbreitern, um auf diese Weise u. U. BAT-Werte herleiten zu können. Hierbei stellen Biologische Leitwerte insofern eine Hilfe dar, als sie eine wichtige Grundlage dafür bieten, dass der Arzt ein Biomonitoring überhaupt einsetzen kann. Durch fortgesetzte Verbesserung der technischen Gegebenheiten und der technischen, arbeitshygienischen und arbeitsorganisatorischen Schutzmaßnahmen sind Konzentrationen anzustreben, die möglichst weit unterhalb des Biologischen Leitwertes liegen.

1 Stoffe, für die BLW abgeleitet werden können:

Acrylamid [79-06-1]
Arsen [7440-38-2] und anorganische Arsenverbindungen [157])
Bisphenol A (4,4'-Isopropylidendiphenol) [80-05-7]
Blei [7439-92-1] und seine Verbindungen (außer Bleiarsenat, Bleichromat und Alkylbleiverbindungen) [168])
Brommethan (Methylbromid) [74-83-9]
Diphenylmethan-4,4'-diisocyanat [101-68-8] (einatembare Fraktion)
Kresol (alle Isomeren) [1319-77-3]: o-Kresol [95-48-7], m-Kresol [108-39-4], p-Kresol [106-44-5]
Phenol [108-95-2]

[157]) mit Ausnahme von Arsenwasserstoff
[168]) für Frauen >45 Jahre und für Männer

MAK- und BAT-Werte-Liste 2014. DFG, Deutsche Forschungsgemeinschaft

ISBN: 978-3-527-33737-8

2 Für folgende Stoffe können aufgrund der Datenlage derzeit keine BLW abgeleitet werden; es liegen jedoch Dokumentationen in den „Arbeitsmedizinisch-toxikologischen Begründungen für BAT-Werte, EKA, BLW und BAR“ vor:

4-Aminobiphenyl [92-67-1]
Blei [7439-92-1] und seine Verbindungen (außer Bleiarsenat, Bleichromat und Alkylbleiverbindungen) [169])
Cadmium [7440-43-9] und seine anorganischen Verbindungen
4,4'-Diaminodiphenylmethan [101-77-9]
Glycerintrinitrat [55-63-0]
1,5-Naphthylendiisocyanat [3173-72-6]

[169]) für Frauen <45 Jahre

XV. Biologische Arbeitsstoff-Referenzwerte

Biologische **A**rbeitsstoff-**R**eferenzwerte (BAR) beschreiben die zu einem bestimmten Zeitpunkt in einer Referenzpopulation aus nicht beruflich gegenüber dem Arbeitsstoff exponierten Personen im erwerbsfähigen Alter bestehende Hintergrundbelastung mit diesem Arbeitsstoff. Sie orientieren sich am 95. Perzentil, ohne Bezug zu nehmen auf gesundheitliche Effekte. Zu berücksichtigen ist, dass der Referenzwert der Hintergrundbelastung u.a. von Alter, Geschlecht, Sozialstatus, Wohnumfeld, Lebensstilfaktoren und der geografischen Region beeinflusst sein kann.

Der Referenzwert für einen Arbeitsstoff oder dessen Metaboliten im biologischen Material wird mit Hilfe der Messwerte einer Stichprobe aus einer definierten Bevölkerungsgruppe abgeleitet.

Durch den Vergleich von Biomonitoring-Messwerten bei beruflich Exponierten mit den Biologischen Arbeitsstoff-Referenzwerten kann das Ausmaß einer beruflichen Exposition erfasst werden.

1 Stoffe, für die BAR abgeleitet werden können:

Acrylamid [79-06-1]
Acrylnitril [107-13-1]
4-Aminobiphenyl [92-67-1]
Arsen [7440-38-2] und anorganische Arsenverbindungen [157])
Bariumverbindungen, löslich (als Ba [7440-39-3] berechnet)
Beryllium [7440-41-7] und seine anorganischen Verbindungen
Blei [7439-92-1] und seine Verbindungen (außer Bleiarsenat, Bleichromat und Alkylbleiverbindungen) [170])
1,3-Butadien [106-99-0]
Cadmium [7440-43-9] und seine anorganischen Verbindungen
Chloropren [126-99-8]
Chrom [7440-47-3] und seine Verbindungen
4,4'-Diaminodiphenylmethan [101-77-9]
1,2-Epoxypropan [75-56-9]
Lithium [7439-93-2]
Mangan [7439-96-5] und seine anorganischen Verbindungen
4,4'-Methylen-bis(2-chloranilin) (MOCA) [101-14-4]
Nickel [7440-02-0] und seine Verbindungen
Polychlorierte Biphenyle [1336-36-3]
Polycyclische aromatische Kohlenwasserstoffe (PAH) [164])
★ 2-Propenal (Acrolein)[107-02-8]
o-Toluidin [95-53-4]
Trichlorethen [79-01-6]
2,4,6-Trinitrotoluol [118-96-7] (und Isomeren in technischen Gemischen)
Vinylchlorid [75-01-4]

[157]) mit Ausnahme von Arsenwasserstoff
[170]) für Frauen
[164]) vgl. Abschn. III „Pyrolyseprodukte aus organischem Material“

MAK- und BAT-Werte-Liste 2014. DFG, Deutsche Forschungsgemeinschaft

ISBN: 978-3-527-33737-8

2 Für folgende Stoffe können aufgrund der Datenlage derzeit keine BAR abgeleitet werden; es liegen jedoch Dokumentationen in den „Arbeitsmedizinisch-toxikologischen Begründungen für BAT-Werte, EKA, BLW und BAR“ vor:

Benzidin [92-87-5]
2-Naphthylamin [91-59-8]
2,4-Toluylendiamin [95-80-7]
2,4-Toluylendiisocyanat [584-84-9]
Uran [7440-61-1] und seine schwer löslichen anorganischen Verbindungen
Uranverbindungen, lösliche anorganische

Register

CAS-Nummern der Stoffe aus den Abschnitten II bis XV und den gelben Seiten

CAS-Nummer	Stoff
50-00-0	Formaldehyd
50-29-3	DDT (1,1,1-Trichlor-2,2-bis(4-chlorphenyl)-ethan)
50-32-8	Benzo[a]pyren (Pyrolyseprodukt)
50-53-3	2-Chlor-10-(3-(dimethylamino)propyl)phenothiazin (Chlorpromazin)
51-75-2	N-Methyl-bis(2-chlorethyl)amin
51-79-6	Ethylcarbamat
52-51-7	2-Brom-2-nitropropan-1,3-diol
53-70-3	Dibenz[a,h]anthrazen (Pyrolyseprodukt)
54-11-5	Nikotin
54-64-8	Thiomersal
55-18-5	N-Nitrosodiethylamin
55-38-9	Fenthion
55-63-0	Glycerintrinitrat
56-23-5	Tetrachlormethan
56-24-6	Trimethylzinnhydroxid (TMTOH) (Methylzinnverbindungen)
56-35-9	Bis(tributylzinn)oxid (Tri-n-butylzinnverbindungen)
56-38-2	Parathion
56-55-3	Benz[a]anthrazen (Pyrolyseprodukt)
56-81-5	Glycerin
57-10-3	Palmitinsäure
57-11-4	Stearinsäure
57-12-5	Cyanide
57-14-7	1,1-Dimethylhydrazin
57-24-9	Strychnin
57-55-6	Propylenglykol
57-57-8	β-Propiolacton
57-74-9	Chlordan
58-89-9	Lindan
59-50-7	p-Chlor-m-kresol
59-89-2	N-Nitrosomorpholin
60-00-4	Ethylendiamintetraessigsäure (EDTA)
60-09-3	p-Aminoazobenzol
60-12-8	2-Phenyl-1-ethanol
60-29-7	Diethylether
60-34-4	Monomethylhydrazin
60-35-5	Acetamid
60-57-1	Dieldrin (HEOD)
61-82-5	Amitrol
62-50-0	Ethylmethansulfonat (gelbe Seiten)
62-53-3	Anilin
62-56-6	Thioharnstoff
62-73-7	Dichlorvos
62-74-8	Natriumfluoracetat
62-75-9	N-Nitrosodimethylamin
63-25-2	Carbaryl
64-02-8	Tetranatrium-ethylendiamintetraacetat (Na-EDTA) (gelbe Seiten)
64-17-5	Ethanol
64-18-6	Ameisensäure
64-19-7	Essigsäure
64-67-5	Diethylsulfat

MAK- und BAT-Werte-Liste 2014. DFG, Deutsche Forschungsgemeinschaft

ISBN: 978-3-527-33737-8

CAS-Nummer	Stoff
65-85-0	Benzoesäure
66-27-3	Methylmethansulfonat (gelbe Seiten)
67-56-1	Methanol
67-63-0	2-Propanol
67-64-1	Aceton
67-66-3	Chloroform
67-68-5	Dimethylsulfoxid
67-72-1	Hexachlorethan
68-11-1	Thioglykolsäure
68-12-2	N,N-Dimethylformamid
69-72-7	Salicylsäure (gelbe Seiten)
71-23-8	1-Propanol (gelbe Seiten)
71-36-3	1-Butanol
71-41-0	1-Pentanol (Pentanol (Isomeren))
71-43-2	Benzol
71-55-6	1,1,1-Trichlorethan
72-20-8	Endrin
72-43-5	Methoxychlor (DMDT)
74-11-3	p-Chlorbenzoesäure
74-31-7	N,N'-Diphenyl-p-phenylendiamin
74-83-9	Brommethan
74-85-1	Ethylen
74-87-3	Chlormethan
74-88-4	Iodmethan
74-89-5	Methylamin
74-90-8	Cyanwasserstoff
74-93-1	Methanthiol
74-96-4	Bromethan
74-97-5	Bromchlormethan
74-98-6	Propan
74-99-7	Methylacetylen
75-00-3	Chlorethan
75-01-4	Vinylchlorid
75-02-5	Vinylfluorid (gelbe Seiten)
75-04-7	Ethylamin
75-05-8	Acetonitril
75-07-0	Acetaldehyd
75-08-1	Ethanthiol
75-09-2	Dichlormethan
75-12-7	Formamid
75-15-0	Schwefelkohlenstoff
75-18-3	Dimethylsulfid
75-21-8	Ethylenoxid
75-25-2	Tribrommethan
75-26-3	2-Brompropan (gelbe Seiten)
75-27-4	Bromdichlormethan
75-28-5	iso-Butan
75-31-0	2-Aminopropan
75-34-3	1,1-Dichlorethan
75-35-4	1,1-Dichlorethen
75-38-7	1,1-Difluorethen (R 1132a)
75-43-4	Dichlorfluormethan (R 21)
75-44-5	Phosgen
75-45-6	Monochlordifluormethan (R 22)
75-50-3	Trimethylamin
75-52-5	Nitromethan

CAS-Nummer	Stoff
75-55-8	Propylenimin
75-56-9	1,2-Epoxypropan
75-61-6	Dibromdifluormethan
75-63-8	Bromtrifluormethan (R13 B1)
75-64-9	1,1-Dimethylethylamin (Aminobutan)
75-65-0	tert-Butanol
75-68-3	1-Chlor-1,1-difluorethan (R 142 b)
75-69-4	Trichlorfluormethan (R 11)
75-71-8	Dichlordifluormethan (R 12)
75-72-9	Chlortrifluormethan (R 13)
75-74-1	Bleitetramethyl
75-83-2	2,2-Dimethylbutan (Hexan)
75-84-3	2,2-Dimethyl-1-propanol (Pentanol (Isomeren))
75-85-4	2-Methyl-2-butanol (Pentanol (Isomeren))
75-91-2	tert-Butylhydroperoxid
75-99-0	2,2-Dichlorpropionsäure
76-01-7	Pentachlorethan
76-03-9	Trichloressigsäure
76-06-2	Trichlornitromethan
76-11-9	1,1,1,2-Tetrachlor-2,2-difluorethan (R 112a)
76-12-0	1,1,2,2-Tetrachlor-1,2-difluorethan (R 112)
76-13-1	1,1,2-Trichlor-1,2,2-trifluorethan (R 113)
76-14-2	1,2-Dichlor-1,1,2,2-tetrafluorethan (R 114)
76-22-2	Kampfer
76-44-8	Heptachlor
77-09-8	Phenolphthalein (gelbe Seiten)
77-47-4	Hexachlorcyclopentadien
77-73-6	Dicyclopentadien
77-78-1	Dimethylsulfat
77-92-9	Zitronensäure
78-00-2	Bleitetraethyl
78-10-4	Tetraethylsilicat
78-18-2	1-Hydroxy-1'-hydroperoxydicyclohexylperoxid
78-30-8	Tri-o-kresylphosphat (gelbe Seiten)
78-59-1	3,5,5-Trimethyl-2-cyclohexen-1-on
78-78-4	iso-Pentan
78-79-5	2-Methyl-1,3-butadien (Isopren)
78-81-9	iso-Butylamin (Aminobutan)
78-83-1	iso-Butanol
78-85-3	Methacrolein (gelbe Seiten)
78-87-5	1,2-Dichlorpropan
78-92-2	2-Butanol
78-93-3	2-Butanon
78-94-4	Methylvinylketon
78-96-6	1-Aminopropan-2-ol
79-00-5	1,1,2-Trichlorethan
79-01-6	Trichlorethen
79-04-9	Chloracetylchlorid
79-06-1	Acrylamid
79-07-2	2-Chloracetamid
79-09-4	Propionsäure
79-10-7	Acrylsäure
79-11-8	Monochloressigsäure
79-20-9	Methylacetat
79-21-0	Peroxyessigsäure
79-22-1	Chlorameisensäuremethylester

CAS-Nummer	Stoff
79-24-3	Nitroethan
79-27-6	1,1,2,2-Tetrabromethan
79-29-8	2,3-Dimethylbutan (Hexan)
79-34-5	1,1,2,2-Tetrachlorethan
79-36-7	Dichloressigsäurechlorid (gelbe Seiten)
79-41-4	Methacrylsäure
79-43-6	Dichloressigsäure
79-44-7	Dimethylcarbamidsäurechlorid
79-46-9	2-Nitropropan
80-05-7	Bisphenol A (4,4'-Isopropylidendiphenol)
80-15-9	α,α-Dimethylbenzylhydroperoxid
80-62-6	Methylmethacrylat
81-14-1	4'-tert-Butyl-2',6'-dimethyl-3',5'-dinitroacetophenon (gelbe Seiten)
81-15-2	1-tert-Butyl-3,5-dimethyl-2,4,6-trinitrobenzol (gelbe Seiten)
81-81-2	Warfarin
81-84-5	Naphthalsäureanhydrid
82-45-1	1-Aminoanthrachinon (gelbe Seiten)
83-79-4	Rotenon
84-61-7	Dicyclohexylphthalat (gelbe Seiten)
84-65-1	Anthrachinon (gelbe Seiten)
84-66-2	Diethylphthalat (gelbe Seiten)
84-69-5	Diisobutylphthalat (gelbe Seiten)
84-74-2	Dibutylphthalat
85-01-8	Phenanthren
85-42-7	Hexahydrophthalsäureanhydrid
85-44-9	Phthalsäureanhydrid
85-68-7	Butylbenzylphthalat (gelbe Seiten)
86-30-6	N-Nitrosodiphenylamin
86-50-0	Azinphos-methyl
86-57-7	1-Nitronaphthalin
86-88-4	ANTU
87-59-2	2,3-Xylidin
87-61-6	1,2,3-Trichlorbenzol
87-62-7	2,6-Xylidin
87-68-3	1,1,2,3,4,4-Hexachlor-1,3-butadien
87-69-4	Weinsäure
87-86-5	Pentachlorphenol
88-10-8	Diethylcarbamidsäurechlorid
88-12-0	N-Vinyl-2-pyrrolidon
88-72-2	2-Nitrotoluol
88-73-3	1-Chlor-2-nitrobenzol
88-88-0	Pikrylchlorid
88-89-1	2,4,6-Trinitrophenol
88-99-3	o-Phthalsäure
90-01-7	2-(Hydroxymethyl)phenol (Phenol-FA-Kond.prod.)
90-04-0	2-Methoxyanilin
90-13-1	1-Chlornaphthalin (Chlorierte Naphthaline)
90-30-2	N-Phenyl-1-naphthylamin
90-43-7	o-Phenylphenol
90-94-8	Michlers Keton
91-08-7	2,6-Diisocyanattoluol
91-15-6	o-Phthalodinitril (gelbe Seiten)
91-17-8	Decalin
91-20-3	Naphthalin
91-23-6	2-Nitroanisol
91-29-2	4-Nitro-4'-aminodiphenylamin-2-sulfonsäure

CAS-Nummer	Stoff
91-59-8	2-Naphthylamin
91-94-1	3,3'-Dichlorbenzidin
91-95-2	3,3'-Diaminobenzidin
92-52-4	Biphenyl
92-67-1	4-Aminobiphenyl
92-70-6	3-Hydroxy-2-naphthalincarbonsäure
92-84-2	Phenothiazin
92-87-5	Benzidin
92-93-3	4-Nitrobiphenyl
93-15-2	Methyleugenol (gelbe Seiten)
93-76-5	2,4,5-Trichlorphenoxyessigsäure
94-36-0	Dibenzoylperoxid
94-37-1	Dipentamethylenthiuramdisulfid
94-75-7	2,4-Dichlorphenoxyessigsäure
94-96-2	2-Ethylhexandiol-1,3
95-14-7	Benzotriazol
95-33-0	N-Cyclohexyl-2-benzothiazolsulfenamid
95-48-7	o-Kresol
95-50-1	1,2-Dichlorbenzol
95-51-2	o-Chloranilin
95-53-4	o-Toluidin
95-54-5	o-Phenylendiamin
95-63-6	1,2,4-Trimethylbenzol
95-64-7	3,4-Xylidin
95-68-1	2,4-Xylidin
95-69-2	4-Chlor-o-toluidin
95-70-5	2,5-Toluylendiamin
95-76-1	3,4-Dichloranilin
95-78-3	2,5-Xylidin
95-79-4	5-Chlor-o-toluidin
95-80-7	2,4-Toluylendiamin
95-95-4	2,4,5-Trichlorphenol
96-12-8	1,2-Dibrom-3-chlorpropan
96-13-9	2,3-Dibrom-1-propanol (gelbe Seiten)
96-14-0	3-Methylpentan (Hexan)
96-18-4	1,2,3-Trichlorpropan
96-20-8	2-Aminobutanol
96-23-1	1,3-Dichlor-2-propanol
96-24-2	3-Chlor-1,2-propandiol
96-29-7	Butanonoxim
96-33-3	Methylacrylat
96-34-4	Chloressigsäuremethylester
96-37-7	Methylcyclopentan (Hexan (alle Isomeren außer n-Hexan))
96-45-7	Ethylenthioharnstoff (Imidazolidin-2-thion)
96-48-0	γ-Butyrolacton
97-00-7	1-Chlor-2,4-dinitrobenzol
97-18-7	Bithionol
97-39-2	Di-o-tolylguanidin (gelbe Seiten)
97-53-0	Eugenol
97-54-1	Isoeugenol
97-56-3	o-Aminoazotoluol
97-63-2	Ethylmethacrylat
97-77-8	Disulfiram
97-88-1	n-Butylmethacrylat
97-90-5	Ethylenglykoldimethacrylat
98-00-0	Furfurylalkohol

CAS-Nummer	Stoff
98-01-1	2-Furylmethanal
98-07-7	α,α,α-Trichlortoluol
98-29-3	p-tert-Butylbrenzkatechin
98-51-1	p-tert-Butyltoluol
98-54-4	p-tert-Butylphenol
98-73-7	p-tert-Butylbenzoesäure
98-82-8	iso-Propylbenzol
98-83-9	2-Phenylpropen
98-87-3	α,α-Dichlortoluol
98-88-4	Benzoylchlorid
98-95-3	Nitrobenzol
99-08-1	3-Nitrotoluol
99-54-7	1,2-Dichlor-4-nitrobenzol
99-55-8	2-Amino-4-nitrotoluol
99-99-0	4-Nitrotoluol
100-00-5	1-Chlor-4-nitrobenzol
100-01-6	4-Nitroanilin
100-21-0	p-Phthalsäure
100-37-8	2-Diethylaminoethanol
100-40-3	Vinylcyclohexen
100-41-4	Ethylbenzol
100-42-5	Styrol
100-44-7	α-Chlortoluol
100-51-6	Benzylalkohol
100-52-7	Benzaldehyd
100-61-8	N-Methylanilin
100-63-0	Phenylhydrazin
100-74-3	N-Ethylmorpholin
100-75-4	N-Nitrosopiperidin
100-97-0	Hexamethylentetramin
101-14-4	4,4'-Methylen-bis(2-chloranilin)
101-54-2	N-Phenyl-p-phenylendiamin
101-61-1	4,4'-Methylen-bis(N,N-dimethylanilin)
101-67-7	4,4-Dioctyldiphenylamin
101-68-8	Diphenylmethan-4,4'-diisocyanat
101-72-4	N-Isopropyl-N'-phenyl-p-phenylendiamin
101-77-9	4,4'-Diaminodiphenylmethan
101-80-4	4,4'-Oxydianilin
101-83-7	Dicyclohexylamin
101-84-8	Diphenylether
101-87-1	N-Cyclohexyl-N'-phenyl-p-phenylendiamin
101-90-6	Diglycidylresorcinether
102-71-6	Triethanolamin
102-77-2	Morpholinylmercaptobenzothiazol
102-82-9	Tri-n-butylamin
103-09-3	2-Ethylhexylacetat
103-11-7	2-Ethylhexylacrylat
103-71-9	Phenylisocyanat
104-12-1	4-Chlorphenylisocyanat
104-54-1	Zimtalkohol
104-55-2	Zimtaldehyd
104-57-4	Benzylformiat (gelbe Seiten)
104-76-7	2-Ethylhexanol
104-91-6	4-Nitrosophenol
104-94-9	4-Methoxyanilin
105-38-4	Vinylpropionat (gelbe Seiten)

CAS-Nummer	Stoff
105-39-5	Chloressigsäureethylester (gelbe Seiten)
105-46-4	2-Butylacetat
105-59-9	Methyldiethanolamin
105-60-2	ε-Caprolactam
105-67-9	2,4-Xylenol (gelbe Seiten)
105-74-8	Dilauroylperoxid
106-14-9	12-Hydroxystearinsäure
106-24-1	Geraniol
106-35-4	Heptan-3-on
106-44-5	p-Kresol
106-46-7	1,4-Dichlorbenzol
106-47-8	p-Chloranilin
106-49-0	p-Toluidin
106-50-3	p-Phenylendiamin
106-51-4	1,4-Benzochinon
106-65-0	Bernsteinsäuredimethylester
106-87-6	4-Vinyl-1,2-cyclohexendiepoxid
106-88-7	1,2-Epoxybutan
106-89-8	1-Chlor-2,3-epoxypropan
106-91-2	Glycidylmethacrylat
106-92-3	1-Allyloxy-2,3-epoxypropan
106-93-4	1,2-Dibromethan
106-94-5	1-Brompropan
106-97-8	n-Butan
106-99-0	1,3-Butadien
107-02-8	2-Propenal
107-05-1	3-Chlorpropen
107-06-2	1,2-Dichlorethan
107-07-3	2-Chlorethanol
107-13-1	Acrylnitril
107-15-3	1,2-Diaminoethan
107-18-6	2-Propen-1-ol
107-19-7	Propargylalkohol
107-20-0	Chloracetaldehyd
107-21-1	Ethylenglykol
107-22-2	Glyoxal
107-25-5	Methylvinylether
107-30-2	Monochlordimethylether
107-31-3	Methylformiat
107-41-5	Hexylenglykol
107-49-3	TEPP
107-64-2	Dimethyldioctadecylammoniumchlorid (gelbe Seiten)
107-66-4	Di-n-butylphosphat
107-71-1	tert-Butylperacetat
107-75-5	Hydroxycitronellal
107-83-5	2-Methylpentan (Hexan)
107-87-9	Pentan-2-on
107-98-2	1-Methoxypropanol-2
108-01-0	N,N-Dimethylethanolamin (gelbe Seiten)
108-03-2	1-Nitropropan
108-05-4	Vinylacetat
108-10-1	4-Methylpentan-2-on
108-11-2	4-Methylpentan-2-ol
108-20-3	Diisopropylether
108-21-4	iso-Propylacetat
108-22-5	Essigsäureisopropenylester

CAS-Nummer	Stoff
108-24-7	Essigsäureanhydrid
108-31-6	Maleinsäureanhydrid
108-39-4	m-Kresol
108-42-9	m-Chloranilin
108-45-2	m-Phenylendiamin
108-46-3	Resorcin
108-65-6	1-Methoxypropylacetat-2
108-67-8	1,3,5-Trimethylbenzol
108-68-9	3,5-Xylenol (gelbe Seiten)
108-69-0	3,5-Xylidin
108-70-3	1,3,5-Trichlorbenzol
108-77-0	Cyanurchlorid (gelbe Seiten)
108-78-1	Melamin (gelbe Seiten)
108-83-8	2,6-Dimethylheptan-4-on
108-84-9	1,3-Dimethylbutylacetat
108-87-2	Methylcyclohexan
108-88-3	Toluol
108-90-7	Chlorbenzol
108-91-8	Cyclohexylamin
108-93-0	Cyclohexanol
108-94-1	Cyclohexanon
108-95-2	Phenol
109-16-0	Triethylenglykoldimethacrylat
109-17-1	Tetraethylenglykoldimethacrylat
109-53-5	Isobutylvinylether
109-59-1	2-Isopropoxyethanol
109-60-4	Propylacetat
109-66-0	n-Pentan
109-73-9	1-Aminobutan
109-79-5	1-Butanthiol
109-86-4	2-Methoxyethanol
109-87-5	Dimethoxymethan
109-89-7	Diethylamin
109-92-2	Ethylvinylether
109-94-4	Ethylformiat
109-99-9	Tetrahydrofuran
110-00-9	Furan
110-01-0	Tetrahydrothiophen (THT)
110-02-1	Thiophen (gelbe Seiten)
110-05-4	Di-tert-butylperoxid
110-12-3	5-Methylhexan-2-on
110-15-6	Bernsteinsäure (gelbe Seiten)
110-19-0	iso-Butylacetat
110-22-5	Diacetylperoxid
110-25-8	Oleylsarkosin
110-42-9	Methyldecanoat (gelbe Seiten)
110-49-6	2-Methoxyethylacetat
110-54-3	Hexan (n-Hexan)
110-65-6	2-Butin-1,4-diol
110-80-5	2-Ethoxyethanol
110-82-7	Cyclohexan
110-83-8	Cyclohexen
110-85-0	Piperazin
110-86-1	Pyridin
110-91-8	Morpholin
111-15-9	2-Ethoxyethylacetat

CAS-Nummer	Stoff
111-20-6	Sebacinsäure
111-27-3	1-Hexanol
111-30-8	Glutardialdehyd
111-40-0	Diethylentriamin
111-42-2	Diethanolamin
111-44-4	2,2'-Dichlordiethylether
111-46-6	Diethylenglykol
111-65-9	n-Octan
111-76-2	2-Butoxyethanol
111-87-5	1-Octanol
111-90-0	Ethyldiglykol
111-96-6	Diethylenglykoldimethylether
112-07-2	2-Butoxyethylacetat
112-24-3	Triethylentetramin
112-27-6	Triethylenglykol
112-34-5	Butyldiglykol
112-35-6	Triethylenglykolmonomethylether
112-40-3	Dodekan (gelbe Seiten)
112-53-8	1-Dodecanol
112-72-1	1-Tetradecanol
112-80-1	Ölsäure
112-85-6	Behensäure
112-92-5	1-Octadecanol
114-26-1	Propoxur
115-07-1	Propen (gelbe Seiten)
115-10-6	Dimethylether
115-11-7	iso-Buten (gelbe Seiten)
115-28-6	1,4,5,6,7,7-Hexachlorbicyclo(2.2.1)hept-5-en-2,3-di-carboxylsäure (gelbe Seiten)
115-70-8	2-Amino-2-ethyl-1,3-propandiol
115-86-6	Triphenylphosphat
115-96-8	Tris(2-chlorethyl)phosphat (gelbe Seiten)
116-14-3	Tetrafluorethen
117-81-7	Di-(2-ethylhexyl)phthalat (DEHP)
117-84-0	Dioctylphthalat (gelbe Seiten)
118-48-9	N-Carboxyanthranilsäureanhydrid
118-74-1	Hexachlorbenzol
118-79-6	2,4,6-Tribromphenol (gelbe Seiten)
118-82-1	4,4'-Methylen-bis(2,6-di-tert-butylphenol)
118-91-2	o-Chlorbenzoesäure
118-96-7	2,4,6-Trinitrotoluol
119-34-6	2-Nitro-4-aminophenol
119-61-9	Benzophenon (gelbe Seiten)
119-64-2	Tetrahydronaphthalin
119-90-4	3,3'-Dimethoxybenzidin
119-93-7	3,3'-Dimethylbenzidin
120-12-7	Anthracen (gelbe Seiten)
120-61-6	Terephthalsäuredimethylester (gelbe Seiten)
120-71-8	p-Kresidin
120-78-5	Dibenzothiazyldisulfid
120-82-1	1,2,4-Trichlorbenzol
121-44-8	Triethylamin
121-45-9	Trimethylphosphit
121-69-7	N,N-Dimethylanilin
121-73-3	1-Chlor-3-nitrobenzol
121-75-5	Malathion
121-91-5	m-Phthalsäure

CAS-Nummer	Stoff
141-78-6	Ethylacetat
141-79-7	4-Methylpent-3-en-2-on
141-97-9	Acetessigsäureethylester
142-82-5	Heptan (alle Isomeren)
143-07-7	Laurinsäure
143-22-6	Triethylenglykol-n-butylether
143-28-2	(Z)-9-Octadecen-1-ol
143-33-9	Natriumcyanid
143-50-0	Chlordecon
144-62-7	Oxalsäure (gelbe Seiten)
148-18-5	Natriumdiethyldithiocarbamat
148-79-8	Thiabendazol
149-30-4	Mercaptobenzothiazol
149-57-5	2-Ethylhexansäure
150-60-7	Dibenzyldisulfid
151-50-8	Kaliumcyanid
151-56-4	Ethylenimin
151-67-7	2-Brom-2-chlor-1,1,1-trifluorethan
156-59-2	1,2-Dichlorethen cis-
156-60-5	1,2-Dichlorethen trans-
156-62-7	Calciumcyanamid
189-55-9	Dibenzo[a,i]pyren (Pyrolyseprodukt)
189-64-0	Dibenzo[a,h]pyren (Pyrolyseprodukt)
191-26-4	Anthanthren
191-30-0	Dibenzo[a,l]pyren (Pyrolyseprodukt)
192-65-4	Dibenzo[a,e]pyren (Pyrolyseprodukt)
193-39-5	Indeno[1,2,3-cd]pyren (Pyrolyseprodukt)
205-82-3	Benzo[j]fluoranthen (Pyrolyseprodukt)
205-99-2	Benzo[b]fluoranthen (Pyrolyseprodukt)
207-08-9	Benzo[k]fluoranthen (Pyrolyseprodukt)
218-01-9	Chrysen (Pyrolyseprodukt)
239-35-0	Benzo[b]naphtho-[2,1-d]thiophen
288-32-4	Imidazol
300-76-5	Naled
302-01-2	Hydrazin
303-47-9	Ochratoxin A
306-83-2	Dichlortrifluorethan
309-00-2	Aldrin
319-84-6	1,2,3,4,5,6-Hexachlorcyclohexan (α-HCH)
319-85-7	1,2,3,4,5,6-Hexachlorcyclohexan (β-HCH)
330-55-2	Linuron (gelbe Seiten)
333-41-5	Diazinon
334-88-3	Diazomethan
335-67-1	Perfluoroctansäure
335-93-3	Silberperfluoroctanoat (Perfluoroctansäure)
335-95-5	Natriumperfluoroctanoat (Perfluoroctansäure)
373-02-4	Nickelacetat
382-21-8	Perfluorisobuten (gelbe Seiten)
409-21-2	Siliciumcarbid
420-04-2	Cyanamid
431-03-8	Diacetyl
460-19-5	Oxalsäuredinitril
461-58-5	Dicyandiamid
463-51-4	Keten
463-82-1	tert-Pentan
470-17-7	Isoalantolacton (Sesquiterpenlactone)

CAS-Nummer	Stoff
477-43-0	Dehydrocostuslacton (Sesquiterpenlactone)
479-45-8	N-Methyl-N,2,4,6-tetranitroanilin
492-80-8	Auramin
496-72-0	3,4-Toluylendiamin (gelbe Seiten)
504-29-0	2-Aminopyridin
505-60-2	2,2'-Dichlordiethylsulfid
506-77-4	Chlorcyan
508-59-8	Parthenin (Sesquiterpenlactone)
509-14-8	Tetranitromethan
510-15-6	Chlorbenzilat (gelbe Seiten)
512-56-1	Trimethylphosphat
513-79-1	Cobalt(II)carbonat
514-10-3	Abietinsäure
526-73-8	1,2,3-Trimethylbenzol
532-27-4	2-Chloracetophenon (gelbe Seiten)
534-52-1	4,6-Dinitro-o-kresol
535-80-8	m-Chlorbenzoesäure
538-75-0	Dicyclohexylcarbodiimid
540-59-0	1,2-Dichlorethen sym.
540-73-8	1,2-Dimethylhydrazin
540-88-5	tert-Butylacetat
541-41-3	Chlorameisensäurethylester
541-73-1	1,3-Dichlorbenzol
541-85-5	5-Methylheptan-3-on
542-56-3	Isobutylnitrit (gelbe Seiten)
542-75-6	1,3-Dichlorpropen
542-88-1	Bis(chlormethyl)ether
542-92-7	1,3-Cyclopentadien
543-27-1	Chlorameisensäurebutylester
544-63-8	Myristinsäure
546-43-0	Alantolacton (Sesquiterpenlactone)
552-30-7	Trimellitsäureanhydrid
553-21-9	Costunolid (Sesquiterpenlactone)
556-52-5	Glycidol (Glycid)
560-21-4	2,3,3-Trimethylpentan
563-47-3	3-Chlor-2-methylpropen
563-54-2	1,2-Dichlorpropen (gelbe Seiten)
564-02-3	2,2,3-Trimethylpentan
565-75-3	2,3,4-Trimethylpentan
576-26-1	2,6-Xylenol (gelbe Seiten)
581-89-5	2-Nitronaphthalin
583-48-2	3,4-Dimethylhexan (Octan)
583-60-8	1-Methylcyclohexan-2-on
584-02-1	3-Pentanol (Pentanol (Isomeren))
584-79-2	Allethrin (s. bei Pyrethrum)
584-84-9	2,4-Toluylendiisocyanat
584-94-1	2,3-Dimethylhexan (Octan)
587-85-9	Phenylquecksilber
589-43-5	2,4-Dimethylhexan (Octan)
589-53-7	4-Methylheptan (Octan)
589-81-1	3-Methylheptan (Octan)
591-27-5	3-Aminophenol
591-78-6	2-Hexanon
592-13-2	2,5-Dimethylhexan (Octan)
592-27-8	2-Methylheptan (Octan)
592-34-7	n-Butylchlorformiat

CAS-Nummer	Stoff
1314-13-2	Zinkoxid
1314-56-3	Diphosphorpentaoxid
1314-62-1	Vanadiumpentoxid
1314-80-3	Diphosphorpentasulfid
1317-35-7	Trimangantetroxid
1317-42-6	Cobalt(II)sulfid
1317-43-7	Nemalith
1317-60-8	alpha-Fe_2O_3 (Eisenoxide, pigmentäre synthetische) (gelbe Seiten)
1317-70-0	Anatas (Titandioxid)
1317-80-2	Rutil (Titandioxid)
1318-02-1	Zeolithe, nicht faserförmig
1318-93-0	Montmorillonit
1319-77-3	Kresol
1321-64-8	Pentachlornaphthalin
1321-65-9	Trichlornaphthalin
1321-74-0	Divinylbenzol
1327-33-9	Antimontrioxid
1327-41-9	Aluminiumchlorhydrat [1327-41-9; 11097-68-0; 84861-98-3] (gelbe Seiten)
1327-53-3	Arsentrioxid
1330-20-7	Xylol
1332-21-4	Asbest
1332-58-7	Kaolin(it)
1333-86-4	Carbon Black (Industrieruße)
1335-87-1	Hexachlornaphthaline
1335-88-2	Tetrachlornaphthaline
1338-23-4	2-Butanonperoxid
1338-24-5	Naphthensäuren
1344-28-1	Aluminiumoxid
1344-37-2	C.I. Pigment Gelb 34
1345-04-6	Antimontrisulfid
1345-25-1	Eisen(II)-oxid
1402-68-2	Aflatoxine
1461-22-9	Tributylzinnchlorid
1464-53-5	1,2,3,4-Diepoxybutan
1477-55-0	m-Xylylendiamin
1484-13-5	Vinylcarbazol
1565-94-2	Bisphenol-A-diglycidylmethacrylat
1569-02-4	1-Ethoxy-2-propanol
1570-64-5	4-Chlor-2-methylphenol (gelbe Seiten)
1589-47-5	2-Methoxypropanol-1
1633-83-6	1,4-Butansulton
1634-04-4	Methyl-tert-butylether
1663-39-4	tert-Butylacrylat
1667-11-4	4-Chlormethylbiphenyl
1675-54-3	Bisphenol-A-diglycidylether
1680-21-3	Triethylenglykoldiacrylat
1738-25-6	Dimethylaminopropionitril
1746-01-6	2,3,7,8-Tetrachlordibenzo-p-dioxin
1748-81-8	Carabron (Sesquiterpenlactone)
1758-61-8	Dicyclohexylperoxid
1763-23-1	Perfluoroctansulfonsäure (PFOS)
1809-14-9	Di-n-octylphosphit (gelbe Seiten)
1809-19-4	Di-n-butylphosphit (gelbe Seiten)
1817-47-6	p-Nitrocumol
1854-23-5	4,4'-(2-Ethyl-2-nitro-1,3-propandiyl)bis-morpholin
1854-26-8	Dimethyloldihydroxyethylenharnstoff

CAS-Nummer	Stoff
2937-59-9	2,6-Bis(Hydroxymethyl)phenol (Phenol-FA-Kond.prod.)
2937-60-2	2,4-Bis(Hydroxymethyl)phenol (Phenol-FA-Kond.prod.)
2937-61-3	2,4,6-Tris(Hydroxymethyl)phenol (Phenol-FA-Kond.prod.)
3033-77-0	Glycidyltrimethylammoniumchlorid
3091-25-6	Mono-n-octylzinn-trichlorid (MOTC)
3101-60-8	p-tert-Butylphenylglycidylether
3129-91-7	Dicyclohexylaminnitrit
3173-72-6	1,5-Naphthylendiisocyanat
3179-89-3	Dispersionsrot 17
3296-90-0	2,2-Bis(brommethyl)1,3-propandiol (gelbe Seiten)
3302-10-1	Isononansäure
3327-22-8	(3-Chlor-2-hydroxypropyl)trimethylammoniumchlorid (gelbe Seiten)
3333-52-6	Tetramethylsuccinnitril
3333-67-3	Nickelcarbonat
3524-68-3	Pentaerythrittriacrylat
3542-36-7	Di-n-octylzinndichlorid (DOTC)
3582-17-0	Dimethylzinndifluorid (DMTF) (Methylzinnverbindungen)
3586-55-8	1,6-Dihydroxy-2,5-dioxahexan (gelbe Seiten)
3590-84-9	Tetra-n-octylzinn (TOT)
3687-31-8	Bleiarsenat
3687-46-5	Decyloleat
3689-24-5	Sulfotep
3811-73-2	Natriumpyrithion
3825-26-1	Ammoniumperfluoroctanoat (Perfluoroctansäure)
4016-14-2	iso-Propylglycidylether
4074-88-8	Diethylenglykoldiacrylat
4080-31-3	Methenamin-3-chlorallylchlorid
4098-71-9	Isophorondiisocyanat
4105-01-5	Aminotris(methylenphosphonsäure) NaSalz 2
4153-34-8	Bis(trimethylzinn)sulfat (Methylzinnverbindungen)
4170-30-3	2-Butenal
4259-15-8	Bis(2-ethylhexyl)zinkdithiophosphat
4299-07-4	Butyl-benzisothiazolon (BBIT) (gelbe Seiten)
4342-36-3	Tributylzinnbenzoat
4435-53-4	3-Methoxy-n-butylacetat
4485-12-5	Lithiumstearat
4524-95-2	2-Methyl-2-azabicyclo[2.2.1]heptan (gelbe Seiten)
4602-84-0	Farnesol
4635-59-0	Chlorbuttersäurechlorid (gelbe Seiten)
4687-94-9	Bisphenol-A-diglycidylacrylat (BIS-GA)
4719-04-4	N,N',N''-Tris(β-hydroxyethyl)-hexahydro-1,3,5-triazin
5026-74-4	Triglycidyl-p-aminophenol
5064-31-3	Trinatriumnitrilotriacetat (Nitrilotriessigsäure, Na-Salz)
5124-30-1	4,4'-Dicyclohexylmethandiisocyanat (gelbe Seiten)
5216-25-1	4-Chlorbenzotrichlorid
5307-14-2	2-Nitro-p-phenylendiamin
5333-42-6	2-Octyldodecan-1-ol
5395-50-6	1,3,4,6-Tetra(hydroxymethyl)-1,3,4,6-tetraazabicyclo-octan-2,5-dion (gelbe Seiten)
5470-11-1	Hydroxylaminchlorid
5493-45-8	Hexahydrophthalsäurediglycidylester
5503-41-3	Rhodium(II)acetat
5625-90-1	Bis(morpholino)methan
5714-22-7	Dischwefeldecafluorid (Schwefelpentafluorid)
5912-86-7	Isoeugenol (Z-Form)
5915-41-3	Terbuthylazin (gelbe Seiten)
5932-68-3	Isoeugenol (E-Form)

CAS-Nummer	Stoff
5989-27-5	D-Limonen
5989-54-8	L-Limonen
6032-29-7	2-Pentanol (Pentanol (Isomeren))
6358-64-1	2,5-Dimethoxy-4-chloranilin
6419-19-8	Aminotris(methylenphosphonsäure)
6423-43-4	Propylenglykoldinitrat
6440-58-0	1,3-Dimethylol-5,5-dimethylhydantoin
6638-87-5	4-tert-Butyl-2-(hydroxymethyl)phenol (ptBP-FA-Kond.prod.)
6754-13-8	Helenalin (Sesquiterpenlactone)
6789-99-7	Tetrahydrobenzotriazol
7005-47-2	2-Dimethylamino-2-methyl-1-propanol (gelbe Seiten)
7085-85-0	Cyanacrylsäureethylester
7397-62-8	Hydroxyessigsäurebutylester
7411-49-6	3,3'-Diaminobenzidin, Tetrahydrochlorid
7414-83-7	Hydroxyethan-1,1-diphosphonsäure, Na-Salz
7429-90-5	Aluminium
7439-92-1	Blei
7439-93-2	Lithium
7439-96-5	Mangan
7439-97-6	Quecksilber
7439-98-7	Molybdän
7440-02-0	Nickel
7440-05-3	Palladium
7440-06-4	Platin
7440-16-6	Rhodium
7440-22-4	Silber
7440-24-6	Strontium
7440-25-7	Tantal
7440-28-0	Thallium
7440-31-5	Zinn
7440-33-7	Wolfram
7440-36-0	Antimon
7440-38-2	Arsen
7440-39-3	Barium
7440-41-7	Beryllium
7440-43-9	Cadmium
7440-47-3	Chrom
7440-48-4	Cobalt
7440-50-8	Kupfer
7440-57-5	Gold
7440-58-6	Hafnium
7440-61-1	Uran
7440-62-2	Vanadium
7440-65-5	Yttrium
7440-66-6	Zink
7440-67-7	Zirkonium
7440-69-9	Wismut (gelbe Seiten)
7446-09-5	Schwefeldioxid
7553-56-2	Iod
7572-29-4	Dichloracetylen
7580-67-8	Lithiumhydrid
7611-50-9	Aminotris(methylenphosphonsäure) NaSalz 3
7620-77-1	Lithium-12-hydroxystearat
7631-86-9	Kieselsäuren, amorphe
7631-90-5	Natriumbisulfit
7631-95-0	Natriummolybdat (Molybdänverbindungen)

CAS-Nummer	Stoff
7637-07-2	Bortrifluorid
7646-85-7	Zinkchlorid
7647-01-0	Chlorwasserstoff
7647-10-1	Palladiumchlorid
7647-14-5	Natriumchlorid (Aerosol) (gelbe Seiten)
7659-86-1	2-Ethylhexylmercaptoacetat
7664-38-2	Phosphorsäure
7664-39-3	Fluorwasserstoff
7664-41-7	Ammoniak
7664-93-9	Schwefelsäure
7665-72-7	1-tert-Butoxy-2,3-epoxypropan
7681-52-9	Natriumhypochlorit (gelbe Seiten)
7681-57-4	Natriummetabisulfit
7696-12-0	Tetramethrin (s. bei Pyrethrum)
7697-37-2	Salpetersäure
7699-41-4	Kieselgut
7718-54-9	Nickelchlorid
7719-09-7	Thionylchlorid (gelbe Seiten)
7719-12-2	Phosphortrichlorid
7722-84-1	Wasserstoffperoxid
7723-14-0	Tetraphosphor
7726-95-6	Brom
7727-21-1	Kaliumpersulfat (Alkalipersulfate)
7727-43-7	Bariumsulfat
7727-54-0	Ammoniumpersulfat
7733-02-0	Zinksulfat
7747-35-5	5-Ethyl-3,7-dioxa-1-azabicyclo[3.3.0]octan (EDAO)
7758-19-2	Natriumchlorit (gelbe Seiten)
7758-97-6	Bleichromat
7773-06-0	Ammoniumsulfamat
7775-27-1	Natriumpersulfat (Alkalipersulfate)
7778-18-9	Calciumsulfat (Anhydrit)
7778-39-4	Arsensäure
7778-44-1	Calciumarsenat
7779-27-3	N,N',N''-Triethylhexahydro-1,3,5-triazin
7779-90-0	Zinkphosphat
7782-41-4	Fluor
7782-42-5	Graphit
7782-49-2	Selen
7782-50-5	Chlor
7782-65-2	Germaniumtetrahydrid
7782-79-8	Stickstoffwasserstoffsäure
7783-06-4	Schwefelwasserstoff
7783-07-5	Selenwasserstoff
7783-42-8	Thionylfluorid (gelbe Seiten)
7784-42-1	Arsenwasserstoff
7784-46-5	Natriumarsenit (Arsen und anorganische Arsenverbindungen)
7786-34-7	Mevinphos
7786-81-4	Nickelsulfat
7788-97-8	Chrom(III)-fluorid
7788-99-0	Chrom(III)-kalium-sulfat-dodecahydrat
7789-02-8	Chrom(III)-nitrat-nonahydrat
7789-04-0	Chrom(III)-phosphat
7789-82-4	Calciummolybdat (Molybdänverbindungen)
7790-91-2	Chlortrifluorid
7790-94-5	Chlorschwefelsäure (gelbe Seiten)

CAS-Nummer	Stoff
30618-84-9	Glycerylmonothioglykolat
30899-19-5	Pentanol
31027-31-3	4-Isopropylphenylisocyanat
31565-23-8	Di-tert-dodecyl-pentasulfid
31570-04-4	Tris(2,4-di-tert-butylphenyl)phosphit
31906-04-4	Hydroxymethylpentylcyclohexencarboxaldehyd (Lyral)
32534-81-9	Pentabrom-diphenylether (gelbe Seiten)
32536-52-0	Octabrom-diphenylether (gelbe Seiten)
33204-39-6	Arteglasin A (Sesquiterpenlactone)
33397-79-4	Methylzinnsulfid
33568-99-9	Di-n-octylzinnbis(isooctylmaleat)
34123-59-6	3-(4-Isopropylphenyl)-1,1-dimethylharnstoff (gelbe Seiten)
34590-94-8	Dipropylenglykolmonomethylether
35001-25-3	Laurenobiolid (Sesquiterpenlactone)
35074-77-2	Hexamethylenbis(3-(3,5-di-tert-butyl-4-hydroxyphenyl)propionat)
35554-44-0	1-(2-Allyloxy)-2-(2,4-dichlorphenyl)ethyl)-1H-imidazol
35691-65-7	2-Brom-2(brommethyl)pentandinitril
35851-08-2	4-tert-Butyl-2-(5-tert-butyl-2-hydroxy-3-(hydroxymethyl)benzyloxymethyl)-6-(hydroxymethyl)phenol (ptBP-FA-Kond.prod.)
36653-82-4	1-Hexadecanol
37205-60-0	Endothiapepsin (Labersatzstoff)
37278-89-0	Xylanasen
37288-11-2	3-Phytase
39117-96-9	5-tert-Butyl-2-hydroxy-3-(hydroxymethyl)benzaldehyd (ptBP-FA-Kond.prod.)
40776-40-7	(+)-Frullanolid (Sesquiterpenlactone)
41683-62-9	1,2-Dichlormethoxyethan
42978-66-5	Tripropylenglykoldiacrylat
51200-87-4	4,4-Dimethyloxazolidin (gelbe Seiten)
51287-84-4	Dimethylzinnbis(laurylmercaptid) (Methylzinnverbindungen)
51630-58-1	Fenvalerat (gelbe Seiten)
52315-07-8	Cypermethrin (gelbe Seiten)
52645-53-1	Permethrin (gelbe Seiten)
52918-63-5	Deltamethrin (gelbe Seiten)
53250-83-2	2-Chlor-4-(methylsulfonyl)benzoesäure (gelbe Seiten)
53306-54-0	Di(2-propylheptyl)-phthalat
53469-21-9	Chlorierte Biphenyle
53980-88-4	5(6)-Carboxy-4-hexyl-2-cyclohexen-1-octansäure
54208-63-8	Bisphenol-F-diglycidylether, o,o'-Isomer
54827-17-7	Tetramethylbenzidine (gelbe Seiten)
54839-24-6	1-Ethoxy-2-propylacetat
54849-38-6	Methylzinntris(isooctylmercaptoacetat) [MMT(IOMA)$_3$] (Methylzinnverbindungen)
54849-39-7	Trimethylzinn(isooctylmercaptoacetat) (Methylzinnverbindungen)
55406-53-6	3-Iod-2-propinylbutylcarbamat
55720-99-5	Chloriertes Diphenyloxid
57018-52-7	Propylenglykolmono-tert-butylether (gelbe Seiten)
57041-67-5	Desfluran
57469-07-5	Bisphenol-F-diglycidylether, o,p'-Isomer
57583-34-3	Methylzinntris(2-ethylhexylmercaptoacetat)
57583-35-4	Dimethylzinnbis(2-ethylhexylmercaptoacetat) [DMT(2-EHMA)$_2$] (Methylzinnverbindungen)
59118-79-5	Methylzinntris(2-mercaptoethyloleat)
59118-99-9	Bis[methylzinndi(2-mercaptoethyloleat)]sulfid (Methylzinnverbindungen)
59231-34-4	iso-Decyloleat
59766-31-3	Kaliumtitanat
60676-86-0	Kieselglas

CAS-Nummer	Stoff
61583-60-6	Zinkmolybdat (Molybdänverbindungen)
61789-36-4	Naphthenat, Ca-
61789-86-4	Petroleumsulfonate, Ca-Salze
61790-13-4	Naphthenat, Na-
61790-53-2	ungebrannter Kieselgur
61792-09-4	Diethylentriaminpentakis(methylenphosphonsäure) Natriumsalz 5
63148-62-9	Polydimethylsiloxane, lineare
63449-39-8	Chlorparaffine
63449-41-2	Alkyl(C14–C16)benzyldimethylammoniumchlorid (Benzalkoniumchlorid)
64742-47-8	Destillate (Erdöl), mit Wasserstoff behandelte leichte
64742-48-9	Testbenzin (Naphtha)
64742-49-0	Testbenzin (Naphtha)
64742-88-7	Testbenzin (Naphtha)
65980-75-8	Kaliumpentachlorrhodat(III) (Rhodium)
65997-15-1	Portlandzement
66072-08-0	Naphthenat, K-
66204-44-2	N,N'-Methylen-bis(5-methyloxazolidin)
66603-10-9	N-Cyclohexylhydroxy-diazen-1-oxid, Kaliumsalz
67859-63-6	Dimethylzinnbis(2-mercaptoethyloleat) (Methylzinnverbindungen)
68155-78-2	Diethylentriaminpentakis(methylenphosphonsäure) Natriumsalz 7
68359-37-5	Cyfluthrin
68391-01-5	Alkyl(C12–C18)benzyldimethylammoniumchlorid (Benzalkoniumchlorid)
68583-56-2	Di-tert-dodecyl-polysulfid
68608-26-4	Petroleumsulfonate, Na-Salze
68649-11-6	Polyalphaolefine
68649-12-7	Polyalphaolefine
68855-54-9	gebrannte Kieselgur
68921-45-9	Diphenylamin, Reaktionsprodukte mit Styrol und 2,4,4-Trimethylpenten
68937-41-7	Tri-iso-propylphenylphosphat (gelbe Seiten)
69012-64-2	Kieselrauch
69669-44-9	Alkylbenzolsulfonate C10–C14, lineare
70657-70-4	2-Methoxypropylacetat-1
72623-83-7	Schmieröle (Erdöl), C>25, mit Wasserstoff behandelte helle aus Ausgangsstoffen (gelbe Seiten)
74091-64-8	Bis(isocyanatmethyl)-bicyclo[2.2.1]heptan (gelbe Seiten)
80443-41-0	Tebuconazol (gelbe Seiten)
80584-91-4	Triazintriyltriiminotrihexansäure
80939-62-4	Amine, C11–C14, verzweigte (gelbe Seiten)
84861-98-3	Aluminiumchlorhydrat [1327-41-9; 11097-68-0; 84861-98-3] (gelbe Seiten)
85117-50-6	Alkylbenzolsulfonate C10–C14, lineare
85409-17-2	Tributylzinnaphthenat
88377-66-6	Bis-(1-((5-chlor-2-hydroxyphenyl)azo)-2-naphthalinolat(2))-chromat-1-tetradecanamin (gelbe Seiten)
92045-44-8	Schmieröle (Erdöl), C>50, mit Wasserstoff behandelte helle aus Ausgangsstoffen (gelbe Seiten)
92045-45-9	Schmieröle (Erdöl), mit Wasserstoff behandelte durch Lösungsmittel aufbereitete helle aus Ausgangsstoffen (gelbe Seiten)
92062-35-6	Mineralöl (Erdöl), leichtes weißes (gelbe Seiten)
93841-74-8	Diethylentriaminpentakis(methylenphosphonsäure) Natriumsalz 6
93841-75-9	Diethylentriaminpentakis(methylenphosphonsäure) Natriumsalz 9
93841-76-0	Diethylentriaminpentakis(methylenphosphonsäure) Natriumsalz 10
94021-23-5	Aminotris(methylenphosphonsäure) NaSalz 4
94987-75-4	Diethylentriaminpentakis(methylenphosphonsäure) Natriumsalz 2
94987-76-5	Diethylentriaminpentakis(methylenphosphonsäure) Natriumsalz 1
94987-77-6	Diethylentriaminpentakis(methylenphosphonsäure) Natriumsalz 4

Mitglieder und ständige Gäste der Kommission

Mitglieder

Frau Professor Dr. A. Hartwig (Vorsitzende), Karlsruher Institut für Technologie (KIT), Institut für angewandte Biowissenschaften, Abteilung Lebensmittelchemie und Toxikologie, Adenauerring 20a, Postanschrift: Kaiserstraße 12, 76131 Karlsruhe

Professor Dr. phil. nat. et med. habil. M. Arand, Universität Zürich, Institut für Pharmakologie und Toxikologie, Winterthurerstraße 190, 8057 Zürich

Professor Dr. rer. nat. M. Bader, BASF SE, Occupational Medicine and Health Protection, GUA / CB – H 308, 67056 Ludwigshafen

Dr. rer. nat. M. Blaszkewicz, Leibniz-Institut für Arbeitsforschung an der TU Dortmund, Abteilung Analytische Chemie, Ardeystraße 67, 44139 Dortmund

Professor Dr. med. Dr. rer. nat. H. M. Bolt, Leibniz-Institut für Arbeitsforschung an der TU Dortmund, Ardeystraße 67, 44139 Dortmund

Professor Dr. T. Brüning, Institut für Prävention und Arbeitsmedizin der Deutschen Gesetzlichen Unfallversicherung, Institut der Ruhr-Universität Bochum (IPA), Bürkle-de-la-Camp-Platz 1, 44789 Bochum

Professor Dr. med. H. Drexler, Institut und Poliklinik für Arbeits-, Sozial- und Umweltmedizin der Friedrich-Alexander-Universität Erlangen-Nürnberg, Schillerstraße 25 – 29, 91054 Erlangen

Professor Dr. rer. nat. B. Epe, Johannes-Gutenberg-Universität Mainz, FB Chemie, Pharmazie und Geowissenschaften, Institut für Pharmazie und Biochemie – Therapeutische Lebenswissenschaften, Staudingerweg 5, 55128 Mainz

Frau Professor Dr. med. M. Fartasch, Institut für Prävention und Arbeitsmedizin der Deutschen Gesetzlichen Unfallversicherung, Institut der Ruhr-Universität Bochum (IPA), Bürkle-de-la-Camp-Platz 1, 44789 Bochum

Professor Dr. rer. nat. Dr. med. habil. J. Filser, Helmholtz-Zentrum München GmbH, Deutsches Forschungszentrum für Gesundheit und Umwelt, Institut für Toxikologie, Ingolstädter Landstraße 1, 85764 Oberschleißheim

Professor Dr. rer. nat. T. Göen, Institut und Poliklinik für Arbeits-, Sozial- und Umweltmedizin der Friedrich-Alexander-Universität Erlangen-Nürnberg, Schillerstraße 25 – 29, 91054 Erlangen

Professor Dr. med. H. Greim, Technische Universität München, Institut für Toxikologie, Hohenbachernstraße 15 – 17, 85354 Freising-Weihenstephan

Professor Dr. med. E. Hallier, Georg-August-Universität Göttingen, Zentrum Arbeits-, Sozial-, Umwelt-, Rechtsmedizin und Dermatologie, Institut für Arbeits- und Sozialmedizin, Waldweg 37, 37073 Göttingen

Professor Dr. rer. biol. hum. U. Heinrich, Fraunhofer-Institut für Toxikologie und experimentelle Medizin, Nikolai-Fuchs-Straße 1, 30625 Hannover

MAK- und BAT-Werte-Liste 2014. DFG, Deutsche Forschungsgemeinschaft

ISBN: 978-3-527-33737-8

Dr. rer. nat. E. Leibold, BASF SE, GUP-/-P, Gebäude Z 570, Carl-Bosch-Straße 38, 67056 Ludwigshafen

Frau Professor Dr. med. G. Leng, Currenta GmbH & Co. OHG, Sicherheit-Gesundheitsschutz – Institut für Biomonitoring, Chemiepark Leverkusen, Gebäude L9, 51368 Leverkusen

Professor Dr. med. Dipl.-Ing. S. Letzel, Universitätsmedizin der Johannes-Gutenberg-Universät Mainz, Institut für Arbeits-, Sozial- und Umweltmedizin , Obere Zahlbacher Straße 67, 55131 Mainz

Professor Dr. med. R.D. Merget, Institut für Prävention und Arbeitsmedizin der Deutschen Gesetzlichen Unfallversicherung, Institut der Ruhr-Universität Bochum (IPA), Bürkle-de-la-Camp-Platz 1, 44789 Bochum

Professor Dr. rer. nat. B. Michalke, Helmholtz-Zentrum München GmbH, Deutsches Forschungszentrum für Gesundheit und Umwelt, Institut für Ökologische Chemie, Ingolstädter Landstraße 1, 85764 Oberschleißheim

Priv. Doz. Dr. rer. nat. M. Müller, Georg-August-Universität Göttingen, Zentrum für Umwelt- und Arbeitsmedizin, Waldweg 37, 37073 Göttingen

Dr. rer. nat. E. Nies, IFA – Institut für Arbeitsschutz der Deutschen Gesetzlichen Unfallversicherung, Referat 1.5 : Toxikologie der Arbeitsstoffe, Alte Heerstaße 111, 53757 Sankt Augustin

Professor Dr. med. D. Nowak, Klinikum der Ludwig-Maximilians-Universität München, Campus Innenstadt, Institut und Poliklinik für Arbeits- und Umweltmedizin, Ziemssenstraße 1, 80336 München

Professor Dr. rer. nat. Dr. agr. habil. H. Parlar, Technische Universität München, Wissenschaftszentrum Weihenstephan, Lehrstuhl für Chemisch-Technische Analyse, Weihenstephaner Steig 23, 85354 Freising

Professor Dr. med. A.W. Rettenmeier, Universitätsklinikum Essen, Institut für Hygiene und Arbeitsmedizin, Virchowstraße 171, 45122 Essen

Dr. rer. nat. R. Schins, Leibniz-Institut für umweltmedizinische Forschung an der Heinrich-Heine-Universität Düsseldorf, Auf'm Hennekamp 50, 40225 Düsseldorf

Professor Dr. med. A. Schnuch, Informationsverbund Dermatologischer Kliniken (IVDK), von-Siebold-Straße 3, 37075 Göttingen

Professor Dr. rer. nat. M. Schwarz, Eberhard-Karls-Universität Tübingen, Institut für Toxikologie, Wilhelmstraße 56, 72074 Tübingen

Professor Dr. med. R. Stahlmann, Charité-Universitätsmedizin Berlin, Campus Benjamin Franklin, Institut für Klinische Pharmakologie und Toxikologie, Garystraße 5, 14195 Berlin

Professor Dr. med. K. Straif, International Agency for Research on Cancer, Carcinogen Identification and Evaluation, World Health Organization, 150 Cours Albert Thomas, 69372 Lyon Cedex 08, Frankreich

Frau Dr. med. G. Stropp, Bayer Health Care AG, Pharma-Forschungszentrum, Geb. 514, Institut für Toxikologie, 42096 Wuppertal

Professor Dr. med. Dr. rer. nat. H.W. Thielmann, Deutsches Krebsforschungszentrum, Abteilung M 019, Im Neuenheimer Feld 280, 69120 Heidelberg

Priv. Doz. Dr. C. van Thriel, Leibniz-Institut für Arbeitsforschung an der TU Dortmund, Ardeystraße 67, 44139 Dortmund

Professor Dr. rer. nat. Dr. med. habil. K. Ulm, Technische Universität München, Klinikum Rechts der Isar, Institut für Medizinische Statistik und Epidemiologie, Ismaninger Straße 22, 81675 München

Professor Dr. med. W. Uter, Friedrich-Alexander-Universität Erlangen-Nürnberg, Institut für Medizininformatik, Biometrie und Epidemiologie, Waldstraße 6, 91054 Erlangen

Priv. Doz. Dr. rer. nat. Dr. biol. hom. D. Walter, Universitätsklinikum Gießen und Marburg GmbH, Standort Gießen, Institut und Poliklinik für Arbeits- und Sozialmedizin, Aulweg 129/III, 35392 Gießen

Ständige Gäste

Professor Dr. rer. nat. H. Blome, IFA – Institut für Arbeitsschutz der Deutschen Gesetzlichen Unfallversicherung, Alte Heerstraße 111, 53757 Sankt Augustin

Dr. rer. nat. R. Hebisch, Bundesanstalt für Arbeitsschutz und Arbeitsmedizin (BAuA), Friedrich-Henkel-Weg 1–25, 44149 Dortmund

Frau Dr. vet. med. A. Schulte, Bundesinstitut für Risikobewertung (BfR), Thielallee 88–92, 14195 Berlin

Dr. med. M. Kluckert, Berufsgenossenschaft Rohstoffe und chemische Industrie, Fachreferat Arbeitsmedizin, Kurfürsten-Anlage 62, 69115 Heidelberg

Verantwortlicher Fachreferent der DFG

Dr. rer. nat. A. Krawisch, Deutsche Forschungsgemeinschaft, Kennedyallee 40, 53175 Bonn. Postanschrift: 53170 Bonn

Kommissionssekretariat

Frau Dr. rer. nat. H. Greim, Karlsruher Institut für Technologie (KIT), Institut für angewandte Biowissenschaften, Abteilung Lebensmittelchemie und Toxikologie, Adenauerring 20a, Postanschrift: Kaiserstraße 12, 76131 Karlsruhe

Mandat und Arbeitsweise der Senatskommission zur Prüfung gesundheitsschädlicher Arbeitsstoffe

I.

Die Tätigkeit der Senatskommission zur Prüfung gesundheitsschädlicher Arbeitsstoffe ist auf folgende Vorschriften der Satzung der Deutschen Forschungsgemeinschaft gestützt:

§ 1
Zweck des Vereins

Die Deutsche Forschungsgemeinschaft dient der Wissenschaft in allen ihren Zweigen durch die finanzielle Unterstützung von Forschungsaufgaben und durch die Förderung der Zusammenarbeit unter den Forschern. Der Förderung und Ausbildung des wissenschaftlichen Nachwuchses gilt ihre besondere Aufmerksamkeit. Die Deutsche Forschungsgemeinschaft fördert die Gleichstellung von Männern und Frauen in der Wissenschaft. Sie berät Parlamente und Behörden in wissenschaftlichen Fragen und pflegt die Verbindungen der Forschung zur Wirtschaft und zur ausländischen Wissenschaft.

§ 6
Senat

1. Der Senat besteht aus 39 wissenschaftlichen Mitgliedern. Der Präsident der Hochschulrektorenkonferenz, der Vorsitzende der Konferenz der Akademien der Wissenschaften in der Bundesrepublik Deutschland und der Präsident der Max-Planck-Gesellschaft gehören als solche dem Senat an. Die übrigen 36 Mitglieder werden von der Mitgliederversammlung auf drei Jahre gewählt; jedes Jahr scheidet ein Drittel von ihnen aus. Bei der Zusammensetzung der gewählten Mitglieder soll eine angemessene Verteilung auf die Disziplinen der Geisteswissenschaften, der Naturwissenschaften und der angewandten einschließlich der technischen und landwirtschaftlichen Wissenschaften angestrebt und sowohl die Hochschulforschung wie die freie Forschung berücksichtigt, jedoch zugunsten der Auswahl geeigneter Persönlichkeiten eine feste Schlüsselung vermieden werden.

. . .

6. Der Senat nimmt gemeinsame Anliegen der Forschung wahr, fördert die Zusammenarbeit in der Forschung, berät Regierungsstellen in wissenschaftlichen Fragen gutachtlich und nimmt die Interessen der deutschen Forschung im Verhältnis zur ausländischen Wissenschaft wahr; er kann Forschungsarbeiten anregen und vorbereiten und soll auf die Koordinierung getrennt begonnener Vorhaben hinwirken.
8. Der Senat kann im Rahmen seiner Zuständigkeit Ausschüsse bilden, deren Mitglieder dem Senat nicht anzugehören brauchen.

II.

Der Senat der Deutschen Forschungsgemeinschaft hat am 1. Juli 1986 folgende Grundsätze für Mandat und Arbeitsweise der Senatskommission zur Prüfung gesundheitsschädlicher Arbeitsstoffe beschlossen:

1. Der Senatskommission der Deutschen Forschungsgemeinschaft zur Prüfung gesundheitsschädlicher Arbeitsstoffe ist vom Senat die Aufgabe übertragen worden, die wissenschaftlichen Grundlagen des Schutzes der Gesundheit vor toxischen Stoffen am Arbeitsplatz zu erarbeiten. Die wichtigsten praktischen Ergebnisse der Kommissionsarbeit sind wissenschaftliche Empfehlungen zur Aufstellung von MAK- und BAT-Werten, zur Einstufung krebserzeugender Arbeitsstoffe und zur Bewertung fruchtschädigender und keimzellmutagener Wirkungen sowie die Erarbeitung und Evaluierung analytischer Methoden zur Kon-

trolle der Exposition und zur Überprüfung der Einhaltung von Grenzwerten des Gesundheitsschutzes am Arbeitsplatz. Darüber hinaus greift die Kommission weitere aktuelle Probleme der Gesundheitsgefährdung durch Arbeitsstoffe auf und schlägt geeignete Lösungsmöglichkeiten vor.

Für die Verwirklichung eines dem jeweiligen Stande der Wissenschaft angepassten Arbeitsschutzes erscheint ein Zwei-Stufen-Verfahren als beste Lösung: Die genannten Arbeitsergebnisse der Senatskommission werden jährlich überarbeitet und von der Deutschen Forschungsgemeinschaft veröffentlicht. Zugleich werden sie als Empfehlung dem Bundesminister für Arbeit und Sozialordnung übergeben. Dieser prüft die Empfehlungen unter Berücksichtigung auch nichtwissenschaftlicher Gesichtspunkte und kann ihnen — unverändert oder geändert — in geeigneter Form Rechtsverbindlichkeit als Grundlage des Arbeitsschutzes verleihen.

2. Die Kommission arbeitet in wissenschaftlicher Freiheit und Unabhängigkeit. Sie ist in der Auswahl und in der Prioritätensetzung der Prüfung von Arbeitsstoffen und weiterer zu untersuchender Probleme an Weisungen nicht gebunden. Sie hält sich aber für verpflichtet, Anregungen aus der betrieblichen Praxis, soweit sie wissenschaftlich von Bedeutung sind, aufzunehmen und Anliegen des für den Gesundheitsschutz am Arbeitsplatz zuständigen Bundesministers für Arbeit und Sozialordnung, soweit möglich, vorrangig zu bearbeiten.
3. Gegenüber den maßgeblichen am Arbeitsschutz beteiligten Organisationen (Länderausschuss für Arbeitsschutz und Sicherheitstechnik (LASI), Bundesverband der Deutschen Industrie, Hauptverband der gewerblichen Berufsgenossenschaften, Deutscher Gewerkschaftsbund) hält sich die Kommission an Verfahrensregeln*), die in den gelben Seiten der jährlich erscheinenden Mitteilungen der Kommission veröffentlicht sind. Diese gewährleisten die volle Offenlegung des Arbeitsprogramms der Kommission durch die rechtzeitige Bekanntgabe der anstehenden Änderungen bzw. Ergänzungen**). Durch die Aufforderung, der Senatskommission Informationen und Kommentare mitzuteilen und die daran geknüpfte Möglichkeit, wissenschaftliche Sachverständige der betroffenen Bereiche in die Diskussion zur Entscheidungsfindung einzubeziehen, wird eine möglichst umfassende Informationsgrundlage für die Empfehlungen der Kommission gewährleistet.

   Die Gründe für MAK- und BAT-Werte, für die Einstufung krebserzeugender bzw. -verdächtiger Arbeitsstoffe und die Bewertung fruchtschädigender und keimzellmutagener Wirkungen werden in Form von ausführlichen wissenschaftlichen Begründungen veröffentlicht.
4. Das Ziel der Kommissionsarbeit ist allein der nach dem jeweiligen Stand der Wissenschaft mögliche und gebotene Schutz der Gesundheit der Beschäftigten und deren Nachkommen. Die Kommission betrachtet die Gesundheit als höchsten Wert, den sie nicht gegen andere Gesichtspunkte abwägt. In der Diskussion und Entscheidungsfindung werden deshalb ausschließlich wissenschaftliche Argumente im Hinblick auf die Gesundheit am Arbeitsplatz berücksichtigt. Andere Aspekte, wie konkurrierende sozialpolitische, ökonomische, technologische und weitere nichtwissenschaftliche Gründe bleiben ausgeschlossen.

   Die Kommissionsmitglieder verfügen nicht über die zur qualifizierten Beurteilung wirtschaftlicher, technischer und sozialpolitischer Zusammenhänge erforderlichen Kenntnisse.
5. Aus den unter 4. genannten Gründen kann das Verlangen nach Beteiligung von anderen als mit gesundheitlichen Aspekten des Arbeitsschutzes vertrauten Sachverständigen an den Diskussionen der Kommission nicht erfüllt werden.
6. Gleichwohl verkennt die Kommission nicht die Notwendigkeit politischer Entscheidungen im Prozess der Verwirklichung des Arbeitsschutzes. Sie lehnt jedoch die Vermischung politischer und wissenschaftlicher Urteilselemente in ihrer eigenen Arbeit ab.
7. Die Senatskommission trägt durch die Veröffentlichung ihrer Empfehlungen zur Erfüllung des Satzungsauftrages der Forschungsgemeinschaft bei, Parlamente und Behörden in wissenschaftlichen Fragen zu beraten. Weicht der Bundesminister für Arbeit und Sozialordnung (s. o. Ziffer 1) von den Empfehlungen im Einzelfall ab, so hält es die Kommission für erforderlich, dass er die Gründe dafür bekannt gibt.
8. Das Präsidium und der Vorstand der DFG können die Einhaltung der Verfahrensordnung überprüfen, gewährleisten jedoch die unveränderte und unverzügliche Veröffentlichung der Arbeitsergebnisse der Kommission, soweit nicht zwingende Gründe entgegenstehen.

---

*) siehe S. XXVI der vorliegenden Mitteilung.

**) siehe S. V der vorliegenden Mitteilung.

III.

Neuberufene Mitglieder und ständige Gäste der Senatskommission zur Prüfung gesundheitsschädlicher Arbeitsstoffe erhalten nach ihrer Berufung ein Schreiben des Präsidenten der Deutschen Forschungsgemeinschaft, das die nachfolgend wiedergegebenen Grundsätze der Arbeit der Kommission enthält:

Um die satzungsmäßigen Beratungsaufgaben der Deutschen Forschungsgemeinschaft gegenüber Legislative und Exekutive zu erfüllen, hat der Senat für verschiedene Sachgebiete Kommissionen eingerichtet, so z. B. für die Gebiete des Arbeits-, Gesundheits- und Umweltschutzes. Zu diesen Senatskommissionen gehört auch die Kommission, in die Sie berufen wurden.

Die Kommissionen haben die Aufgabe, den Stand der Wissenschaft zu den jeweiligen Fragestellungen zu ermitteln und so zu formulieren, dass die zu beratenden staatlichen Stellen in die Lage versetzt werden, für ihren Bereich sachgerechte Entscheidungen in eigener Verantwortung zu treffen. Zu diesem Zweck ist es wünschenswert, dass in den einzelnen Kommissionen der wissenschaftliche Stand so herausgearbeitet wird, dass er von allen Mitgliedern getragen werden kann. Ein solcher Konsens wird dann als Standpunkt der DFG nach außen vertreten.

Im Hinblick auf diese Aufgabe der Kommission werden als Mitglieder Wissenschaftler ad personam in ihrer Eigenschaft als sachkundige Experten berufen und nicht als Vertreter der Institutionen oder Unternehmen, in denen sie tätig sind.

Neben diesen Mitgliedern arbeiten in den Kommissionen auch ständige Gäste mit. Als ständige Gäste mit beratender Stimme werden Wissenschaftler und andere sachverständige Personen aus Behörden berufen, die sowohl mit Forschungsaufgaben betraut sein als auch hoheitliche Aufgaben wahrnehmen können. Da sie institutionell den potentiellen Beratungsnehmern angehören, erhalten sie kein Stimmrecht. So soll ein möglicher Interessenkonflikt von vornherein vermieden werden.

Der Senat beruft die Kommissionen für Amtsperioden von jeweils drei Jahren. Mitglieder und ständige Gäste werden ebenfalls für drei Jahre berufen. Sie können einmal wiederberufen werden. Eine weitergehende Verlängerung des persönlichen Mandats ist nur in begründeten Ausnahmefällen möglich.

Die angestrebte strenge Trennung zwischen der Erkenntnis eines wissenschaftlichen Standpunkts und seiner „Verwertung" im weitesten Sinne, sei es unter politischen, juristischen, wirtschaftlichen oder anderen gesellschaftlichen Aspekten, setzt voraus, dass außerwissenschaftliche Probleme der auftragsgemäß zu beratenden staatlichen Stellen keinen Eingang in das Votum der Kommission finden. Politische Konsequenzen wissenschaftlicher Erkenntnisse, Umsetzungsprobleme, Entscheidungen über die Zumutbarkeit bestimmter Risiken, Wirtschaftlichkeitsaspekte usw. gehören nicht zum Verantwortungsbereich der DFG und ihrer Kommissionen.

Für das Verfahren der Kommissionen gilt die strenge Vertraulichkeit der Beratungen ebenso wie der in die Beratungen einbezogenen Daten und Fakten bis zu ihrer Publikation durch die DFG als Mitteilung der betreffenden Senatskommission. Aus einer Berufung in eine Senatskommission darf niemandem ein Wettbewerbsvorteil durch Verwertung eines Informationsvorsprungs erwachsen.

Im Jahr 2013/2014 abgeschlossene Überprüfungen von Stoffen in den Teilen MAK-Werte [1]) und Beurteilungswerte in biologischem Material [2])

(* in Abschn. II a, II b, III, IV, V, XII, XIII, XIV und XV; ° nicht mehr in Bearbeitung)

Teil MAK-Werte

Änderungen

* 1-(2-Allyloxy)-2-(2,4-dichlorphenyl)ethyl)-1H-imidazol [35554-44-0]	
Schwangerschaft Gruppe C	bislang: Gruppe B
Fußnote: "im Rahmen der Kommentierungsfrist geändert"	
* 4-Aminobiphenyl [92-67-1]	
Keimzellmutagen Kategorie 3A	bislang: keine Einstufung
* 2-Amino-2-methyl-1-propanol (AMP) [124-68-5]	
MAK-Wert 1 ml/m³ entsprechend 3,7 mg/m³	bislang: kein MAK-Wert
Kurzzeitkategorie II (2)	
Schwangerschaft Gruppe C	
Zusatzbezeichnung H	
* Arsen und anorganische Arsenverbindungen	
Zusatzbezeichnung H	
Fußnote: "mit Ausnahme von Arsen und Galliumarsenid"	
* 1-Butanol [71-36-3]	
Einstufungsüberprüfung: keine Änderung	
* tert-Butylacetat [540-88-5]	
Schwangerschaft Gruppe C	bislang: B
Fußnote: "Im Rahmen der Kommentierungsfrist geändert"	
* Diazinon [333-41-5]	
Einstufungsüberprüfung: keine Änderung	
* Di-n-butylphthalat [84-74-2]	
Krebserzeugend Kategorie 3B	bislang: Kat. 4
* Dichlormethan [75-09-2]	
MAK-Wert 50 ml/m³ entsprechend 180 mg/m³	
Kurzzeitkategorie II (2)	
Schwangerschaft Gruppe B	
Krebserzeugend Kategorie 5	bislang: Kat. 3A
Zusatzbezeichnung H	
* Di-(2-ethylhexyl)phthalat (DEHP) [117-81-7]	
MAK-Wert 2 mg/m³ E	bislang: 10 mg/m³ E
Kurzzeitkategorie II (2)	II (8)
Zusatzbezeichnung H	
	Schwangerschaft Gruppe C entfällt

[1]) „Toxikologisch-arbeitsmedizinische Begründung von MAK-Werten“, WILEY-VCH, D-69451 Weinheim 1972, 1973, 1974, 1975, 1977, 1978, 1979, 1981, 1983, 1984, 1985, 1986, 1987, 1988, 1989, 1990, 1991, 1992, 1993, 1994, 1995, 1996, 1997, 1998, 1999, 2000, 2001, 2002, 2003, 2004, 2005, 2006, 2007, 2008, 2009, 2010, 2011, 2012, 2013, 2014.

[2]) „Arbeitsmedizinisch-toxikologische Begründungen für BAT-Werte“, WILEY-VCH, D-69451 Weinheim 1983, 1985, 1986, 1989, 1990, 1993, 1994, 1995, 1996, 1997, 1998, 1999, 2000, 2001, 2002, 2003, 2004, 2005, 2006, 2007, 2008, 2009, 2010, 2011, 2012, 2013, 2014.

* 3,4-Epoxycyclohexylcarbonsäure-3,4-epoxycyclohexylmethylester [2386-87-0]
Krebserzeugend Kategorie 3B — bislang: keine Einstufung
Zusatzbezeichnung H

* Glycidol [556-52-5]
Keimzellmutagen Kategorie 3A — bislang: keine Einstufung

* Hexahydrophthalsäurediglycidylester [5493-45-8]
Krebserzeugend Kategorie 3B — bislang: keine Eistufung
Zusatzbezeichnung H

* Naphthenate, Na-, Ca, K- [61790-13-4; 61789-36-4; 66072-08-0]
Einstufungsüberprüfung: keine Änderung

* 2-Naphthylamin [91-59-8]
Keimzellmutagen Kategorie 3A — bislang: keine Einstufung

* Oleylsarkosin [110-25-8]
MAK-Wert 0,1 mg/m³ E — bislang: kein MAK-Wert
Kurzzeitkategorie II (2)
Schwangerschaft Gruppe D

* Toluylendiisocyanate (Diisocyanattoluole):
Zusatzbezeichnung Sah — bislang: Sa

* N,N',N''-Tris(β-hydroxyethyl)-hexahydro-1,3,5-triazin [4719-04-4]
Einstufungsüberprüfung: keine Änderung

° Zinnverbindungen, organische

Neuaufnahmen

* Decahydronaphthalin [91-17-8]
* Diacetyl [431-03-8]
* Di(2-propylheptyl)phthalat [53306-54-0]
* 2-Ethylhexylmercaptoacetat [7659-86-1]
* Glycidylmethacrylat [106-91-2]
* Lithiumstearat [4485-12-5] und Lithium-12-hydroxystearat [7620-77-1]
* Naphthensäuren [1338-24-5]
* 3-Nitrobenzoesäure [121-92-6]
* Petroleumsulfonate, Ca-Salze [61789-86-4]
* Petroleumsulfonate, Na-Salze [68608-26-4]
* Phenylarsenverbindungen
* Polybutene [9003-29-6] und Polyisobutene [9003-27-4]
* Polyethylenpolypropylenglykol [9003-11-6]
* Polypropylenglykol-n-butylether [9003-13-8]
* Sebacinsäure [111-20-6]
* 2,3,3,3-Tetrafluorpropen [754-12-1]
* trans-1,3,3,3-Tetrafluorpropen [29118-24-9]
* Trimethylchinon [935-92-2] und Trimethylhydrochinon [700-13-0]
* Weinsäure [87-69-4]
* Weißöl, pharmazeutisch [8042-47-5]
* Ziram [137-30-4]

Teil Beurteilungswerte in biologischem Material

BAT-Wert Änderungen

* 1,2-Epoxypropan [75-56-9]
2500 pmol/g Globin im Vollblut — bislang kein BAT-Wert

* 4-Methylpentan-2-on (Methylisobutylketon) [108-10-1]
  0,7 mg 4-Methylpentan-2-on/l Urin bislang: 1 mg/l
  Fußnote: "Im Rahmen der Kommentierungsfrist geändert"

Expositionsäquivalente für krebserzeugende Arbeitsstoffe, EKA Änderungen

* Benzol [71-43-2]
  Parameter Benzol im Vollblut entfällt

BAT-Wert Neuaufnahmen

* Borsäure [10043-35-3] und Tetraborate

Biologische Arbeitsstoff-Referenzwerte, BAR Neuaufnahmen

* 2-Propenal (Acrolein) [107-02-8]

Überprüfung von Stoffen im MAK-Werte- und BAT-Werte-Teil

Die „Senatskommission zur Prüfung gesundheitsschädlicher Arbeitsstoffe“ der Deutschen Forschungsgemeinschaft diskutiert Änderungen bzw. Ergänzungen von MAK-Werten und BAT-Werten folgender Stoffe für die Liste 2015 (Mitteilung 51) und folgende:

Teil MAK-Werte (Änderungen und Neuaufnahmen)

a) Änderungen

(MAK-Werte, sensibilisierend, krebserzeugend, fruchtschädigend, keimzellmutagen, hautresorptiv)

Stoff	Diskutierte Änderung	Anlass
Aceton [67-64-1]	Überprüfung des MAK-Wertes	Anregung aus der Kommission
Acrylamid [79-06-1]	Überprüfung des krebserzeugenden Potentials	Anregung aus der Kommission
Acrylate (Mono- und Oligomere)	Überprüfung ihrer sensibilisierenden Wirkung	Anregung aus der Kommission
Aldrin [309-00-2]	Überprüfung des MAK-Wertes	Anregung aus der Kommission
Alkalipersulfate	Aufstellung eines MAK-Wertes	Anregung aus der Kommission
Allgemeiner Staubgrenzwert (einatembare Fraktion)	Überprüfung des MAK-Wertes Überprüfung auf fruchtschädigende Wirkung	Anregung aus der Kommission
Allylpropyldisulfid [2179-59-1]	Überprüfung des MAK-Wertes	Anregung aus der Kommission
Aluminium- [7429-90-5], Aluminiumoxid- [1344-28-1; 1302-74-5] und Aluminiumhydroxid- [21645-51-2] haltige Stäube (alveolengängige Fraktion)	Überprüfung des MAK-Wertes Überprüfung der Reproduktionstoxizität	Anregung aus der Kommission
p-Aminoazobenzol [60-09-3]	Überprüfung auf krebserzeugende Wirkung	Anregung aus der Kommission
2-Aminoethanol [141-43-5]	Überprüfung des MAK-Wertes	Anregung aus der Kommission
Ammoniak [7664-41-7]	Überprüfung des MAK-Wertes	Anregung aus der Kommission
Ammoniumpersulfat [7727-54-0]	Aufstellung eines MAK-Wertes	Anregung aus der Kommission
Anilin [62-53-3]	Überprüfung des MAK-Wertes	Anregung aus der Kommission
Anorganische Fasern und Bruchstücke	Aufstellung von MAK-Werten Überprüfung des krebserzeugenden Potentials Überprüfung der Biobeständigkeit	Anregung aus der Kommission
Azinphos-methyl [86-50-0]	Überprüfung auf krebserzeugende Wirkung	Anregung aus der Kommission
Bariumsulfat [7727-43-7]	Überprüfung des MAK-Wertes	Anregung aus der Kommission

Stoff	Diskutierte Änderung	Anlass
Benomyl [17804-35-2]	Aufstellung eines MAK-Wertes Überprüfung auf krebserzeugende Wirkung	Anregung aus der Kommission
Benzidin [92-87-5]	Überprüfung des krebserzeugenden Potentials Überprüfung auf keimzellmutagene Wirkung	Anregung aus der Kommission
Benzoesäure [65-85-0]	Aufstellung eines MAK-Wertes	Anregung aus der Kommission
Benzotriazol [95-14-7]	Aufstellung eines MAK-Wertes Überprüfung auf krebserzeugende Wirkung	Anregung aus der Kommission
Benzylalkohol [100-51-6]	Aufstellung eines MAK-Wertes	Anregung aus der Kommission
Beryllium [7440-41-7] und seine Verbindungen	Aufstellung eines MAK-Wertes	Anregung aus der Kommission
Bitumen [8052-42-4]	Überprüfung des krebserzeugenden Potentials	Anregung aus der Kommission
Bor [7440-42-8] und seine anorganischen Verbindungen	Aufstellung von MAK-Werten	Anregung aus der Kommission
2-Brom-2-chlor-1,1,1-trifluorethan [151-67-7]	Überprüfung des MAK-Wertes	Anregung aus der Kommission
Bromelain [9001-00-7]	Aufstellung eines MAK-Wertes	Anregung aus der Kommission
Brommethan [74-83-9]	Überprüfung der fruchtschädigenden Wirkung	Anregung aus der Kommission
1,4-Butandioldiglycidylether [2425-79-8]	Aufstellung eines MAK-Wertes	Anregung aus der Kommission
Butanonoxim [96-29-7]	Überprüfung des krebserzeugenden Potentials	Anregung aus der Kommission
2-Butenal [4170-30-3; 123-73-9]	Überprüfung auf krebserzeugende Wirkung	Anregung aus der Kommission
Butylacetat (alle Isomeren) [123-86-4; 105-46-4; 110-19-0; 540-88-5]	Überprüfung der MAK-Werte	Anregung aus der Kommission
n-Butylacrylat [141-32-2]	Überprüfung des MAK-Wertes	Anregung aus der Kommission
tert-Butylacrylat [1663-39-4]	Aufstellung eines MAK-Wertes	Anregung der BG Chemie
Butylamin (alle Isomeren)	Überprüfung des MAK-Wertes	Anregung aus der Kommission
tert-Butylhydroperoxid [75-91-2]	Überprüfung des MAK-Wertes Überprüfung des krebserzeugenden Potentials	Anregung aus der Kommission
p-tert-Butylphenol [98-54-4]	Überprüfung des MAK-Wertes	Anregung aus der Kommission

Stoff	Diskutierte Änderung	Anlass
Calciumsulfat Anhydrit [7778-18-9] Hemihydrat [10034-76-1] Dihydrat [10101-41-4] Gips [13397-24-5]	Überprüfung des MAK-Wertes	Anregung aus der Kommission
ε-Caprolactam [105-60-2]	Überprüfung des MAK-Wertes	Anregung aus der Kommission
Carbaryl [63-25-2]	Überprüfung des MAK-Wertes	Anregung aus der Kommission
N-Carboxyanthranilsäure-anhydrid [118-48-9]	Aufstellung eines MAK-Wertes	Anregung der BG Chemie
Cellulasen	Aufstellung von MAK-Werten	Anregung aus der Kommission
Chloracetylchlorid [79-04-9]	Aufstellung eines MAK-Wertes	Anregung aus der Praxis
o-Chloranilin [95-51-2]	Aufstellung eines MAK-Wertes	Anregung aus der Kommission
m-Chloranilin [108-42-9]	Aufstellung eines MAK-Wertes	Anregung aus der Kommission
Chlordan [57-74-9]	Überprüfung des MAK-Wertes Überprüfung des krebserzeugenden Potentials	Anregung aus der Kommission
2-Chlor-10-(3-(dimethyl-amino)propyl)pheno-thiazin (Chlorpromazin) [50-53-3]	Aufstellung eines MAK-Wertes	Anregung aus der Kommission
1-Chlor-2,4-dinitrobenzol [97-00-7]	Aufstellung eines MAK-Wertes	Anregung aus der Kommission
Chloressigsäure-methylester [96-34-4]	Überprüfung der sensibilisierenden Wirkung	Anregung aus der Kommission
2-Chlorethanol [107-07-3]	Überprüfung des MAK-Wertes	Anregung aus der Kommission
Chlorierte Biphenyle	Überprüfung des MAK-Wertes	Anregung aus der Kommission
Chlormethan [74-87-3]	Überprüfung des krebserzeugenden Potentials	Anregung aus der Kommission
3-Chlor-2-methylpropen [563-47-3]	Überprüfung des krebserzeugenden Potentials Überprüfung auf sensibilisierende Wirkung	Anregung aus der Kommission
1-Chlor-4-nitrobenzol [100-00-5]	Überprüfung des krebserzeugenden Potentials	Anregung aus der Praxis
α-Chlortoluol [100-44-7]	Überprüfung auf keimzell-mutagene Wirkung	Anregung aus der Kommission
Colophonium [8050-09-7]	Aufstellung eines MAK-Wertes	Anregung aus der Kommission
Cyclohexanon [108-94-1]	Überprüfung auf krebserzeugende Wirkung	Anregung aus der Kommission
N-Cyclohexyl-2-benzo-thiazolsulfenamid [95-33-0]	Aufstellung eines MAK-Wertes	Anregung aus der Kommission

Stoff	Diskutierte Änderung	Anlass
DDT (1,1,1-Trichlor-2,2-bis(4-chlorphenyl)-ethan) [50-29-3]	Überprüfung des MAK-Wertes	Anregung aus der Kommission
Decaboran [17702-41-9]	Überprüfung des MAK-Wertes	Anregung aus der Kommission
Demetonmethyl [8022-00-2]	Überprüfung des MAK-Wertes	Anregung aus der Kommission
Destillate (Erdöl), mit Wasserstoff behandelte leichte [64742-47-8]	Überprüfung des MAK-Wertes	Anregung aus der Kommission
Diallylphthalat [131-17-9]	Überprüfung auf krebserzeugende Wirkung	Anregung aus der Kommission
4,4'-Diaminodiphenylmethan [101-77-9]	Überprüfung auf keimzellmutagene Wirkung	Anregung aus der Kommission
Dibenzoylperoxid [94-36-0]	Überprüfung des MAK-Wertes Überprüfung auf krebserzeugende Wirkung	Anregung aus der Kommission
Di-n-butylphthalat [84-74-2]	Überprüfung der fruchtschädigenden Wirkung	Anregung aus der Kommission
3,3'-Dichlorbenzidin [91-94-1]	Überprüfung des krebserzeugenden Potentials Überprüfung auf sensibilisierende Wirkung	Anregung aus der Kommission
1,4-Dichlorbenzol [106-46-7]	Aufstellung eines MAK-Wertes	Anregung aus der Kommission
2,2'-Dichlordiethylether [111-44-4]	Überprüfung des MAK-Wertes	Anregung aus der Kommission
Dichloressigsäure [79-43-6] und ihre Salze	Überprüfung des krebserzeugenden Potentials	Anregung aus der Kommission
1,1-Dichlorethan [75-34-3]	Überprüfung des MAK-Wertes Überprüfung auf krebserzeugende Wirkung	Anregung aus der Kommission
1,2-Dichlorethen sym. [540-59-0]	Überprüfung des MAK-Wertes	Anregung aus der Kommission
1,1-Dichlorethen (VDC) [75-35-4]	Überprüfung des krebserzeugenden Potentials	Anregung aus der Kommission
Dichlorfluormethan (R 21) [75-43-4]	Überprüfung des MAK-Wertes	Anregung aus der Kommission
1,3-Dichlorpropen [542-75-6]	Überprüfung auf keimzellmutagene Wirkung	Anregung aus der Kommission
1,2-Dichlor-1,1,2,2-tetrafluorethan (R 114) [76-14-2]	Überprüfung des MAK-Wertes	Anregung aus der Kommission
Dichlorvos [62-73-7]	Überprüfung auf krebserzeugende Wirkung Überprüfung auf sensibilisierende Wirkung	Anregung aus der Kommission

Stoff	Diskutierte Änderung	Anlass
Dicyclohexylcarbodiimid [538-75-0]	Überprüfung auf krebserzeugende Wirkung	Anregung der BG Chemie
Dicyclopentadien [77-73-6]	Überprüfung des MAK-Wertes	Anregung aus der Kommission
Di-tert-dodecyl-pentasulfid [31565-23-8] Di-tert-dodecyl-polysulfid [68583-56-2; 68425-15-0]	Überprüfung des MAK-Wertes	Anregung des Ausschusses für Gefahrstoffe
Dieldrin (HEOD) [60-57-1]	Überprüfung des MAK-Wertes	Anregung aus der Kommission
Dieselmotor-Emissionen	Überprüfung des krebserzeugenden Potentials	Anregung aus der Kommission
Diethylamin [109-89-7]	Überprüfung des MAK-Wertes	Anregung aus der Kommission
Diethylentriamin [111-40-0]	Aufstellung eines MAK-Wertes	Anregung der BG Chemie
Diethylether [60-29-7]	Überprüfung des MAK-Wertes	Anregung aus der Kommission
Di-(2-ethylhexyl)phthalat (DEHP) [117-81-7]	Überprüfung der fruchtschädigenden Wirkung	Anregung aus der Kommission
1,1-Difluorethen (Vinylidenfluorid) [75-38-7]	Überprüfung des krebserzeugenden Potentials	Anregung aus der Kommission
N,N-Dimethylacetamid [127-19-5]	Überprüfung des MAK-Wertes	Anregung aus der Kommission
Dimethylamin [124-40-3]	Überprüfung des MAK-Wertes	Anregung des Ausschusses für Gefahrstoffe
α,α-Dimethylbenzylhydroperoxid (Cumolhydroperoxid) [80-15-9]	Aufstellung eines MAK-Wertes Überprüfung auf krebserzeugende Wirkung	Anregung aus der Kommission
3,3'-Dimethyl-4,4'-diaminodiphenylmethan [838-88-0]	Überprüfung auf sensibilisierende Wirkung	Anregung aus der Kommission
N,N-Dimethylformamid [68-12-2]	Überprüfung der fruchtschädigenden Wirkung Überprüfung auf krebserzeugende Wirkung	Anregung aus der Kommission
1,1-Dimethylhydrazin [57-14-7]	Überprüfung der sensibilisierenden Wirkung auf die Atemwege	Anregung aus der Kommission
1,2-Dimethylhydrazin [540-73-8]	Überprüfung der sensibilisierenden Wirkung auf die Atemwege	Anregung aus der Kommission
Dimethylsulfat [77-78-1]	Überprüfung des krebserzeugenden Potentials	Anregung aus der Kommission
Dimethylsulfoxid [67-68-5]	Überprüfung des MAK-Wertes	Anregung aus der Kommission
4,6-Dinitro-o-kresol [534-52-1]	Überprüfung auf sensibilisierende Wirkung	Anregung aus der Kommission
Dinitrotoluole [25321-14-6]	Überprüfung des krebserzeugenden Potentials	Anregung aus der Kommission

Stoff	Diskutierte Änderung	Anlass
Dipropylenglykol [25265-71-8]	Überprüfung des MAK-Wertes	Anregung aus der Kommission
Dipropylenglykolmonomethylether [34590-94-8]	Überprüfung des MAK-Wertes	Anregung aus der Kommission
Dischwefeldichlorid [10025-67-9]	Aufstellung eines MAK-Wertes	Anregung aus der Kommission
Dispers Blau 106/124 [68516-81-4; 15141-18-1]	Aufstellung eines MAK-Wertes	Anregung aus der Kommission
Distickstoffmonoxid [10024-97-2]	Überprüfung des MAK-Wertes	Anregung aus der Kommission
Eisenoxide [1345-25-1]; [1309-37-1]; [1309-38-2]; [1317-61-9]	Überprüfung des MAK-Wertes Überprüfung auf fruchtschädigende Wirkung	Anregung aus der Kommission
Eisenoxid-Rauch [1345-25-1]; [1309-37-1]	Aufstellung eines MAK-Wertes	Anregung aus der Kommission
EPN (O-Ethyl-O-(4-nitrophenyl)phenylthiophosphonat) [2104-64-5]	Überprüfung des MAK-Wertes	Anregung aus der Kommission
Essigsäureanhydrid [108-24-7]	Überprüfung des MAK-Wertes	Anregung aus der Kommission
Ethylacrylat [140-88-5]	Überprüfung des MAK-Wertes	Anregung aus der Kommission
Ethylamin [75-04-7]	Überprüfung des MAK-Wertes	Anregung aus der Kommission
Ethylenglykol [107-21-1]	Überprüfung des MAK-Wertes Überprüfung der Hautresorption	Anregung aus der Kommission
Ethylenglykoldimethacrylat [97-90-5]	Aufstellung eines MAK-Wertes	Anregung aus der Kommission
Ethylenoxid [75-21-8]	Überprüfung des krebserzeugenden Potentials	Anregung aus der Kommission
2-Ethylhexanol [104-76-7]	Überprüfung des MAK-Wertes Überprüfung auf krebserzeugende Wirkung	Anregung aus der Kommission
2-Ethylhexylacetat [103-09-3]	Überprüfung des MAK-Wertes	Anregung aus der Kommission
N-Ethylpyrrolidon [2687-91-4]	Überprüfung des MAK-Wertes	Anregung aus der Kommission
Farnesol [4602-84-0]	Aufstellung eines MAK-Wertes	Anregung aus der Kommission
Fenthion [55-38-9]	Überprüfung des MAK-Wertes	Anregung aus der Kommission
Formaldehyd [50-00-0]	Überprüfung des krebserzeugenden Potentials	Anregung aus der Kommission
Furan [110-00-9]	Überprüfung des krebserzeugenden Potentials Aufstellung eines MAK-Wertes	Anregung aus der Kommission
Getreidemehlstäube	Überprüfung auf sensibilisierende Wirkung	Anregung aus der Kommission
Glycerin [56-81-5]	Überprüfung des MAK-Wertes	Anregung aus der Kommission

Stoff	Diskutierte Änderung	Anlass
Glycerylmonothioglykolat [30618-84-9]	Aufstellung eines MAK-Wertes	Anregung aus der Kommission
Glycidyltrimethyl-ammoniumchlorid [3033-77-0]	Überprüfung des krebserzeugenden Potentials	Anregung aus der Kommission
Graphit [7782-42-5] (alveolengängige Fraktion)	Überprüfung des MAK-Wertes	Anregung aus der Kommission
Gummiinhaltsstoffe Dithiocarbamate p-Phenylendiaminverbindungen Thiazolgruppe Thiurame	Aufstellung eines MAK-Wertes	Anregung aus der Kommission
Heptan (Isomere außer n-Heptan)	Aufstellung eines MAK-Wertes	Anregung des Ausschusses für Gefahrstoffe
Hexachlorbenzol [118-74-1]	Überprüfung der fruchtschädigenden Wirkung	Anregung aus der Kommission
1,1,2,3,4,4-Hexachlor-1,3-butadien [87-68-3]	Überprüfung des MAK-Wertes Überprüfung auf krebserzeugende Wirkung	Anregung aus der Kommission
Hexachlorethan [67-72-1]	Überprüfung auf krebserzeugende Wirkung	Anregung aus der Kommission
Hexahydrophthalsäure-anhydrid [85-42-7]	Aufstellung eines MAK-Wertes	Anregung aus der Kommission
1,6-Hexandioldiglycidylether [16096-31-4]	Aufstellung eines MAK-Wertes	Anregung aus der Kommission
2-Hexanon [591-78-6]	Überprüfung des MAK-Wertes	Anregung aus der Kommission
Hexylenglykol [107-41-5]	Überprüfung des MAK-Wertes	Anregung aus der Kommission
Hölzer	Überprüfung auf sensibilisierende Wirkung	Anregung aus der Kommission
Hydrazinhydrat [7803-57-8] und Hydrazinsalze	Überprüfung auf krebserzeugende Wirkung	Anregung aus der Kommission
Hydroxyethylacrylat [818-61-1]	Aufstellung eines MAK-Wertes	Anregung des Ausschusses für Gefahrstoffe
Hydroxylamin [7803-49-8]	Aufstellung eines MAK-Wertes Überprüfung auf krebserzeugende Wirkung	Anregung aus der Kommission
2-Hydroxypropylmeth-acrylat [923-26-2]	Aufstellung eines MAK-Wertes	Anregung des Ausschusses für Gefahrstoffe
3-Iod-2-propinylbutyl-carbamat [55406-53-6]	Überprüfung des MAK-Wertes	Anregung aus der Kommission
Isophorondiisocyanat [4098-71-9]	Überprüfung des MAK-Wertes	Anregung aus der Kommission
2-Isopropoxyethanol [109-59-1]	Überprüfung des MAK-Wertes	Anregung aus der Kommission

Stoff	Diskutierte Änderung	Anlass
Keramikfaserstäube	Aufstellung von MAK-Werten Überprüfung des krebserzeugenden Potentials Überprüfung der Biobeständigkeit	Anregung aus der Kommission
Kieselsäure, amorphe (Siliciumdioxid, amorph) [7631-86-9]	Überprüfung des MAK-Wertes Überprüfung auf krebserzeugende Wirkung	Anregung aus der Kommission
Kohlendioxid [124-38-9]	Überprüfung des MAK-Wertes	Anregung aus der Kommission
Kresol [1319-77-3]	Überprüfung auf krebserzeugende Wirkung	Anregung aus der Kommission
Kresylglycidylether (o-Isomer), (Isomerengemisch) [26447-14-3]	Aufstellung eines MAK-Wertes Überprüfung auf krebserzeugende Wirkung	Anregung aus der Kommission
Kühlschmierstoffe, Hydraulikflüssigkeiten und andere Schmierstoffe, Komponenten	Überprüfung der Toxizität und Kanzerogenität	vgl. S. 213
Lindan [58-89-9]	Überprüfung des MAK-Wertes	Anregung aus der Kommission
Magnesiumoxid [1309-48-4]	Überprüfung des MAK-Wertes	Anregung aus der Kommission
Magnesiumoxid-Rauch [1309-48-4]	Aufstellung eines MAK-Wertes	Anregung aus der Kommission
Malathion [121-75-5]	Überprüfung des MAK-Wertes	Anregung aus der Kommission
Maleinsäureanhydrid [108-31-6]	Überprüfung des MAK-Wertes	Anregung aus der Kommission
Mangan-N,N'-ethylen-bis-(dithiocarbamat) (Maneb) [12427-38-2]	Überprüfung auf krebserzeugende Wirkung	Anregung aus der Praxis
Mercaptobenzothiazol [149-30-4]	Überprüfung des MAK-Wertes	Anregung aus der Kommission
Methacrylsäure [79-41-4]	Überprüfung des MAK-Wertes	Anregung aus der Kommission
2-Methoxyanilin [90-04-0]	Überprüfung auf sensibilisierende Wirkung	Anregung aus der Kommission
2-Methoxyessigsäure [625-45-6]	Überprüfung des MAK-Wertes	Anregung aus der Kommission
1-Methoxypropylacetat-2 [108-65-6]	Überprüfung des MAK-Wertes	Anregung des Ausschusses für Gefahrstoffe
	Überprüfung auf Hautresorption	Anregung aus der Kommission
Methylacetat [79-20-9]	Überprüfung des MAK-Wertes	Anregung aus der Kommission
Methylamin [74-89-5]	Überprüfung des MAK-Wertes	Anregung aus der Kommission
4,4'-Methylen-bis(2-chloranilin) [101-14-4]	Überprüfung des krebserzeugenden Potentials	Anregung aus der Kommission
Methylisocyanat [624-83-9]	Überprüfung des MAK-Wertes	Anregung aus der Kommission
4-Methylpent-3-en-2-on [141-79-7]	Überprüfung des MAK-Wertes	Anregung aus der Kommission

Stoff	Diskutierte Änderung	Anlass
Methylstyrole [25013-15-4] [98-83-9]	Überprüfung des MAK-Wertes Überprüfung auf krebserzeugende Wirkung	Anregung aus der Kommission
Methyltetrahydrophthalsäureanhydrid [11070-44-3]	Aufstellung eines MAK-Wertes	Anregung aus der Kommission
N-Methyl-N,2,4,6-tetranitroanilin [479-45-8]	Überprüfung auf Hautresorption	Anregung aus der Kommission
Mevinphos [7786-34-7]	Überprüfung des MAK-Wertes	Anregung aus der Kommission
Molybdänverbindungen	Überprüfung auf krebserzeugende Wirkung	Anregung der BG Chemie
Monochlordifluormethan [75-45-6]	Überprüfung des MAK-Wertes	Anregung aus der Kommission
Monomethylhydrazin [60-34-4]	Aufstellung eines MAK-Wertes Überprüfung auf krebserzeugende Wirkung	Anregung aus der Praxis
Naphtha (Erdöl), mit Wasserstoff behandelte, schwere [64742-48-9]	Überprüfung des MAK-Wertes	Anregung aus der Kommission
Nickel und Nickelverbindungen [7440-02-0]	Aufstellung eines MAK-Wertes	Anregung aus der Kommission
4-Nitro-4'-aminodiphenylamin-2-sulfonsäure [91-29-2]	Aufstellung eines MAK-Wertes	Anregung aus der Kommission
4-Nitroanilin [100-01-6]	Überprüfung des krebserzeugenden Potentials	Anregung aus der Kommission
Nitroethan [79-24-3]	Überprüfung des MAK-Wertes	Anregung aus der Kommission
4-Nitrosophenol [104-91-6]	Überprüfung auf krebserzeugende Wirkung	Anregung der BG Chemie
Organische Peroxide	Überprüfung auf krebserzeugende Wirkung	Anregung aus der Praxis
Paraquatdichlorid [1910-42-5]	Überprüfung des MAK-Wertes	Anregung aus der Kommission
Parathion [56-38-2]	Überprüfung des MAK-Wertes	Anregung aus der Kommission
Pentaboran [19624-22-7]	Überprüfung des MAK-Wertes	Anregung aus der Kommission
Pentachlorethan [76-01-7]	Überprüfung auf krebserzeugende Wirkung	Anregung aus der Kommission
Pentachlorphenol [87-86-5]	Überprüfung auf keimzellmutagene Wirkung Überprüfung des krebserzeugenden Potentials	Anregung aus der Kommission
Pentanol (Isomeren) [30899-19-5]	Überprüfung des MAK-Wertes	Anregung aus der Kommission
Perchlormethylmercaptan [594-42-3]	Überprüfung auf krebserzeugende Wirkung	List of Suspected Carcinogens

Stoff	Diskutierte Änderung	Anlass
Perfluoroctansulfonsäure (PFOS) [1763-23-1] und ihre Salze	Überprüfung der fruchtschädigenden Wirkung	Anregung aus der Kommission
Phenol-Formaldehyd–Kondensationsprodukte	Aufstellung von MAK-Werten	Anregung aus der Kommission
Phenylisocyanat [103-71-9]	Aufstellung eines MAK-Wertes	Anregung aus der Kommission
N-Phenyl-2-naphthylamin [135-88-6]	Überprüfung des krebserzeugenden Potentials	Anregung aus der Kommission
o-Phenylphenol [90-43-7] und o-Phenylphenol-Natrium [132-27-4]	Aufstellung eines MAK-Wertes	Anregung aus der Praxis
Phenylzinnverbindungen	Überprüfung der fruchtschädigenden Wirkung	Anregung aus der Kommission
Phosphortrichlorid [7719-12-2]	Überprüfung des MAK-Wertes	Anregung aus der Kommission
Phosphorylchlorid [10025-87-3]	Überprüfung des MAK-Wertes	Anregung aus der Kommission
Phthalate	Überprüfung des krebserzeugenden Potentials	Anregung aus der Kommission
Polyvinylchlorid [9002-86-2]	Überprüfung des MAK-Wertes	Anregung aus der Kommission
Propoxur [114-26-1]	Überprüfung des MAK-Wertes	Anregung aus der Kommission
2-Propyloxyethanol [2807-30-9]	Überprüfung des MAK-Wertes	Anregung aus der Kommission
2-Propyloxyethylacetat [20706-25-6]	Überprüfung des MAK-Wertes	Anregung aus der Kommission
Quecksilberverbindungen, organische	Überprüfung des krebserzeugenden Potentials	Anregung aus der Kommission
Rhodium [7440-16-6] und seine anorganischen Verbindungen	Überprüfung auf sensibilisierende Wirkung	Anregung aus der Kommission
Rizinusproteine	Aufstellung eines MAK-Wertes	Anregung aus der Kommission
Schwefelhexafluorid [2551-62-4]	Überprüfung des MAK-Wertes	Anregung aus der Kommission
Schwefelkohlenstoff [75-15-0]	Überprüfung des MAK-Wertes	Anregung aus der Kommission
Sesquiterpenlactone	Aufstellung von MAK-Werten	Anregung aus der Kommission
Sojabohneninhaltsstoffe	Aufstellung eines MAK-Wertes	Anregung aus der Kommission
Stickstoffwasserstoffsäure [7782-79-8]	Überprüfung des MAK-Wertes	Anregung aus der Kommission
Styrol [100-42-5]	Überprüfung des MAK-Wertes	Anregung aus der Kommission
Synthetische anorganische Faserstäube	Aufstellung von MAK-Werten Überprüfung des krebserzeugenden Potentials Überprüfung der Biobeständigkeit	Anregung aus der Kommission

Stoff	Diskutierte Änderung	Anlass
Synthetische organische Faserstäube	Aufstellung von MAK-Werten Überprüfung des krebserzeugenden Potentials Überprüfung der Biobeständigkeit	Anregung aus der Kommission
Tantal [7440-25-7]	Überprüfung des MAK-Wertes	Anregung aus der Kommission
TEPP [107-49-3]	Überprüfung des MAK-Wertes	Anregung aus der Kommission
Terpentinöl [8006-64-2]	Überprüfung des krebserzeugenden Potentials	Anregung aus der Kommission
1,1,2,2-Tetrachlorethan [79-34-5]	Überprüfung des krebserzeugenden Potentials	Anregung aus der Kommission
Tetrachlorethen [127-18-4]	Überprüfung des krebserzeugenden Potentials Überprüfung auf keimzellmutagene Wirkung	Anregung aus der Kommission
Tierhaare, -epithelien und andere Stoffe tierischer Herkunft	Aufstellung eines MAK-Wertes	Anregung aus der Kommission
Titandioxid [13463-67-7]	Überprüfung des MAK-Wertes	Anregung aus der Kommission
Toluol [108-88-3]	Überprüfung des MAK-Wertes	Anregung aus der Kommission
Tri-n-butylphosphat [126-73-8]	Überprüfung der Hautresorption	Anregung aus der Kommission
1,2,3-Trichlorbenzol [87-61-6]	Überprüfung des MAK-Wertes	Anregung aus der Kommission
1,3,5-Trichlorbenzol [108-70-3]	Überprüfung des MAK-Wertes	Anregung aus der Kommission
Trichloressigsäure [76-03-9]	Aufstellung eines MAK-Wertes	Anregung aus der Kommission
1,1,2-Trichlorethan [79-00-5]	Überprüfung des MAK-Wertes	Anregung aus der Kommission
Trichlorethen [79-01-6]	Überprüfung der keimzellmutagenen Wirkung	Anregung aus der Kommission
Trichlornitromethan [76-06-2]	Überprüfung des MAK-Wertes	Anregung aus der Kommission
1,1,2-Trichlor-1,2,2-trifluorethan (R 113) [76-13-1]	Überprüfung des MAK-Wertes	Anregung aus der Kommission
Triethanolamin [102-71-6]	Überprüfung des MAK-Wertes	Anregung aus der Kommission
Trimellitsäureanhydrid (Rauch) [552-30-7]	Überprüfung des MAK-Wertes	Anregung aus der Kommission
Trimethylamin [75-50-3]	Überprüfung des MAK-Wertes	Anregung aus der Kommission
Trimethylphosphat [512-56-1]	Überprüfung der keimzellmutagenen Wirkung	Anregung aus der Kommission
Vinylchlorid [75-01-4]	Überprüfung des krebserzeugenden Potentials	Anregung aus der Kommission

Stoff	Diskutierte Änderung	Anlass
Vinylcyclohexen [100-40-3]	Überprüfung des krebserzeugenden Potentials	Anregung aus der Kommission
Wasserstoffperoxid [7722-84-1]	Überprüfung des MAK-Wertes	Anregung aus der Kommission
Xylol [1330-20-7]	Überprüfung der fruchtschädigenden Wirkung	Anregung aus der Kommission
m-Xylylendiamin [1477-55-0]	Aufstellung eines MAK-Wertes	Anregung aus der Kommission
Zirkonium [7440-67-7] und seine Verbindungen	Überprüfung des MAK-Wertes	Anregung aus der Kommission

b) Neuaufnahmen

Stoff	Diskutierte Einstufung	Anlass
Amine, C11–C14, verzweigte Alkyl-, Monohexyl- und Dihexylphosphate	Aufstellung eines MAK-Wertes	Anregung aus der Praxis
Aluminiumchlorhydrat [1327-41-9; 11097-68-0; 84861-98-3]	Überprüfung auf Hautresorption	Anregung aus der Kommission
1-Aminoanthrachinon [82-45-1]	Aufstellung eines MAK-Wertes	Anregung der BG Chemie
N-(3-Aminopropyl)-N-dodecylpropan-1,3-diamin [2372-82-9]	Aufstellung eines MAK-Wertes	Anregung aus der Praxis
Anorganische Säureaerosole	Überprüfung auf krebserzeugende Wirkung	Anregung aus der Kommission
Anthracen [120-12-7]	Aufstellung eines MAK-Wertes	Anregung aus der Kommission
Anthrachinon [84-65-1]	Aufstellung eines MAK-Wertes Überprüfung auf krebserzeugende Wirkung	Anregung aus der Kommission Anregung der BG Chemie
Arsenverbindungen, organisch	Überprüfung des krebserzeugenden Potentials	Anregung aus der Kommission
Azodicarbonamid [123-77-3]	Aufstellung eines MAK-Wertes Überprüfung auf sensibilisierende Wirkung	Anregung aus der Kommission
Benzophenon [119-61-9]	Überprüfung auf krebserzeugende Wirkung	Anregung aus der Kommission
Benzylformiat [104-57-4]	Aufstellung eines MAK-Wertes	Anregung aus der Praxis
Bernsteinsäure [110-15-6]	Aufstellung eines MAK-Wertes	Anregung aus der Praxis
2,2-Bis(brommethyl)-1,3-propandiol [3296-90-0]	Überprüfung auf krebserzeugende Wirkung	Anregung aus der Kommission
Bis-(1-((5-chlor-2-hydroxyphenyl)azo)-2-naphthalinolat(2))-chromat-1-tetradecanamin [88377-66-6]	Aufstellung eines MAK-Wertes	Anregung der BAuA

Stoff	Diskutierte Einstufung	Anlass
Bis(isocyanatmethyl)-bicyclo[2.2.1]heptan [74091-64-8]	Aufstellung eines MAK-Wertes	Anregung der BAuA
2-Brompropan [75-26-3]	Aufstellung eines MAK-Wertes Überprüfung auf krebserzeugende Wirkung Überprüfung auf Reproduktionstoxizität	Anregung aus der Kommission
Butanal (n-Butyraldehyd) [123-72-8]	Aufstellung eines MAK-Wertes	Anregung des Ausschusses für Gefahrstoffe
iso-Buten [115-11-7]	Überprüfung auf krebserzeugende Wirkung	Anregung der BG Chemie
n-Buten [25167-67-3]	Überprüfung auf krebserzeugende Wirkung	Anregung aus der Kommission
Butyl-benzisothiazolon (BBIT) [4299-07-4]	Aufstellung eines MAK-Wertes	Anregung aus der Praxis
Butylbenzylphthalat [85-68-7]	Aufstellung eines MAK-Wertes Überprüfung der Reproduktionstoxizität	Anregung aus der Kommission
4'-tert-Butyl-2',6'-dimethyl-3',5'-dinitroacetophenon [81-14-1]	Aufstellung eines MAK-Wertes	Anregung aus der Kommission
1-tert-Butyl-3,5-dimethyl-2,4,6-trinitrobenzol [81-15-2]	Aufstellung eines MAK-Wertes	Anregung aus der Kommission
Cerdioxid [1306-38-3]	Aufstellung eines MAK-Wertes	Anregung aus der Kommission
2-Chloracetophenon [532-27-4]	Aufstellung eines MAK-Wertes Überprüfung auf krebserzeugende Wirkung	Anregung aus der Praxis Anregung aus der Kommission
Chlorbenzilat [510-15-6]	Überprüfung auf krebserzeugende Wirkung	Anregung aus der Kommission
o-Chlorbenzotrichlorid [2136-89-2]	Überprüfung auf krebserzeugende Wirkung	Anregung der BG Chemie
Chlorbuttersäurechlorid [4635-59-0]	Aufstellung eines MAK-Wertes	Anregung der BG Chemie
Chloressigsäureethylester [105-39-5]	Aufstellung eines MAK-Wertes	Anregung aus der Praxis
(3-Chlor-2-hydroxypropyl)trimethylammoniumchlorid [3327-22-8]	Aufstellung eines MAK-Wertes Überprüfung auf krebserzeugende Wirkung	Anregung aus der Kommission Anregung der BG Chemie
4-Chlor-2-methylphenol [1570-64-5]	Aufstellung eines MAK-Wertes	Anregung aus der Kommission
2-Chlor-4-(methylsulfonyl)-benzoesäure [53250-83-2]	Aufstellung eines MAK-Wertes	Anregung der BAuA
3-Chlorpropionsäurechlorid [625-36-5]	Überprüfung auf krebserzeugende Wirkung	Anregung aus der Kommission

Stoff	Diskutierte Einstufung	Anlass
Chlorschwefelsäure [7790-94-5]	Aufstellung eines MAK-Wertes	Anregung der BG Chemie
Chymosin [9001-98-3]	Überprüfung auf sensibilisierende Wirkung	Anregung aus der Kommission
Cyanurchlorid [108-77-0]	Aufstellung eines MAK-Wertes	Anregung aus der Kommission
1,2-Cyclohexandicarbonsäurediisononylester (DINCH) [166412-78-8]	Aufstellung eines MAK-Wertes	Anregung aus der Kommission
Cypermethrin [52315-07-8]	Aufstellung eines MAK-Wertes	Anregung aus der Kommission
D&C Yellow No. 11 [8003-22-3]	Überprüfung auf krebserzeugende Wirkung	Anregung aus der Kommission
Dekabrom-diphenylether [1163-19-5]	Aufstellung eines MAK-Wertes	Anregung aus der Kommission
Deltamethrin [52918-63-5]	Aufstellung eines MAK-Wertes	Anregung aus der Kommission
Diallat [2303-16-4]	Überprüfung auf krebserzeugende Wirkung	Anregung aus der Kommission
2,3-Dibrom-1-propanol [96-13-9]	Überprüfung auf krebserzeugende Wirkung	Anregung aus der Kommission
3,5-Di-tert-butyl-4-hydroxyphenylpropionsäureoctadecylester [2082-79-3]	Aufstellung eines MAK-Wertes	Anregung aus der Kommission
Di-n-butylphosphit [1809-19-4]	Aufstellung eines MAK-Wertes	Anregung aus der Praxis
Dichlofluanid [1085-98-9]	Überprüfung der Reproduktionstoxizität	Anregung aus der Praxis
3,4-Dichlorbuten-1 [760-23-6]	Überprüfung auf krebserzeugende Wirkung	Anregung der BG Chemie
Dichloressigsäurechlorid [79-36-7]	Überprüfung auf krebserzeugende Wirkung	Anregung der BG Chemie
2,6-Dichlor-p-phenylendiamin [609-20-1]	Überprüfung auf krebserzeugende Wirkung	Anregung der BG Chemie
1,2-Dichlorpropen [563-54-2]	Aufstellung eines MAK-Wertes Überprüfung auf krebserzeugende Wirkung	Anregung aus der Kommission
4,4'-Dicyclohexylmethandiisocyanat [5124-30-1]	Überprüfung auf sensibilisierende Wirkung	Anregung aus der Kommission
Dicyclohexylphthalat [84-61-7]	Aufstellung eines MAK-Wertes	Anregung aus der Kommission
Di-iso-decylphthalat [26761-40-0]	Aufstellung eines MAK-Wertes	Anregung aus der Kommission
Diethylphthalat [84-66-2]	Aufstellung eines MAK-Wertes	Anregung aus der Kommission
1,6-Dihydroxy-2,5-dioxahexan [3586-55-8]	Aufstellung eines MAK-Wertes	Anregung aus der Praxis
Dihydroxylammoniumsulfat [10039-54-0]	Aufstellung eines MAK-Wertes	Anregung aus der Kommission

Stoff	Diskutierte Einstufung	Anlass
Diisobutylphthalat [84-69-5]	Aufstellung eines MAK-Wertes	Anregung aus der Kommission
Diisononylphthalat [28553-12-0]	Aufstellung eines MAK-Wertes	Anregung aus der Kommission
2-Dimethylamino-2-methyl-1-propanol [7005-47-2]	Aufstellung eines MAK-Wertes	Anregung aus der Kommission
Dimethyldioctadecyl-ammoniumchlorid [107-64-2]	Aufstellung eines MAK-Wertes	Anregung aus der Kommission
N,N-Dimethylethanolamin [108-01-0]	Aufstellung eines MAK-Wertes	Anregung aus der Kommission
4,4-Dimethyloxazolidin [51200-87-4]	Aufstellung eines MAK-Wertes	Anregung aus der Praxis
Dimethylphthalat [131-11-3]	Aufstellung eines MAK-Wertes	Anregung aus der Kommission
Di-n-octylphosphit [1809-14-9]	Aufstellung eines MAK-Wertes	Anregung aus der Praxis
Dioctylphthalat [117-84-0]	Aufstellung eines MAK-Wertes	Anregung aus der Kommission
Diphenyl-2-ethylhexyl-phosphat [1241-94-7]	Aufstellung eines MAK-Wertes	Anregung der BG Chemie
Dipropylenglykol-n-butylether [29911-28-2]	Aufstellung eines MAK-Wertes	Anregung aus der Praxis
Dipropylenglykoldimethyl-ether [111109-77-4]	Aufstellung eines MAK-Wertes	Anregung aus der Kommission
Di-o-tolylguanidin [97-39-2]	Aufstellung eines MAK-Wertes Überprüfung auf sensibilisierende Wirkung	Anregung der BG Chemie
Dodekan [112-40-3]	Überprüfung auf tumor-promovierende Wirkung	Anregung aus der Praxis
Eisenoxide, pigmentäre synthetische, z. B. [1310-14-1; 12022-37-6; 1309-37-1; 12134-66-6; 1309-38-2]	Aufstellung eines MAK-Wertes Überprüfung auf fruchtschädi-gende Wirkung	Anregung aus der Kommission
Eisensulfat [7720-78-7; 10028-22-5]	Aufstellung eines MAK-Wertes	Anregung aus der Kommission
Enzymstäube wie Proteasen, u.a.	Überprüfung der sensibilisieren-den Wirkung	Anregung aus der Kommission
2-Ethylhexanal [123-05-7]	Aufstellung eines MAK-Wertes	Anregung der BG Chemie
O-Ethylhydroxylamin [624-86-2]	Aufstellung eines MAK-Wertes	Anregung der BAuA
Ethylmethansulfonat [62-50-0]	Aufstellung eines MAK-Wertes	Anregung aus der Kommission
Feinstäube, anorganische, schwerlösliche, nicht faserige, inkl. ultrafeine Partikel	Aufstellung von MAK-Werten Überprüfung auf krebserzeu-gende Wirkung	Anregung aus der Kommission

Stoff	Diskutierte Einstufung	Anlass
Fenvalerat [51630-58-1]	Aufstellung eines MAK-Wertes	Anregung aus der Kommission
Fuchsin [632-99-5]	Überprüfung auf krebserzeugende Wirkung	Anregung aus der Kommission
γ-Glycidyloxypropyltrimethoxysilan [2530-83-8]	Aufstellung eines MAK-Wertes	Anregung aus der Kommission
Glycidylverbindungen	Überprüfung auf sensibilisierende Wirkung	Anregung aus der Kommission
Hexabromcyclododecan [25637-99-4]	Aufstellung eines MAK-Wertes	Anregung aus der Kommission
1,4,5,6,7,7-Hexachlorbicyclo(2.2.1)hept-5-en-2,3-dicarboxylsäure [115-28-6]	Überprüfung auf krebserzeugende Wirkung	Anregung aus der Kommission
1-Hexen [592-41-6]	Überprüfung auf krebserzeugende Wirkung	Anregung aus der Kommission
2-Hydroxy-(ethoxyethyl)-2-azabicyclo[2.2.1]heptan [116230-20-7]	Aufstellung eines MAK-Wertes	Anregung der BAuA
Isobutylnitrit [542-56-3]	Überprüfung auf krebserzeugende Wirkung	Anregung aus der Kommission
3-(4-Isopropylphenyl)-1,1-dimethylharnstoff [34123-59-6]	Überprüfung auf krebserzeugende Wirkung	Anregung des Ausschusses für Gefahrstoffe
Kaliumtetrafluorborat [14075-53-7]	Aufstellung eines MAK-Wertes	Anregung der BG Chemie
Kreosot/Teeröle	Überprüfung auf krebserzeugende Wirkung	Anregung des BMU
(L)-Lactatester	Aufstellung eines MAK-Wertes	Anregung aus der Praxis
Lederstaub	Überprüfung auf krebserzeugende Wirkung	Anregung aus der Kommission
Linuron [330-55-2]	Überprüfung auf krebserzeugende Wirkung	Anregung des Ausschusses für Gefahrstoffe
Melamin [108-78-1]	Aufstellung eines MAK-Wertes Überprüfung auf krebserzeugende Wirkung	Anregung aus der Kommission
Methacrolein [78-85-3]	Überprüfung auf krebserzeugende Wirkung	Anregung der BG Chemie
2-Methyl-2-azabicyclo-[2.2.1]heptan [4524-95-2]	Aufstellung eines MAK-Wertes	Anregung der BAuA
Methyldecanoat [110-42-9]	Aufstellung eines MAK-Wertes	Anregung aus der Praxis
Methyleugenol [93-15-2]	Überprüfung auf krebserzeugende Wirkung	Anregung der BG Chemie
Methylmethansulfonat [66-27-3]	Aufstellung eines MAK-Wertes	Anregung aus der Kommission

Stoff	Diskutierte Einstufung	Anlass
Mineralöle (Erdöl), stark raffinierte u.a. [92062-35-6] [92045-45-9] [72623-83-7]	Aufstellung eines MAK-Wertes	Anregung aus der Kommission
4-((Morpholinothiocarbonyl)thio)morpholin (OTOS) [13752-51-7]	Überprüfung auf krebserzeugende Wirkung	Anregung der BAU
Natriumaurothiomalat [12244-57-4]	Aufstellung eines MAK-Wertes Überprüfung auf krebserzeugende Wirkung	Anregung aus der Kommission
Natriumchlorid (Aerosol) [7647-14-5]	Aufstellung eines MAK-Wertes Überprüfung auf tumorpromovierende Wirkung	Anregung aus der Kommission
Natriumchlorit [7758-19-2]	Aufstellung eines MAK-Wertes	Anregung aus der Kommission
Natriumhexafluoroaluminat (Kryolith) [15096-52-3]	Aufstellung eines MAK-Wertes	Anregung aus der Kommission
Natriumhypochlorit [7681-52-9]	Aufstellung eines MAK-Wertes	Anregung aus der Kommission
Natriumperborat [11138-47-9]	Aufstellung eines MAK-Wertes	Anregung aus der Kommission
Nickeltetracarbonyl [13463-39-3]	Aufstellung eines MAK-Wertes	Anregung aus der Kommission
4-Nitrobenzoesäure [62-23-7]	Aufstellung eines MAK-Wertes	Anregung aus der Kommission
Nonylphenol [25154-52-3]	Aufstellung eines MAK-Wertes	Anregung aus der Kommission
Octabrom-diphenylether [32536-52-0]	Aufstellung eines MAK-Wertes	Anregung aus der Kommission
Octylphenol [140-66-9]	Aufstellung eines MAK-Wertes	Anregung aus der Praxis
Orale Dosen aus Tierversuchen	Umrechnung auf Arbeitsplatzkonzentrationen	Anregung aus der Kommission
Organische Faserstäube	Überprüfung auf krebserzeugende Wirkung	Anregung aus der Kommission
Organische Stäube	Aufstellung von MAK-Werten Überprüfung auf krebserzeugende Wirkung	Anregung aus der Kommission
Ottomotor-Emissionen	Überprüfung auf krebserzeugende Wirkung	Anregung aus der Kommission
Oxalsäure [144-62-7]	Aufstellung eines MAK-Wertes	Anregung aus der Kommission
Oxazepam [604-75-1]	Überprüfung auf krebserzeugende Wirkung	Anregung aus der Kommission
Pentabrom-diphenylether [32534-81-9]	Aufstellung eines MAK-Wertes	Anregung aus der Kommission
Pentachlorbenzol [608-93-5]	Aufstellung eines MAK-Wertes	Anregung aus der Kommission
2,3-Pentandion [600-14-6]	Aufstellung eines MAK-Wertes	Anregung aus der Kommission
Perfluorisobuten [382-21-8]	Aufstellung eines MAK-Wertes	Anregung aus der Kommission

Stoff	Diskutierte Einstufung	Anlass
Permethrin [52645-53-1]	Aufstellung eines MAK-Wertes	Anregung aus der Kommission
Phenolphthalein [77-09-8]	Überprüfung auf krebserzeugende Wirkung	Anregung aus der Kommission
Phenylendiamin-haltige Färbemittel	Überprüfung auf krebserzeugende Wirkung	Anregung aus der Kommission
o-Phthalodinitril [91-15-6]	Aufstellung eines MAK-Wertes	Anregung der BG Chemie
Poly-[2-(2-ethoxy)-ethoxyethyl) guanidiniumchlorid [374572-91-5]	Aufstellung eines MAK-Wertes	Anregung aus der Praxis
1-Propanol [71-23-8]	Aufstellung eines MAK-Wertes	Anregung aus der Kommission
Propen [115-07-1]	Überprüfung auf krebserzeugende Wirkung	Anregung aus der Kommission
Propionaldehyd [123-38-6]	Aufstellung eines MAK-Wertes	Anregung aus der Kommission
Propylenchlorhydrin [127-00-4]	Aufstellung eines MAK-Wertes	Anregung aus der Praxis
Propylenglykol-n-butylether [29387-86-8]	Aufstellung eines MAK-Wertes	Anregung aus der Praxis
Propylenglykolmono-tert-butylether [57018-52-7]	Überprüfung auf krebserzeugende Wirkung	Anregung aus der Kommission
Salicylsäure [69-72-7]	Aufstellung eines MAK-Wertes	Anregung aus der Kommission
Schmieröle (Erdöl), C>25, mit Wasserstoff behandelte helle aus Ausgangsstoffen [72623-83-7]	Aufstellung eines MAK-Wertes	Anregung aus der Kommission
Schmieröle (Erdöl), C>50, mit Wasserstoff behandelte helle aus Ausgangsstoffen [92045-44-8]	Aufstellung eines MAK-Wertes	Anregung aus der Praxis
Schmieröle (Erdöl), mit Wasserstoff behandelte durch Lösungsmittel aufbereitete helle aus Ausgangsstoffen [92045-45-9]	Aufstellung eines MAK-Wertes	Anregung aus der Praxis
Schweißrauche	Aufstellung eines MAK-Wertes	Anregung aus der Praxis
Siliciumwasserstoff [13825-90-6]	Aufstellung eines MAK-Wertes	Anfrage aus der Praxis
Tebuconazol [80443-41-0]	Aufstellung eines MAK-Wertes	Anregung aus der Praxis
Terbuthylazin [5915-41-3]	Aufstellung eines MAK-Wertes	Anregung aus der Kommission
Terephthalsäuredimethylester [120-61-6]	Aufstellung eines MAK-Wertes	Anregung der BG Chemie
Tetrachlorbenzole [95-94-3; 634-66-2; 634-90-2]	Aufstellung eines MAK-Wertes	Anregung aus der Kommission

Stoff	Diskutierte Einstufung	Anlass
1,3,4,6-Tetra(hydroxymethyl)-1,3,4,6-tetraaza-bicyclo-octan-2,5-dion [5395-50-6]	Aufstellung eines MAK-Wertes	Anregung aus der Praxis
Tetramethylbenzidine [54827-17-7]	Überprüfung auf krebserzeugende Wirkung	Anregung aus der Praxis
Tetranatrium-ethylendiamintetraacetat (Na-EDTA) [64-02-8]	Aufstellung eines MAK-Wertes	Anregung aus der Kommission
Thionylchlorid [7719-09-7]	Aufstellung eines MAK-Wertes	Anregung aus der Kommission
Thionylfluorid [7783-42-8]	Aufstellung eines MAK-Wertes	Anregung aus der Praxis
Thiophen [110-02-1]	Aufstellung eines MAK-Wertes	Anregung aus der Kommission
Titandioxid, silanisiert	Aufstellung eines MAK-Wertes	Anregung aus der Praxis
2,6-Toluylendiamin [823-40-5]	Überprüfung auf sensibilisierende Wirkung	Anregung aus der Kommission
o-Toluylendiamine [26966-75-6], [2687-25-4], [496-72-0]	Überprüfung auf krebserzeugende Wirkung	Anregung des Ausschusses für Gefahrstoffe
2,4,6-Tribromphenol [118-79-6]	Aufstellung eines MAK-Wertes	Anregung aus der Kommission
Tri-o-kresylphosphat [78-30-8]	Aufstellung eines MAK-Wertes	Anregung aus der Kommission
2,4,4-Trimethylpenten [25167-70-8]	Aufstellung eines MAK-Wertes	Anregung aus der Kommission
Tri-iso-propylphenylphosphat [68937-41-7]	Aufstellung eines MAK-Wertes	Anregung aus der Praxis
Tris(2-chlorethyl)phosphat [115-96-8]	Aufstellung eines MAK-Wertes Überprüfung auf krebserzeugende Wirkung	Anregung aus der Kommission
N,N',N''-Tris(β-hydroxypropyl)hexahydro-1,3,5-triazin [25254-50-6]	Aufstellung eines MAK-Wertes	Anregung aus der Praxis
Tris[(2- oder 4-)C9-C10-isoalkylphenol]phosphorothioat [126019-82-7]	Aufstellung eines MAK-Wertes	Anregung aus der Praxis
Tumorpromotorstoffe	Überprüfung des krebserzeugenden Potentials	Anregung aus der Kommission
Vinylbromid [593-60-2]	Aufstellung eines MAK-Wertes	Anregung aus der Kommission
Vinylfluorid [75-02-5]	Aufstellung eines MAK-Wertes	Anregung aus der Praxis
Vinylpropionat [105-38-4]	Überprüfung auf krebserzeugende Wirkung	Anregung der BG Chemie
Wismut [7440-69-9]	Aufstellung eines MAK-Wertes Überprüfung auf krebserzeugende Wirkung	Anregung aus der Kommission

Stoff	Diskutierte Einstufung	Anlass
2,4-Xylenol [105-67-9]	Aufstellung eines MAK-Wertes Überprüfung auf sensibilisierende Wirkung	Anregung der BG Chemie
2,6-Xylenol [576-26-1]	Aufstellung eines MAK-Wertes Überprüfung auf sensibilisierende Wirkung	Anregung der BG Chemie
3,5-Xylenol [108-68-9]	Aufstellung eines MAK-Wertes Überprüfung auf sensibilisierende Wirkung	Anregung der BG Chemie

Teil BAT-Werte, EKA, BLW und BAR (Änderungen und Neuaufnahmen)

a) Änderungen

Stoff	Anlass
Acrylamid [79-06-1]	Überprüfung durch die Kommission
Acrylnitril [107-13-1]	Überprüfung durch die Kommission
Alkalichromate (Cr(VI))	Überprüfung durch die Kommission
Aluminium [7429-90-5]	Überprüfung durch die Kommission
Anilin [62-53-3]	Überprüfung durch die Kommission
Arsen [7440-38-2] und seine anorganischen Verbindungen	Überprüfung durch die Kommission
Benzol [71-43-2]	Überprüfung durch die Kommission
2-Butoxyethanol [111-76-2]	Überprüfung durch die Kommission
2-Butoxyethylacetat [112-07-2]	Überprüfung durch die Kommission
Chlorierte Biphenyle	Überprüfung durch die Kommission
Cobalt [7440-48-4] und Cobaltverbindungen	Überprüfung durch die Kommission
Dichlormethan [75-09-2]	Überprüfung durch die Kommission
N,N-Dimethylformamid [68-12-2]	Überprüfung durch die Kommission
Ethylbenzol [100-41-4]	Überprüfung durch die Kommission
Ethylenoxid [75-21-8]	Überprüfung durch die Kommission
Nitrobenzol [98-95-3]	Überprüfung durch die Kommission
Pentachlorphenol [87-86-5]	Überprüfung durch die Kommission
Phenol [108-95-2]	Überprüfung durch die Kommission
Tetrachlorethen [127-18-4]	Überprüfung durch die Kommission
Tetrachlormethan (Tetrachlorkohlenstoff) [56-23-5]	Überprüfung durch die Kommission

b) Neuaufnahmen

Stoff	Anlass
Bromethan [74-96-4]	Anregung aus der Kommission
1-Chlor-2,3-epoxypropan (Epichlorhydrin) [106-89-8]	Anregung aus der Kommission
Chrom(III)-Verbindungen	Anregung aus der Kommission
N-Ethylpyrrolidon [2687-91-4]	Anregung aus der Kommission
Glycidol [556-52-5]	Anregung aus der Kommission
Iod [7553-56-2] und anorganische Iodide	Anregung aus der Kommission
Isopren (2-Methyl-1,3-butadien) [78-79-5]	Anregung aus der Kommission
Kupfer [7440-50-8] und anorganische Verbindungen	Anregung aus der Kommission
Naphthalin [91-20-3]	Anregung aus der Kommission
Nitrosamine	Anregung aus der Kommission
Phthalate	Anregung aus der Kommission
Tri-n-butylphosphat [126-73-8]	Anregung aus der Kommission

Betriebsärzte, Hersteller und Anwender von Industriechemikalien, damit befasste Forschungsinstitute sowie Aufsichtsbehörden und andere staatliche Einrichtungen werden gebeten, der Kommission weitere, bisher noch nicht erfasste Arbeitsstoffe mitzuteilen.

Wissenschaftliche und technische Angaben und Erfahrungen zu den oben aufgeführten Stoffen werden bis zum

1. Februar 2015

erbeten an die

Geschäftsstelle der Deutschen Forschungsgemeinschaft
53170 Bonn

Prof. Dr. A. Hartwig
Vorsitzende der Kommission
zur Prüfung gesundheitsschädlicher Arbeitsstoffe

Vorgehen der Arbeitsstoffkommission bei Änderungen und Neuaufnahmen von MAK-Werten

1. Ankündigungen von beabsichtigten Neuaufnahmen und Änderungen werden im Regelfall ein Jahr vorher veröffentlicht, d.h. mit der Herausgabe der MAK-Werte-Liste, in der Regel am 1. Juli. Im Falle von Änderungen wird die Art der beabsichtigten Änderung mitgeteilt, ferner der vorliegende Anlass (neue Literaturquellen, zusätzliche Informationen, begründete Anträge). Mit der Ankündigung wird die Aufforderung verbunden, der Kommission Informationen und Kommentare bis spätestens zum 1. Februar des folgenden Jahres schriftlich mitzuteilen. Die Kommission antwortet darauf bis 1. Mai. Können Sachfragen weder schriftlich noch fernmündlich geklärt werden, zieht die Kommission in Abstimmung mit den im nächsten Satz genannten Stellen einen oder – wenn unterschiedliche Arbeitsplätze mit nicht identischen Expositionsbedingungen betroffen sind – mehrere fachlich qualifizierte Vertreter der betroffenen Bereiche bei der endgültigen Beratung zu. Die Ankündigungen von beabsichtigten Neuaufnahmen und Änderungen werden dem Länderausschuss für Arbeitsschutz und Sicherheitstechnik (LASI), dem Bundesverband der Deutschen Industrie, der Deutschen Gesetzlichen Unfallversicherung und dem Deutschen Gewerkschaftsbund von der Kommission offiziell mitgeteilt.
2. Reichen die wissenschaftlichen Unterlagen zur Neuaufnahme oder Änderung eines Stoffes bzw. Wertes nicht aus, wird die Entscheidung zur erneuten Überprüfung zunächst um ein Jahr zurückgestellt.
3. In dringenden Fällen, in denen zur Abwendung von Schaden über eine Neuaufnahme oder Änderung rasch entschieden werden muss, bedient sich die Kommission des Mittels der Vorabmitteilung. Hierbei kann die Kommission ohne Ankündigung und ohne Beratung mit betroffenen Industriezweigen oder Spitzenorganisationen handeln. Die Kommission versieht die Vorabmitteilung solcher Entscheidungen stets mit einer ausführlichen wissenschaftlichen Begründung, die im Fachschrifttum veröffentlicht und den unter Nr. 1, letzter Satz, genannten Stellen und Organisationen zusammen mit der Vorabmitteilung übersandt wird.

Jahresabonnement

Die **MAK- und BAT-Werte Liste** wird jährlich aktualisiert und erscheint jeden Sommer.

- Sparen Sie Zeit und abonnieren Sie die MAK- und BAT-Werte-Liste
- Druckfrische Information der aktuellen Daten

Füllen Sie einfach die Bestellkarten aus und schicken Sie sie an den Verlag.
Selbstverständlich können Sie Ihr Abonnement jederzeit wieder schriftlich kündigen.

MAK 2014

Bestellung

Ich bestelle von der Ausgabe 2015 an bis auf Widerruf jährlich
______ Exemplare des Werkes

MAK- und BAT-Werte-Liste

(Besteller)

(Postfach oder Straße)

(Postleitzahl, Ort)

(Datum) (Unterschrift)

Hier bitte abtrennen

MAK 2014

Bestellung

Ich bestelle von der Ausgabe 2015 an bis auf Widerruf jährlich
______ Exemplare des Werkes

MAK- und BAT-Werte-Liste

(Besteller)

(Postfach oder Straße)

(Postleitzahl, Ort)

(Datum) (Unterschrift)

Bitte
ausreichend
frankieren

Antwort

WILEY-VCH
Kundenservice Bücher
Postfach 10 11 61

D-69451 Weinheim

Bitte
ausreichend
frankieren

Antwort

WILEY-VCH
Kundenservice Bücher
Postfach 10 11 61

D-69451 Weinheim

